普通高等教育机电类系列教材

工 程 图 学

主　编　王彦凤
副主编　王进军　刘久艳
参　编　董小雷　郑怀东　郑爱云　卢广顺
　　　　邱常明　于玉真　崔冰艳　霍　平
主　审　王　新

机械工业出版社

本书根据教育部高等学校工程图学教学指导委员会制定的《普通高等学校工程图学课程教学基本要求》及现行的《机械制图》和《技术制图》国家标准编写而成。本书以应用为目的，内容覆盖面广，理论系统完整，注重培养学生的工程思想，注重培养学生阅读工程图，及进行徒手绘图、计算机绘图、仪器绘图的能力，并在叙述上由浅入深，循序渐进，既符合学生的认知规律，也方便组织教学。

本书共11章，内容包括：制图基本知识，投影法及几何元素的投影，基本立体，组合体，轴测图，机件常用的表达方法，标准件和常用件，零件图，装配图，焊接图、钣金制件工作图及表面展开图，计算机绘图基础，附录。另外，与本书配套的《工程图学习题集》（华北理工大学刘久艳、王彦凤教授主编）将由机械工业出版社同期出版。

本书可作为高等工科院校本科48~80学时近机械类及非机械类各专业工程图学课程的教材，也可供成人教育学院师生及相关工程技术人员参考。

图书在版编目（CIP）数据

工程图学/王彦凤主编. —北京：机械工业出版社，2020.8（2025.6重印）
普通高等教育机电类系列教材
ISBN 978-7-111-66068-2

Ⅰ.①工… Ⅱ.①王… Ⅲ.①工程制图—高等学校—教材 Ⅳ.①TB23

中国版本图书馆CIP数据核字（2020）第122690号

机械工业出版社（北京市百万庄大街22号 邮政编码100037）
策划编辑：舒 恬　责任编辑：舒 恬　王勇哲　赵亚敏
责任校对：樊钟英　封面设计：张 静
责任印制：单爱军
保定市中画美凯印刷有限公司印刷
2025年6月第1版第4次印刷
184mm×260mm・21.25印张・524千字
标准书号：ISBN 978-7-111-66068-2
定价：59.00元

电话服务　　　　　　　　网络服务
客服电话：010-88361066　机 工 官 网：www.cmpbook.com
　　　　　010-88379833　机 工 官 博：weibo.com/cmp1952
　　　　　010-68326294　金 书 网：www.golden-book.com
封底无防伪标均为盗版　机工教育服务网：www.cmpedu.com

前言

　　制图课程是工科院校大学生必修的专业基础课程。随着计算机技术的普及和发展，计算机绘图技术正在逐步取代传统的手工制图技术，多媒体技术也改变着传统的教学模式，工程图学课程的教学内容、教学体系、教学手段也在不断地改革。各个工科院校教师根据发展需要和所在学校制图教学的具体情况，不断地进行着教学改革并编写适合社会和学校自身教学要求的相应教材。多年来，华北理工大学制图课程一直使用自编教材，取得了良好的应用效果。本书根据教育部高等学校工程图学教学指导委员会制定的《普通高等学校工程图学课程教学基本要求》及现行的《机械制图》和《技术制图》国家标准，结合华北理工大学机械制图教研组多年的教学经验编写而成，是河北省精品课程"画法几何及机械制图"的配套教材。

　　作为一本"工程图学"课程的教材，本书以基本技能的培养为目的，内容新颖，覆盖面广，难度适中。在教学内容安排上，强调基础性、实践性、创新性，注重工程思想、空间思维能力、创新设计能力的培养，同时兼顾徒手作图能力、计算机绘图能力及尺规作图能力的培养。

　　本书编排特色有：

　　1）AutoCAD作为计算机绘图应用软件，注重操作，而工程图学经典内容注重理解及理论与实践的结合，AutoCAD与工程图学内容分开编写，各成模块，既自成体系，又相互呼应，使得两大不同内容结构都很紧凑，有利于学习。

　　2）工程图学经典内容由浅入深，循序渐进，符合学生的认知规律。

　　3）组合体的构形设计、视图的"以一求二"尤其有利于培养学生的发散思维和创新能力。

　　4）对相关理论及相关规定，配以典型实例讲解或例题分析，化抽象为具体，降低学习难度。

　　5）将徒手作图和尺规作图进行比较，提高对徒手作图和计算机绘图的能力要求，以适应未来计算机绘图及无纸化生产的趋势；

　　6）轴测图、钣金制件图模块化，可根据不同专业的需要选用；

　　7）全书贯彻现行国家标准。

　　本书由王彦凤担任主编并负责统稿，王进军、刘久艳担任副主编，其他参加编写的人员有：董小雷、郑怀东、郑爱云、卢广顺、邱常明、于玉真、崔冰艳、霍平。此外，李少峰、李德胜、周征老师对本书提出了许多宝贵意见。具体编写工作分工如下：王彦凤编写绪论、第5章、第6章、第10章的10.3，卢广顺编写第1章，刘久艳编写第2章，董小雷编写第3章，王进军编写第4章，郑怀东编写第7章，霍平编写第8章，郑爱云编写第9章，邱常明编写第 10 章的 10.1、10.2，于玉真编写第 11 章，崔冰艳编写附录。

本书由多年从事制图教学及研究工作的王新教授担任主审，他提出了很多宝贵意见，在此表示衷心的感谢，同时感谢编写过程中所参考的同类著作的作者。

限于编者水平，书中难免存在缺点和不足之处，恳请广大读者批评指正。

编　者

目录

前言
绪论 …………………………………………… 1
第1章 制图基本知识 ………………………… 3
1.1 《机械制图》国家标准简介 ……… 3
1.2 几何作图及平面图形的画法 …… 16
1.3 绘图工具和仪器的使用方法 …… 24
1.4 绘图的方法和步骤 ……………… 27
实践与思考 ………………………………… 31
第2章 投影法及几何元素的投影 ……… 32
2.1 投影法概述 ……………………… 32
2.2 点的投影 ………………………… 35
2.3 直线的投影 ……………………… 40
2.4 平面的投影 ……………………… 46
实践与思考 ………………………………… 53
第3章 基本立体 …………………………… 54
3.1 基本立体的三视图 ……………… 54
3.2 截交线 …………………………… 64
3.3 相贯线 …………………………… 81
3.4 立体表面交线综合举例 ………… 91
实践与思考 ………………………………… 93
第4章 组合体 ……………………………… 94
4.1 组合体的形体分析 ……………… 94
4.2 组合体视图的画法 ……………… 98
4.3 读组合体视图 …………………… 100
4.4 组合体的尺寸标注 ……………… 113
4.5 组合体的构形设计 ……………… 119
4.6 第三角画法简介 ………………… 123
实践与思考 ………………………………… 125
第5章 轴测图 ……………………………… 126
5.1 轴测图的基本知识 ……………… 126
5.2 轴测图的画法 …………………… 127
实践与思考 ………………………………… 133
第6章 机件常用的表达方法 …………… 134
6.1 视图 ……………………………… 134
6.2 剖视图 …………………………… 139
6.3 断面图 …………………………… 152
6.4 其他表达方法 …………………… 155
6.5 综合应用举例 …………………… 159
实践与思考 ………………………………… 162
第7章 标准件和常用件 ………………… 163
7.1 螺纹及螺纹紧固件 ……………… 164
7.2 齿轮 ……………………………… 178
7.3 键和销 …………………………… 184
7.4 滚动轴承 ………………………… 186
7.5 弹簧 ……………………………… 188
实践与思考 ………………………………… 190
第8章 零件图 ……………………………… 191
8.1 零件图的内容 …………………… 191
8.2 零件图的视图选择 ……………… 192
8.3 零件的技术要求 ………………… 198
8.4 零件图的尺寸 …………………… 216
8.5 零件图的阅读 …………………… 223
实践与思考 ………………………………… 226
第9章 装配图 ……………………………… 227
9.1 装配图的内容 …………………… 227
9.2 装配图的画法及装配结构合理性 …………………………………… 228
9.3 装配图的视图选择及画图步骤 …………………………………… 232
9.4 装配图的尺寸标注 ……………… 237
9.5 装配图的技术要求、零件序号、明细栏及标题栏 ……………… 237
9.6 装配图的阅读 …………………… 239
实践与思考 ………………………………… 241

第 10 章　焊接图、钣金制件工作图及表面展开图 ································ 242
10.1　焊缝的表示方法及焊接图 ······ 242
10.2　钣金制件工作图 ················ 249
10.3　表面展开图 ···················· 250
实践与思考 ··························· 259

第 11 章　计算机绘图基础 ············ 260
11.1　AutoCAD 的工作环境 ············ 260
11.2　AutoCAD 常用二维绘图及编辑命令 ························ 262
11.3　精确绘图方法 ·················· 276
11.4　二维绘图实例及技巧 ············ 279
11.5　AutoCAD 三维绘图简介 ········· 293
11.6　图纸输出 ······················ 300
实践与思考 ··························· 304

附录 ··································· 305
附录 A　螺纹 ························ 305
附录 B　常用标准件 ·················· 308
附录 C　常用材料及热处理 ··········· 321
附录 D　极限与配合 ·················· 325
附录 E　常用标准数据和标准结构 ··· 329

参考文献 ····························· 332

绪 论

1. 工程图样

根据投影原理、标准或有关规定准确地表示工程对象的形状、大小及技术要求的图样称为工程图样。在现代工业生产中，无论是机械设备、电气设备、仪器仪表、电子元器件的设计、加工、装配、维修，还是船舶、桥梁、水利工程、房屋建筑等的设计施工，都离不开工程图样。工程图样是工程与产品信息的载体，是工程界表达设计意图，进行技术交流，指导生产的重要工具，是生产中重要的技术文件，是工程界的语言。工程技术人员都必须具备阅读和绘制工程图样的能力。

2. 工程图学的发展历程、课程的性质、主要内容及任务

（1）工程图学发展史 工程图学和其他学科一样，是从人类的生产实践中产生并随人类科技和文明的发展而发展起来的。

文字出现以前的很长一段时间里，人们用图画来满足表达的基本需要。随文字的出现，图画逐渐与工程活动相联系，成为用来表达设计意图的工程图。早期的工程图主要与建筑工程相联系，而后才逐渐应用到器械制造等其他方面。春秋时代的《周礼考工记》、宋代的《营造法式》和《新仪像法要》、明代的《天工开物》等都反映出我国古代劳动人民对工程图及其相关几何知识的掌握达到了很高的水平。

工程图要表达客观存在，要能够交流设计思想，需要有统一的表达方法和制图标准。由于长期处于封建统治之下，我国工程图学发展缓慢，在古代没能形成统一的理论体系和制图标准。

以蒸汽机为代表的第一次工业革命期间，设计制造业快速发展，工程图作为产品信息的载体被大量使用。1795 年，法国科学家蒙日的《画法几何》系统地提出了利用两个相互垂直的投影面进行直角平行投影，提供了在二维平面上图示三维空间形体和图解空间几何问题的方法，实现了由单面制图向多面制图的转变，将工程图的表达与绘制规范化、唯一化，使工程图成为工程界的语言，奠定了现代工程图样的理论基础。蒙日也因此成为"画法几何之父"。二百多年来，画法几何的发展变化主要体现在绘图工具方面的改进，给手工绘制工程图样带来了便利。

手工绘图存在工作量很大且精度不高的问题。随着计算机技术的发展，出现了计算机图形学（CG）和计算机辅助设计（CAD），极大地推动了工程图学的发展，引起了工程图样从表达形式到绘图工具和方法的深刻变革，提高了绘图的质量。目前，计算机绘图技术已经广泛应用于我国工程制图的各个领域。

（2）工程图学课程的性质 工程图学以图样为研究对象，是关于绘制和阅读工程图样基本原理和方法的学科。工程技术人员都必须学习和掌握工程图学，具备绘制和阅读工程图样的能力。该课程是高等工科院校学生必须掌握的一门技术基础课程。

（3）工程图学课程的主要内容 课程内容包括画法几何、制图基础、工程图样、计算机绘图四大部分。画法几何部分学习用正投影法表达空间几何形体和图解空间几何问题的基本原理和方法；制图基础部分学习制图基本知识及表达空间物体的国家标准规定；工程图样部分介绍工程中的机械图、钣金制件图等工程图样；计算机绘图部分以计算机为手段，学习应用 AutoCAD 软件绘制工程图样的基本技能。

（4）工程图学课程的主要任务　课程主要任务：学习正投影法的基本理论及其应用，培养形象思维、逻辑思维和创新思维能力；学习工程图样的基本规范；培养绘制和阅读工程图样的基本能力；培养计算机绘图的基本能力；培养工程思想及严谨认真的工作作风。

3. 学习方法

工程图学课程既有系统的理论，又有很强的实践性，学习时要坚持理论联系实际，并做到勤动脑、勤动手、守规矩、严谨认真。

（1）勤动脑、勤动手　上课认真听讲，积极思考，课下结合实际主动思考，并通过做作业对所学知识加以巩固，从而锻炼形体表达能力和空间想象能力。

（2）守规矩　对国家标准的有关规定，必须严格执行，做到投影正确、图线和文字等规范整齐、图面整洁，确保所绘制的工程图样能真正作为工程界的语言使用。

（3）严谨认真　工程图样上任何疏漏和差错，都会在生产中造成难以估量的经济损失，因此，要有一丝不苟的学习态度，培养严谨认真的工作作风。

第 1 章 制图基本知识

主要内容

1. 《技术制图》和《机械制图》国家标准的相关规定。
2. 几何作图。
3. 绘制徒手图和使用仪器绘图的方法。

工程图样是工程界的语言，是设备设计、生产技术及交流过程中的重要技术文件。为了适应生产需要和便于技术交流，对图样的画法、图线的要求、尺寸标注以及字体、符号等内容都应该有统一的规定。这些规定由国家制定和颁布实施，形成了国家标准。国家标准简称"国标"，代号"GB"。工程人员要充分理解《技术制图》和《机械制图》国家标准中的规定，使绘制的工程图样正确、清晰。

1.1 《机械制图》国家标准简介

我国于1959年颁布了国家标准《机械制图》，其后经过多次修改，现为《技术制图》《机械制图》等系列标准。本节仅摘录了国家标准中有关图纸幅面、比例、字体、图线及尺寸注法等部分的内容，绘图时应遵照执行。

1.1.1 图纸幅面和标题栏

1. 图纸幅面和格式（GB/T 14689—2019）

绘制技术图样时，应优先选用表1-1中规定的基本幅面尺寸。必要时，也允许按规定的方法加长、加宽幅面。

表 1-1 图纸幅面尺寸 （单位：mm）

幅面代号	A0	A1	A2	A3	A4
$B×L$	841×1189	594×841	420×594	297×420	210×297
c		10			5
a			25		
e		20			10

绘制图样时，图纸可横放，也可以竖放。需要装订的图样，其图框格式如图 1-1a 所示，周边尺寸 a、c 数值见表 1-1。当图样左侧不需要留装订边时，其图框格式如图 1-1b 所示，此时周边尺寸均为 e，其数值见表 1-1。图样中图框线要用粗实线绘制。

预先印刷的图纸一般应具有图框、标题栏、对中符号、方向符号四项基本内容。对中符号用粗实线绘制，长度从纸边界开始伸入图框约 5mm（见图 1-2a），位置误差不大于 0.5mm。当对中符号处在标题栏范围内时，则伸入标题栏内的部分省略不画，如图 1-2b、图 1-2c 及图 1-2d 右部分所示）。画图时允许逆时针旋转图幅（见图 1-2d），为了明确绘图和看图时的图纸方向，在图纸下边的对中符号处画出一个方向符号（见图 1-2d），方向符号为用细实线绘制的等边三角形，如图 1-2e 所示，经旋转后的图样按方向符号看图。

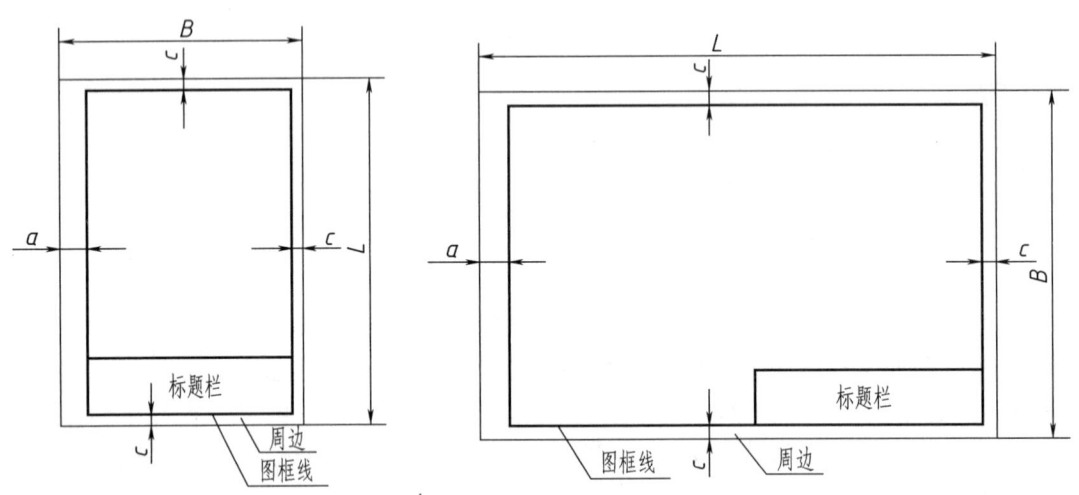

a) 需装订时的图框格式

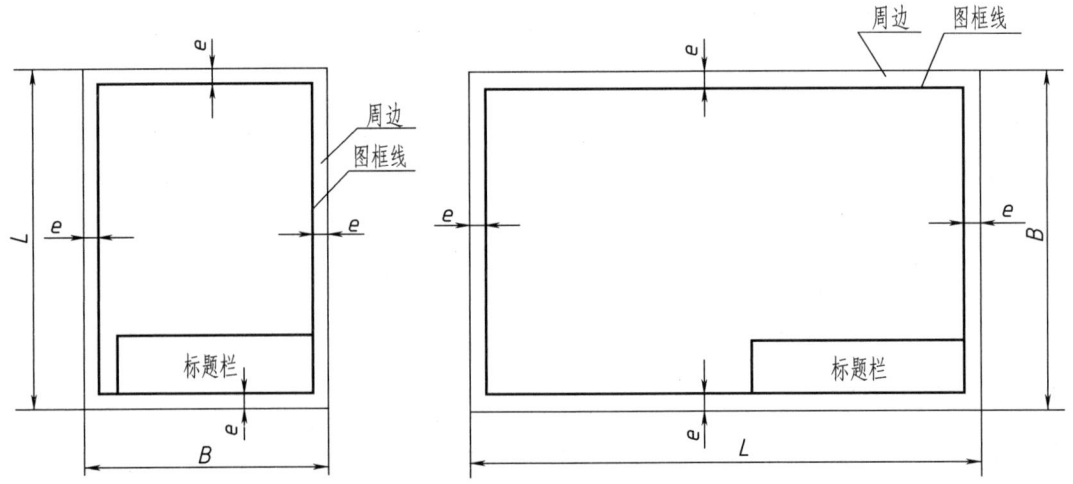

b) 不需装订时的图框格式

图 1-1 图框格式

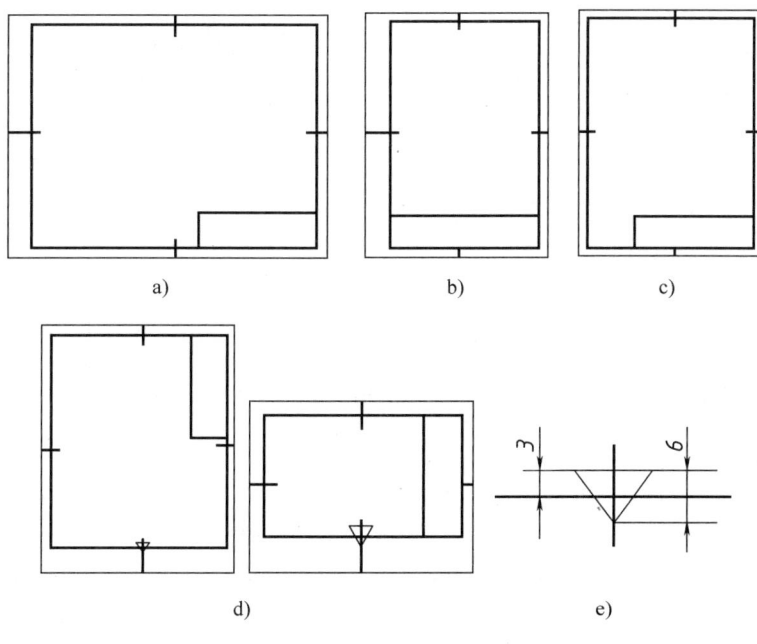

图 1-2 对中符号和方向符号

2. 标题栏（GB/T 10609.1—2019）

每张图样中均应有标题栏。未经过旋转的图幅，标题栏位于图样的右下角，标题栏中的文字方向为看图方向。工业生产中标题栏的格式与尺寸如图 1-3 所示。制图作业中可采用图 1-4a、1-4b 所示的简化格式及尺寸。

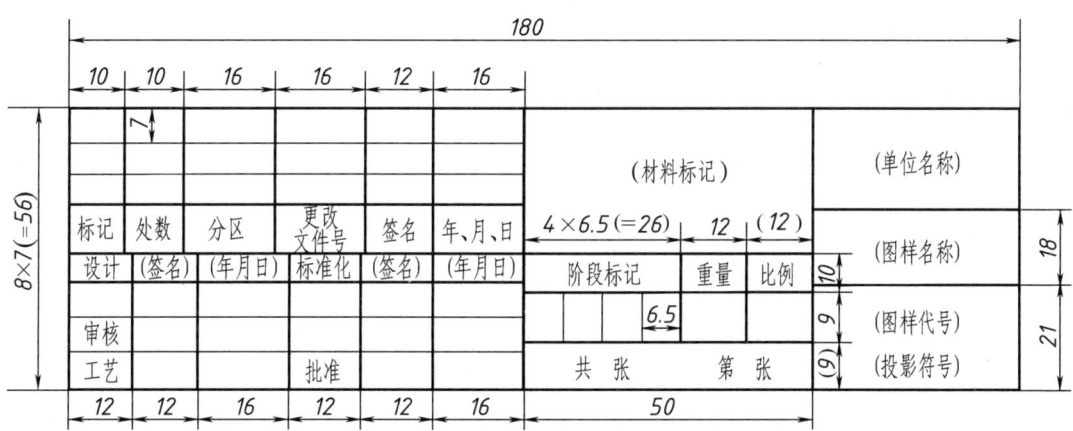

图 1-3 国家标准规定的标题栏格式

1.1.2 比例（GB/T 14690—1993）

比例是指图中图形与其实物相应要素的线性尺寸之比。

1）绘制图样时应采用表 1-2 中规定的比例，必要时也允许选取表 1-3 中的比例。为了可以由图上得到实物大小的真实概念，应尽量用 1∶1 原值比例画图。当机件不宜采用原值比例画图时，也可采用缩小或放大的比例画出。

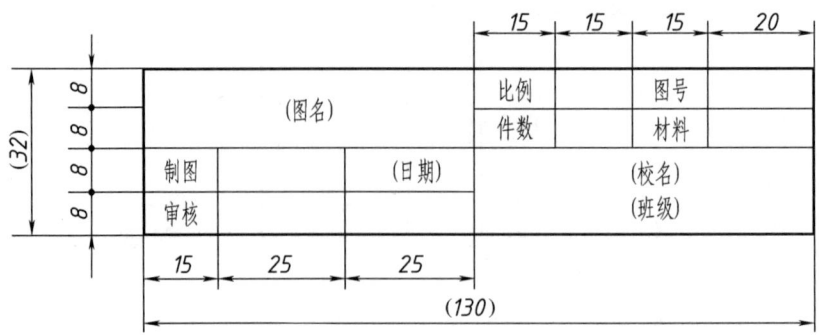

a) 零件图标题栏

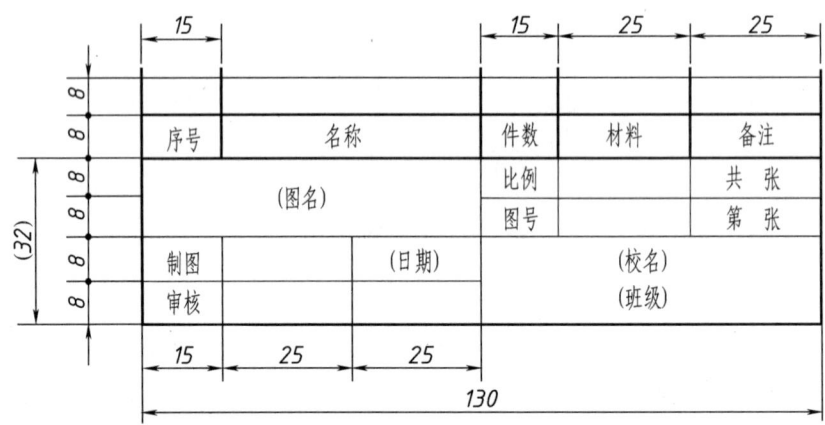

b) 装配图标题栏及明细栏

图 1-4 作业用标题栏

表 1-2 规定绘图选用比例

种类	比例		
原值比例	$1:1$		
放大比例	$5:1$	$2:1$	
	$5\times10^n:1$	$2\times10^n:1$	$1\times10^n:1$
缩小比例	$1:2$	$1:5$	$1:10$
	$1:2\times10^n$	$1:5\times10^n$	$1:1\times10^n$

注：n 为正整数。

表 1-3 允许绘图选用比例

种类	比例				
放大比例	$4:1$		$2.5:1$		
	$4\times10^n:1$		$2.5\times10^n:1$		
缩小比例	$1:1.5$	$1:2.5$	$1:3$	$1:4$	$1:6$
	$1:1.5\times10^n$	$1:2.5\times10^n$	$1:3\times10^n$	$1:4\times10^n$	$1:6\times10^n$

注：n 为正整数。

2）图形无论采用放大或缩小比例画出，在标注尺寸时必须标注机件的实际尺寸，如图 1-5 所示。

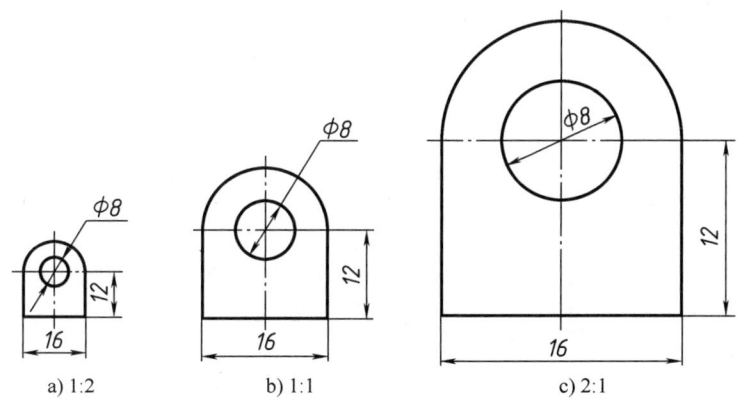

图 1-5 尺寸数字与画图比例无关

3）绘制同一机件的各个视图应尽量采用相同的比例，并在标题栏的比例一栏中填写，例如 1∶1。当某个视图需要采用不同的比例时，必须另行标注，如图 1-6 所示。

4）当图形中孔的直径或薄片的厚度小于 2mm 以及斜度和锥度较小时，可不按比例而夸大画出。

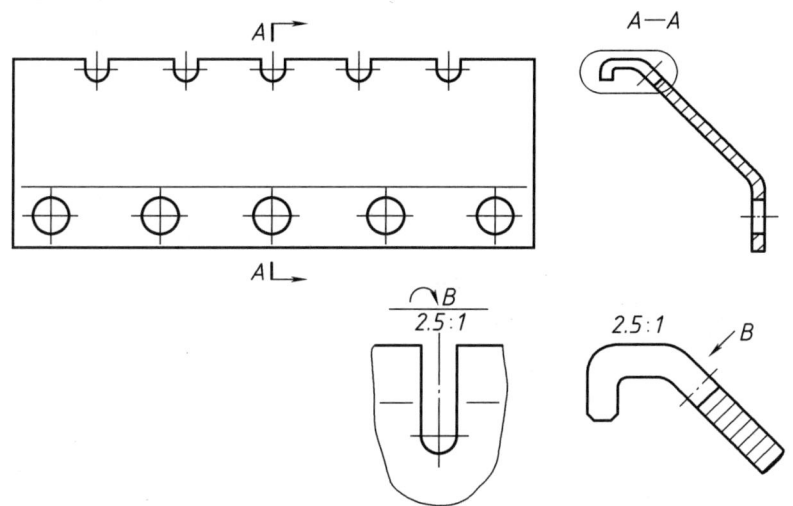

图 1-6 不同比例的视图应加标注

1.1.3 字体（GB/T 14691—1993）

图样中的汉字、数字、字母很重要，写得潦草，不仅会影响图样的清晰，而且还可能给生产带来差错造成经济损失。因此，图样中书写的字体必须做到：字体工整，笔画清楚，间隔均匀，排列整齐。

字体的号数，即字体的高度（用 h 表示，单位为 mm），分为 1.8、2.5、3.5、5、7、

10、14、20 八种。字体的宽度约等于 $h/\sqrt{2}$。

1. 汉字

汉字应写成长仿宋体,并采用国家正式公布推行的简化字。汉字的高度 h 不应小于 3.5mm。书写长仿宋体汉字的要领是:横平竖直、注意起落、结构匀称、填满方格。汉字的基本笔画参阅图 1-7。

图 1-7 汉字基本笔画

汉字通常由几部分组成。为使书写的汉字左右均衡、上下协调,书写时应恰当地分配各组成部分的比例,布置合理,如图 1-8 所示。图 1-9 为长仿宋体汉字示例。

图 1-8 长仿宋体字的结构特点

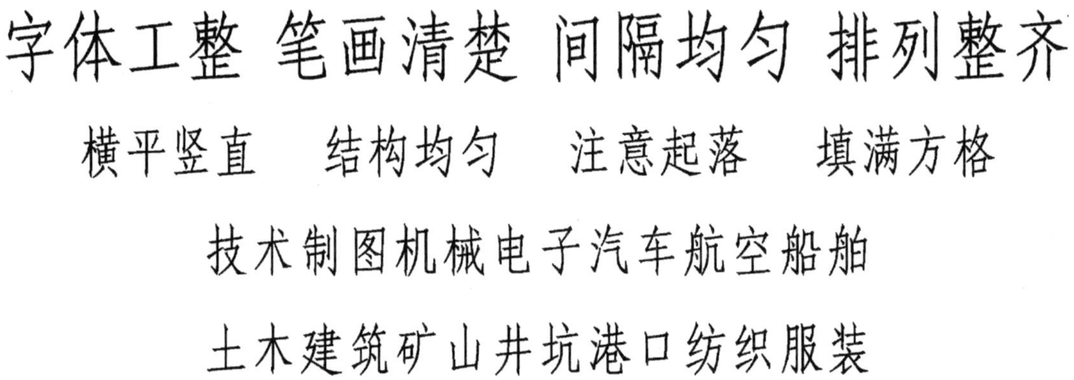

字体工整 笔画清楚 间隔均匀 排列整齐

横平竖直 结构均匀 注意起落 填满方格

技术制图机械电子汽车航空船舶

土木建筑矿山井坑港口纺织服装

图 1-9 长仿宋体汉字示例

2. 字母和数字

字母和数字分 A 型和 B 型。A 型字体的笔画宽度(d)为字高(h)的十四分之一,B 型字体的笔画宽度(d)为字高(h)的十分之一。在同一图样上,只允许选用一种形式的字体。

字母和数字有直体和斜体两种，常用的是斜体。斜体字字头向右倾斜，与水平方向成75°。字母及数字示例见图1-10。

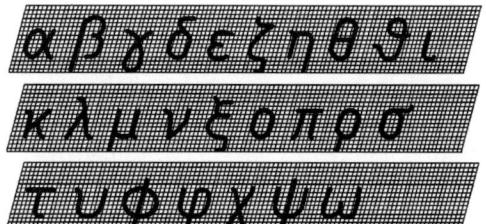

a) 拉丁字母大小写　　　　　　　　b) 希腊字母大小写

c) 阿拉伯数字、罗马数字　　　　　　d) 综合应用

图1-10　字母及数字示例

1.1.4　图线及画法（GB/T 17450—1998、GB/T 4457.4—2002）

为了使图样清晰、图线含义明确，国家标准对图线的形式及画法均作了必要的规定。

1. 图线的宽度

图线的宽度（d）应按图样的类型和尺寸大小在下列数系中选择：0.13mm，0.18mm，0.25mm，0.35mm，0.5mm，0.7mm，1mm，1.4mm，2mm。该数系的公比为$1:\sqrt{2}$（≈1:1.4）。图线分为粗线和细线两种，其宽度比为2:1。在同一图样中，同类图线的宽度应一致。

2. 机械图样中的图线形式及应用

在绘制图样时，应采用表1-4中所规定的图线。粗线的宽度（d）应按图样的大小及复杂程度适当选择。

表1-4及图1-11列出了常用各种图线的形式、宽度及主要用途。由于图样复制中所存在的困难，应避免采用0.18mm以下宽度的图线。

表1-4　图线的形式、宽度及主要用途

名称	形式	宽度	主要用途
粗实线	———————	d	可见棱边线、可见轮廓线等
细实线	———————	$d/2$	尺寸线、尺寸界线、剖面线、引出线等

（续）

名称	形式	宽度	主要用途
波浪线		d/2	断裂处的边界线、视图和剖视的分界线等
双折线		d/2	断裂处的边界线等
细虚线	3d, 12d	d/2	不可见棱边线、不可见轮廓线
细点画线	24d, 3d, ≤0.5d	d/2	轴线、对称中心线等
细双点画线	24d, 3d, ≤0.5d	d/2	可动零件的极限位置的轮廓线等

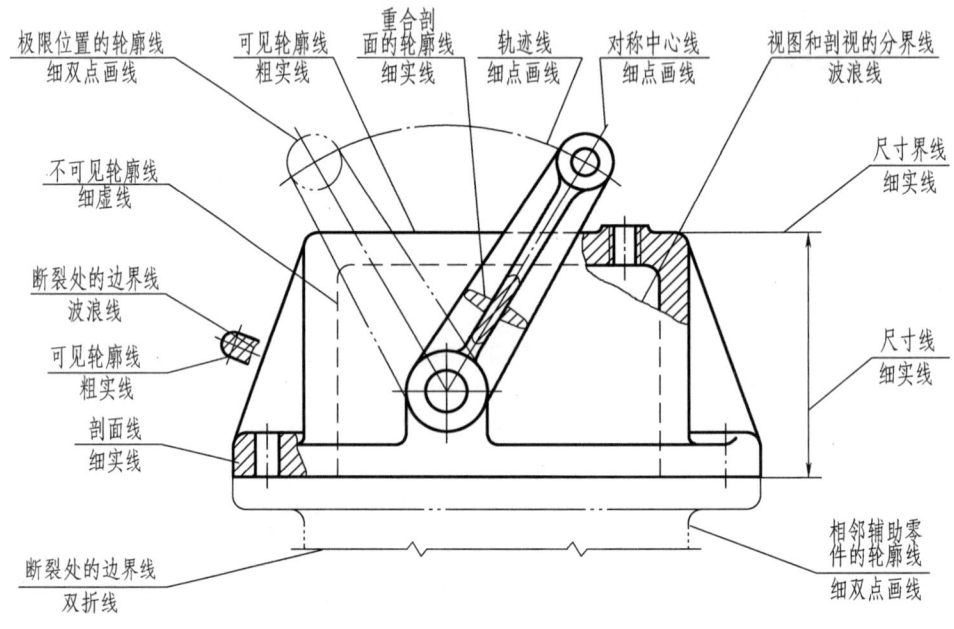

图 1-11 图线应用举例

3. 图线的画法及注意的问题

图线的画法见图 1-12。

画图时应注意以下问题：

1）同一图样中同类图线的宽度应一致。虚线、点画线及双点画线的线段长度和间隔应各自大致相等。

2）两条平行线（包括剖面线）之间的距离应不小于图线的两倍宽度，其最小距离不得小于 0.7mm。

3）绘制圆的对称中心线时，圆心应为长画段的交点，其首末两端应是长画段。

4）细点画线长度短，难以绘制时，可以用细实线代替。

第1章 制图基本知识

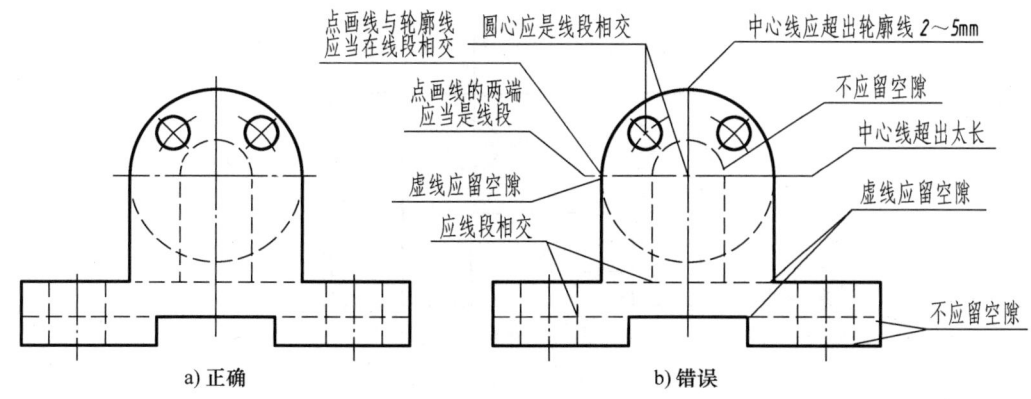

图 1-12 图线的画法

5）当粗实线、细虚线、细点画线相互重叠时，画线的优先顺序为：粗实线、细虚线、细点画线。

6）细虚线、细点画线及细双点画线与其他图线相交时，都应在长画段（线段）处相交。

7）当细虚线是粗实线的延长线时，粗实线应画到分界点，留有空隙再画细虚线。当细虚线圆弧与细虚线直线相切时，细虚线圆弧应画到切点，而留有空隙再画细虚线直线。

8）轴线、对称中心线以及细双点画线作为中断线时，应超出相应轮廓线 2~5mm。

1.1.5 尺寸标注（GB 4458.4—2003）

1. 基本原则

1）机件的真实大小应以图样上所标注的尺寸数值为依据，与图形的大小及绘图的准确度无关。

2）图样中（包括技术要求和其他说明）的尺寸，以毫米为单位时，不需标注单位符号（或名称），如采用其他单位，则应注明相应的单位符号。

3）图样中所标注的尺寸，为该图样所示机件的最后完工尺寸，否则应另加说明。

4）机件的每一尺寸一般只标注一次，并应标注在反映该结构最清晰的图形上。

2. 尺寸标注的组成

一个完整的尺寸一般是由尺寸数字、尺寸线、箭头和尺寸界线所组成，如图 1-13 所示。

1）尺寸数字。用来表示所注机件尺寸的实际大小。

在机械图样中国家标准推荐尺寸数字采用字高为 3.5mm 的字，斜体。如图 1-13 所示。

尺寸数字不可被任何图线所通过，否则必须将该图线断开，如图 1-14 所示。

2）尺寸线。用来表示尺寸度量的方向。

尺寸线用细实线绘制。尺寸线应与所标注的线段平行；尺寸线不能用其他图线代替，不得与其他图线重合或画在其延长线上；尺寸线与图线及尺寸线之间距离应在 7~10mm 之间，如图 1-13、图 1-14 所示。

3）尺寸箭头。尺寸箭头是尺寸线终端的一种形式，它适用于各种类型的图样，其画法要求如图 1-15 所示。

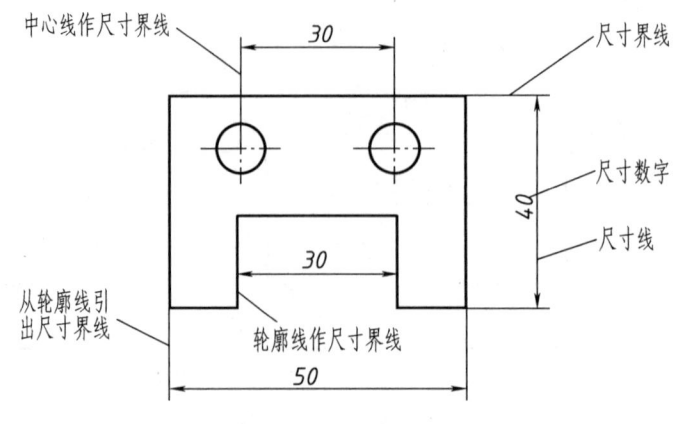

图 1-13 尺寸组成

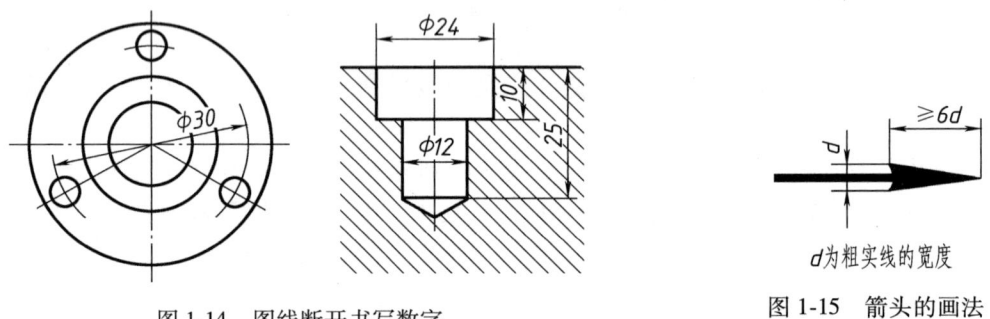

图 1-14 图线断开书写数字　　　　图 1-15 箭头的画法

4）尺寸界线。用来表示所注尺寸的范围。

尺寸界线用细实线绘制。应由图形的轮廓线、轴线或对称中心线引出，也可以利用图形轮廓线、轴线或对称中心线作为尺寸界线；尺寸界线一般应与尺寸线垂直，并超出箭头末端 2mm 左右，箭头与尺寸界线刚好相交。

3. 尺寸标注的有关规定

（1）线性尺寸标注

1）数字　标注线性尺寸时，水平方向尺寸数字应注写在尺寸线上方，数字头朝上；垂直方向数字写在尺寸线的左边，数字头朝左；倾斜方向的尺寸数字要保持字头朝上的趋势，如图 1-16 所示。图 1-16a 中所示 30°范围内应尽量避免标注尺寸。当无法避免时，也可按图 1-16b 的形式之一标注。必要时也允许注写在尺寸线的中断处。

2）尺寸线。标注线性尺寸时，尺寸线必须与所标注的线段平行。

（2）角度尺寸标注

1）数字。标注角度尺寸时数字一律水平方向书写，一般注写在尺寸线的中断处，如图 1-17a 所示。必要时也可按图 1-17b 的形式标注。

2）尺寸线　标注角度时，尺寸线应画成圆弧，其圆心是该角的顶点，如图 1-17 所示。

（3）直径、半径尺寸标注

1）标注直径尺寸时，应在尺寸数字前加注符号"ϕ"，标注半径时，应在尺寸数字前加注符号"R"；标注球的直径或半径时，应在符号"ϕ"或"R"前再加注符号"S"，如

图1-18、图1-19所示。

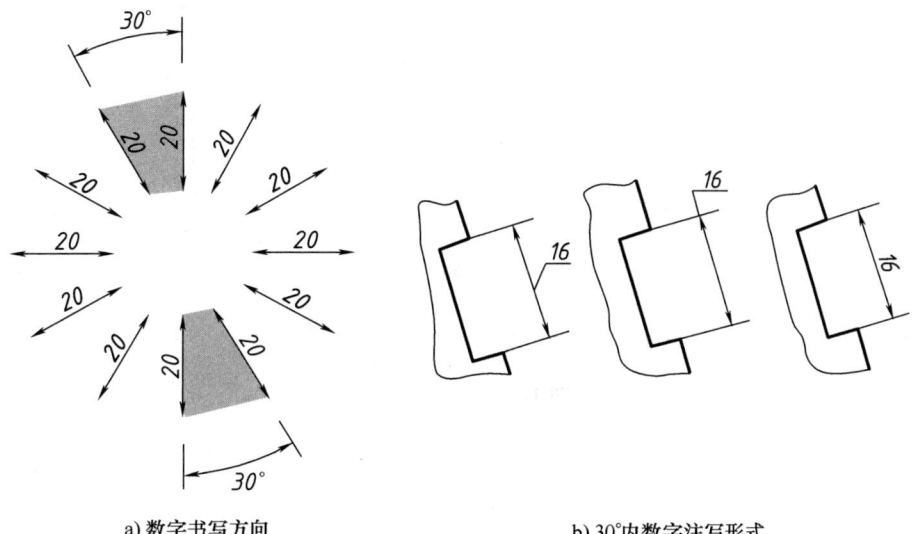

a) 数字书写方向　　　　　　　b) 30°内数字注写形式

图 1-16　线性尺寸数字注写方法

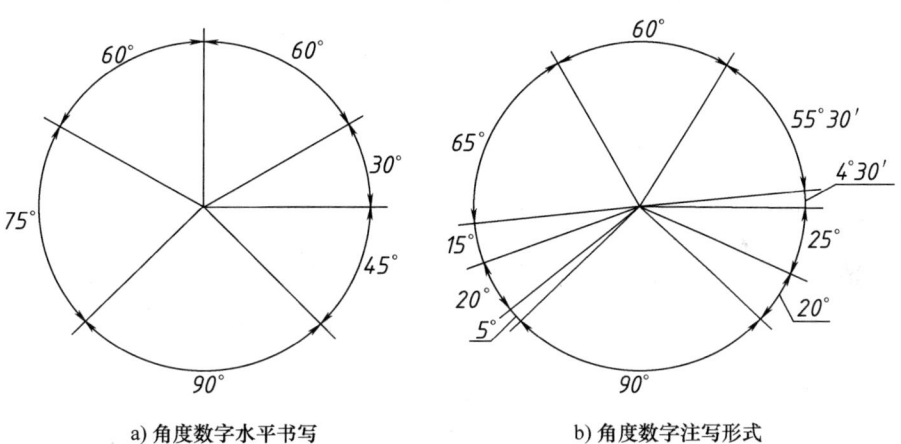

a) 角度数字水平书写　　　　　　b) 角度数字注写形式

图 1-17　角度数字的注法

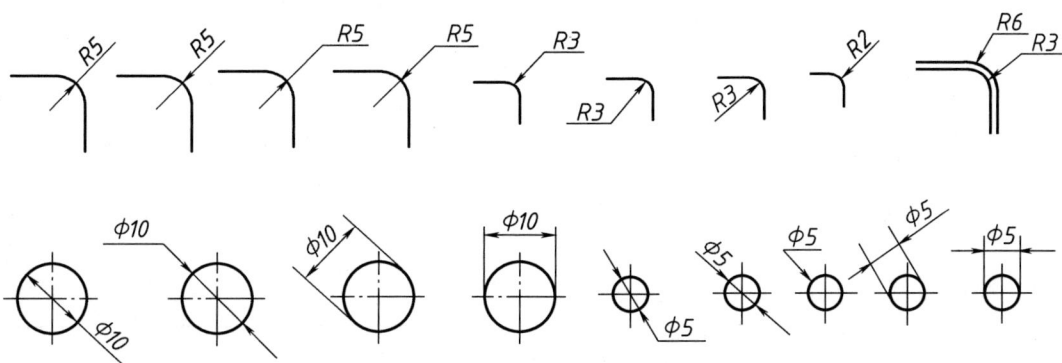

图 1-18　直径、半径尺寸标注示例

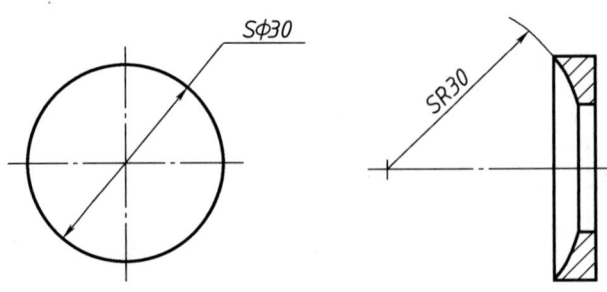

图 1-19　球尺寸标注

2）圆的直径和圆弧半径的尺寸注法如图 1-20 所示。当圆弧的半径过大无法标出圆心位置时，可按图 1-21a 的形式标注。若不需要标出圆心位置时，可按图 1-21b 的形式标出。

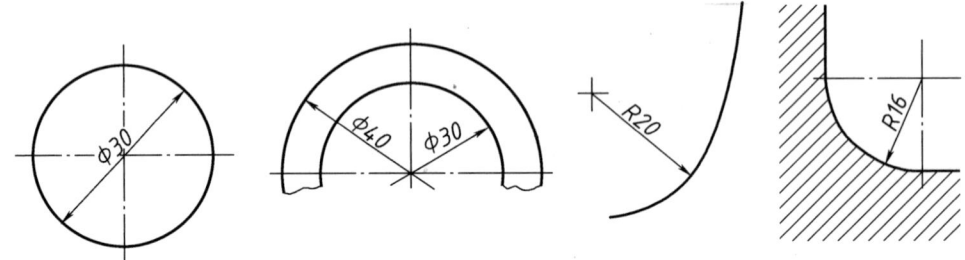

图 1-20　圆及圆弧的尺寸注法

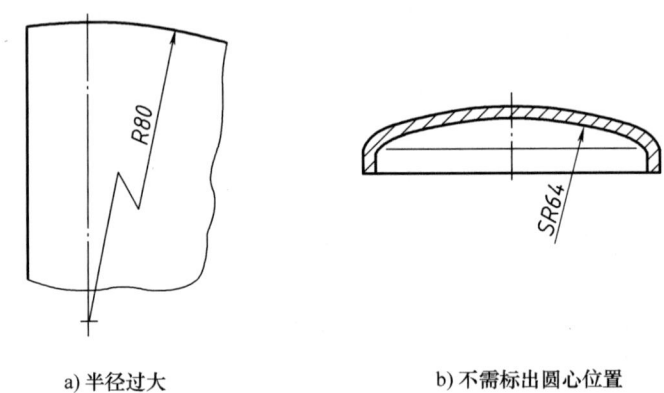

a）半径过大　　　　　　　　　b）不需标出圆心位置

图 1-21　大圆弧的尺寸注法

3）当需要指明半径尺寸是由其他尺寸所确定时，应用尺寸线和符号"R"标出，但不要注写尺寸数字，如图 1-22 所示。

4）当以圆弧为尺寸界线标注直径尺寸和标注半径尺寸时，尺寸线一定通过圆心或指向圆心，如图 1-18 ~ 图 1-22

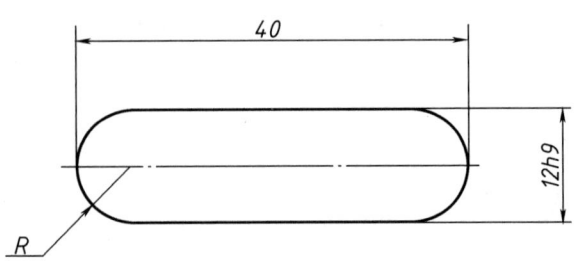

图 1-22　半径尺寸有特殊要求时的注法

所示。

（4）其他形式尺寸标注规定

1）当对称机件的图形只画出一半或略大于一半时，尺寸线的一端画出箭头，另一端略超过中心线，不必画出箭头，如图 1-23 所示。

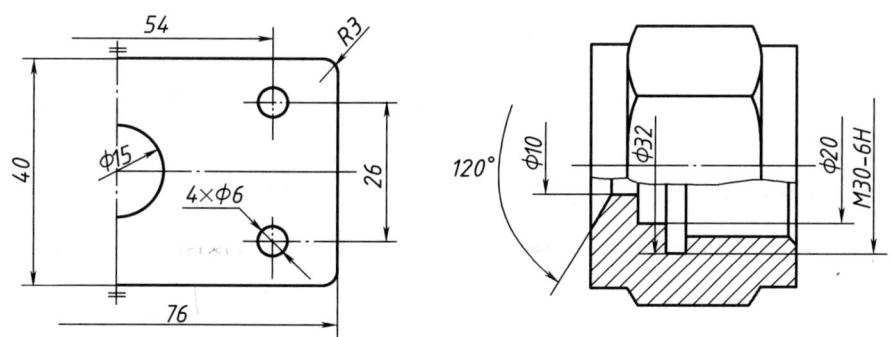

图 1-23　单箭头尺寸标注示例

2）当尺寸较小没有足够的位置画箭头或注写数字时，可按图 1-24 形式标注。

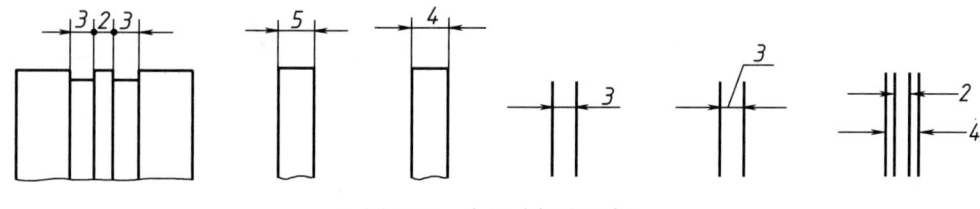

图 1-24　小尺寸标注示例

3）必要时也允许尺寸线与尺寸界线倾斜，如图 1-25 所示。

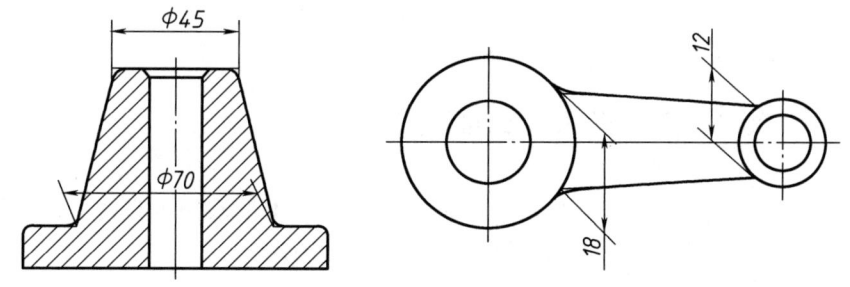

图 1-25　尺寸线与尺寸界线倾斜示例

4）弦长尺寸标注方法如图 1-26a 所示；标注弧长尺寸时，应在尺寸数字左方加注符号"⌒"，如图 1-26b 所示。

4. 尺寸标注示例

图 1-27 用正误对比的方法，指出了在标注尺寸时容易出现的错误。

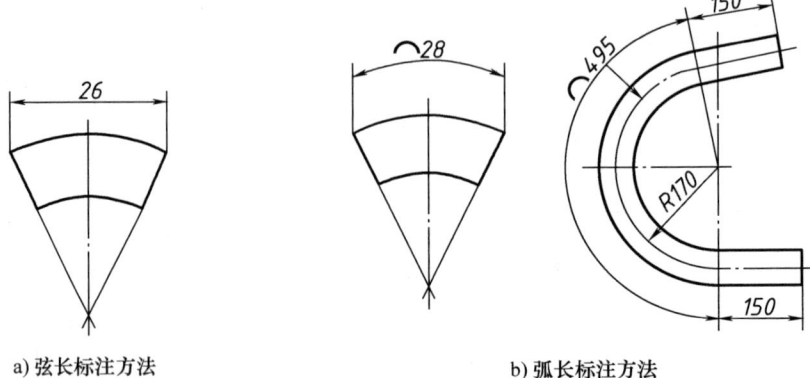

a) 弦长标注方法　　　　b) 弧长标注方法

图 1-26　弦长和弧长标注方法

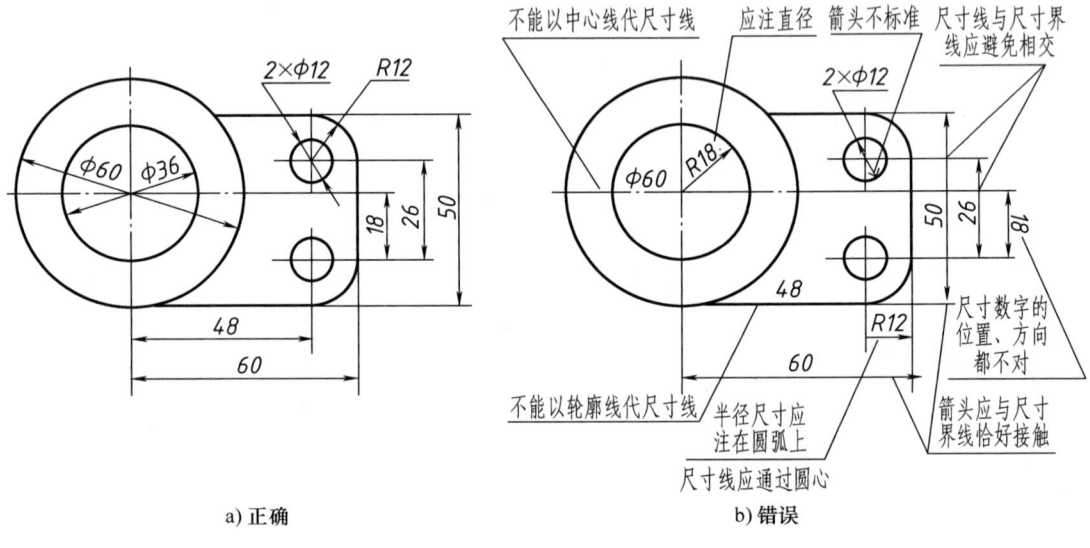

a) 正确　　　　b) 错误

图 1-27　尺寸标注的正误对比

1.2　几何作图及平面图形的画法

在机械图样中，零件的轮廓形状虽然多种多样，但基本上都是由直线、圆、圆弧和其他曲线组成的几何图形。因此，必须掌握常用的几何作图方法。

1.2.1　几何作图

1. 等分直线段

若将已知线段 AB 分作五等分，如图 1-28 所示。作图方法如下：

1）过端点 A 作任一辅助直线 AC，用分规在 AC 上量得五等分，得点 1、2、3、4、5，如图 1-28a 所示。

2）连接 5B，并过点 1、2、3、4 作 5B 的平行线分别与线段 AB 相交于点 1′、2′、3′、

4′,即为所求的线段 AB 的等分点,如图 1-28b 所示。

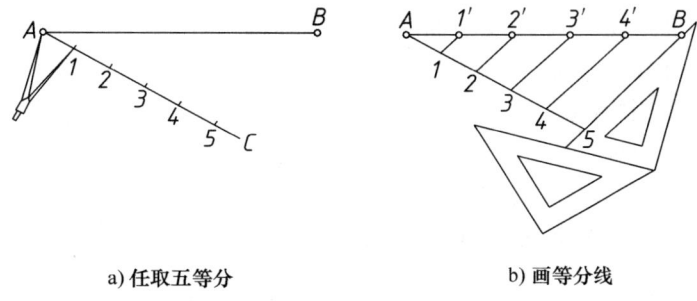

a) 任取五等分　　　　　　b) 画等分线

图 1-28　等分已知线段

2. 正多边形

图样中常见各种正多边形。表 1-5 介绍了正五边形、正六边形和以正七边形为例的正 n 边形的作图方法和步骤。

表 1-5　等分圆周和作正多边形

项目	方法和步骤	图示
六等分圆周和作正六边形	1. 圆规等分法。以已知圆的直径的两端点 A、B 为圆心,以已知圆的半径 R 为半径画弧与圆周相交,即得等分点,依次连接,即得正六边形	
	2. 30°~60°三角板与丁字尺配合作内接或外接圆的正六边形	
五等分圆周和作正五边形	平分半径 OB 得点 O_1,以 O_1 为圆心,O_1D 为半径画弧,交 OA 于点 E,以 DE 为弦在圆周上依次截取即得五个等分点,依次连接可得正五边形	
任意等分圆周及作正多边形	将直径 AB 分成与所求正多边形边数相同的等份,以点 B 为圆心,AB 为半径画弧,与直径 CD 的延长线相交于点 M、N,自点 M 或 N 作出一系列直线与 AB 上单数(或双数)等分点相连并延长交圆周于点 E、F、G、……,即为圆周等分点,依次连接可得正多边形	

3. 斜度和锥度

（1）斜度　斜度是指一直线或平面对另一直线或平面的倾斜程度。其大小用两直线或两平面间夹角的正切来表示，并且以 1∶n 的形式在图中标注，如图 1-29 所示。

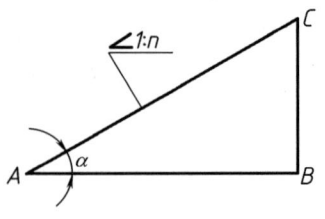

图 1-29　斜度

斜度 = $\tan\alpha$ = $BC:AB$

求作图 1-30a 所示斜楔的方法如下：

1) 作 $OB \perp OA$，在 OA 上任取 10 个单位长度于点 E，在 OB 上取 1 个单位长度于点 F，连接 EF 即为 1∶10 的斜度，如图 1-30b 所示。

2) 按尺寸定出点 D，过点 D 作线平行于 EF，即完成斜度作图，如图 1-30c 所示。

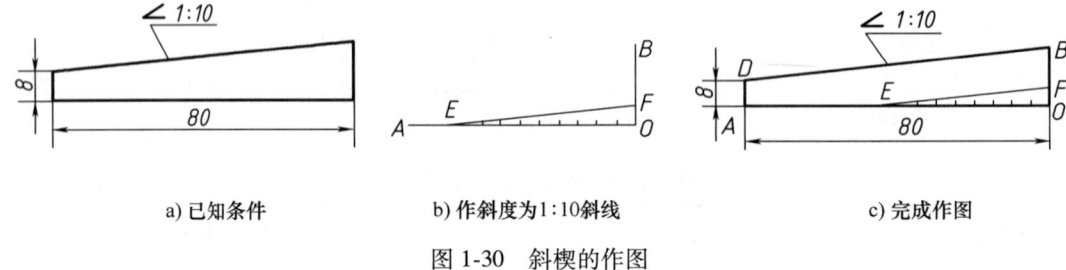

a) 已知条件　　　　b) 作斜度为1∶10斜线　　　　c) 完成作图

图 1-30　斜楔的作图

（2）锥度　锥度是指正圆锥的底圆直径与圆锥高度之比。如果是圆台，则为底圆直径与顶圆直径之差与高度之比，如图 1-31 所示。

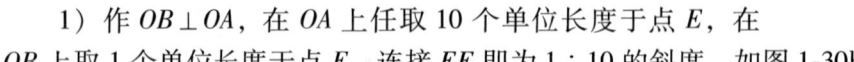

锥度 = $D/L = (D-d)/l = 2\tan\alpha$

通常，锥度也以 1∶n 的形式在图中标注，如图 1-32a 所示。

图 1-31　锥度

求作图 1-32a 所示图形的方法如下：

1) 由点 O 开始任取 5 个单位长度得点 C，在左端取直径为 1 个单位长度的圆，与纵轴相交得点 B_1 和 B_2，连接 B_1C 和 B_2C，即得锥度为 1∶5 的圆锥，如图 1-32b 所示。

2) 按尺寸定出点 A，过点 A 作直线平行于直线 CB_1，即完成锥度作图，如图 1-32c 所示。

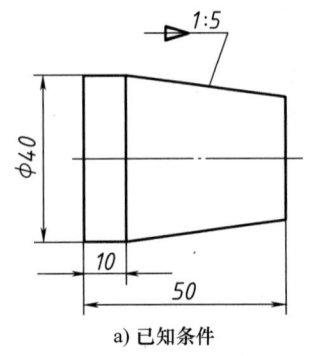 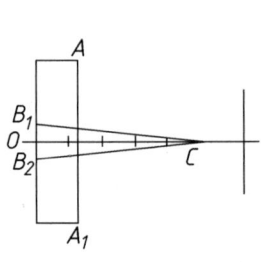 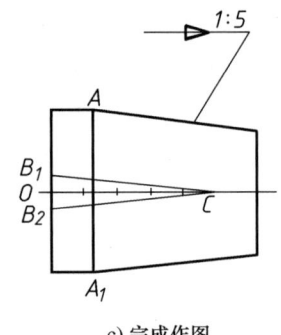

a) 已知条件　　　　b) 作1∶5锥度斜线　　　　c) 完成作图

图 1-32　锥度的作图

（3）斜度、锥度符号的画法　图1-33a为斜度符号的画法，图1-33b为锥度符号的画法。其线型宽度按$h/10$绘制，h为尺寸数字高度。

（4）斜度、锥度标注示例　符号标注应与图形的斜度、锥度的方向一致，如图1-34所示。

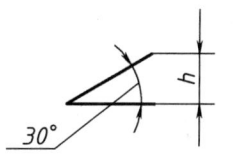
a) 斜度符号

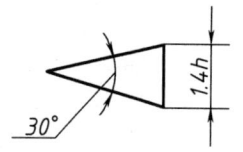
b) 锥度符号

图1-33　符号的规定画法

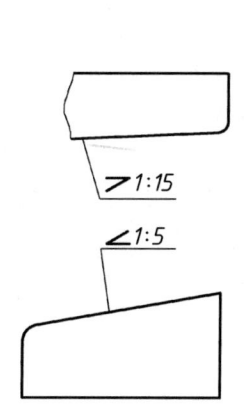

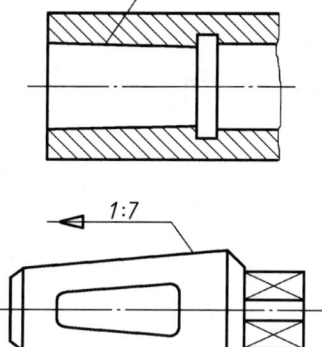

图1-34　斜度、锥度标注示例

4. 圆弧连接

绘制图样时，经常遇到由一条线（直线或圆弧）光滑地过渡到另一条线的情况，此光滑过渡就是几何元素间的光滑连接。也就是平面几何中的相切作图问题，切点就是连接点。制图中常见的是用已知半径的圆弧连接两已知线段。这个起连接作用的圆弧称为连接弧。如图1-35中所示，$R8$圆弧为连接弧，它将$\phi30$圆弧及水平方向的直线光滑地连接起来。

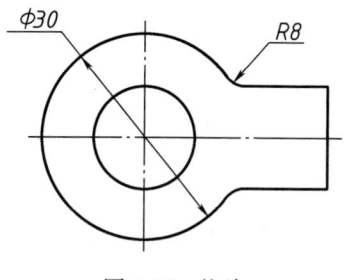

图1-35　垫片

圆弧连接的作图质量，关键在于准确地找出连接弧的圆心和连接点（切点）。

（1）圆弧连接的作图原理

1）与已知直线相切半径为R的圆弧，其圆心轨迹是与已知直线平行，且距离为R的直线。切点是由圆心向已知直线所作垂线的垂足，如图1-36a所示。

2）与已知圆弧（圆心O_1，半径R_1）相切半径为R的圆弧，其圆心轨迹为已知圆弧的同心圆。该圆的半径R_0需要根据相切情况而定。而切点为两圆弧的圆心连线O_1O与已知圆弧的交点。

两圆弧外切如图1-36b所示，$R_0=R_1+R$；两圆弧内切如图1-36c所示，$R_0=|R_1-R|$。

（2）圆弧连接的形式及作图步骤　圆弧连接有以下几种形式：

1）用圆弧连接两已知直线段。

2）用圆弧连接一已知直线段和一已知圆弧。

3）用圆弧连接两已知圆弧（其中有内切、外切、内外切3种情况）。

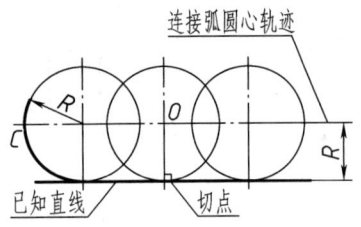
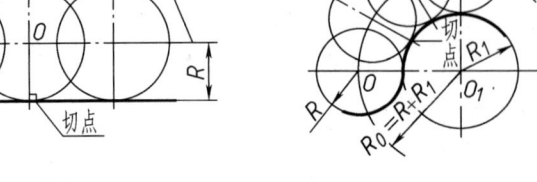
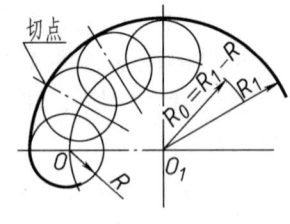

| a) 与已知直线相切 | b) 两圆弧外切 | c) 两圆弧内切 |

图 1-36 圆弧连接基本原理

圆弧连接的作图步骤：①根据已知条件及作图原理求连接弧圆心；②求连接弧与已知直线（或圆弧）的切点；③画连接弧。圆弧连接的几种形式及作图方法见表 1-6。

表 1-6 圆弧连接

连接形式	例题	作图步骤		
		求圆心	找切点	画圆弧
用圆弧连接两已知直线段	用半径为 R 的圆弧连接相交的两直线			
用圆弧连接已知直线段和圆弧	用半径为 R 的圆弧连接直线和圆弧			
用圆弧连接两已知圆弧，同时外切	作半径为 R 的圆弧同时外切于两已知圆弧			
用圆弧连接两已知圆弧，同时内切	作半径为 R 的圆弧同时内切于两已知圆弧			

（续）

连接形式	例题	作图步骤		
		求圆心	找切点	画圆弧
用圆弧连接两已知圆弧，内切和外切兼顾	作半径为 R 的圆弧内切于一已知圆弧并外切于另一已知圆弧			

5. 椭圆的画法

椭圆是最常见的非圆平面曲线，这里介绍两种常用画法。

1) 同心圆法画椭圆，如图 1-37 所示。

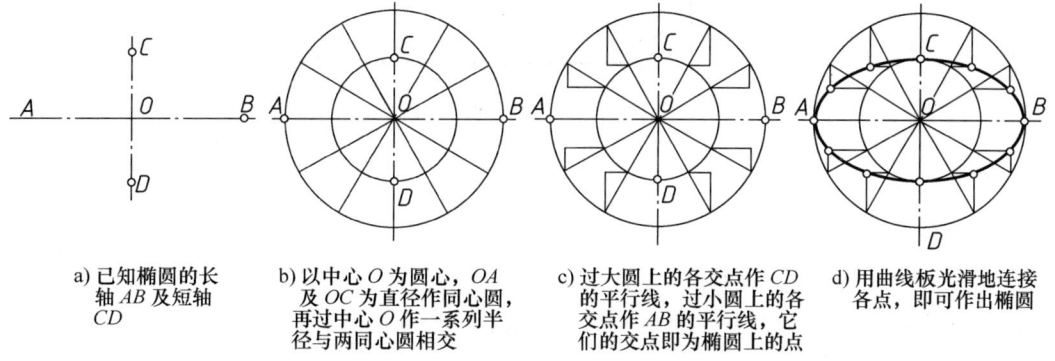

a) 已知椭圆的长轴 AB 及短轴 CD

b) 以中心 O 为圆心，OA 及 OC 为直径作同心圆，再过中心 O 作一系列半径与两同心圆相交

c) 过大圆上的各交点作 CD 的平行线，过小圆上的各交点作 AB 的平行线，它们的交点即为椭圆上的点

d) 用曲线板光滑地连接各点，即可作出椭圆

图 1-37 同心圆法画椭圆

2) 四心圆法画椭圆，如图 1-38 所示。

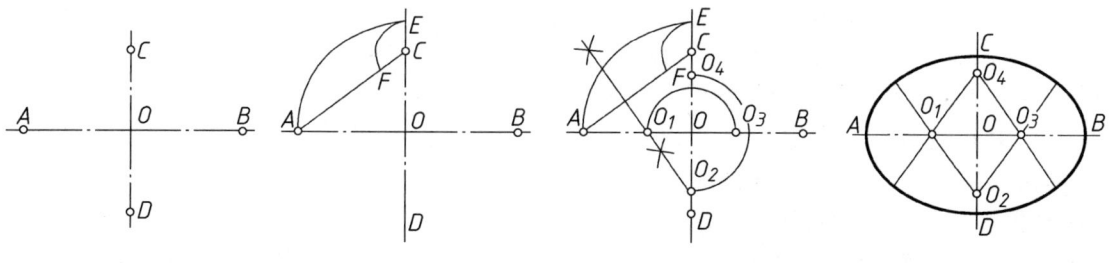

a) 已知椭圆的长轴 AB 及短轴 CD

b) 以点 O 为圆心，OA 为半径画弧交短轴于点 E，再以点 C 为圆心，CE 为半径画弧交 AC 于点 F

c) 作线段 AF 的垂直平分线，与长短轴分别相交于点 O_1 和 O_2，再取点 O_1、O_2 的对称点 O_3 和 O_4

d) 连接圆弧分段线 O_1O_2，O_2O_3，O_3O_4，O_1O_4。分别以点 O_1、O_3、O_2、O_4 为圆心，以 O_1A 和 O_2C 之长为半径画圆弧，即得近似椭圆

图 1-38 四心圆法画椭圆

1.2.2 平面图形的画法

1. 平面图形的尺寸分析

（1）尺寸基准　标注尺寸的起点称为尺寸基准。平面图形中有长和高两个方向，每个方向至少要有一个基准。一般常用平面图形的对称中心线、较大圆的中心线或图形的主要轮廓线作为尺寸基准，如图 1-39 所示。

（2）定形尺寸　确定平面图形上几何元素形状大小的尺寸。如线段的长度、圆弧的直径或半径及角度的大小等。如图 1-39 中 $\phi6$、$R6$、50 等。

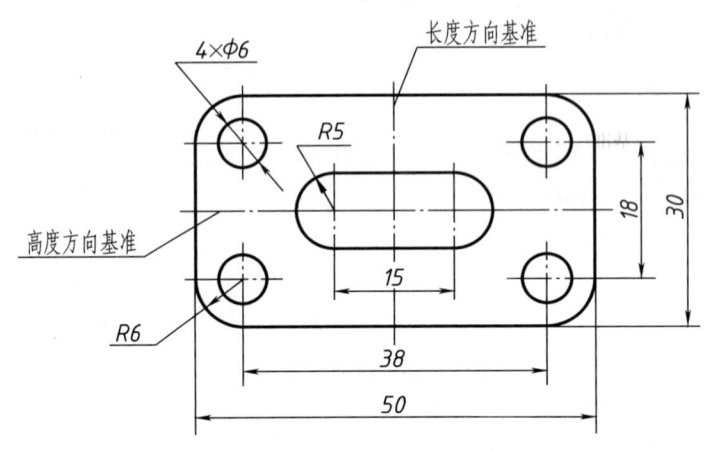

图 1-39　平面图形尺寸分析

（3）定位尺寸　确定平面图形上几何元素位置的尺寸；如圆心的位置、直线的位置等。如图 1-39 中 38、18 等。有时一个尺寸可以兼有定形和定位两种作用。

2. 平面图形的画法

（1）平面图形的线段分析　根据图形中所注尺寸，平面图形中可有三种不同性质的线段，如图 1-40 所示。

1）已知线段。给出定形尺寸和齐全的定位尺寸，可以直接画出的线段。如图 1-40 中 $\phi6$、$\phi14$ 均为已知线段。

2）中间线段。注出定形尺寸和一个方向的定位尺寸的线段。作图时需要依靠与相邻线段相切的几何关系求出另一定位尺寸。如图 1-40 中 $R25$。

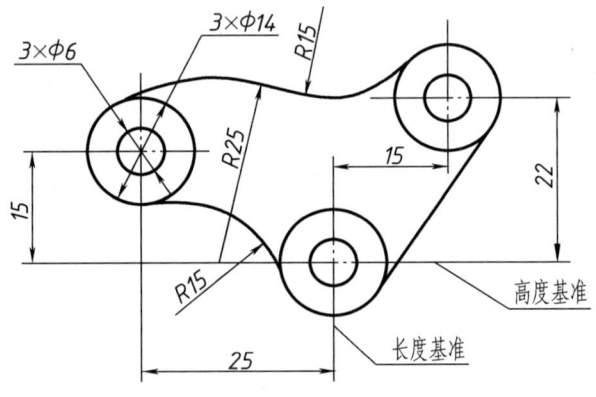

图 1-40　平面图形线段分析

3）连接线段。只有定形尺寸而没有定位尺寸的线段。作图时需要依靠与其两端相邻线段相切的几何关系用几何作图的方法画出。如图 1-40 中 $R15$。

（2）平面图形的作图步骤　对平面图形的尺寸和线段进行分析后，再作图。作图步骤如图 1-41 所示：

① 确定出所画图形在图纸中的恰当位置，并画出图形的主要位置线或图形的主要轮廓

线作为作图基准线,如图 1-41a 所示;②画已知线段,如图 1-41b 所示;③画中间线段,如图 1-41c 所示;④画连接线段,如图 1-41d 所示;⑤检查全图,加深图线;⑥标注尺寸,如图 1-40 所示。

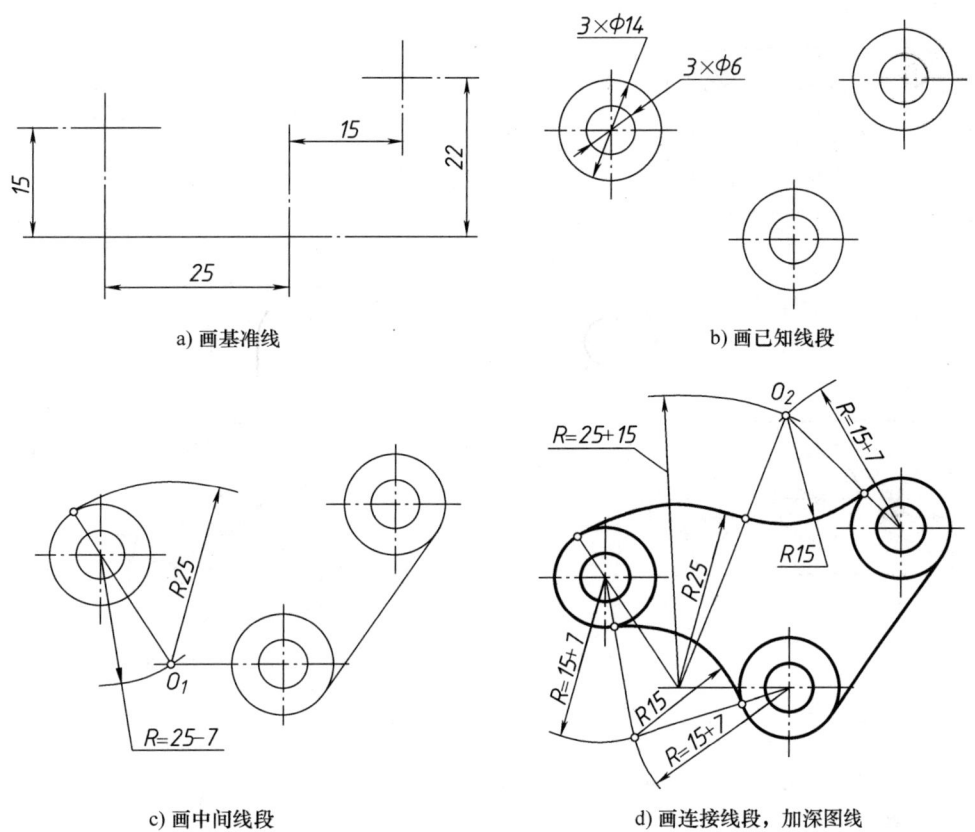

图 1-41 画图步骤

1.2.3 平面图形的尺寸标注

图形与尺寸的关系极为密切,能不能正确的画出图形,要看图样中所注尺寸是否齐全。标注平面图形的尺寸时,应遵守国家标准中的有关规定,注出平面图形的全部定形尺寸和必要的定位尺寸,如图 1-42 所示。

1. 标注尺寸的方法和步骤

1) 分析图形结构,确定尺寸基准。较复杂的图形在一个方向上可能有多个基准,应确定一个为主要基准,其他为辅助基准。

2) 标注各部分的定形尺寸和定位尺寸。

2. 标注尺寸的要求

尺寸标注要做到正确、完整、清晰。

正确——要按照国标中有关规定进行标注。

完整——尺寸要标注齐全,既不能遗漏,也不要多余,必须唯一地确定图形上各部分结构的形状大小及位置。

清晰——为了方便看图，一般将尺寸安排在明显处。相平行的几个尺寸将小尺寸安排在里（靠近图形），大尺寸安排在外，避免尺寸线与尺寸界线相交。尺寸布局要合理整齐。

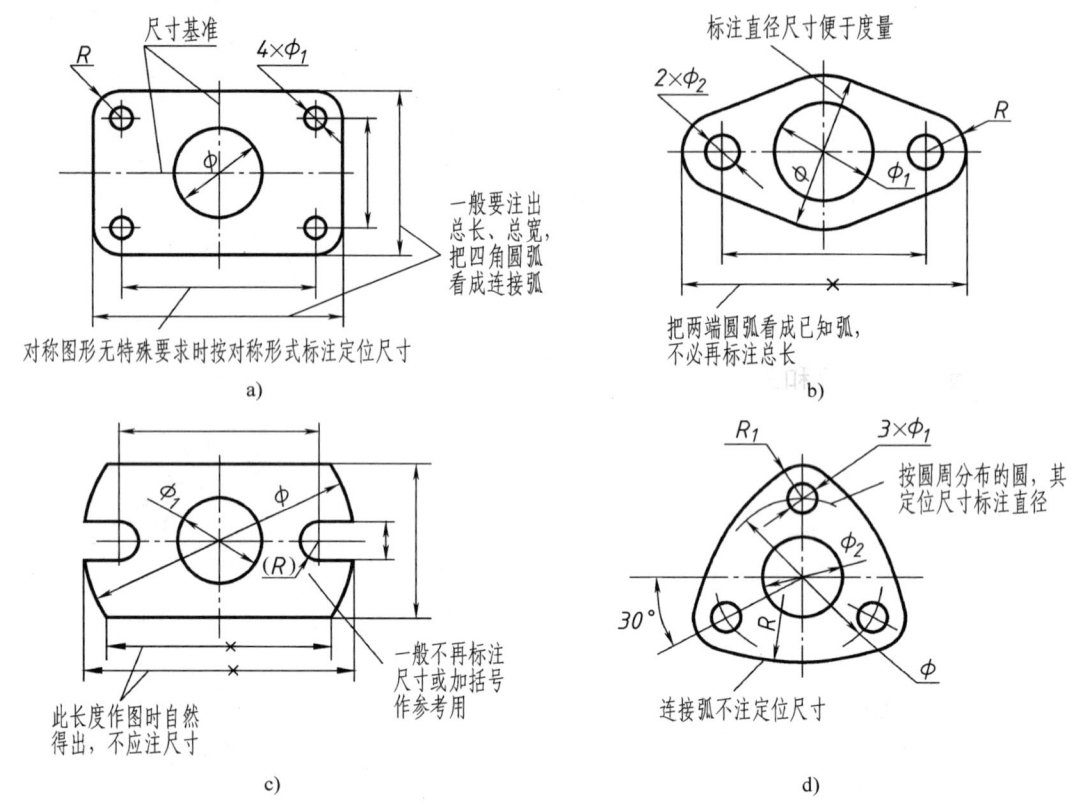

图1-42 平面图形尺寸注法示例

1.3 绘图工具和仪器的使用方法

正确地使用绘图工具和仪器，对保证绘图质量和提高绘图速度起着重要的作用。经常进行绘图实践，不断总结经验，才能逐步提高绘图技能。

常用的绘图工具和仪器有：铅笔、图板、丁字尺、三角板、圆规、分规、比例尺、曲线板、直线笔（又称鸭嘴笔）、量角器、擦图片等。

1.3.1 铅笔

绘图时要使用"绘图铅笔"，并建议准备以下几种铅笔：
HB或B用于绘制粗线、虚线及细线。
H用于书写汉字、字母、数字及画箭头等。
2H用于绘制图样底稿。
图1-43a所示的铅芯形状用于绘制图样底稿、书写汉字、字母、数字及画箭头等。
图1-43b所示的铅芯形状用于绘制图样中粗线及各种细线。至少准备两支，一支画粗线，其宽度d为0.7mm或1mm，另一支画细线其宽度为$d/2$。

第1章 制图基本知识

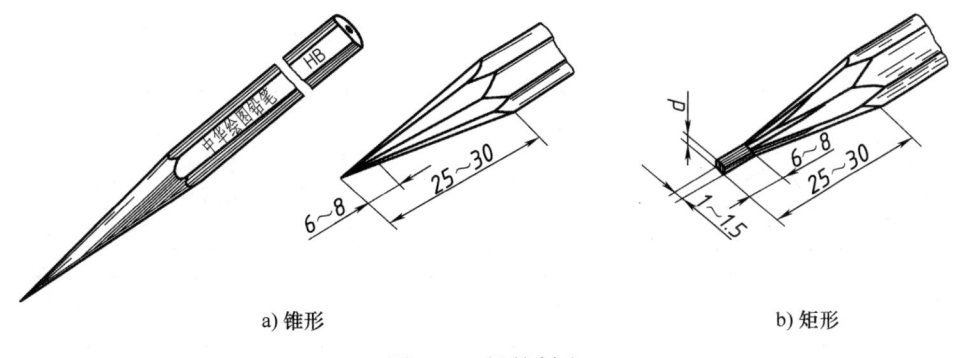

a) 锥形   b) 矩形

图 1-43 铅笔削法

1.3.2 图板、丁字尺和三角板

手工绘制图样时图板、丁字尺和三角板必须配合使用。

1. 图板

图板的两个侧面是丁字尺的导轨面，必须平直光滑。图纸用透明胶带纸固定在图板的适当位置上，如图 1-44 所示。

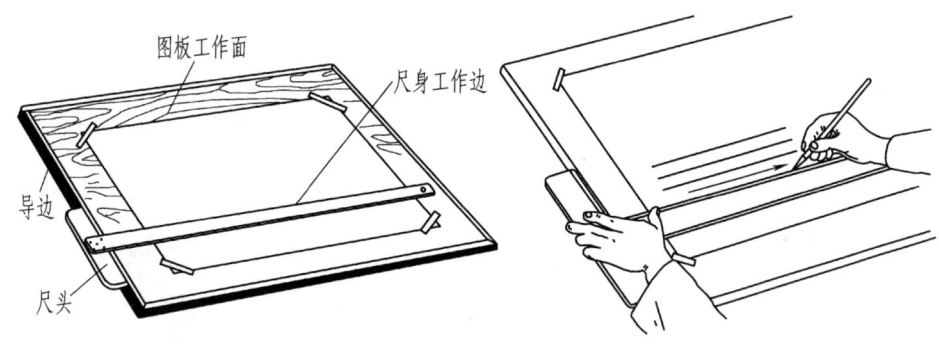

图 1-44 图板、丁字尺及使用方法

2. 丁字尺和三角板

丁字尺用于绘制水平线。画线时左手握尺头并使其始终靠紧图板的左侧导轨面上下移动，自左向右画，如图 1-45 所示。三角板分 45°和 30°、60°两块，它们与丁字尺配合用于画垂直线和 15°角整数倍的倾斜线，如图 1-45、图 1-46 所示。

1.3.3 圆规与分规

1. 圆规

圆规用于画圆及圆弧，画图以前必须做好准备工作：

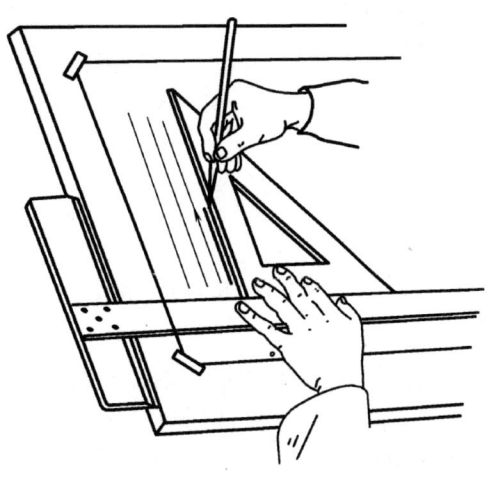

图 1-45 垂直方向线段的画法

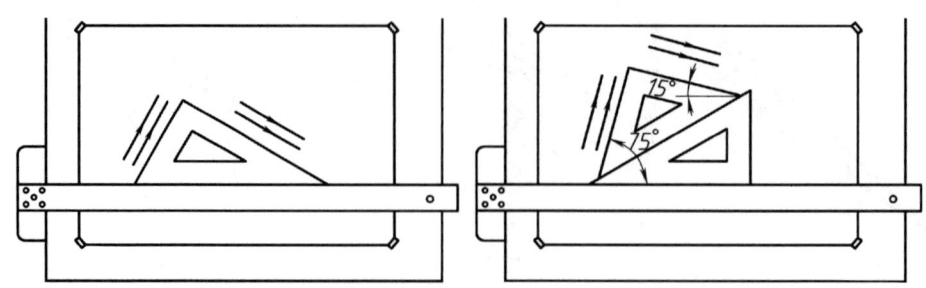

图 1-46 斜线的画法

1）磨好圆规上的铅芯。铅芯应准备两种，如图 1-47 所示。图 1-47a 所示铅芯用于绘制底稿，图 1-47b 所示铅芯用于加深，铅芯的宽度与绘制同类直线的铅笔的铅芯宽度保持一致。

2）调整好圆规上针脚的高度。针尖应调整得比铅芯略长一些，正确的调整方法如图 1-48 所示。

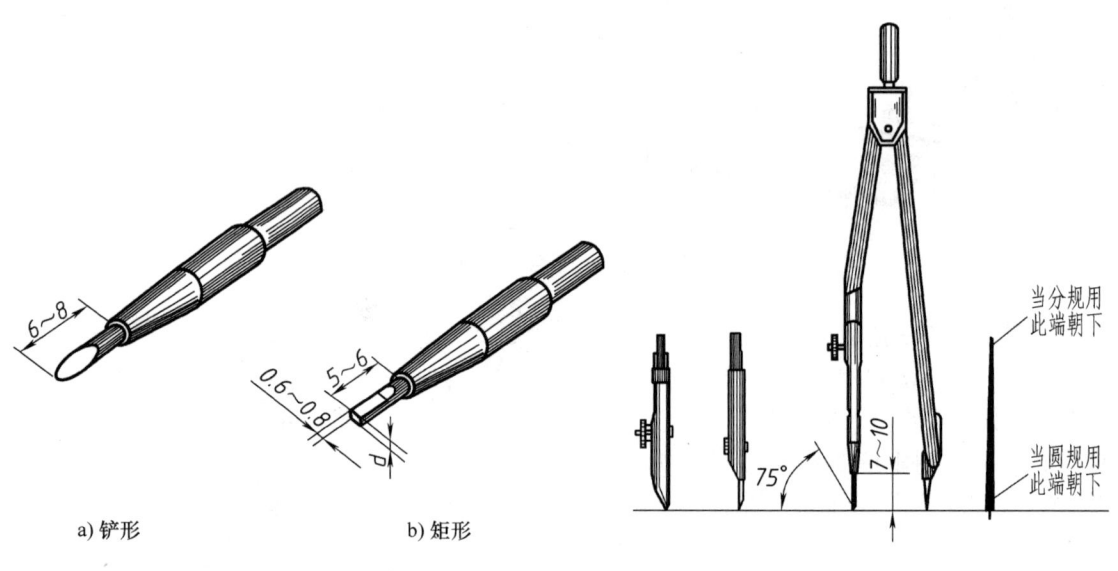

图 1-47 圆规铅芯削法　　　　图 1-48 圆规调整图

绘制圆和圆弧时圆规的钢针和铅芯应与图面垂直，如图 1-49 所示。画较大的圆时，可利用加长杆，画较小的圆时可利用弹簧规或点圆规。

2. 分规

分规是用来截取尺寸和等分线段的，用法如图 1-50 所示。

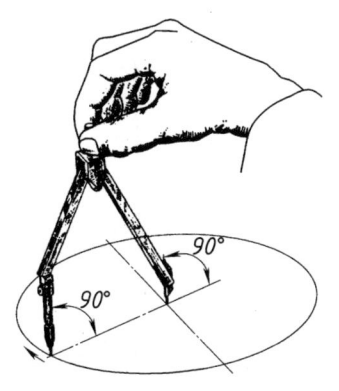  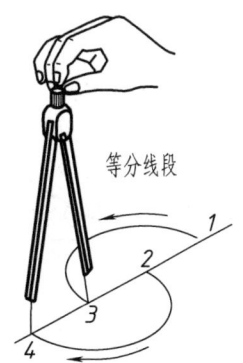

图 1-49　圆规正确使用方法　　　　　　　图 1-50　分规使用方法

1.4　绘图的方法和步骤

绘制图样一般有两种方法，计算机绘图和手工绘图。计算机绘图就是利用绘图软件包进行绘图，由绘图机或打印机输出图形。手工绘图又分为两种，仪器绘图和徒手绘图。徒手绘图不用借助其他工具，徒手用铅笔目测比例画图。仪器绘图就是借助于图板、丁字尺、三角板及圆规等绘图工具画图。

本节介绍徒手绘图和仪器绘图，计算机绘图见第 11 章。

1.4.1　徒手绘图

不用仪器而徒手画的图就是徒手图，也叫草图。徒手图也不能潦草，图线要粗细分明，图形整体比例匀称，字体工整。徒手图常用于零件测绘，一般先绘制零件草图（即以目测比例、徒手绘制的零件徒手图），再测量和确定技术要求，最后由零件草图整理成零件工作图（即零件图），为设计机器、修配零件和准备配件创造条件。必要时，徒手绘制的零件草图还可直接用来制造零件。所以徒手绘图是与仪器绘图同样重要的绘图技能。徒手图必须具备零件图应有的全部内容，做到图形正确，比例适当，表达清晰，尺寸完整、合理，图面整洁，字体工整，线型分明，并注写包括技术要求等有关内容。

1. 图形中常用图线的徒手绘图方法

徒手绘图一般可选规格为 HB 和 H 的铅笔，在带有浅色方格的纸上进行。绘图时尽量使图形中的直线与分格线重合，这样不但容易画好图线，而且便于控制图形的大小和图形间的相互关系。绘图时小指轻触纸面，为了顺手还可随时将图纸转动适当的角度。图形中最常用的图线画法如下：

（1）直线的画法　画直线时，铅笔在起点，眼睛要注意线段的终点，以保证直线画得平直，方向准确。画 30°、45°、60°等特殊角度的斜线时，按直角边的近似比例定出端点，再连成直线，如图 1-51 所示。

（2）圆的画法　画小圆时，先按半径大小在中心线上截取四点，然后分四段逐步连成圆，如图 1-52a 所示。画大圆时，还可通过圆心画两条与水平线成 45°的射线，共取八个点，

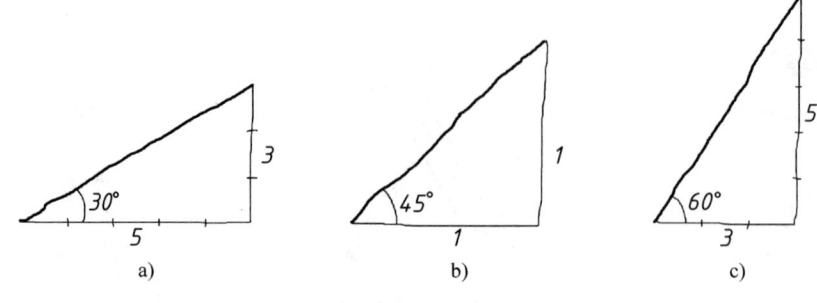

图 1-51 特殊角的画法

分八段画出,如图 1-52b 所示。

此外,也可利用直尺或通过转动图纸的方式作圆,如图 1-53 所示。

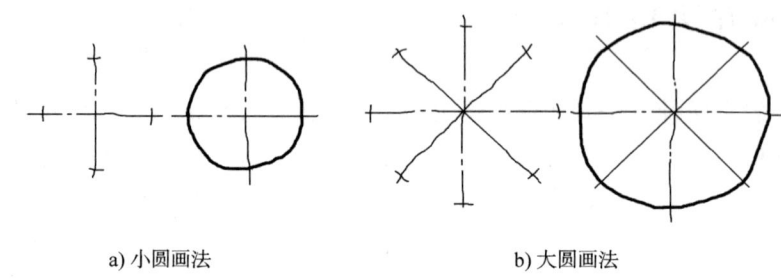

a) 小圆画法　　　　　　　　b) 大圆画法

图 1-52 徒手画圆方法（1）

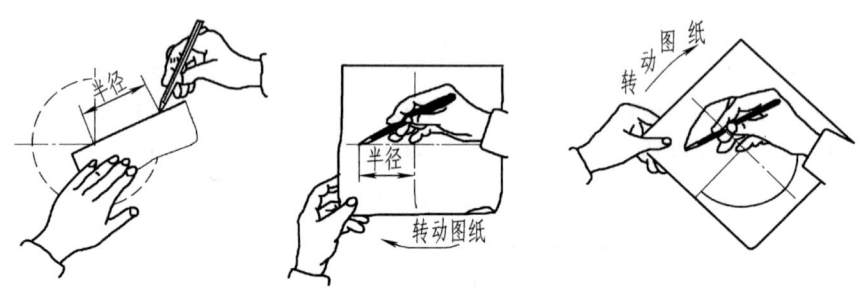

图 1-53 徒手画圆方法（2）

（3）椭圆的画法　徒手画椭圆的方法如图 1-54、图 1-55 所示。

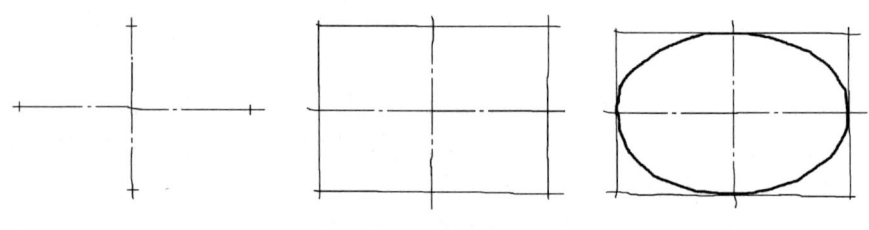

图 1-54 椭圆画法（1）

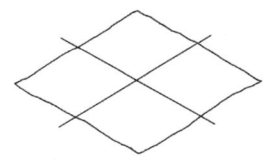 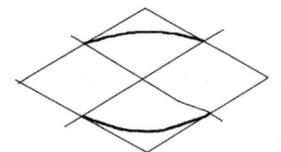 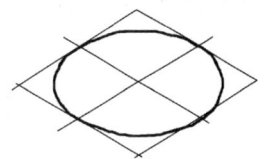

图 1-55　椭圆画法（2）

2. 绘制零件徒手图

（1）绘制零件徒手图的准备工作

1）了解分析测绘对象。首先了解零件的名称、用途和材料。其次对零件进行结构分析，因为零件的每个结构都有一定的功用，所以必须弄清它们的结构，这对失效的零件尤为重要。在分析的基础之上，才能完整、清晰、简便地表达它们的结构形状，并且完整、合理、清晰地标出它们的尺寸。最后，对零件进行工艺分析，拟定零件的加工顺序。

2）拟定零件的表达方法。在以上分析的基础之上，确定零件的主视图，视图数量和表达方法。视图表达方案要求：完整、正确、清晰和简练。

（2）画零件徒手图的方法和步骤　以第 9 章图 9-11 所示球阀阀盖为例。

1）在图纸上定出各视图的位置。画出各视图的基准线、中心线，如图 1-56a 所示。布置各视图的位置时，要考虑到各视图间应留有标尺寸的地方，留出右下角标题栏的位置。

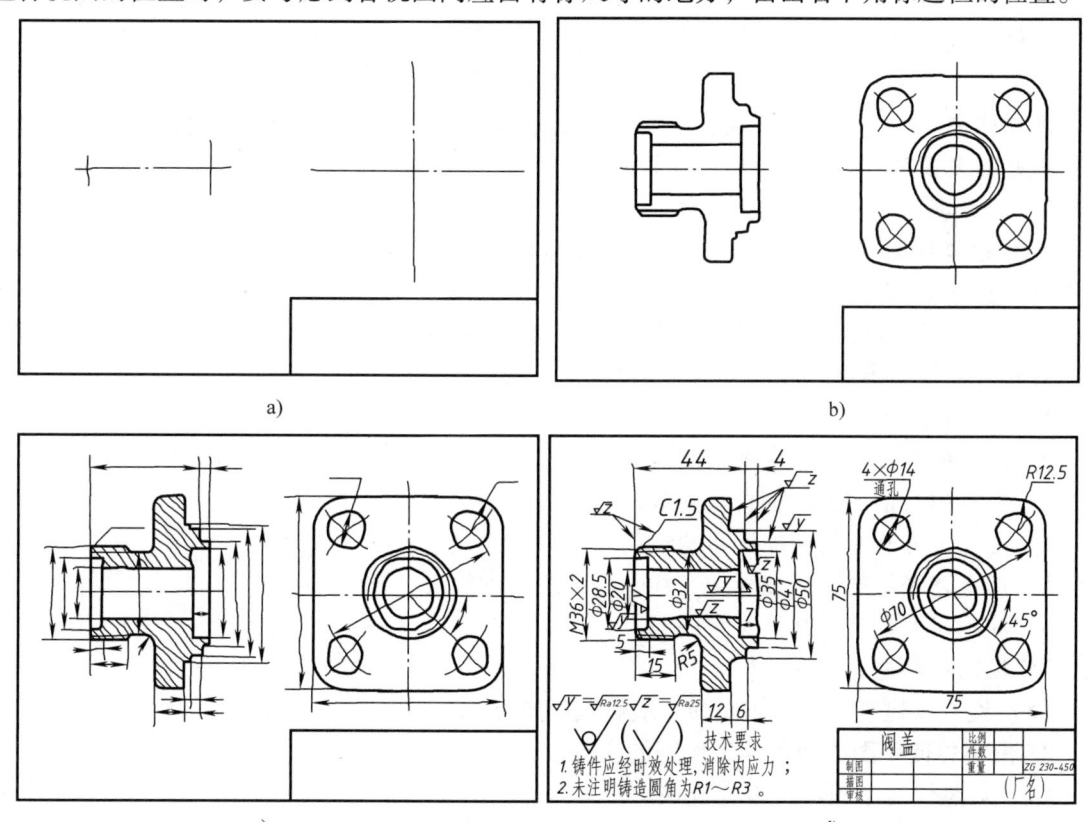

图 1-56　画零件草图的步骤

2）以目测比例详细地画出零件的内部和外部的结构形状，如图 1-56b 所示。

3）选定尺寸基准，画出全部的尺寸界线，尺寸线和箭头。注出零件各表面粗糙度符号，经仔细校核后，将全部轮廓线加深，画出剖面线。熟练时，也可一次画好，如图 1-56c 所示。

4）测量尺寸，定出技术要求，并将尺寸数字记入图中，填好标题栏，如图 1-56d 所示。应该把零件的全部尺寸集中在一起测量，使有联系的尺寸能够联系起来，这不但可以提高效率，还可以避免错误和遗漏尺寸。

1.4.2 仪器图

利用绘图工具和仪器，手工绘制的工程图样称为仪器图。仪器图对图线、字体及图面质量等要求都很高。为了保证图样的质量和绘图速度，除了正确地使用绘图工具外，还必须掌握正确的绘图程序和方法。

1. 正确的绘图程序和方法

（1）做好绘图前的准备工作　绘图位置要选好，使光线由左前方射入。备齐绘图工具，削、磨好铅笔和圆规上的铅芯。然后将绘图工具三角板、丁字尺等洗净擦干。绘图工具要摆放在适当位置。

（2）布置图纸　根据实际图形的大小及复杂程度选定作图比例、确定图纸幅面的大小。固定好图纸以后，先轻轻画出图框线和标题栏，再考虑将图形布置在图面的适当位置，使图形在图框中显得匀称，并注意留出标注尺寸和技术要求的位置。

（3）绘制底稿　绘制底稿要用较硬的（如 2H）铅笔，并将铅笔磨尖了轻轻地画。要将图形的对称中心线、主要位置线和主要轮廓线作为作图基准线开始画。画出各图形，认真检查校核并擦去多余的图线，画出尺寸线和尺寸箭头，底稿画好后，要进一步检查，确保图线合格。

（4）铅笔加深或上墨加深　上墨的图样是在描图纸上用墨线描绘。上墨的步骤与铅笔加深的步骤基本相同。加深时应先加深图形，并应尽量将同一类型、同样粗细的图线一起加深。为提高图面质量，加深图形的总原则是：先图形后图框，先粗线后细线，先圆弧后直线。并建议按如下步骤进行：

1）加深粗线圆或圆弧。
2）由上向下依次加深水平粗实线。
3）由左向右依次加深垂直粗实线。
4）由左上方开始依次加深粗斜线。
5）按上述序号的顺序加深细实线、点画线、虚线。
6）注写尺寸数字及其他文字说明。
7）填写标题栏、加深图框。

（5）检查　检查全图并作修饰，最后裁好图纸。

2. 由零件徒手图绘制零件工作图的步骤

（1）对零件徒手图进行审查校核

1）表达方案是否完整、清晰和简便。
2）零件上的结构形状是否有多、少、损坏、疵病等情况。

3）尺寸标注得是否正确、完整、清晰与合理。
4）技术要求是否满足零件的性能要求，而且经济效益较好。
（2）画零件工作图
根据审查校核情况对零件徒手图进行完善，按照前述仪器图的正确的绘图程序和方法将零件徒手图绘制成零件工作图。注意：尽量选用1∶1的绘图比例和标准的图纸幅面。

实践与思考

1. 对直线和圆进行徒手作图练习，体会提高徒手绘图速度和作图质量的方法。
2. 对齿轮油泵中比较简单的零件采用合适的表达方法和目测比例绘制徒手图。
3. 借助手边测量工具，开动脑筋，对徒手绘制的零件测绘尺寸并正确标注。
4. 将球阀阀盖徒手图图 1-56d 整理成仪器图。

第 2 章

投影法及几何元素的投影

主要内容

1. 正投影及正投影的基本特性。
2. 点在三面投影体系中的投影规律。
3. 直线的投影，各种位置直线的投影特性，求一般位置线段的实长及直线上的点。
4. 平面的投影，各种位置平面的投影特性，平面上的点和直线。

在工程中，各种机械零部件都需要用一定的方法绘出。本章将介绍绘制工程图样的基本投影方法及理论，重点学习正投影法及其投影特性，研究点、直线、平面等几何元素的投影规律及特性，为求立体、组合体及零部件的投影奠定基础。

2.1 投影法概述

空间物体在光线照射下，会在地面、墙面等平面上投下影子，这是日常生活中常见的投影现象。如图 2-1 所示，光源 S 发射无数条光线，在平面 H 上得到不透明三角形的影子。投影法就是根据这一现象，经过科学总结和抽象思维归纳而来的。把光源 S 称为投射中心，光线称为投射线，H 平面称为投影面。投射线通过物体，将物体所有表面向选定的投影面投射，并在该面上得到图形的方法叫投影法。

2.1.1 投影法分类

在工程上，常用各种投影方法绘制工程图样。常见的投影法有两类：中心投影法和平行投影法。

1. 中心投影法

投射线都汇交于投射中心的投影法称为中心投影法。如图 2-1 所示，过点 S 与 △ABC 的顶点 A、B、C 作投射线 SA、SB、SC，其延长线与投影面 H 相交，得到空间点 A、B、C 在投影面 H 上的投影 a、b、c，从而得到 △ABC 在投影面 H 上的投影 △abc。各条投射线都汇交于投射中心 S。

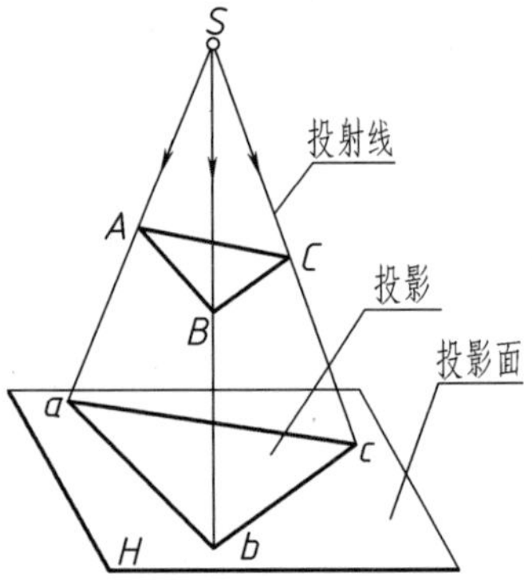

图 2-1 中心投影法

中心投影法的特点是：物体投影的大小会随着投射中心、物体、投影面三者的相对距离而发生变化，不能很好地反映原物体的真实形状和大小。但采用中心投影法能绘制出立体感很强的透视图，故常用来绘制建筑物的外观图。

2. 平行投影法

若将投射中心 S 移至无穷远处，则所有的投射线可视为互相平行，这种投射线互相平行的投影法，称为平行投影法，如图 2-2 所示。

根据投射线与投影面的相对位置，平行投影法又分为斜投影法和正投影法。

投射线与投影面倾斜的平行投影法称为斜投影法，如图 2-2a 所示。投射线垂直于投影面的平行投影法称为正投影法。如图 2-2b 所示。

正投影的投射方向垂直于投影面，更能真实地表示物体的形状和大小，因此机械图样大多采用正投影法绘制，为了简便，将"正投影"简称为"投影"。

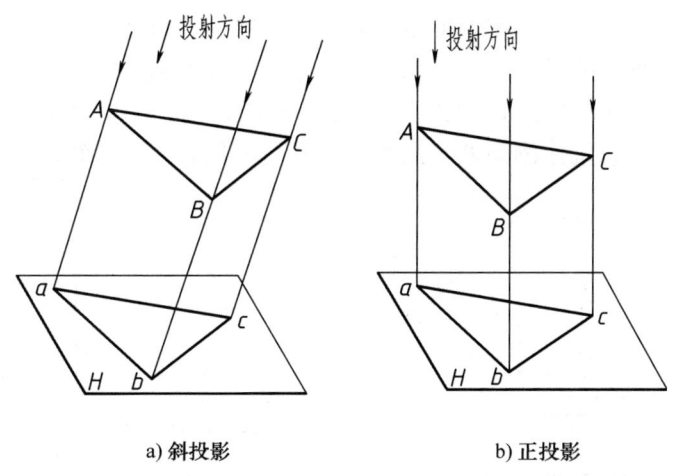

a) 斜投影　　　　　　　　b) 正投影

图 2-2　平行投影法

2.1.2　正投影的基本特性

1. 实形性

当直线段或平面图形平行于投影面时，其投影反映直线段的实长或平面图形的实形，这种性质称为实形性，如图 2-3a 所示。

2. 积聚性

当直线段或平面图形垂直于投影面时，直线的投影积聚为一个点，平面的投影积聚成一条直线，这种性质称为积聚性，如图 2-3b 所示。

3. 类似性

当直线段或平面图形倾斜于投影面时，直线段的投影仍为直线段，平面图形的投影仍为平面图形，但直线段或平面图形的投影小于实长或实形，这种性质称为类似性。如图 2-3c 所示，直线段 ab 为 AB 在 H 面上的投影，比实长短；平面图形 CDE 的投影 cde 为图形 CDE 的类似形，图形的基本特征不变，但面积变小。

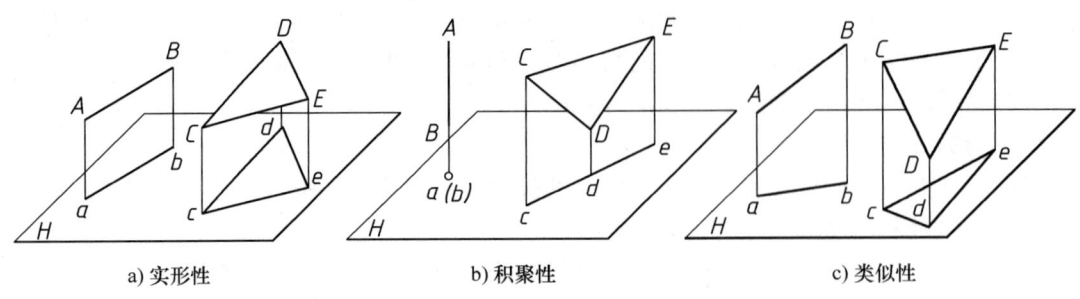

a) 实形性　　　　　　　　b) 积聚性　　　　　　　　c) 类似性

图 2-3　正投影的基本特性

2.1.3　工程上常用的投影图

1. 多面正投影图

用正投影法，仅凭一个投影图不能唯一确定空间物体的形状和位置，可以将物体投射到两个或两个以上相互垂直的投影面上，然后再将这些投影面连同投影展开到同一个平面上，得到的投影图称为多面正投影图，如图2-4所示。多面正投影图能准确表达空间物体的实际形状和大小，度量性好，且作图简便，虽然直观性差，但在工程界得到了广泛的应用。

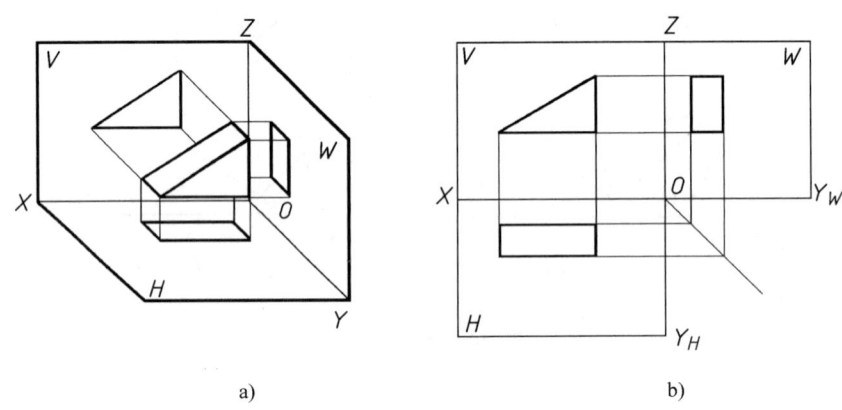

a)　　　　　　　　　　　　b)

图 2-4　多面正投影

2. 轴测投影图

用平行投影法将物体连同确定其空间位置的直角坐标系，沿不平行于任一坐标面的方向投射到单一投影面上所得到的图形，称为轴测投影图，简称轴测图。如图2-5所示为按斜投影法绘制的轴测图。轴测图直观性较好，但其度量性不够理想，在工程中经常作为辅助图样使用。

3. 透视图

用中心投影法，将物体投射到单一投影面上所得到的图形称为透视投影图，简

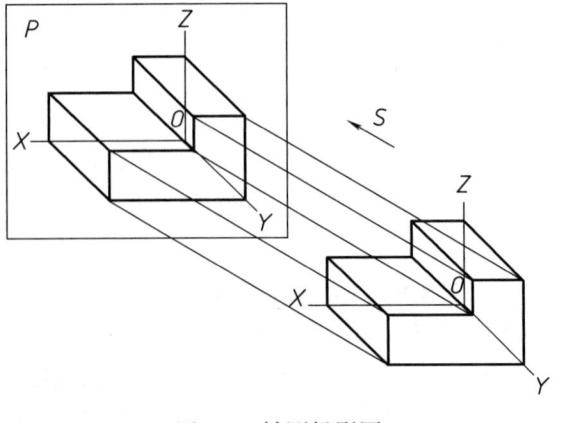

图 2-5　轴测投影图

称透视图，如图 2-6 所示。透视图直观性较强，但度量性差，一般用于绘画和建筑设计中。

4. 标高投影图

标高投影图是假想用一组高差相等的水平面切割物体（地面），将所得的一系列交线（称等高线）用正投影法投射在水平投影上，并用数字标出这些等高线的高度尺寸而得到的投影图，是一种单面正投影图，如图 2-7 所示。标高投影图多用来表达不规则曲面，如地形图。

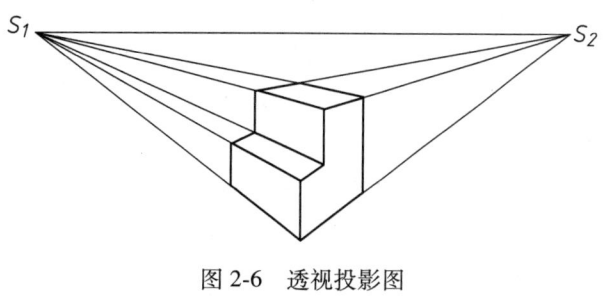

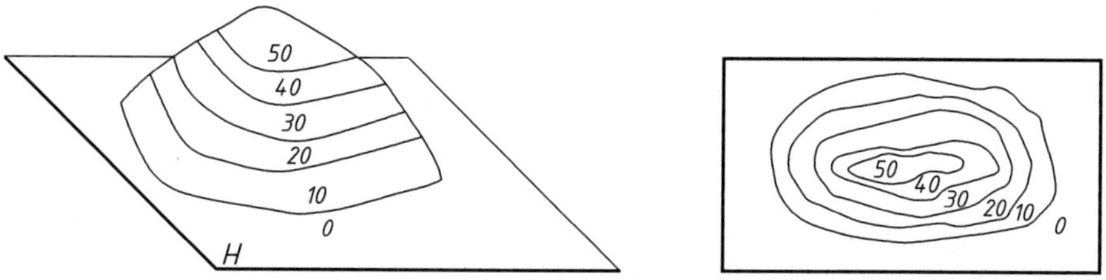

图 2-6 透视投影图

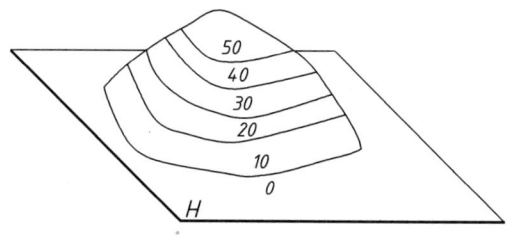

图 2-7 标高投影图

2.2 点的投影

任何形体都是由点、直线、平面等几何元素构成的，要正确地绘制和阅读形体的投影图，必须掌握点、直线、平面等几何要素的投影特性。点是最基本的几何元素，因此点的投影规律是研究其他几何元素投影特性的基础。

2.2.1 点的两面投影

过空间点 A 作一投射线垂直于投影面 H，投射线与 H 面的交点 a 为空间点 A 在投影面 H 上的投影，如图 2-8 所示。但投影面上的点 a 可认为是投影线上任意点（如点 A、A_0 等）的投影，所以点的单面投影不能确定出空间点的位置。

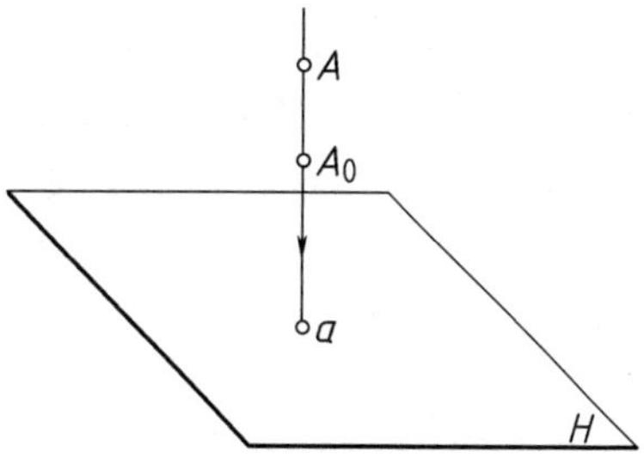

1. 两面投影体系

图 2-8 点的投影

两面投影体系是由相互垂直的两个投影面组成的。其中，直立的投影面为正立投影面（简称正面），用 V 表示；另一个为水平投影面（简称水平面），用 H 表示；两投影面的交线称为投影轴，用 OX 表示。V 面和 H 面将空间分成四个区域，称为四个分角，分角Ⅰ、Ⅱ、Ⅲ、Ⅳ的顺序如图 2-9 所示。本书采用第Ⅰ分角投影。

2. 点在两投影面体系中的投影

如图 2-10a 所示，设有一空间点 A（空间点用大写字母 A、B、C……表示），过点 A 分别向 H 和 V 面作垂线，称垂足 a 为点 A 的水平投影，称垂足 a' 为空间点 A 的正面投影（水平投影用相应的小写字母表示，如 a、b、c……；正面投影用相应的小写字母加一撇表示，如 a'、b'、c'……）。过水平投影 a 所作 H 面的垂线与过正面投影 a' 所作 V 面的垂线必交于点 A。

由于平面 $Aa a_X a'$ 分别与 V 面、H 面及 OX 轴垂直，这三个两两互相垂直的平面必定交于一点 a_X，三条交线互相垂直，即 $a'a_X \perp OX$，$aa_X \perp OX$，四边形 $Aa'a_X a$ 为矩形，所以 $a_X a' = aA$，$a_X a = a'A$，即点 A 的正面投影 a' 与投影轴 OX 的距离，等于点 A 到 H 面的距离，点 A 的水平投影 a 与投影轴 OX 的距离，等于点 A 到 V 面的距离。移去点 A，根据它的两个投影可以确定点 A 的位置。

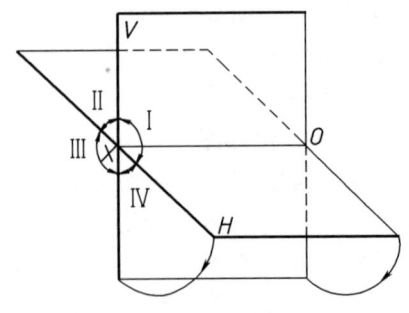

图 2-9　两面投影体系

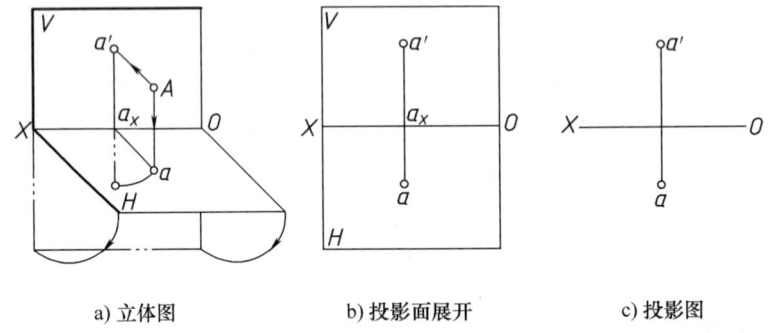

a) 立体图　　　b) 投影面展开　　　c) 投影图

图 2-10　点在两投影面体系中的投影图

立体图展开：V 面保持不动，将 H 面绕 OX 轴向下旋转 90°，与 V 面重合，如图 2-10b 所示。由于在同一平面内过 OX 轴上的点 a_X 只能作一条直线与其垂直，所以点 a'、a_X、a 共线，亦即 $a'a \perp OX$。画图时，投影 a' 和 a 之间的连线可用细实线绘出，由于投影面是没有边界的，不必画出投影面的边框。图 2-10c 即为点 A 的投影图。

点在两投影面体系中的投影规律有以下两点：

1）点的正面投影和水平投影的连线垂直于 OX 轴，即 $a'a \perp OX$。

2）点的正面投影到 OX 轴的距离，等于该点到 H 面的距离，即 $a'a_X = Aa$；点的水平投影到 OX 轴的距离，等于该点到 V 面的距离，即 $aa_X = Aa'$。

2.2.2　点的三面投影

点的两面投影能够确定点的位置，但对于某些复杂的形体，V/H 两面投影图不能把侧面形状表达清楚。为了反映形体的完整形状，在两投影面体系的基础上，再设立一个与 V 面、H 面都垂直的侧立投影面 W（简称侧面），于是形成三投影面体系。三条投影轴 OX、OY、OZ 交于点 O，如图 2-11a 所示。由空间点 A 分别作垂直于 V 面、H 面、W 面的投射线，与投影面相交得点 A 的正面投影 a'、水平投影 a、侧面投影 a''（点的侧面投影用相应的小写字母加两撇表示）。

三面投影展开方法：V 面保持不动，H 面向下旋转、W 面向右旋转，都转到与 V 面重合，如图 2-11b 所示，OY 轴一分为二，H 面上记为 OY_H，W 面上记为 OY_W。

根据点的两面投影规律,可得出点的三面投影规律,如图 2-11c 所示。

1) 点 A 的正面投影 a' 与水平投影 a 的连线垂直于 OX 轴,即 $aa' \perp OX$;

2) 点 A 的正面投影 a' 与侧面投影 a'' 的连线垂直于 OZ 轴,即 $a'a'' \perp OZ$;

3) 点 A 的水平投影 a 到 OX 轴的距离 aa_X 等于点 A 的侧面投影 a'' 到 OZ 轴的距离 $a''a_Z$,即 $aa_X = a''a_Z$,均反映点 A 到 V 面的距离。

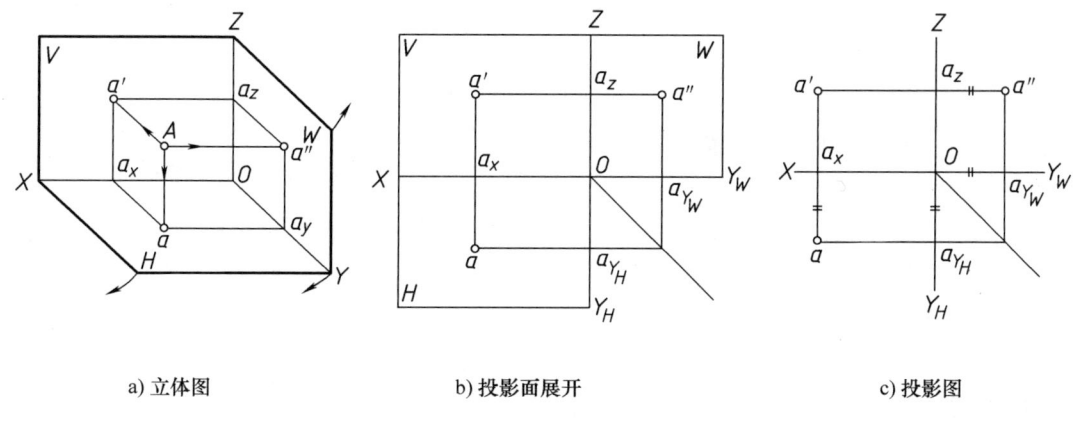

a) 立体图　　　　　　b) 投影面展开　　　　　　c) 投影图

图 2-11　点在三面体系中的投影

【例 2-1】 已知点 A 的正面投影 a' 和水平投影 a,求作其侧面投影 a'',如图 2-12a 所示。

解:根据点的三面投影规律,若已知点的任意两个投影,则该点在空间的位置就确定了,它的第三投影也是唯一确定的。

所求点 A 的侧面投影 a'' 与正面投影 a' 的连线垂直于 OZ 轴,且 a'' 到 OZ 轴的距离等于 a 到 OX 轴的距离,即 $aa_X = a''a_Z$。由 a' 作 OZ 轴的垂线 $a'a_Z$,如图 2-12b 所示。量取已知的 aa_X,在 $a'a_Z$ 延长线上截取 $a''a_Z = aa_X$,所得交点 a'' 即为点 A 的侧面投影,如图 2-12c 所示。

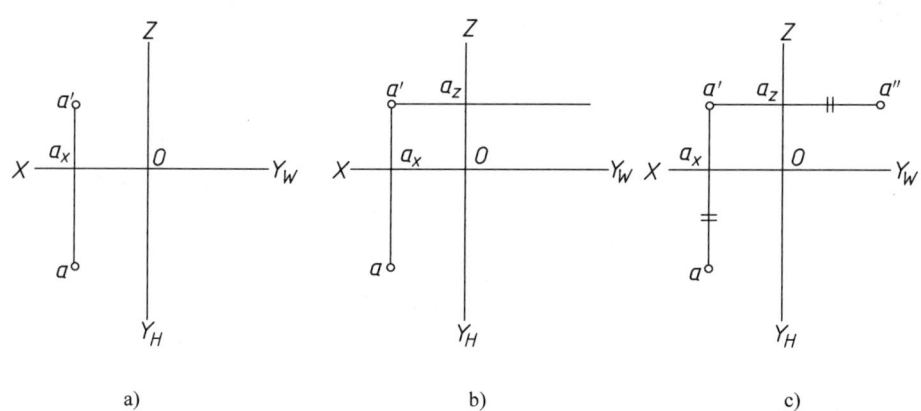

a)　　　　　　　　b)　　　　　　　　c)

图 2-12　由点的两投影求第三投影

2.2.3　点的投影与直角坐标的关系

若把三投影面体系看作直角坐标系,则投影面 H、V、W 相当于三个坐标面,投影轴 OX、OY、OZ 相当于三个坐标轴,点 O 相当于坐标原点。如图 2-13a 所示,空间点 A 到三个

投影面的距离,就是点的三个坐标。即

点 A 到 W 面的距离 $Aa'' = aa_Y = a'a_Z = Oa_X = x$

点 A 到 V 面的距离 $Aa' = aa_X = a''a_Z = Oa_Y = y$

点 A 到 H 面的距离 $Aa = a'a_X = a''a_Y = Oa_Z = z$

因此,点 A 在空间的位置,可以用投影确定,也可以用坐标确定。点 A 的坐标表示为:$A(x,y,z)$。点 A 的投影的坐标表示为:$a(x,y,0)$,$a'(x,0,z)$,$a''(0,y,z)$,如图 2-13b 所示。可见,点的任意两个投影都反映了点的三个坐标,故能确定点的空间位置。有了点的坐标,就可确定它的投影图;反之,有了点的投影图,也可确定该点的坐标。

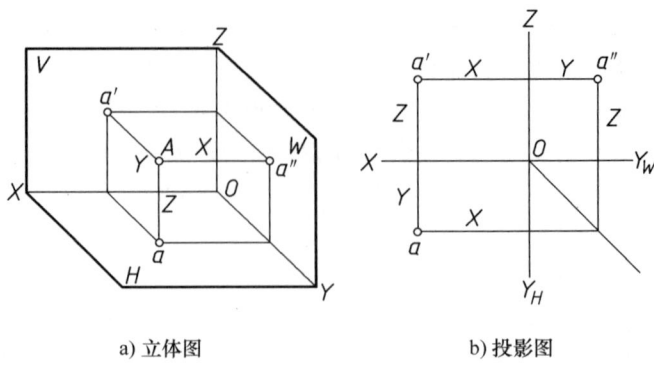

a) 立体图　　　　　b) 投影图

图 2-13　点的投影与直角坐标的关系

【例 2-2】　已知点 $A(15,10,16)$,求作它的三面投影。

解:根据点 A 的三个坐标,即可确定点 A 的三面投影。在 X 轴上自点 O 向左量取 $x = 15$mm 得点 a_X,如图 2-14a 所示。自点 a_X 作 OX 轴的垂线,并在垂线上从点 a_X 向上量取 $z = 16$mm 得正面投影 a',向下量取 $y = 10$mm 得水平投影 a,如图 2-14b 所示。根据点的三面投影规律,由 a、a' 两投影可作出 a'',如图 2-14c 所示。

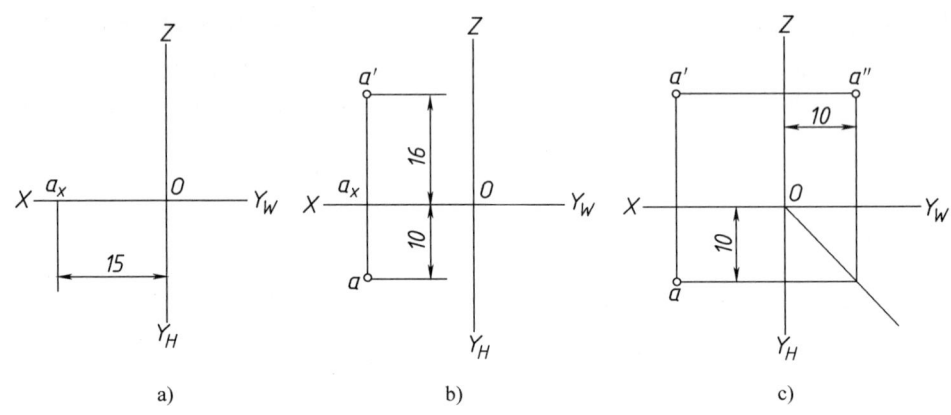

图 2-14　由点的坐标作点的三面投影

2.2.4　两点的相对位置

空间两点的相对位置关系,是指它们之间的左右、前后、上下的相对位置,在投影图上可由两点投影的 x、y、z 坐标(两点相对于投影面的距离)的关系判断。

x 坐标确定两点的左、右相对位置,坐标大者其位置为左方,反之为右方。

y 坐标确定两点的前、后相对位置,坐标大者其位置为前方,反之为后方。

z 坐标确定两点的上、下相对位置,坐标大者其位置为上方,反之为下方。

图 2-15 所示为 A、B 两点的三面投影图。由正面投影和水平投影可知 $x_B>x_A$，即点 B 在点 A 的左方；由水平投影和侧面投影可知 $y_B<y_A$，即点 B 在点 A 的后方；由正面投影和侧面投影可知 $z_B<z_A$，即点 B 在点 A 的下方。因而，点 B 在点 A 的左方、后方、下方。

据此得出：由已知两点的三个投影判断其相对位置时，可根据正面投影或侧面投影判断上、下；根据正面投影或水平投影判断左、右；根据水平投影或侧面投影判断前、后。

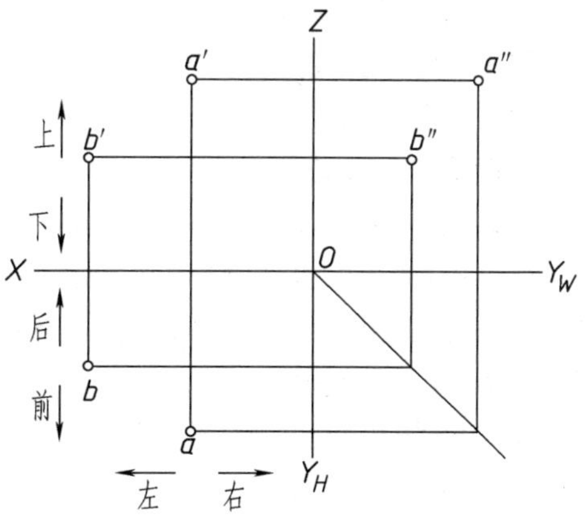

2.2.5 重影点

当空间两点位于某个投影面的同一条投射线上时，这两点在该投影面上的投影重合为一点。称这两点为对该投影面的重影点。如图 2-16a 所示，A、B 两点在 V 面的同一条投射线上，其 V 面投影重合，它们是对 V 面的重影点。图中 A、E 两点是对 H 面的重影点。

图 2-15　A、B 两点的相对位置

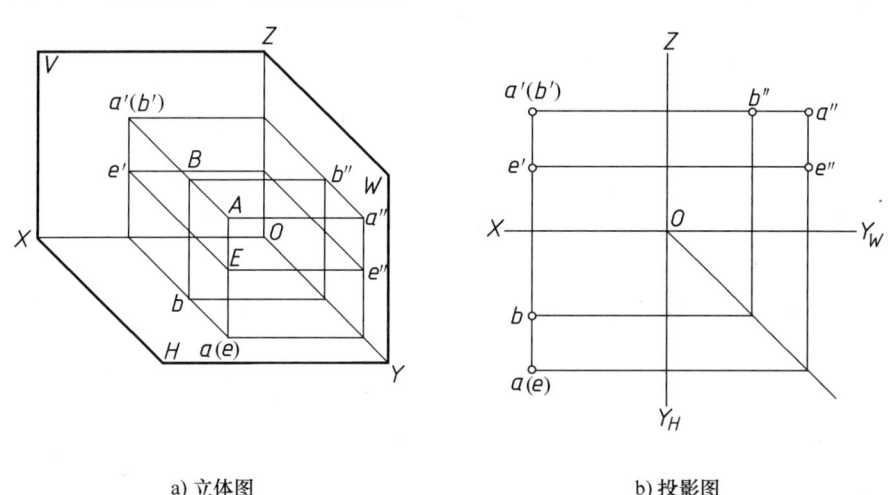

a) 立体图　　　　　　　　b) 投影图

图 2-16　重影点

在投影图中，当两点的同面投影出现重影时，需要判断这两个点中哪个点是可见的，哪个点是不可见的。判断的方法是利用两点不重影的投影，以坐标大小来判断重影点的可见性。若在 V 面重影，y 坐标大的可见，小的不可见（即前遮后）；若在 H 面重影，z 坐标大的可见，小的不可见（即上遮下）；若在 W 面重影，x 坐标大的可见，小的不可见（即左遮右）。例如，在图 2-16b 中，A、B 两点的正面投影 a'、b' 重合为一点，观察其水平投影可知点 A 在点 B 的前方，即 $y_A>y_B$，所以向 V 面投影时，点 A 可见，点 B 不可见。对不可见的投影，在标记时，规定加括号表示，如（b'）。在图 2-16b 中，A、E 两点为 H 面的重影点，由于 $z_A>z_E$，因此，e 要加括号为（e）。

注意：两点重影可见性，只需判断重影一面的投影，把不可见的投影加括号。另外两面

投影不重合，不需判断可见性。

【例 2-3】 已知点 $A(20，10，18)$ 和点 $B(10，10，18)$，求作投影图，并判断重影点。

解：根据点 A 的三个坐标，即可确定点 A 的三面投影，如图 2-17 所示。在 X 轴上自 O 点向左量取 $x=20$mm 作垂线，沿垂线上向上量取 $z=18$mm 得正面投影 a'，向下量取 $y=10$mm 得水平投影 a，根据点的三面投影规律，由 a、a' 两投影可作出 a''，同理：根据点 B 的三个坐标可求得点 B 的三面投影。

点 A 和点 B 的 y 坐标和 z 坐标相等，x 坐标不等，所以在 W 面上重影，为 W 面的重影点。由于 $x_A > x_B$，所以 A、B 两点向 W 面投影时，点 A 可见，点 B 不可见。因此，b'' 要加括号为 (b'')。

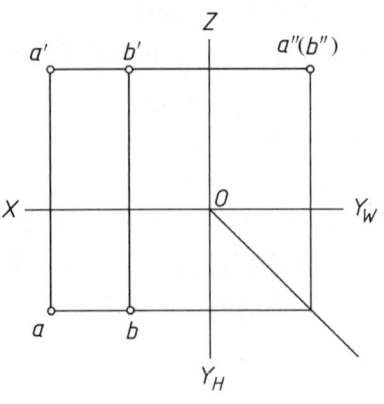

图 2-17 判断重影点

2.3 直线的投影

2.3.1 直线的投影

直线在投影面上的投影是直线上所有点在该投影面上投影的集合。直线的投影一般仍为直线，特殊情况积聚为一点。直线是可以延伸的，为确定其位置，直线的投影可由属于该直线两点的投影来确定，如图 2-18 所示。

如果已知直线段 AB 两端点的三面投影，将两端点的同面投影用粗实线连接，即得直线段的三面投影如图 2-19 所示。

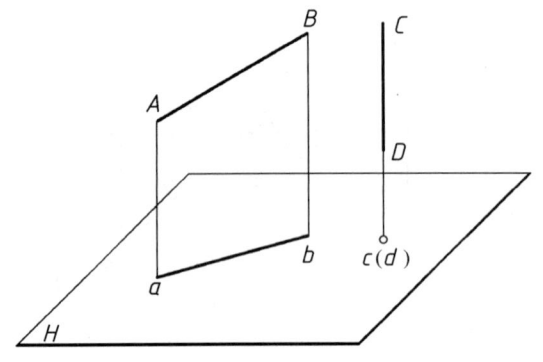

图 2-18 直线的投影

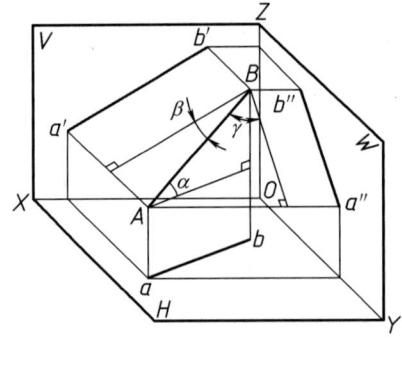

a) 立体图

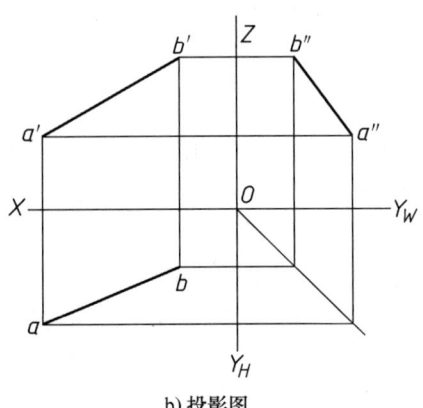

b) 投影图

图 2-19 一般位置直线

2.3.2 各种位置直线的投影特性

在三投影面体系中,直线按其与投影面的相对位置,可分为三类:一般位置直线、投影面平行线和投影面垂直线,后两类称为特殊位置直线。

空间直线与其投影间所夹锐角称为直线对投影面的倾角。直线对 H、V、W 面的倾角分别用 α、β、γ 表示,如图 2-19a 所示。

1. 一般位置直线

与三个投影面都倾斜的直线,称为一般位置直线,如图 2-19 所示。从图 2-19b 可看出:直线段 AB 的三个投影(ab、$a'b'$、$a''b''$)都倾斜于投影轴,且 $ab=AB\cos\alpha<AB$,$a'b'=AB\cos\beta<AB$,$a''b''=AB\cos\gamma<AB$。同时,还可看出:AB 的投影与投影轴的夹角,不等于 AB 对投影面的倾角。

由此可得一般位置直线的投影特性为:
1) 三个投影都倾斜于投影轴。
2) 投影长度小于线段的实长。
3) 投影与投影轴的夹角,不反映直线对投影面的倾角。

2. 投影面平行线

只平行于一个投影面的直线,称为投影面平行线。平行于 V 面的称为正平线;平行于 H 面的称为水平线;平行于 W 面的称为侧平线,见表 2-1。

表 2-1 投影面平行线

平行线名称	正平线 (//V 面、倾斜于 H 面和 W 面)	水平线 (//H 面、倾斜于 V 面和 W 面)	侧平线 (//W 面、倾斜于 H 面和 V 面)
立体图	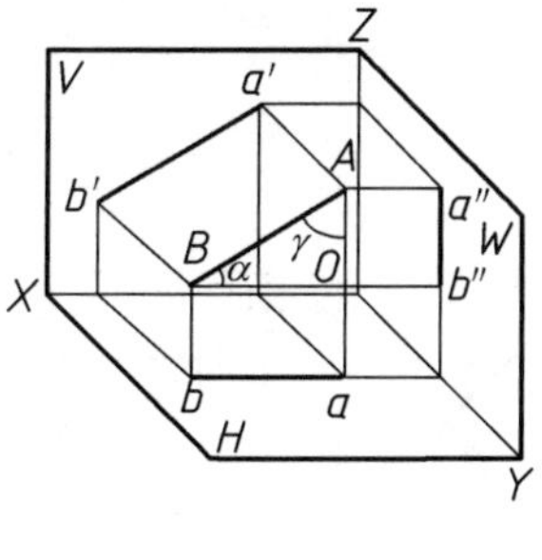	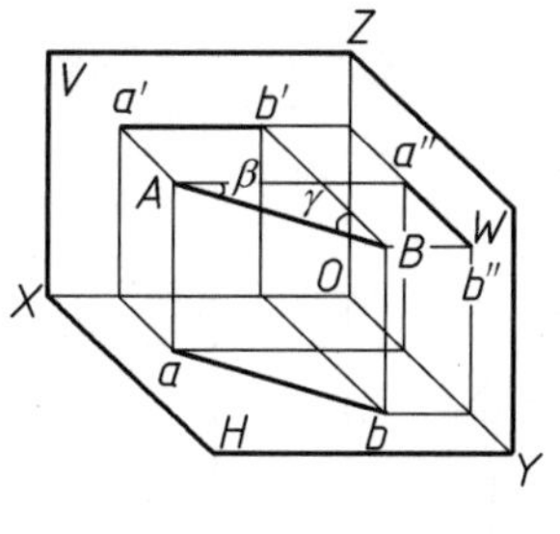	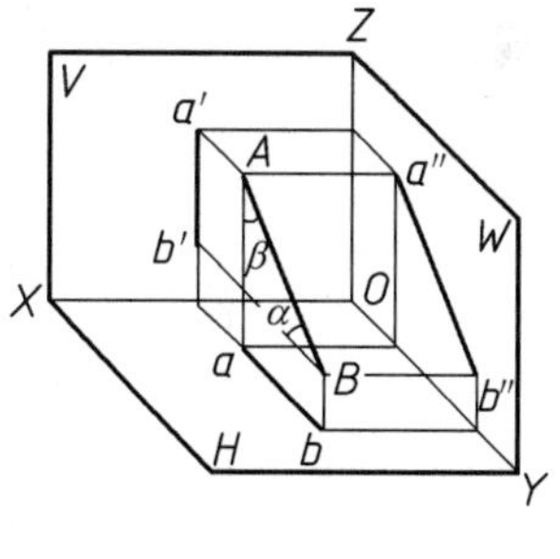
投影图	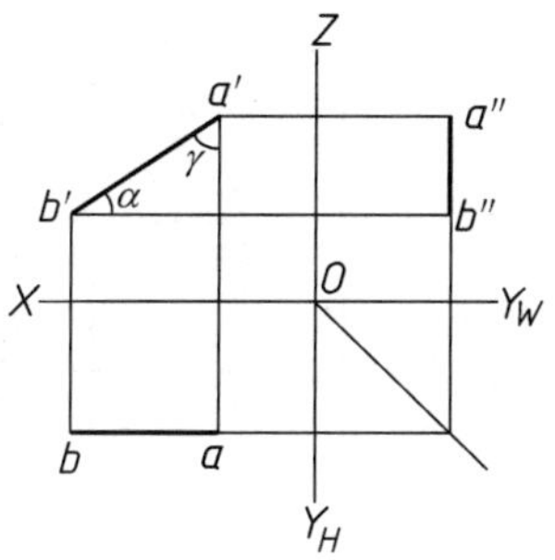	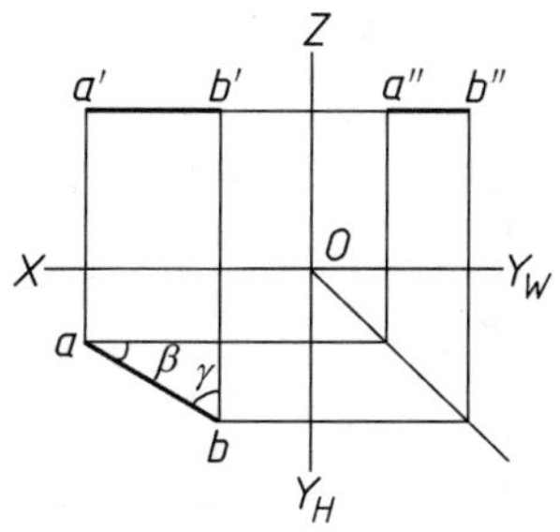	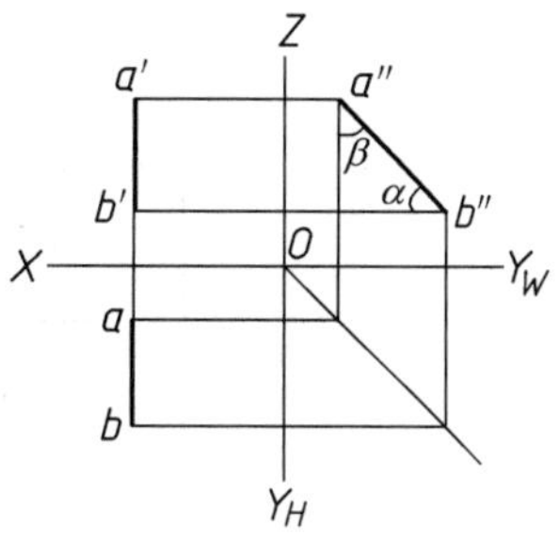

(续)

平行线名称	正平线 (//V面、倾斜于H面和W面)	水平线 (//H面、倾斜于V面和W面)	侧平线 (//W面、倾斜于H面和V面)
投影特性	1) $a'b'=AB$ 2) $ab//OX$, $a''b''//OZ$, ab、$a''b''$到轴线的距离等于AB线到V面的距离 3) 反映α、γ实角	1) $ab=AB$ 2) $a'b'//OX$, $a''b''//OY_W$, $a'b'$、$a''b''$到轴线的距离等于AB线到H面的距离 3) 反映β、γ实角	1) $a''b''=AB$ 2) $a'b'//OZ$, $ab//OY_H$, $a'b'$、ab到轴线的距离等于AB线到W面的距离 3) 反映α、β实角
实例			

由表 2-1 可得，投影面平行线的投影特性为：

1) 在平行的投影面上的投影，反映实长。
2) 反映实长的投影与投影轴的夹角，分别反映空间直线对另外两投影面的倾角。
3) 在另外两个投影面上的投影为直线，直线平行于相应的投影轴，并小于实长。两投影到轴线的距离等于平行线到所平行投影面的距离。

3. 投影面垂直线

垂直于一个投影面（必平行于另外两个投影面）的直线，称为投影面垂直线。垂直于H面的直线称为铅垂线；垂直于V面的称为正垂线；垂直于W面的称为侧垂线，见表 2-2。

表 2-2 投影面垂直线

垂直线名称	铅垂线 ($\perp H$面，$//V$面、$//W$面)	正垂线 ($\perp V$面，$//H$面、$//W$面)	侧垂线 ($\perp W$面，$//H$面、$//V$面)
立体图			
投影图			

(续)

垂直线名称	铅垂线 （⊥H面，//V面、//W面）	正垂线 （⊥V面，//H面、//W面）	侧垂线 （⊥W面，//H面、//V面）
投影特性	1) ab 积聚为一点 2) $a'b'$//OZ，$a''b''$//OZ 3) $a'b'=a''b''=AB$	1) $a'b'$ 积聚为一点 2) ab//OY_H，$a''b''$//OY_W 3) $ab=a''b''=AB$	1) $a''b''$ 积聚为一点 2) $a'b'$//OX，ab//OX 3) $a'b'=ab=AB$
实例			

由表 2-2 可得投影面垂直线的投影特性为：
1）在垂直的投影面上的投影，积聚为一点。
2）在另外两个投影面上的投影，垂直于相应的投影轴且反映实长。

2.3.3 一般位置直线的实长及对投影面的倾角

一般位置直线段的投影，不反映线段的实长，也不反映它对投影面的倾角。但是，一般位置直线段的两个投影已完全可以确定它的空间位置，必要时，可在投影图上用图解法求出一般位置直线段的实长及对投影面的倾角。

图 2-20a 所示 AB 为一般位置线段，过点 A 作 AC//ab、则得 Rt△ABC。该直角三角形的一条直角边 $AC=ab$（即 AB 的水平投影）；另一直角边 $BC=Bb-Aa=|z_B-z_A|$（记为 z_{AB}，即该线段两端点的 z 坐标差绝对值，这个值即正面投影 b' 和 a' 到 OX 轴的距离差）。由于两直角边的长度在投影图上均为已知，因此，可以作出这个直角三角形，从而求得 AB 的实长和 α 角。

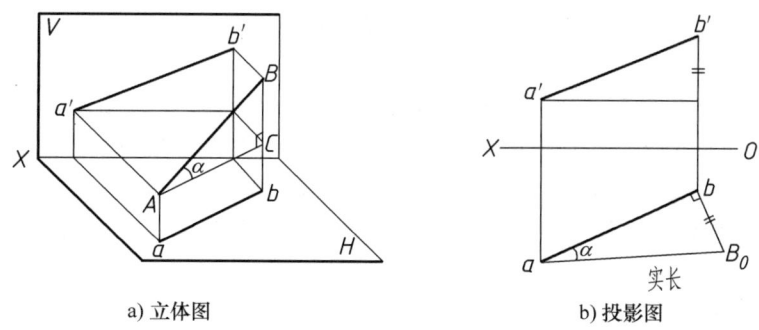

图 2-20 求线段的实长和 α 角

作图方法如图 2-20b 所示。以 ab 为一直角边，以 z_{AB} 为另一直角边作一 Rt△abB_0，该直角三角形的斜边 aB_0 即为线段 AB 的实长，∠B_0ab 即为 AB 对 H 面的倾角 α。

同理，以 $a'b'$ 为一直角边，以点 A 和点 B 的 y 坐标差绝对值为另一直角边作 Rt△$A_0a'b'$，即可求得线段 AB 的实长和 AB 对 V 面的倾角 β，如图 2-21 所示。

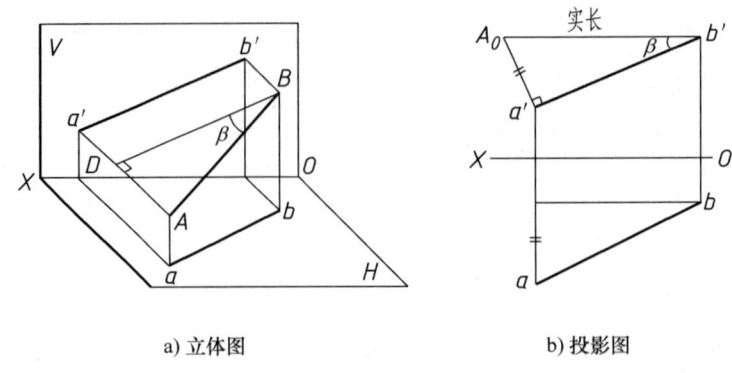

a) 立体图　　　　　　　　b) 投影图

图 2-21　求线段的实长和 β 角

同样，用线段的侧面投影和线段两端点的 x 坐标差为两直角边作直角三角形，可求得线段的实长和 γ 角。

这种利用直角三角形求线段实长及其对投影面倾角的方法，称为直角三角形法。

【例 2-4】 如图 2-22a 所示，已知线段 AB 水平投影 ab 和点 A 的正面投影 a'，并知线段 AB 实长为 30mm，求作线段 AB 的正面投影 $a'b'$。

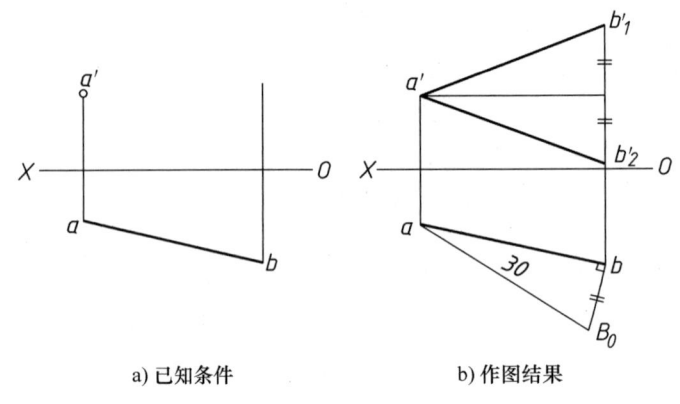

a) 已知条件　　　　　　　b) 作图结果

图 2-22　直角三角形法应用示例

解： 本题的实质是求点 B 的正面投影 b'。若作以 AB 线段实长为斜边，以 ab 之长为一直角边的直角三角形，则此三角形的另一直角边即为 A、B 两点的 z 坐标差，据此可求出 b'。

根据直角三角形法，以 ab 为一直角边，以 AB 线段实长 30mm 长为斜边，作 $Rt\triangle abB_0$，如图 2-22b 所示。根据 bB_0 求出 b'（本题两解 b'_1 或 b'_2），连接 $a'b'_1$ 或 $a'b'_2$ 即为所求。

2.3.4　直线上的点

1. 从属性

如果点在直线上，则点的各个投影必在该直线的同面投影上，且符合投影规律。反之，点的各个投影在直线的同面投影上，且符合投影规律，则该点必在该直线上。如图 2-23 所示，点 K 在直线 AB 上，则 k' 在 $a'b'$ 上，k 在 ab 上，k'' 在 $a''b''$ 上，且符合投影规律。

2. 定比性

如果点在直线上，点分线段长度之比等于其投影分投影长度之比。在图 2-23 中，AK：

$KB=a'k':k'b'=ak:kb=a''k'':k''b''$。

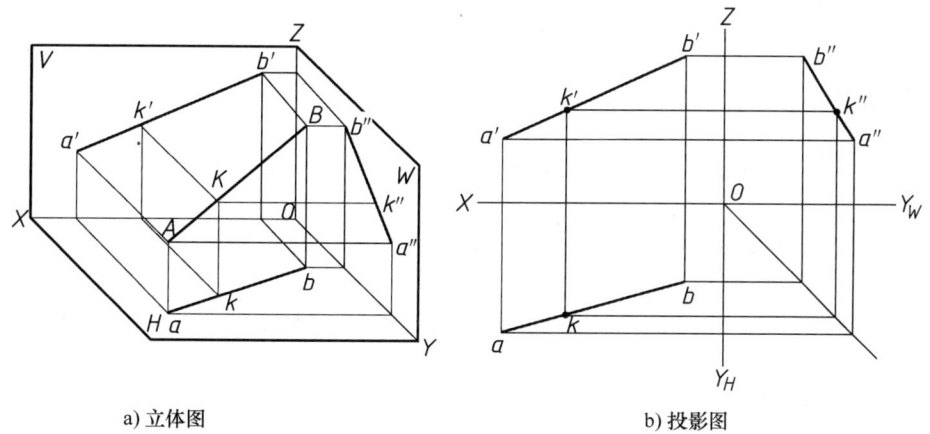

a) 立体图　　　　　　　　　　　　b) 投影图

图 2-23　直线上的点

【例 2-5】 在已知线段 AB 上求分点 K，使 $AK:KB=3:2$，如图 2-24 所示。

解：根据定比性，用几何作图方法将 $a'b'$ 或 ab 分成 $3:2$，先定出分点 K 的一个投影。如将 $a'b'$ 分成 $3:2$，求得 k'，再按照投影规律求出 k。

【例 2-6】 已知侧平线 CD 和其上点 A 的正面投影 a'，如图 2-25a 所示，求作点 A 的水平投影 a。

解：由于侧平线的 V 面、H 面投影都在 OX 轴的同一垂直线上，不能根据 a' 直接求得 a。方法一：可先求出 CD 的侧面投影 $c''d''$，再根据点的三面投影规律作出侧面投影 a''，再求出水平投影 a，如图 2-25b 所示。方法二：可利用定比关系 $ca:ad=c'a':a'd'$ 来求解。过点 C 的水平投影 c 作任意辅助直线，在其上顺序截取 $cA_0=c'a'$，$A_0D_0=a'd'$，连接 D_0d，过点 A_0 作 $A_0a /\!/ D_0d$ 交 cd 于 a 即为所求。如图 2-25c 所示。

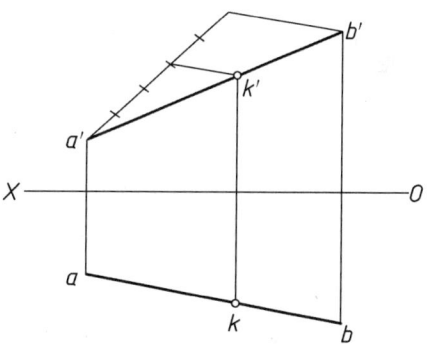

图 2-24　求直线的分点 K

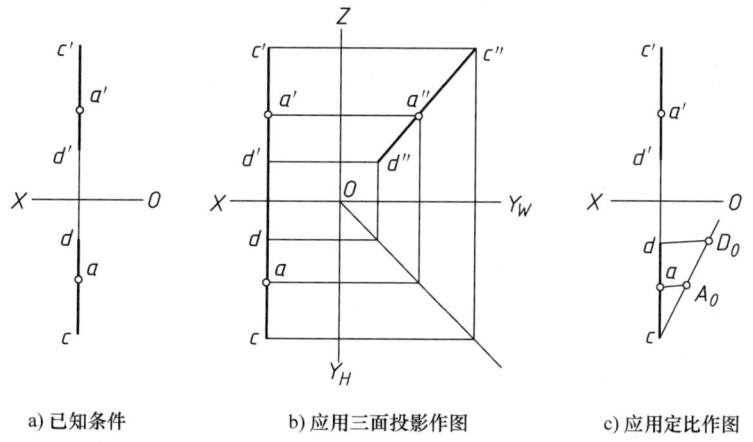

a) 已知条件　　　　b) 应用三面投影作图　　　　c) 应用定比作图

图 2-25　求直线上点 A 的水平投影

2.4 平面的投影

2.4.1 平面的表示法

平面也是可延展的。平面的表示方法有两种：几何元素表示法和迹线表示法。

1. 几何元素表示法

在投影图上，用确定空间平面的任意一组几何要素（点或直线）的投影表示平面的方法如下：

1) 不在同一直线上的三点，如图 2-26a 所示。
2) 直线和直线外的一点，如图 2-26b 所示。
3) 相交两直线，如图 2-26c 所示。
4) 平行两直线，如图 2-26d 所示。
5) 任意平面图形，如图 2-26e 所示。

以上五种确定平面的方法是可以互相转化的。在投影图上，是用这些几何要素的投影来表示平面。

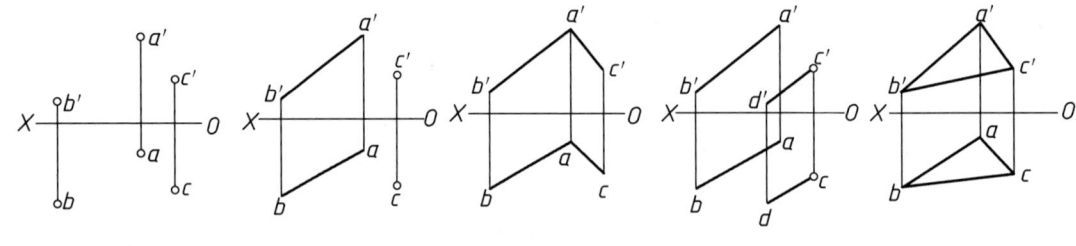

a) 不在同一直线上的三点　b) 直线和直线外一点　c) 相交两直线　d) 平行两直线　e) 任意平面图形

图 2-26　用几何元素表示平面

2. 迹线表示法

平面与投影面的交线称为平面的迹线，平面也可用它的迹线表示（平面是可以延展的，可取迹线的一段表示平面），迹线用粗实线表示。这里只介绍用迹线表示投影面垂直面和投影面平行面。画出它们在所垂直的投影面上的迹线，该平面的空间位置即确定了。图 2-27a 中铅垂面 P 与 H 面的交线称为水平迹线，用 P_H 表示，如图 2-27b 所示。图 2-27c 中，水平面 Q 与 V 面的交线称为正面迹线，用 Q_V 表示，如图 2-27d 所示。

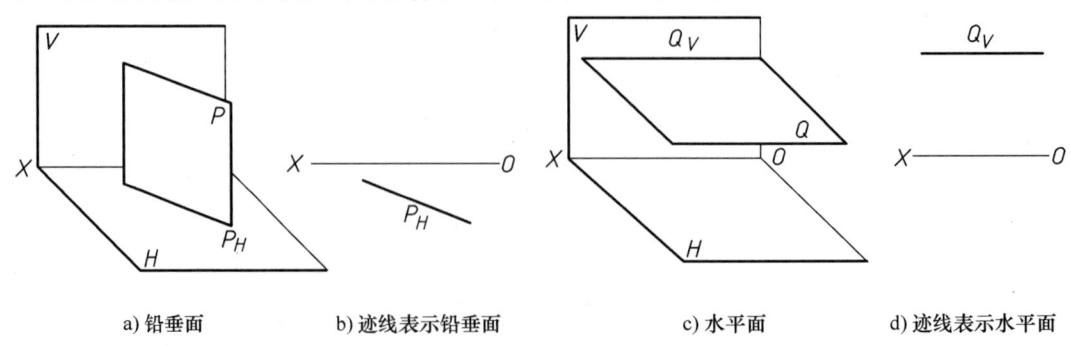

a) 铅垂面　　　　b) 迹线表示铅垂面　　　c) 水平面　　　　d) 迹线表示水平面

图 2-27　用迹线表示平面

2.4.2 各种位置平面的投影特性

平面是物体表面的重要组成部分,也是重要的空间几何元素之一。

在三投影面体系中,按其与投影面的相对位置,可将平面分为三类:即一般位置平面、投影面垂直面和投影面平行面,后两种为特殊位置平面。

平面对 H、V、W 面的倾角分别为 α、β、γ。

1. 一般位置平面

对三个投影面都倾斜的平面,称为一般位置平面,如图 2-28 所示。由于 $\triangle ABC$ 对 H、V 和 W 面都倾斜,所以它的三个投影都是类似形,不反映实形也不反映该平面对投影面的倾角 α、β、γ。

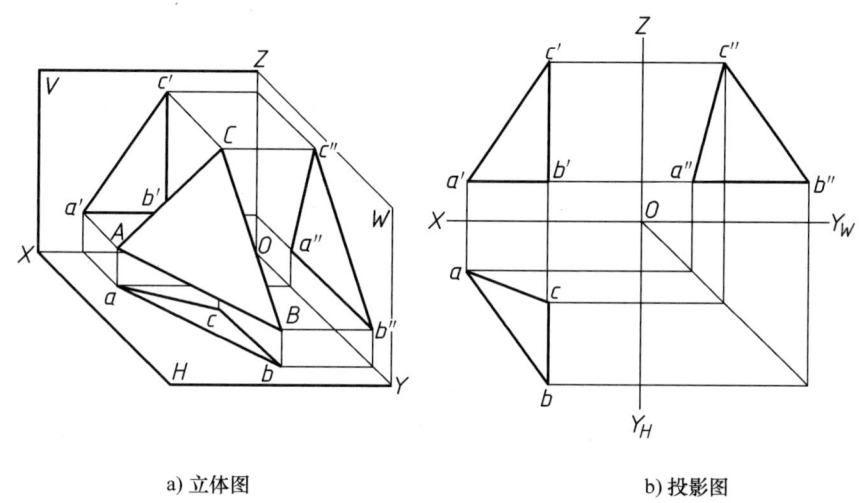

a) 立体图　　　　　　　　　　　　b) 投影图

图 2-28　一般位置平面

由此可得一般位置平面的投影特性为:
1) 三个投影均为类似形,不反映平面实形。
2) 三个投影均不反映该平面对投影面的倾角。

2. 投影面垂直面

只垂直于一个投影面的平面,称为投影面垂直面。垂直于 H 面的称为铅垂面,垂直于 V 面的称为正垂面,垂直于 W 面的称为侧垂面,见表 2-3。

表 2-3　投影面垂直面

垂直面名称	铅垂面 (垂直于 H 面)	正垂面 (垂直于 V 面)	侧垂面 (垂直于 W 面)
立体图			

(续)

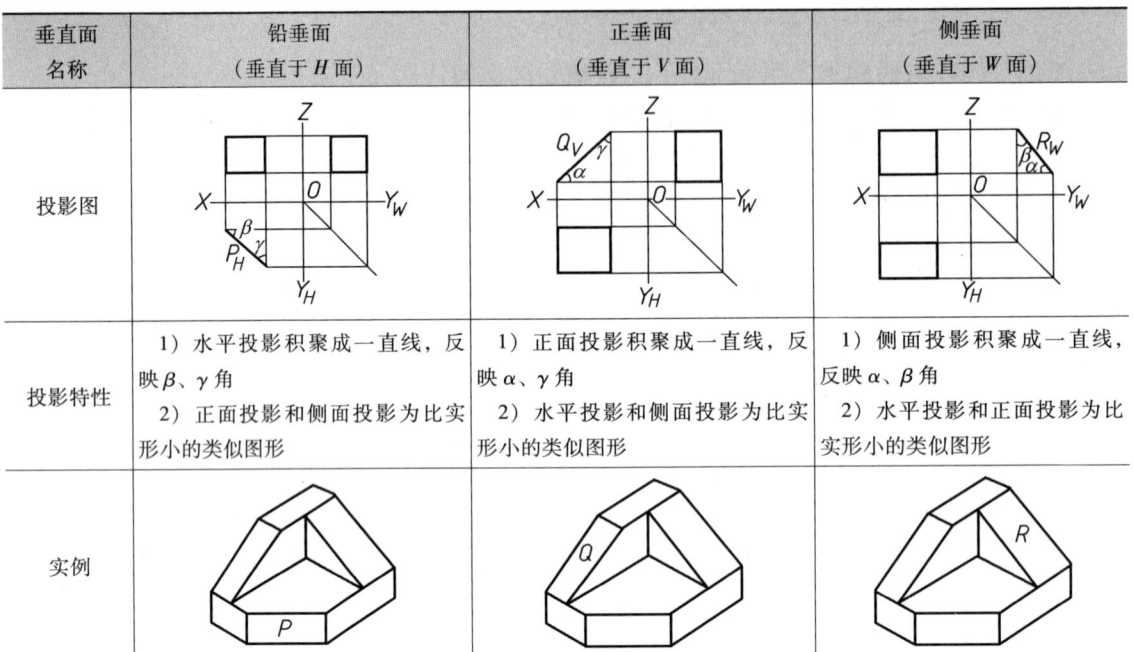

现以表 2-3 中的正垂面 Q 为例,分析其投影特性。由于四边形平面与 V 面垂直,根据正投影的积聚性,它的正面投影积聚为一条斜线,即该平面上的一切点、直线、几何图形的正面投影都落在这条直线上;四边形平面与另两个投影面倾斜,它的水平投影、侧面投影都是类似形,是比实形小的四边形;正面投影的斜线与 OX 轴的夹角反映了该平面对 H 面的倾角 α,与 OZ 轴的夹角反映了该平面对 W 面的倾角 γ。

由表 2-3 可得投影面垂直面的投影特性为:

1) 在所垂直的投影面上的投影,积聚为一条斜线;斜线与投影轴的夹角,反映该平面对另两投影面的倾角。
2) 另外两个投影面上的投影均为类似形。

3. 投影面平行面

平行于一个投影面(必定垂直于另外两个投影面)的平面,称为投影面平行面。平行于 H 面的称为水平面,平行于 V 面的称为正平面,平行于 W 面的称为侧平面,见表 2-4。

表 2-4 投影面平行面

平行面名称	水平面 (平行于 H 面)	正平面 (平行于 V 面)	侧平面 (平行于 W 面)
立体图			

(续)

平行面名称	水平面 （平行于 H 面）	正平面 （平行于 V 面）	侧平面 （平行于 W 面）
投影图	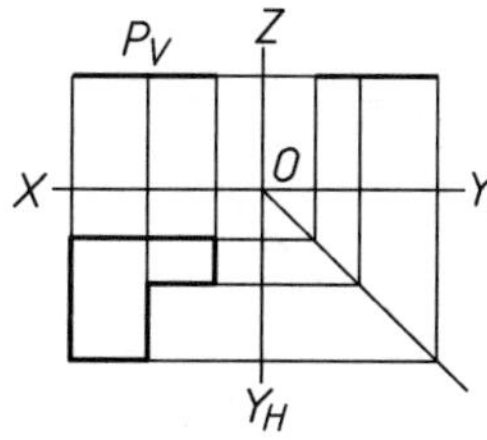	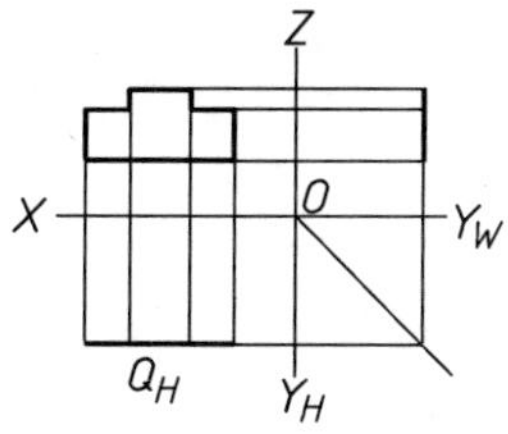	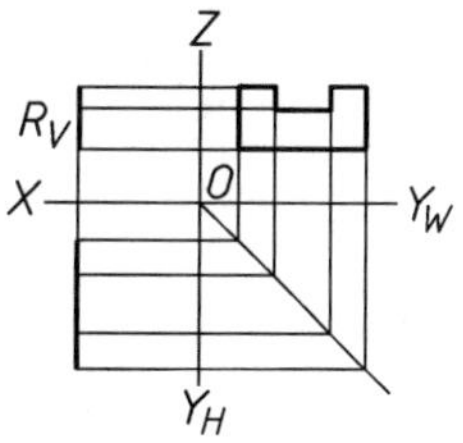
投影特性	1) 水平投影反映实形 2) 正面投影和侧面投影均积聚为直线，且分别平行于 OX 和 OY_W，积聚线到所平行轴线的距离等于水平面到 H 面的距离	1) 正面投影反映实形 2) 水平投影和侧面投影均积聚为直线，且分别平行于 OX 和 OZ，积聚线到所平行轴线的距离等于水平面到 V 面的距离	1) 侧面投影反映实形 2) 水平投影和正面投影均积聚为直线，且分别平行于 OY_H 和 OZ，积聚线到所平行轴线的距离等于水平面到 W 面的距离
实例	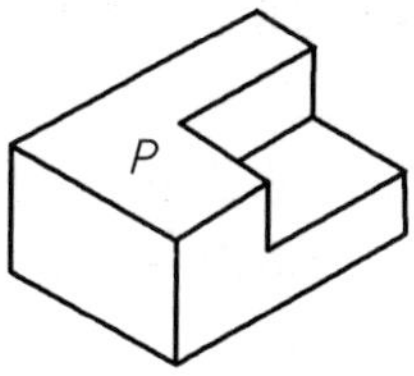	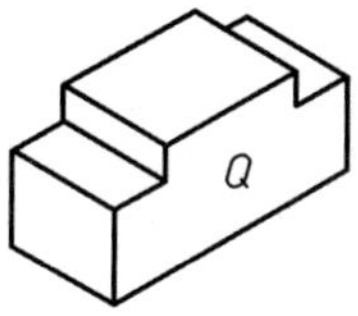	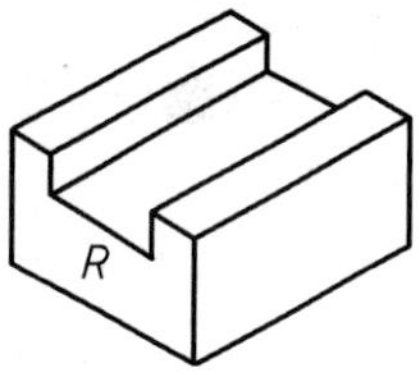

现以表 2-4 中的水平面 P 为例，分析其投影特性。由于六边形平面 P 平行于 H 面，所以它的水平投影反映六边形的实形；平面同时垂直于 V 面和 W 面，它的正面投影和侧面投影均积聚为直线，且分别平行于 OX 轴和 OY_W 轴。

由表 2-4 可得投影面平行面的投影特性为：

1) 在所平行的投影面上的投影反映实形。
2) 另外两个投影面上的投影分别积聚成直线，且平行于相应的投影轴。直线到投影轴的距离反映平行面到所平行的投影面的距离。

2.4.3 平面内的点、线

1. 平面上取点

如果点在平面内的任一直线上，则此点一定在该平面上。因此，若在平面上取点，必须先在平面上取直线，然后在此直线上取点。

【例 2-7】 如图 2-29a 所示，由 AB、BC 两相交直线给出一平面，已知：平面上点 D 的正面投影 d' 和点 K 的水平投影 k，求点 D 的水平投影 d 和点 K 的正面投影 k'。

解：点 D、K 在此平面上，平面内有无数条过点 D、K 的直线，点 D、K 的正面投影在这些直线的正面投影上，水平投影在这些直线的水平投影上。由图 2-29a 可知，d' 在 $a'b'$ 上，则点 D 在 AB 线上，d 应该在 ab 线上，利用投影规律可求出 d。另过点 K 的水平投影 k 作平面内一直线，如 AE，点 E 在 BC 上，k' 在 $a'e'$ 上，利用投影规律可求出 k'，如图 2-29b 所示。

【例 2-8】 如图 2-30a 所示，已知 $\triangle ABC$ 上一点 K 的正面投影 k'，求其水平投影 k，并

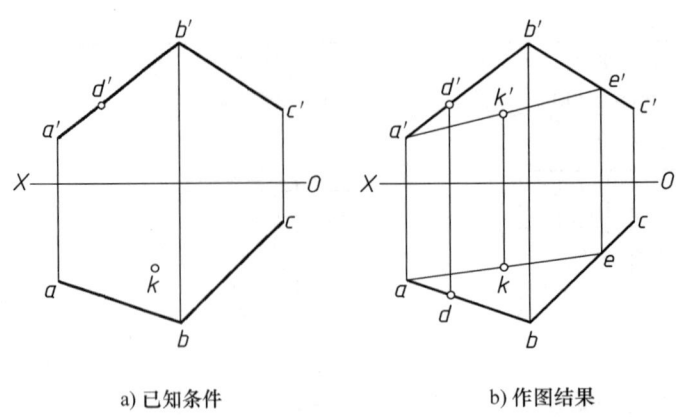

a) 已知条件　　　　　　　　b) 作图结果

图 2-29　平面上取点

判断点 G 是否在 △ABC 平面上。

解：点 K 在 △ABC 平面上，若在平面上过点 K 作一条辅助直线，那么点 K 的两个投影必落在该直线的同面投影上。若点 G 在 △ABC 平面内，则必在属于该平面的直线上，否则点 G 就不在平面内。

作图：如图 2-30b 所示，过 k′ 作辅助直线的正面投影 a′n′，求出 an 并于其上求得 k，即为 △ABC 上点 K 的水平投影；在平面上作辅助线 CM，使 CM 的正面投影 c′m′ 经过点 G 的正面投影 g′，再求得 cm。由图中看出点 G 的水平投影 g 不在 cm 上，故点 G 不在 △ABC 平面上。

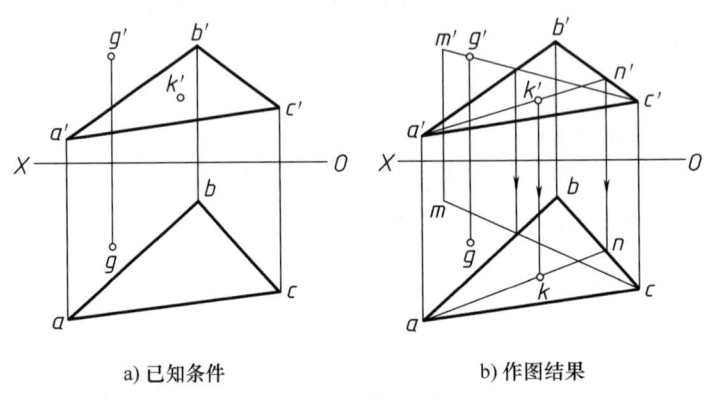

a) 已知条件　　　　　　　　b) 作图结果

图 2-30　在平面上取点并判断点是否在平面上

2. 平面上取直线

直线若经过平面上的两点，则此直线必定在该平面上。如图 2-31a 所示，平面 P 由两条相交直线 AB 和 AC 确定。在 AB 和 AC 上分别取点 M 和点 N，则过 M、N 两点的直线一定在平面 P 上。

直线若经过平面上的一点且平行于平面上的另一直线，则此直线必在该平面上。如图 2-31b 所示，平面 Q 由两条相交直线 EF 和 ED 确定。在 ED 上取一点 M，过点 M 作 MN∥EF，则 MN 必定在 Q 平面上。

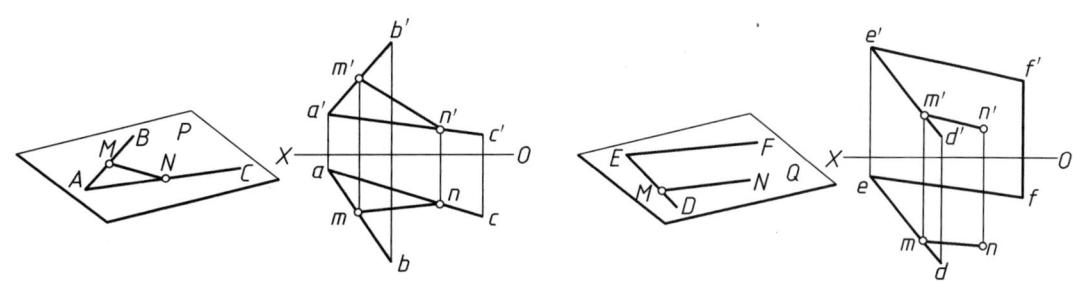

a) 直线通过平面上两点　　　　　　b) 直线通过平面上一点且平行于平面上另一直线

图 2-31　平面上取直线

【例 2-9】　如图 2-32a 所示，已知平面五边形 ABCDE 的正面投影及两边 AB、BC 的水平投影，试完成该五边形的水平投影。

解：平面五边形 ABCDE 中 AB 和 BC 两边已给出，该五边形平面便已确定。问题可归结为已知平面上点 D、E 的一个投影，求它的另一个投影。

作图：如图 2-32b 所示，连接 ac、a'c' 以及 BE 的正面投影 b'e'，b'e' 与 a'c' 交于 1'，在 ac 上求出 1，连接 b1 并延长，与过 e' 所作 OX 的垂线相交于 e。同理：连接 b'd'，与 a'c' 交于 2'，在 ac 上求出 2，连接 b2 并延长，与过 d' 所作 OX 的垂线相交于 d。连接 cd、de、ea 即完成作图。

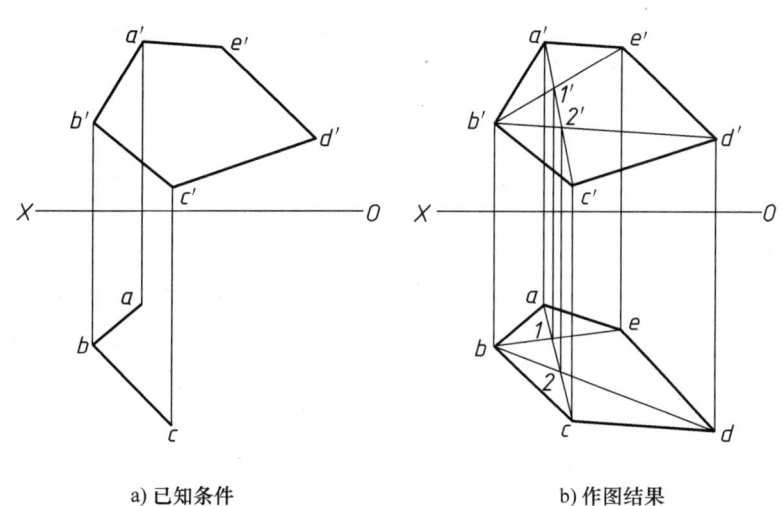

a) 已知条件　　　　　　b) 作图结果

图 2-32　作五边形的水平投影

在特殊位置平面上取点和直线，可利用积聚性求解。

如图 2-33a 所示，已知正平面上点 K 的正面投影 k'，利用积聚性可求出其水平投影 k，然后求出侧面投影 k''。

又如图 2-33b 中，已知铅垂面 P（用迹线法表示）上直线 AB 的正面投影 a'b'，利用该平面水平投影的积聚性，可先求出 ab，然后求出侧面投影 a''b''。

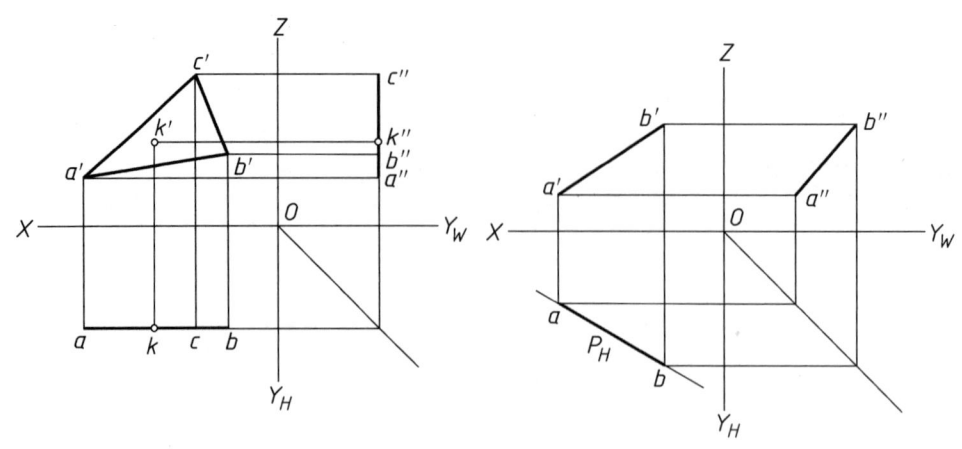

a) 在正平面上取点　　　　b) 在铅垂面上取直线

图 2-33　特殊位置平面上的点和直线

3. 过已知点或直线作平面

过一已知点，可作无数个平面，需要附加一定的条件才能使所作的平面完全确定。

如图 2-34a 所示，过已知点 A 作一个与 V 面成 45°的铅垂面（角度方向应有两解，图中只画出了一解）。

若要过一已知点作某投影面的平行面，则答案唯一。如图 2-34b 中，P 平面为过点 B 所作的水平面（用迹线法表示）。

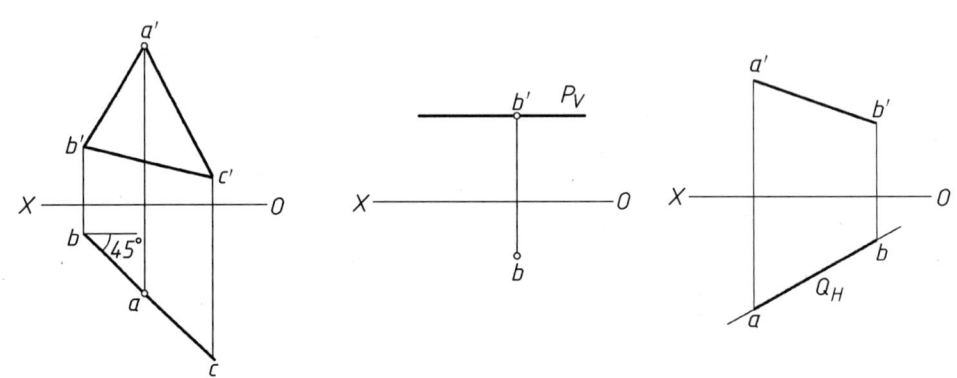

a) 过点 A 作与 V 面成45°铅垂面　　b) 过点 B 作水平面　　c) 过 AB 线作铅垂面

图 2-34　过点或直线作平面

过一已知直线作平面，要视已知直线的性质而定，如过一般位置直线可作无数个一般位置平面。如要过直线作投影面的垂直面，则只能作一个。图 2-34c 所示为过直线 AB 作铅垂面 Q（用迹线表示的）。由于投影面平行面上所有的直线均为特殊位置直线，所以过一般位置直线不可能作出投影面平行面，必须过特殊位置直线作。

实践与思考

1. 正投影有哪些特性？
2. 为什么物体的一个投影不能唯一确定物体的形状？三面投影及其规律是什么？
3. 参观模型，观察各种基本立体和组合体模型中的点、直线、平面，想象其投影特性，徒手绘制它们的投影。如何在直线上取点并判断点、直线、平面的相对位置？

第 3 章

基本立体

主要内容

1. 基本立体的三视图。
2. 截交线的概念、性质与求解方法。
3. 相贯线的概念、性质与求解方法。
4. 相贯线的特殊形式。
5. 立体表面交线综合解题方法。

在工程上，不同的机器零件有着不同的功用，形状也各不相同。但无论机器零件的形状多么复杂，都可以看成是由一些基本立体构成的。常见的基本立体有柱（棱柱、圆柱）、锥（棱锥、圆锥）、球等。组成机器零件的基本立体有时是完整的，有时则被挖切，还有的以相交形式出现。熟悉各种情况下立体的投影，有助于今后绘制和阅读零件图。本章将在基本几何元素（点、直线、平面）表达的基础之上学习基本立体三视图的表达方法及立体表面上交线的求解方法，为组合体及机械零件的表达打基础。

3.1 基本立体的三视图

3.1.1 三视图的形成

国家标准规定，物体向投影面投射所得的图形称为视图。在三投影面体系中，正面投影称为主视图，水平投影称为俯视图，侧面投影称为左视图，如图 3-1 所示。

由图 3-1 中看到，立体距投影面的距离只影响各视图之间的距离而不影响各视图的形状以及它们之间的相互关系。为使作图简便、图形清晰，在今后作图时，投影轴省略不画。五棱柱的三视图如图 3-2 所示。不画投影轴以后，立体的各视图之间仍要保持正确的投影规律。

3.1.2 三视图的投影规律

按规定，立体沿 X、Y、Z 三个方向的尺寸分别称为立体的长度、宽度和高度，而主视

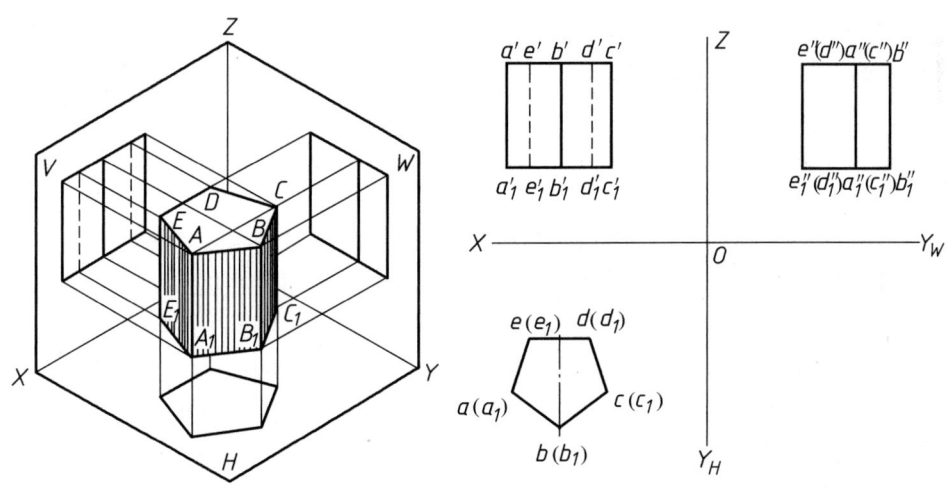

a) 立体图　　　　　　　　　　b) 三视图

图 3-1　五棱柱

图能够反映出立体的长度和高度，体现了立体的左右和上下位置关系；俯视图能够反映出立体的长度和宽度，体现了立体的左右和前后位置关系；左视图能够反映出立体的宽度和高度，体现了立体的前后和上下位置关系。显然三视图之间应有如下关系：主、俯视图都反映了立体的长度和左右位置关系，左右必须对正；主、左视图都反映立体的高度和上下位置关系，高低必须对齐；俯、左视图都反映立体的宽度和前后位置关系，宽度必须相等，如图 3-2 所示。

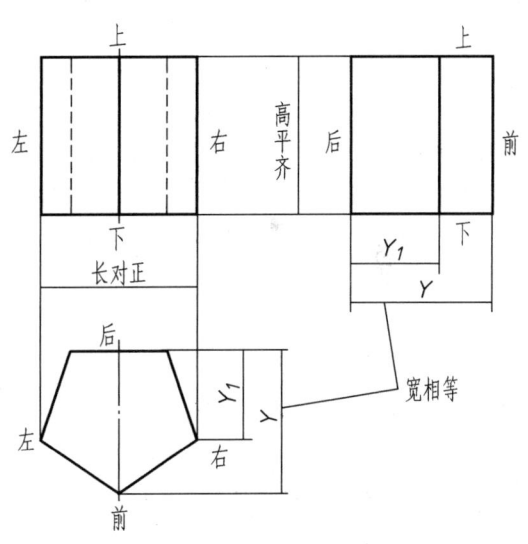

综上所述，三视图之间的投影规律为：

主、俯视图——长对正；主、左视图——高平齐；俯、左视图——宽相等。

图 3-2　五棱柱的三视图及投影规律

物体的整体乃至其局部结构的投影都必须符合上述投影规律。特别需要注意的是：应用俯、左视图"宽相等"的规律时，一定要分清物体的前后。俯、左视图中远离主视图的一侧表示物体的前面。

3.1.3　基本立体三视图的画法

基本立体按其表面的性质可分为平面立体和曲面立体。立体的各表面都是平面的立体称为平面立体；表面为曲面或既有曲面又有平面的立体称为曲面立体。

1. 平面立体的三视图

（1）三视图的画法　平面立体的各个表面都是平面多边形，不同表面的交线（棱线）称为立体的轮廓线。用投影图表示平面立体，就是要画出围成立体的各个表面的投影，即画出所有轮廓线的投影。为清晰地表达立体的形状，画图时假定立体的表面是不透明的，将可见轮廓线画成粗实线，不可见轮廓线画成细虚线。注意：有对称性要求的对称面的积聚性投影要用细点画线画出，如图 3-2 所示。

绘制基本立体的三视图，首先应确定其摆放位置，以求尽量多地在视图中反映各表面真实形状，方便阅读，其次考虑让表面投影积聚为线，方便画图。在图 3-1 中，五棱柱左右有对称性要求。顶面和底面平行于 H 面，它们的水平投影反映实形并且重合在一起，而它们的正面投影和侧面投影分别积聚为水平方向的直线段。五棱柱的后侧棱面 EE_1DD_1 为一正平面，其正面投影反映实形，水平投影及侧面投影都积聚为直线段。五棱柱的另外四个侧棱面都是铅垂面，它们的水平投影分别积聚为直线段，而正面投影及侧面投影都是比实形小的类似形。五棱柱的各个侧面、各条棱线投影的可见性请读者自行分析。

【例 3-1】 图 3-3a 所示为一斜三棱锥的主、俯视图，求其左视图。

分析：由图中可以看到，三棱锥的底面 $\triangle ABC$ 为一水平面，其水平投影 $\triangle abc$ 反映实形，而正面投影积聚为一条水平方向的直线段。三棱锥的三个侧棱面 $\triangle SAB$、$\triangle SAC$、$\triangle SBC$ 都为一般位置平面，其三面投影都是类似形。图 3-3a 中每一投影的外形轮廓线确定了三棱锥的投影范围，它们一定是可见的，画成粗实线。而其他图线的可见性则需要根据具体情况进行判断。棱线 SB 的正面投影 $s'b'$ 与棱面 $\triangle SAC$ 的正面投影 $\triangle s'a'c'$ 重影，由水平投影可以看出 SB 棱在 $\triangle SAC$ 棱面之后，故 SB 正面投影不可见，因此 $s'b'$ 画成细虚线。水平投影中 sa 和 bc 的可见性要通过比较棱线 SA 和 BC 的高低来确定。取两棱线上的一对相对于 H 面上的重影点Ⅰ和Ⅱ，由作图可知，SA 棱比 BC 棱高（见图 3-3a），即由上向下投影时 SAB、SAC 棱面遮住了 BC 棱，故 bc 画成细虚线。

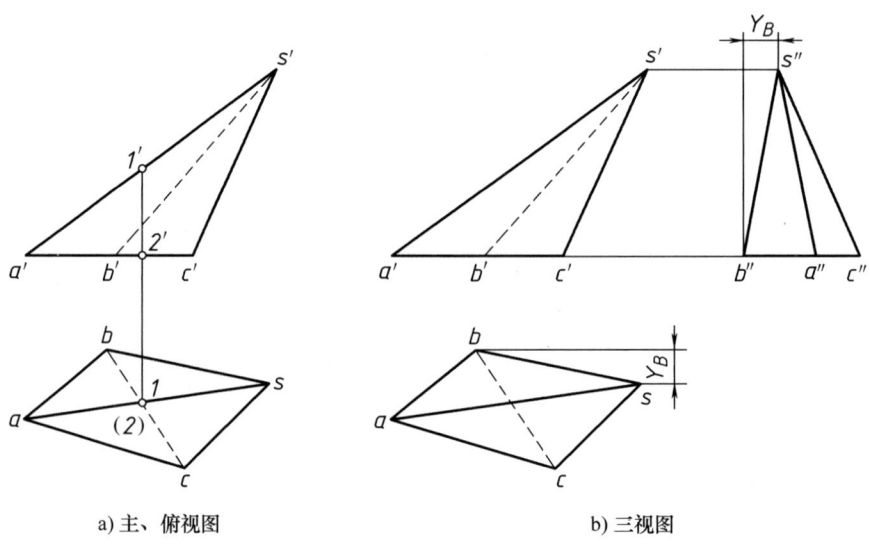

a）主、俯视图　　　　b）三视图

图 3-3　三棱锥的三视图

作图：

1) 可先根据 s'' 与 s' "高平齐"原则，在适当位置上定出 s''。
2) 再利用"高平齐"定出 a''、b''、c'' 的高度位置。
3) b'' 的前后位置可根据"宽相等"原则直接求出，即由点 B 在点 S 之后 Y_B 来确定。
4) 与 3) 同理，再确定 a''、c''，即可完成作图。

可见性判断： 由于 SA 棱在棱面 SBC 的左方，因此，由左向右投影时，SA 棱是可见的，$s''a''$ 画成粗实线。完成全图如图 3-3b 所示。

（2）平面立体表面上取点 所谓在立体表面上取点就是根据立体表面上已知点的一个投影求其另外的投影。由于平面立体的各个表面都是平面，因此，在平面立体表面上取点的作图本质上就是在"平面上取点"的作图。判别点可见性的原则：若点所在面的投影可见，则该点的投影也可见；若点所在面的投影有积聚性，不用判断点的可见性；若点所在面的投影不可见，该点的投影也不可见，投影标记加括号。

图 3-4 为正六棱柱的三视图。正六棱柱的顶面和底面为水平面，前、后两侧棱面为正平面，其他四个侧棱面均为铅垂面。正六棱柱的前、后要求对称，左、右也要求对称，在其三视图上用细点画线画出了相应的对称中心线。

【例 3-2】 已知：六棱柱表面上点 A 的正面投影 a'，求点 A 的水平投影 a 和侧面投影 a''，如图 3-4 所示。

分析： 首先应确定点 A 在哪个棱面上。由于 a' 是可见的，故点 A 应属于六棱柱的左前棱面。此棱面是铅垂面，水平投影有积聚性，因此可由 a' 直接得 a。接下来可根据 a'、a 求得 a''。为保证 a 与 a'' 间正确的投影关系，作图时可借助六棱柱的前、后对称中心线。由于点 A 属于六棱柱的左前棱面，因此 a'' 可见。

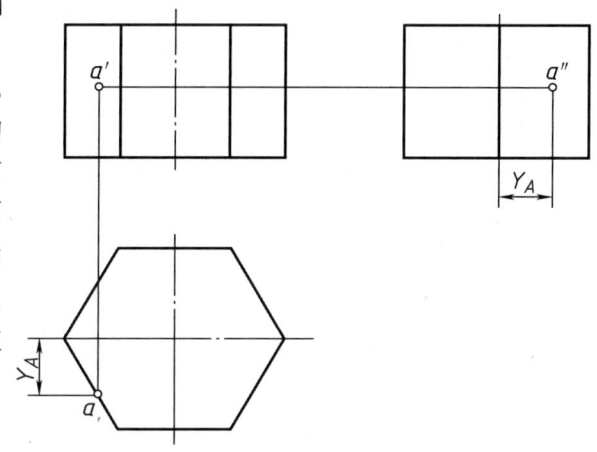

图 3-4 六棱柱的表面上取点

作图：

1) 根据"长对正"原则，可直接获得点 A 的水平投影 a。

2) a'' 的高度（上下）位置可先借助"高平齐"来获得，a'' 的宽度（前后）位置再利用"宽相等" Y_A 得到，这两个位置的交点即为 a''。

可见性判断： 因为点 A 在左侧，因此其侧面投影可见，a'' 不加括号。

【例 3-3】 如图 3-5 所示。已知：三棱锥表面上点 M 的侧面投影（m''），求点 M 水平投影 m 和正面投影 m'。

分析： 由于 m'' 是不可见的，可知点 M 属于三棱锥的 SBC 棱面。△SBC 是一般位置平面，为求得点 M 的另外两个投影，可借助于 SBC 棱面上的通过（m''）点的任意一条辅助直线来完成，例如借助辅助线 SN。

作图：

1) 先过 s'' 及 m'' 画出 SN 的侧面投影 $s''n''$。

2）根据"宽相等"的投影规律完成点 N 的水平投影 n，连接 sn，即可获得 SN 的水平投影。

3）根据"长对正"的投影规律完成点 N 的正面投影 n'，连接 s'n'，即可获得 SN 的正面投影。

4）因为点 M 属于直线 SN，先利用"高平齐"获得 m'，再利用"长对正"获得 m。

判断可见性：由于 SBC 棱面的正面投影及水平投影都是可见的，因此 m' 和 m 都可见。

综上，在特殊位置表面上取点，先求面的积聚性投影；而在一般位置表面上取点必先通过该点作辅助线。

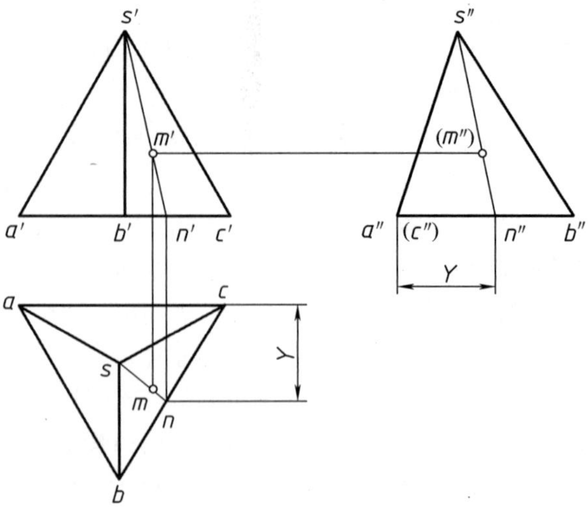

图 3-5　三棱锥的表面上取点

2. 曲面立体的三视图

常见的曲面立体有圆柱、圆锥、球、圆环等。这些立体表面上的曲面都是回转面，因此又称它们为回转体。回转面是由一条动线（直线或曲线）绕固定的轴线回转所形成的曲面。称动线为母线，母线在回转过程中的任意位置称为素线，其中回转面可见与不可见的分界素线称为转向素线，或称特殊素线，又根据特殊素线在立体上所处的具体方位，命名为最上、最下、最左、最右、最前和最后素线。母线上任意点绕轴线回转的结果为垂直于轴线的圆，称为纬圆。

用投影图表示曲面立体就是要把围成立体的曲面和平面表达出来。

（1）圆柱

1）圆柱面的形成。圆柱体表面由圆柱面及两端平面组成。圆柱面是由直母线绕着与它平行的固定轴线回转所生成的曲面，如图 3-6a 所示。圆柱面上任意一条平行于轴线的直线称为圆柱面的素线。

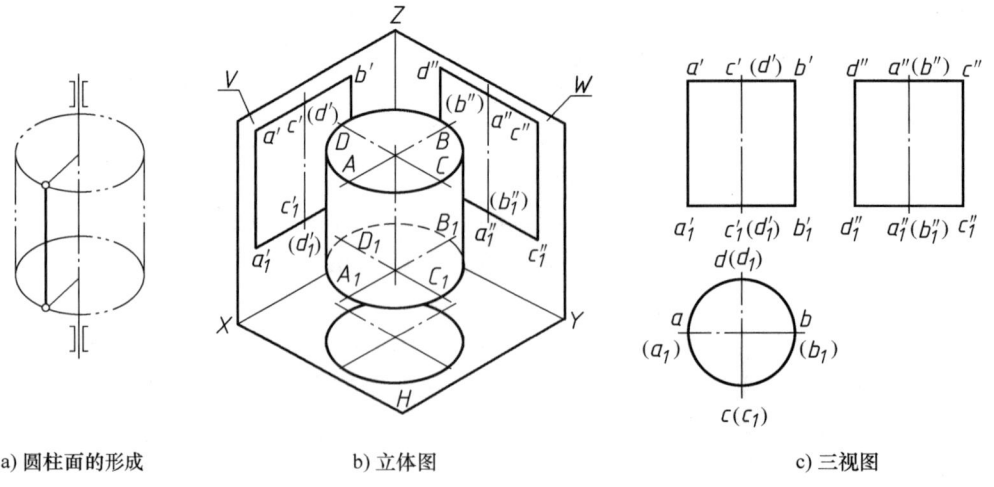

a) 圆柱面的形成　　　　b) 立体图　　　　c) 三视图

图 3-6　圆柱

2) 圆柱三视图的画法。图 3-6b 为三面投影体系中的圆柱，图 3-6c 为其三视图。图中圆柱的轴线垂直于 H 面，圆柱面上所有的素线都垂直于 H 面，圆柱面的水平投影积聚为一个圆，圆柱面上任何点、线的水平投影必定落在圆上。这个圆还是圆柱平行于 H 面上、下两端面的实形。圆柱的主视图和左视图都是矩形，矩形的上、下两边分别为圆柱上、下端面的有积聚性的投影。主视图中矩形的左、右两边 $a'a_1'$ 和 $b'b_1'$ 分别为圆柱面上最左素线 AA_1 和最右素线 BB_1 的正面投影。素线 AA_1 和 BB_1 又称圆柱面对 V 面投影的轮廓素线（或转向轮廓素线），它们把圆柱面分为可见的前一半和不可见的后一半，这两部分圆柱面的正面投影重合在一起为矩形线框。素线 AA_1 和 BB_1 的侧面投影与圆柱轴线的侧面投影重合，画图时不需表示。圆柱的左视图中，矩形的前、后两边 $c''c_1''$ 和 $d''d_1''$ 分别为圆柱面上最前素线 CC_1 和最后素线 DD_1 的侧面投影。素线 CC_1 和 DD_1 又称圆柱面对 W 面投影的轮廓素线，它们把圆柱面分为可见的左一半和不可见的右一半，这两部分圆柱面的侧面投影重合在一起为矩形线框。素线 CC_1 和 DD_1 的正面投影与圆柱轴线的正面投影重合，画图时不需表示。

画圆柱的视图时，首先用细点画线画出轴线的各个投影及圆的中心线，再画出圆，最后完成圆柱的其他视图。

3) 圆筒的三视图。图 3-7a 所示为空心圆柱的立体图，实心圆柱内部有一与其轴线重合贯通的圆孔，称为空心圆柱，或称为圆筒。图 3-7b 所示为圆筒的三视图，该圆筒的轴线是侧垂线，故左视图中，因为孔与圆柱外表面性质相同，因此孔的侧面投影也积聚为一圆，孔上任何点、线的侧面投影必定落在该圆周上。在主、俯视图中同样要表达孔的最外轮廓素线，因为孔不可见，所以图 3-7b 主视图中孔的最上、最下素线投影画成细虚线，俯视图中孔的最前、最后素线的投影画成细虚线。

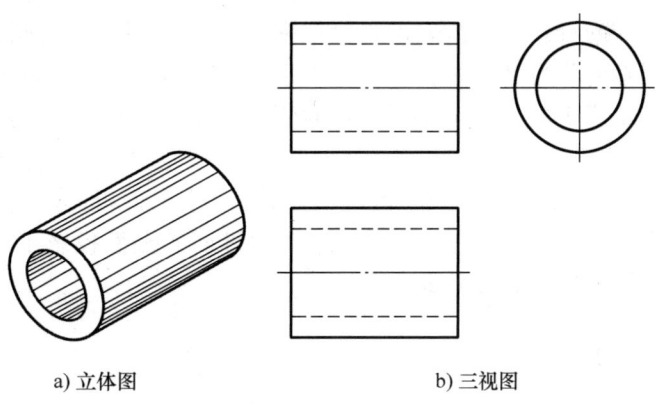

a) 立体图　　　　b) 三视图

图 3-7　圆筒

4) 圆柱表面上取点。因为圆柱三个表面均为特殊面，圆柱面在其轴线垂直的投影面有积聚性，其底面在另外投影面中同样有积聚性。因此，在圆柱表面上取点，直接利用积聚性即可求得。

【例 3-4】　如图 3-8 所示，已知圆柱表面上一点 A 的正面投影 (a')，求其水平投影 a 及侧面投影 a''。

分析：由于 (a') 为不可见，故点 A 位于后半个圆柱面上，圆柱面的水平投影有积聚性，故点 A 的水平投影 a 必定落在后半个圆周上。点 A 的侧面投影利用三等关系完成。

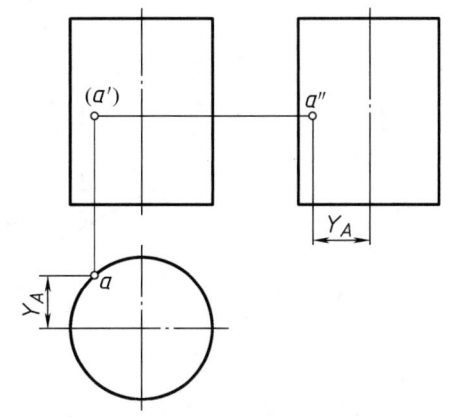

图 3-8　圆柱表面上取点

作图：

1）因该圆柱的轴线垂直于水平投影面，故其水平投影有积聚性，根据"长对正"直接即可确定点 A 的水平投影 a。

2）由（a'）根据"高平齐"画线获得点 A 侧面投影 a″的上下位置，由 a 画线根据"宽相等"获得点 A 侧面投影 a″的前后位置，上面两条线的交点就是点 A 侧面投影 a″的位置。为保持 a 与 a″之间正确的投影关系，可借助前、后对称中心线来量取 Y_A。

可见性判断： 由于 A 在左半个圆柱面上，因此 a″可见。

（2）圆锥

1）圆锥面的形成。圆锥体表面由圆锥面和底平面组成。圆锥面是由直母线绕着与它相交的固定轴线回转所生成的曲面，如图 3-9a 所示。圆锥面上通过锥顶的任一直线称为圆锥面的素线。

2）圆锥的三视图。图 3-9b 所示为三投影面体系中的圆锥，图 3-9c 为其三视图。图中圆锥的轴线垂直于 H 面，圆锥的俯视图为一个圆，这个圆既是圆锥平行于 H 面的底面圆的实形又是圆锥面的水平投影。圆锥的主视图和左视图都是等腰三角形，三角形的底边为圆锥底圆平面有积聚性的投影。主视图中三角形的左、右两腰 s'a' 及 s'b' 分别为圆锥面上最左素线 SA 及最右素线 SB 的正面投影。素线 SA 和 SB 是圆锥面对 V 面投影的轮廓素线，它们把圆锥面分为可见的前一半和不可见的后一半，这两部分圆锥面的正面投影重合在一起为等腰三角形线框。素线 SA 和 SB 的侧面投影与圆锥轴线的侧面投影重合，画图时不需表示。圆锥的左视图中，三角形的前、后两腰 s″c″ 及 s″d″ 分别是圆锥面上最前素线 SC 及最后素线 SD 的侧面投影。素线 SC 和 SD 是圆锥面对 W 面投影的轮廓素线，在其左侧的半个圆锥面的侧面投影可见，而在其右侧的半个圆锥面的侧面投影不可见。素线 SC 和 SD 的正面投影与圆锥轴线的正面投影重合。

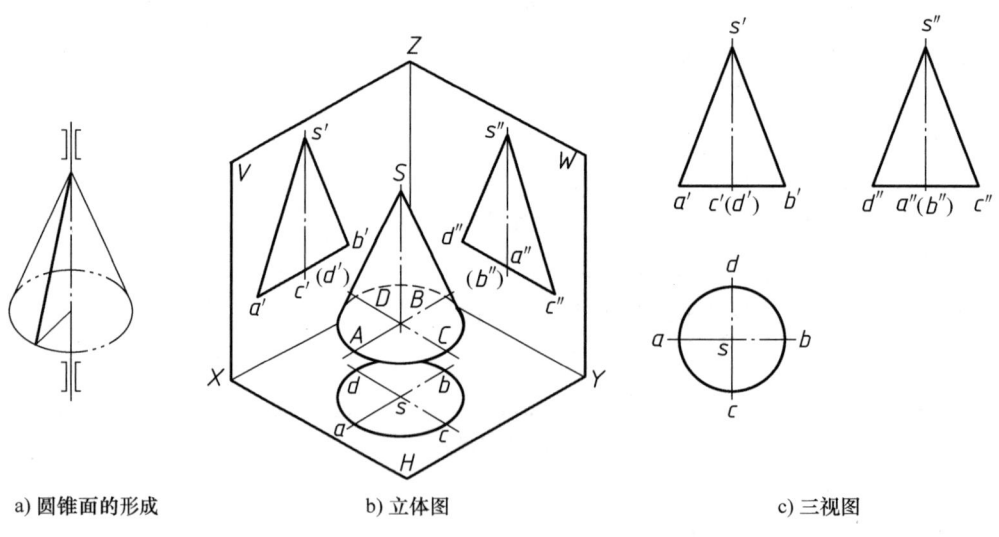

a）圆锥面的形成　　b）立体图　　c）三视图

图 3-9　圆锥

画圆锥的视图时，首先用细点画线画出轴线的各个投影及圆的中心线，再画出圆，最后完成圆锥的其他视图。

3) 圆锥表面上取点。由于圆锥面的三个投影都没有积聚性,因此,若根据圆锥面上点的一个投影求作该点的其他投影时必须借助于圆锥面上的辅助线。圆锥面上简单易画且能准确作图的辅助线有过锥顶的直线(素线)及垂直于圆锥轴线的圆(纬圆)。利用素线作为辅助线进行解题的方法称为素线法,利用纬圆作为辅助线进行解题的方法称为纬圆法。

【例3-5】 已知圆锥面上点 M 的正面投影 m',求其水平投影和侧面投影。如图 3-10 中所示的两种作图方法。

分析:由于 m' 可见,可知点 M 在前上圆锥面上。

素线法作图(见图 3-10a):

1) 用直线连接锥顶 s' 和已知点 m' 并延长至锥底,作圆锥面上素线 SB 的正面投影 $s'b'$。

2) 利用"高平齐"求出 B 点的侧面投影 b'',再利用"长对正"和"宽相等"求得水平投影 b,并分别与锥顶点 S 的同面投影相连,获得 $s''b''$ 及 sb。

3) 点 M 的侧面投影 m'' 及水平投影 m 必落在 SB 的同面投影上,从而求出 m'' 和 m 的位置。

4) 点的可见性判断:向 W 面投影时,圆锥面上所有点都可见;向 H 面投影时,上半圆锥面上的点可见,故侧面投影 m''、水平投影 m 均可见。

纬圆法作图(见图 3-10b):

1) 过 m' 作垂直于圆锥轴线的直线段,该直线段即为圆锥面上纬圆的正面投影。

2) "高平齐"作图,完成此纬圆的侧面投影——实形圆(即反映实形的侧平圆)。

3) 再根据点 M 的投影必然落在纬圆的同面投影上及三等关系,先求得 m'',再由 m' 和 m'' 作出 m。

4) 点的可见性判断:同素线法作图。

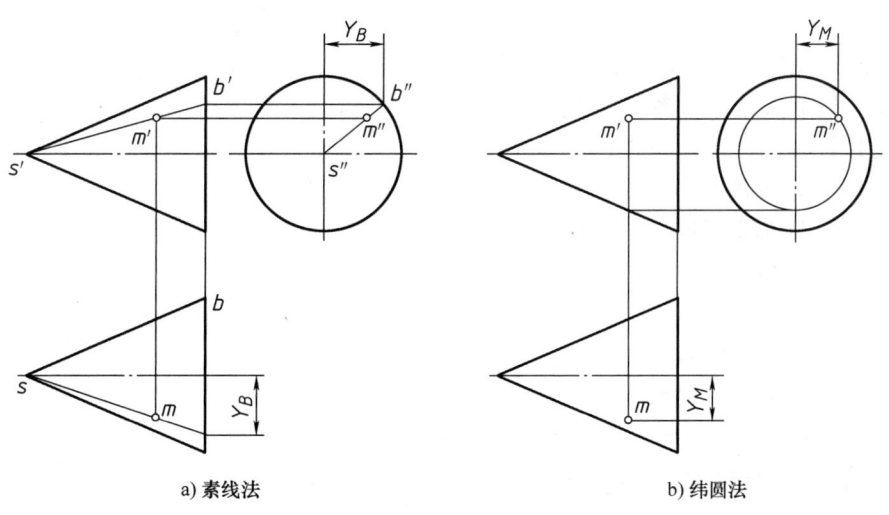

a) 素线法　　　　　　　b) 纬圆法

图 3-10　圆锥表面上取点

(3) 球

1) 球面的形成。球由球面围成。球面是圆母线绕其任一直径回转而生成的曲面,如图 3-11a 所示。

2) 球的三视图。图 3-11b 所示为三面投影体系中的球,图 3-11c 为其三视图。球的三视图为大小相等的圆，其直径等于球的直径。球的正面投影 a' 是球面对 V 面投影的轮廓素线圆 A 的正面投影，圆 A 是球面上所有平行于 V 面纬圆（正平纬圆）中的最大圆，它把球面分为可见的前一半和不可见的后一半，圆 A 的水平投影和侧面投影分别与相应的中心线重合，画图时不需表示。球的水平投影 b 和侧面投影 c'' 分别是球面上所有平行于 H 面纬圆（水平纬圆）及 W 面（侧平纬圆）中的最大圆 B 和 C 的相应投影，圆 B 把球面分为可见的上一半和不可见的下一半，而圆 C 把球面分为可见的左一半和不可见的右一半。B、C 两圆的其余投影也与相应的中心线重合，画图时不需表示。

画球的视图时，首先用细点画线画出各视图的中心线，然后画出与球等直径的圆。

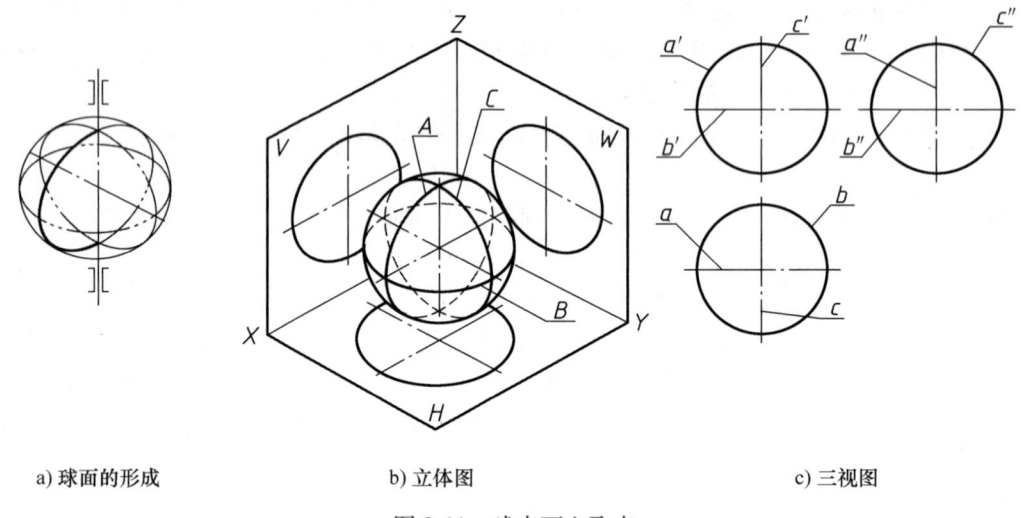

a) 球面的形成　　　　　　b) 立体图　　　　　　c) 三视图

图 3-11　球表面上取点

3) 球面上取点。球面上取点可利用的辅助线只有纬圆（不存在直线），故采用纬圆法取点。由于可以认为球面的回转轴是它的任意一条直径，因此，过球面上一点可以作出无数个圆。但为保证作图准确，只能利用过该点并与投影面平行的圆来完成，即平行于 V 面的正平纬圆，平行于 H 面的水平纬圆及平行于 W 面的侧平纬圆。

【例 3-6】　已知球面上点 A 的侧面投影 a''，求作点 A 的其他两面投影，如图 3-12 所示。

分析：根据已知的（a''）可确定点 A 在上半个球面的右前部。

作图：

方法一：利用正平纬圆作图，如图 3-12a 所示。

1) 为确定 a' 及 a，可过点 A 在球面上作正平辅助纬圆。
2) 此圆的侧面投影为过 a'' 的竖直方向的直线段 $1''2''$。
3) 其正面投影是以 $1''2''$ 为直径的圆。
4) a' 必定在该圆上且与 a'' 满足"高平齐"的投影关系。
5) 确定了 a' 以后，根据"长对正、宽相等"由 a'' 及 a' 可作出 a。

判断可见性：由于点 A 在上半个球面上，故 a 可见，又由于点 A 在前半个球面上，故 a' 可见。

方法二：利用水平纬圆作图，如图 3-12b 所示。

1) 为确定 a' 及 a，可过点 A 在球面上作水平辅助纬圆。

2）此圆的正面投影为过 a'' 的水平方向的直线段 $1'2'$。
3）其水平投影是以 $1'2'$ 为直径的圆。
4）a 必定在该圆上且与 a'' 有 Y_A 相等的关系。
5）确定了 a 以后，利用三等关系由 a'' 及 a 可作出 a'。

可见性判断同方法一。

读者可试用过点 A 的侧平圆求解此题。

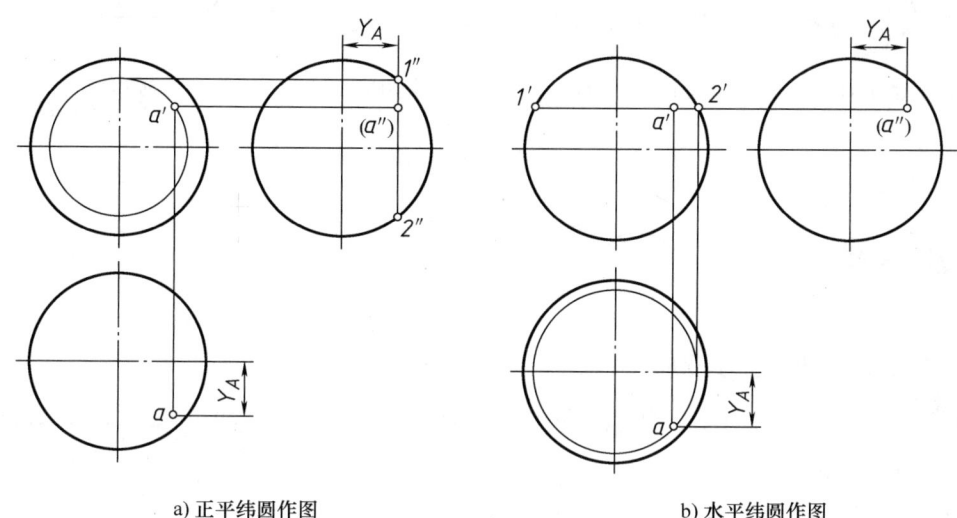

a）正平纬圆作图　　　　　　　　b）水平纬圆作图

图 3-12　球面上取点

3. 曲面立体的读图

图 3-13 中列出了一些常见的不完整曲面立体，图 3-14 中列出了常见的组合曲面立体，熟悉它们的视图对今后画图、读图很有帮助。

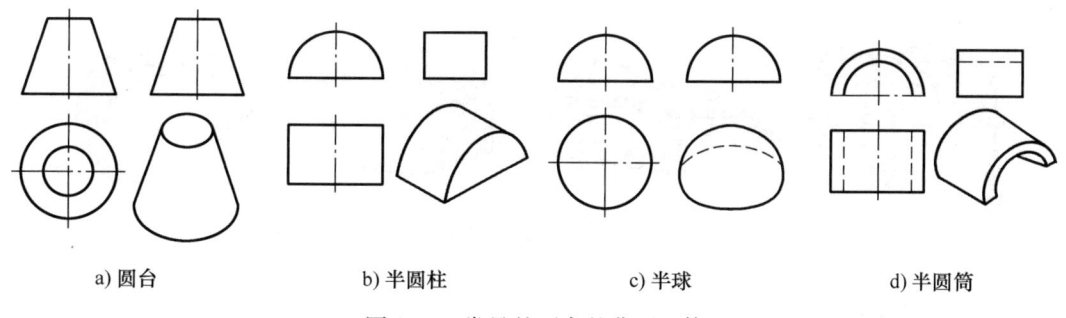

a）圆台　　　　b）半圆柱　　　　c）半球　　　　d）半圆筒

图 3-13　常见的不完整曲面立体

图 3-14a 所示是由圆台和与之底圆直径大小相同的圆柱组合而成的组合体，注意圆台面和圆柱面之间的交线圆，在非圆视图中是一条直线段。图 3-14b 所示是两个大小不等的同轴圆柱组合而成的组合体，注意它们之间由于直径差导致的圆环状平面，在圆视图中反映实形，在非圆视图中积聚成一直线段。图 3-14c 所示是由半球体与等直径圆柱体组合而成的组合体，注意此时的球面和圆柱面之间相切，两者表面之间无交线，故视图之中不能画出交线。图 3-14d 所示是左右两个大小相等的半圆柱中间加一同宽四棱柱组合而成的组合体，注

意半圆柱面与四棱柱面之间的相切关系，两者表面之间无交线，故视图中不能画出交线。

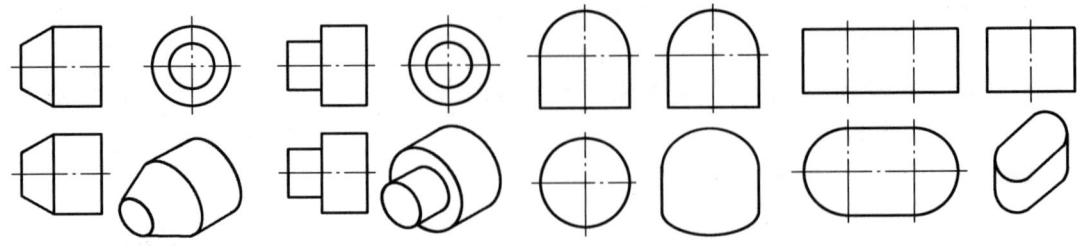

a) 圆台圆柱组合体　　b) 大小圆柱组合体　　c) 半球体圆柱组合体　　d) 两半圆柱体与同宽四棱柱组合体

图 3-14　常见的组合曲面立体

3.2　截交线

3.2.1　截交线的概念与性质

在机器零件中，经常遇到一完整立体被一个或几个平面截切掉一部分或几部分的情况。

图 3-15 所示的是一个平面立体（四棱柱）被四个平面截切而形成的车刀，图 3-16 给出了在机器零件中常见的曲面立体被截切的情况。

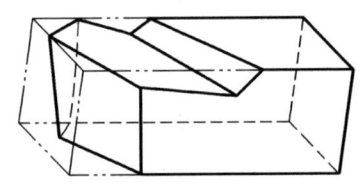

图 3-15　车刀

1. 截交线的概念

截切立体的平面称为截平面；截平面与立体表面的交线称为截交线；因截平面的截切，在立体上由截交线围成的平面图形称为截断面。

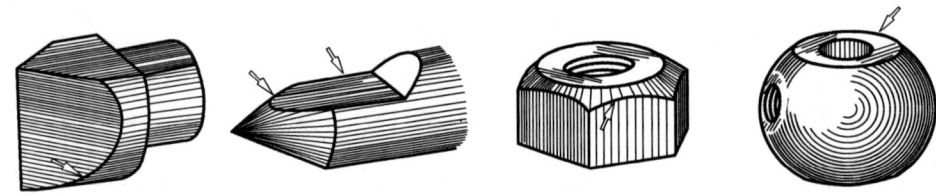

图 3-16　曲面立体的截交线

2. 截交线的性质

1）截交线是截平面与立体表面的共有线。
2）截交线围成的是一个封闭的平面图形。
3）截交线的形状取决于立体表面的形状和截平面与立体的相对位置。

3.2.2　平面立体的截交线

由于平面立体的各个表面均为平面多边形，显然，平面立体被截平面截切后所形成的截交线一定是一封闭的平面多边形。多边形的各个顶点是平面立体相应棱线与截平面的交点，多边形的各条边是平面立体相应棱面与截平面的交线。

【例 3-7】 如图 3-17a 所示的四棱锥上部被截切，已知主视图，完成其俯视图并画出左视图。

分析：由主视图可以看出四棱锥是被一正垂面截切。截平面与四个棱面都相交，截交线一定围成四边形。

作图：

1）画出完整四棱锥的左视图。用细实线打底稿，先画作图基准线，后画四棱锥的轮廓线。

2）取点：先完成四边形四个顶点的投影，如图 3-17b 所示。

① 设截平面与 SA、SB、SC、SD 的交点分别为 Ⅰ、Ⅱ、Ⅲ、Ⅳ，它们的正面投影 1′、2′、3′、4′可直接定出；

② Ⅰ、Ⅲ 两点的求法：根据点在直线上的投影特性，可由 s′a′ 上的 1′求得 sa 上的 1 以及 s″a″ 上的 1″；由 s′c′ 上的 3′求得 sc 上的 3 以及 s″c″ 上的 3″。

③ Ⅱ、Ⅳ 两点的求法：由 s′b′ 上的 2′先求得 s″b″ 的 2″，再根据图 3-17b 中所标的 Y_2 值求得 sb 上的 2。Ⅳ点的另两个投影的求法与Ⅱ点相同。

3）可见性判断：因在四棱锥的左上方截切，故截交线的水平投影及侧面投影均可见。

4）连线：用粗实线依次连接 Ⅰ、Ⅱ、Ⅲ、Ⅳ 各点的同面投影，即得四棱锥上切口的三视图。

5）整理轮廓线：注意图 3-17b 中，四条棱线被截切掉的部分不再画出，所以 SA、SB、SC、SD 的投影都画到 Ⅰ、Ⅱ、Ⅲ、Ⅳ 各点的投影处。其中ⅢC 棱线的侧面投影因其不可见，所以 3″c″应画出细虚线，但其下半部分与 1″a″重影，故为粗实线。

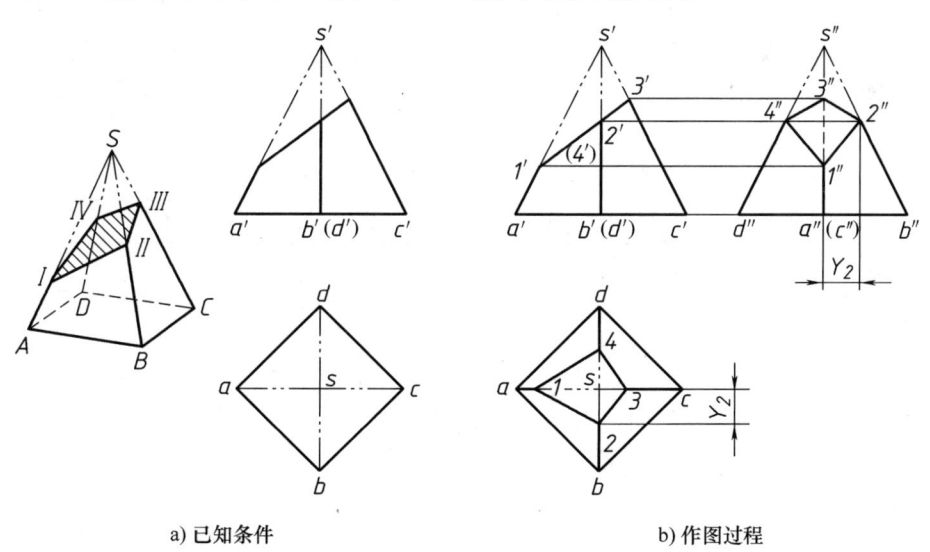

a) 已知条件　　　　　　b) 作图过程

图 3-17 四棱锥的截切

【例 3-8】 如图 3-18a 所示的四棱柱左上部分已被截切掉，已知主视图，补全其俯视图，并求作左视图。

分析：观察已知的主视图可以看出，四棱柱被正垂面 P 及水平面 Q 同时截切，因此，

要分别求出 P 平面及 Q 平面与四棱柱的截交线。P 平面与四棱柱的顶面及四个侧棱面都相交，同时与 Q 平面相交，故其截形为六边形；Q 平面只与四棱柱左边的两个侧棱面相交，同时与 P 平面相交，故其截形为三角形；注意 P、Q 两截平面之间的交线。由于 P、Q 两平面的正面投影都有积聚性，故上述所有交线的正面投影分别重影在 P_V 及 Q_V 上。

作图：

1) 画出完整四棱柱的左视图。用细实线打底稿，先画作图基准线，后画四棱柱的轮廓线。

2) 完成 P 平面截切产生的截形——六边形，如图 3-18b 所示。

① 分别完成 B、C、A、D、M、N 六个顶点的投影。四棱柱的顶面为水平面，P 平面与其交得正垂线 BC，其正面投影 $b'c'$ 积聚为一个点可直接定出，"长对正"水平投影为 b、c 可直接求得，通过"宽相等"的 Y_B 求出 b''、c''。四棱柱各侧棱均为铅垂线，P 平面与前、后两条棱线分别交得 A、D 两点，它们的 W 面、H 面投影均可利用三等关系直接求得。P、Q 两平面的交线为正垂线 MN，其正面投影积聚，两端点分别落在左前和左后棱面上，"长对正"水平投影为 m、n 可直接求得，通过"宽相等"的 Y_M 求出 m''、n''。

② 连接六边形。因该截形在左上方，故俯左两视图均可见。分别用粗实线依次直线连接六个顶点，即完成该截形。

3) 完成 Q 平面截切产生的截形——三角形，如图 3-18b 所示。

① 分别完成 E、M、N 三个顶点的投影。P、Q 两平面的交线为正垂线 MN 的投影已经求出，即 M、N 顶点已经存在，只需要求出 Q 平面与四棱柱最左棱线相交的点 E，点 E 的 V 面、H 面、W 面投影均可直接定出。

② 俯视图是三角形的实形，左视图三角形积聚成一水平线段，如图 3-18b 所示。

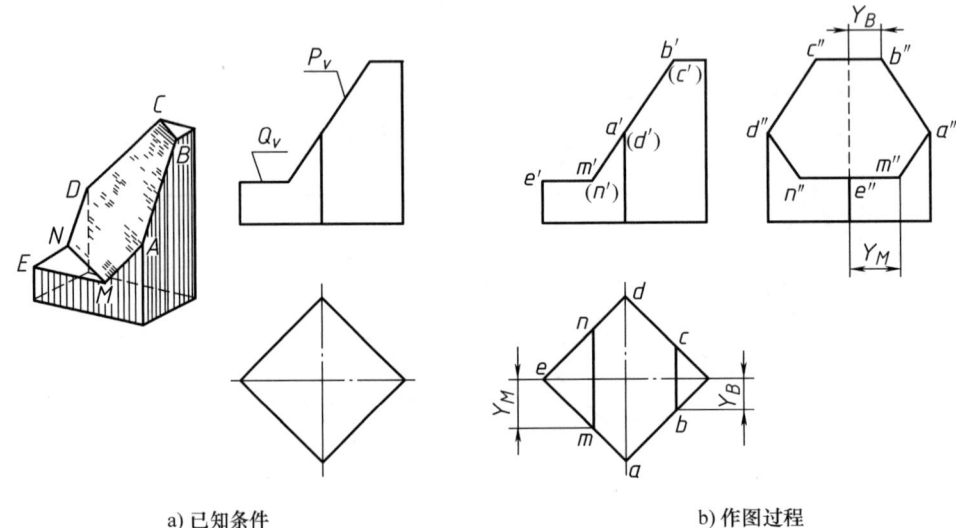

a) 已知条件　　　　　　　　　　b) 作图过程

图 3-18　四棱柱的截切

4) 整理轮廓线：左视图中四棱柱的四条棱线需要整理，左棱可见，用粗实线画到 e''；前后两棱可见，用粗实线画到 a''、d'' 两点；右棱不可见，用细虚线画出，但与左棱重合的部分按左棱绘制用粗实线画出，如图 3-18b 所示。

3.2.3 曲面立体的截交线

曲面立体的截形一般是封闭的平面曲线或平面曲线与直线组合的平面图形,特殊情况下截交线还会围成平面多边形。求曲线截交线时,可求出截交线上一系列的点,然后依次将它们光滑连接起来。为了更准确地表达截交线的投影形状和分清可见性,必须求出截交线上的全部特殊点,如最上、最下、最左、最右、最前、最后点以及立体轮廓素线上的点等。当截平面为特殊位置平面时,截交线至少有一个投影积聚成直线段,此时求截交线其他投影的问题可看成是已知立体表面上取点和取线的问题,即已知点、线的一个投影,求解其他投影的问题。

1. 圆柱的截交线

平面截切圆柱时,由于截平面与圆柱轴线的相对位置不同,圆柱面截交线有三种情况,见表3-1。

表3-1 圆柱面的截交线

截平面位置	平行于轴线	垂直于轴线	倾斜于轴线
立体图	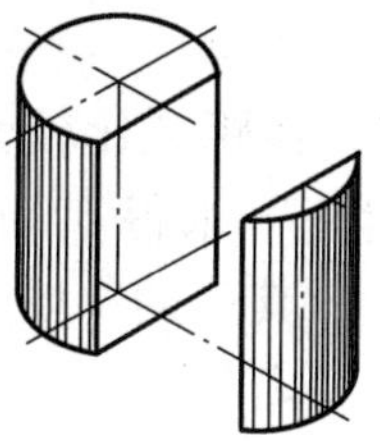	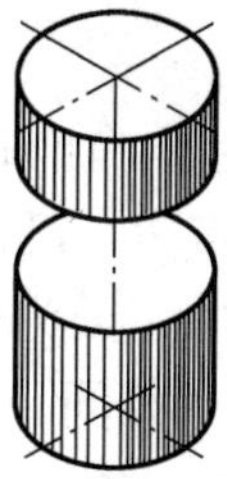	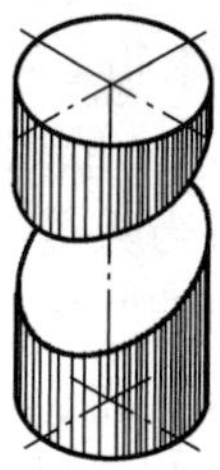
截交线	两素线	圆	椭圆
投影图	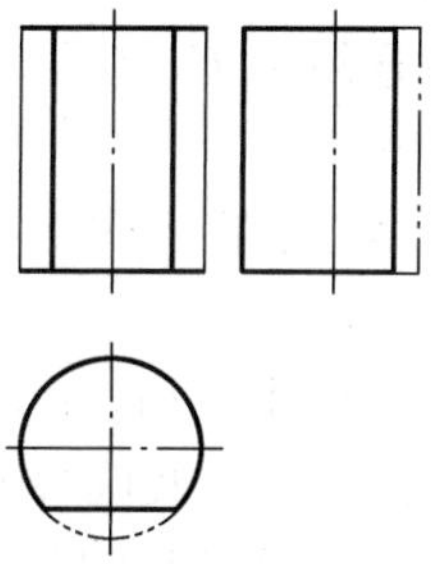	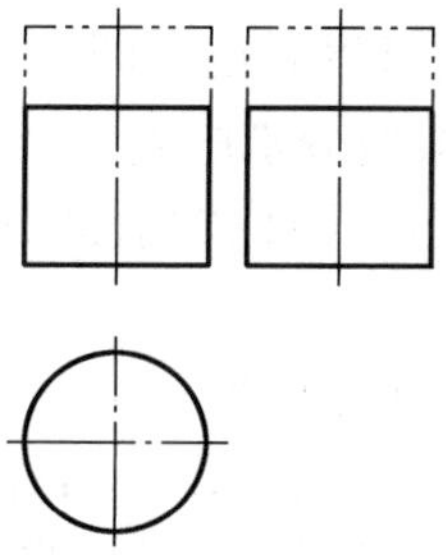	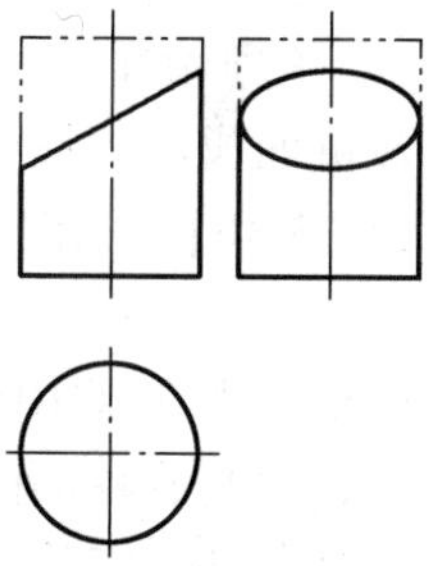

【例3-9】 补画如图3-19所示截头圆柱的左视图。

分析:圆柱的轴线垂直于 H 面,截平面为与圆柱轴线倾斜的正垂面,其与圆柱表面的交线为一椭圆。椭圆的正面投影积聚为直线,水平投影与圆柱面的水平投影重合。椭圆的侧面投影在一般情况下仍为椭圆,且不反映实形。作图时可先求其长、短轴的端点,然后再作出若干中间点,把它们光滑地连接起来即可。

作图:

1) 求特殊点的投影。

① 椭圆长轴端点 A、E 是圆柱最左、最右素线上的点,利用"高平齐",侧面投影 a''、e'' 可直接求得。

② 椭圆短轴端点 C、G 是圆柱最前、最后素线上的点,利用"高平齐",侧面投影 c''、

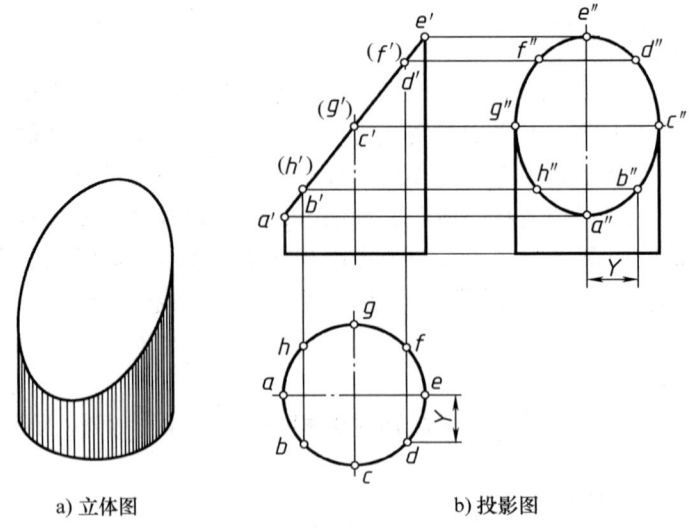

a) 立体图　　　　　b) 投影图

图 3-19　截头圆柱

g'' 可直接求得。

2）求一般点的投影。为了更为准确地确定曲线的形状，在距离比较大的特殊点之间，要插入适当数量的一般点。如中间点 B，可由 b' 根据"长对正"求得 b，再由 b'、b "高平齐、宽相等"求得 b''。为了简化作图，因为椭圆是对称的，故其他的一般点 H、D、F 均与点 B 对称获得，作图方法与点 B 完全相同，且距对称中心的距离与点 B 完全相同。

3）判断可见性。该截断面在左上方，故其左视图可见。

4）连线。将各点的水平投影依次光滑连接，即得椭圆的侧面投影。

5）整理轮廓线。从主视图可以看出，圆柱最前、最后素线以 C、G 为界，上部分被截掉，故侧面投影的最前、后素线应分别画到 c'' 和 g''，完成作图。

【例 3-10】　如图 3-20a 所示的圆柱左前部分被截切掉，已知俯视图，补全主视图和左视图。

分析：图 3-20 中，圆柱的轴线垂直于 W 面，被 P、Q 两平面截切。P 平面与圆柱的轴线平行，故与圆柱面的交线为两条侧垂线，同时 P 平面与 Q 平面以及圆柱左端面还分别交得铅垂线，两条素线和两条铅垂线围成矩形截断面，在侧面投影积聚，在正面投影是实形。Q 平面与圆柱轴线倾斜截切，故与圆柱表面的交线为部分椭圆，在正面和侧面投影中均为类似形。

作图：

1）求正平面 P 的截交线，如图 3-20b 所示。

① 正平面 P 与圆柱面交得两条侧垂线 AB 和 CD，其侧面投影直接利用"宽相等"即"Y 相等"的对应关系求出 $a''(b'')$ 和 $d''(c'')$。

② 然后利用"长对正，高平齐"完成正面投影 $a'b'$、$c'd'$。

③ 主视图中再分别画出 P 平面与圆柱左端面及 Q 平面产生的交线 $a'd'$ 和 $b'c'$。完成 P 平面产生的矩形截断面的实形。

④ 左视图该矩形积聚为 $a''(b'')(c'')d''$ 的直线段，如图 3-20b 所示。

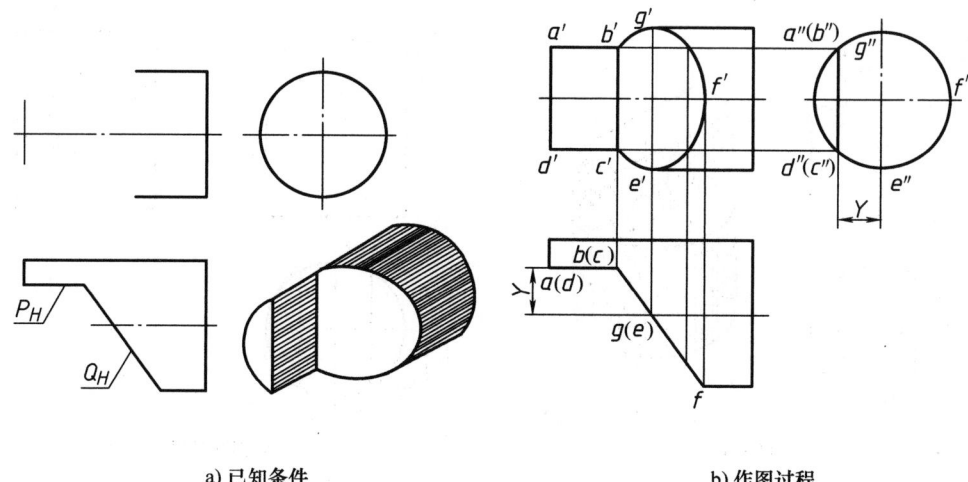

a) 已知条件　　　　　　　　　b) 作图过程

图 3-20　圆柱被两平面截切

⑤ 可见性判断，顺次连线。该截形在左前方，故其主、左视图均可见，图线均为粗实线。

2）求正平面 Q 的截交线，如图 3-20b 所示。

Q 平面与圆柱轴线倾斜截切，故与圆柱表面的交线为部分椭圆。作图时先求出全部特殊点，然后再作出适当数量一般点，最后把它们光滑地连接起来即可。

① 求特殊点的投影。椭圆中最左端两点 B、C，是 P、Q 两平面的共有点，已经存在，无须再求。椭圆最右端点 F，也是椭圆长轴端点，又是圆柱最前素线上的点，利用"长对正"正面投影 f′可直接求得。椭圆短轴端点 E、G，又是圆柱最下、最上素线上的点，利用"长对正"正面投影 e′、g′亦可直接求得。

② 求一般点的投影。因为椭圆是对称的，为了简化作图，故在间隔比较大的特殊点 F 与 E、G 之间插入一对一般点，为了简化作图，其位置与 B、C 相对于 EG 对称即可，请自行分析其投影关系。

③ 判断可见性。该截形在左前方，故其主视图可见。

④ 连线。将上面各点的正面投影依次光滑连接，即得该部分椭圆的正面投影。其侧面投影重合在圆柱面有积聚性的圆上。

3）整理轮廓线。从俯视图可以看出，圆柱最上、最下素线以 G、E 为界，左侧被截掉，故主视图中，圆柱最上、最下素线的正面投影应分别画到点 g′和 e′，完成作图，如图 3-20b 所示。

【例 3-11】　求画如图 3-21a 所示左右截切圆柱的左视图。

分析：如图 3-21a 所示立体为一轴线垂直于 H 面的圆柱，其上方左、右被 P、Q 两平面对称地截切。P 平面是与圆柱轴线平行的侧平面，其与圆柱表面交得两条铅垂素线，与圆柱顶面交得正垂线，此外 P、Q 两平面也交得正垂线。上述四条直线围成与 W 面平行的矩形，其 V 面、H 面投影都积聚为直线。Q 平面为与圆柱轴线垂直的水平面，其与圆柱表面交得的水平圆弧连同 P、Q 两面交线围成的平面图形的水平投影反映实形，而 V 面、W 面投影积聚

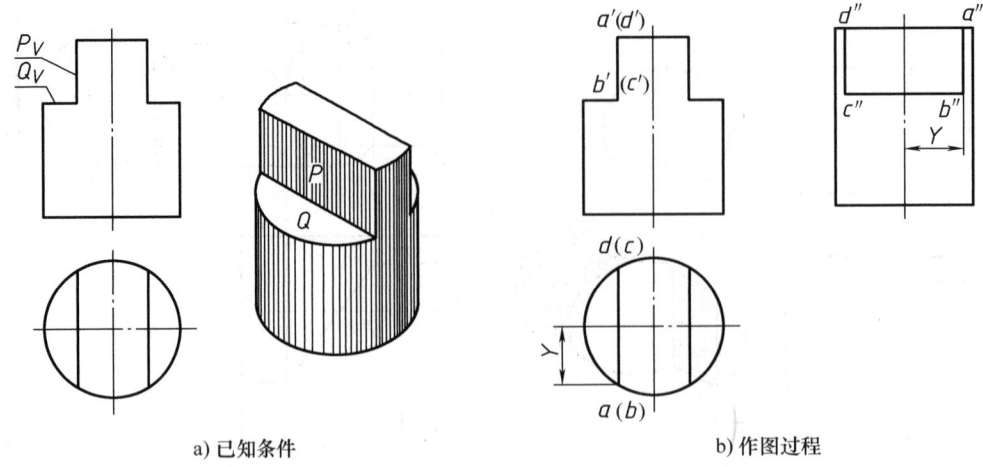

a) 已知条件　　　　　　　　　　　　　　　　b) 作图过程

图 3-21　左、右对称截切圆柱

为直线。

作图：

1) 画出完整圆柱的左视图。用细实线打底稿，先画作图基准线，后画圆柱的轮廓线。

2) 求点，判断可见性及连线。

① 求画 P 侧平面产生的截断面，其形状为一个矩形。四个顶点 A、B、C、D 的各个投影，在 V 面直接标注 a'、b'、(c')、(d')，根据"长对正"可直接获得四点的水平投影，再根据"高平齐，宽相等"得到四个点的侧面投影。左侧截形可见，故依次用粗实直线连接，即可完成左侧侧平矩形的投影 $a''b''c''d''$。

② Q 平面的侧面投影积聚在 $b''c''$ 段上，如图 3-21b 所示。

③ 右方截切的结果与左方完全相同，它们的侧面投影相重合。

3) 整理轮廓线。需注意：由于圆柱的最前、最后素线没有被截切，故在侧面投影中都应完整画出。

【例 3-12】 求画如图 3-22a 所示左右截切圆筒的左视图。

分析： 如图 3-22a 所示立体为一轴线垂直于 H 面的圆筒，其上方左、右对称地被 P、Q 两平面截切。P 平面是与圆柱轴线平行的侧平面，其与圆筒内外表面分别交得两条铅垂素线，共四条；与圆筒顶面交得前后两条正垂线；此外 P、Q 两平面也同样交得前后两条正垂线。上述八条直线围成与 W 面平行的前后两个矩形，在 W 面反映实形，V 面、H 面投影均积聚为直线。Q 平面为与圆柱轴线垂直的水平面，其与圆筒内外表面分别交得的水平圆弧连同 P、Q 两面交线围成的平面图形，水平投影反映实形，而 V 面、W 面投影积聚为直线段。

作图：

1) 画出完整圆筒的左视图。用细实线打底稿，先画作图基准线，后画圆筒的轮廓线。

2) 求点、判断可见性及连线。

① 求画 P 平面产生的截面。P 平面与圆柱外表面产生的两条铅垂素线分别通过 A、D 两

第3章 基本立体

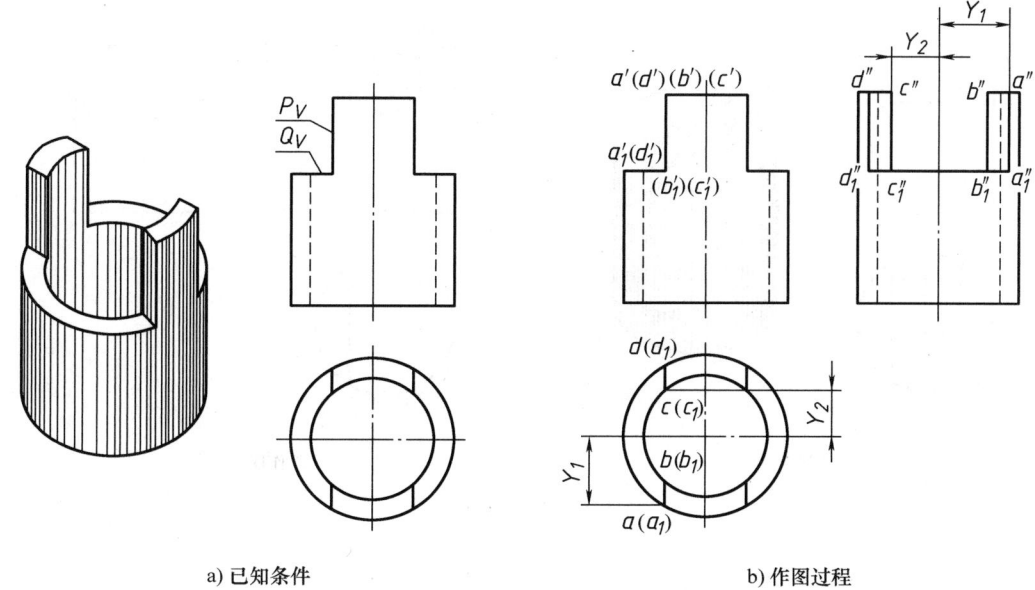

a) 已知条件　　　　　b) 作图过程

图 3-22　左、右对称截切圆筒

点，与圆柱内表面产生的两条铅垂素线分别通过 B、C 两点。四条铅垂素线在 V 面直接注出 $a'a'_1$、$(b')(b'_1)$、$(c')(c'_1)$、$(d')(d'_1)$，根据"长对正"可直接获得这四条铅垂素线的水平投影 $a(a_1)$、$b(b_1)$、$c(c_1)$、$d(d_1)$，再根据"高平齐，宽相等"得到四条素线的侧面投影 $a''a''_1$、$b''b''_1$、$c''c''_1$、$d''d''_1$。其中与外表面的交线俯、左视图之间具有 Y_1 "宽相等"的关系，内表面的交线俯、左视图之间具有 Y_2 "宽相等"的关系。再分别画出 P 平面与圆柱顶面及水平面 Q 的交线 a''_1、b''_1、和 $c''_1d''_1$。因左侧截面可见，故依次用粗实直线连接，即可完成左侧前后两个侧平矩形的投影，见图 3-22b。

② Q 平面的侧面投影积聚在与 Q 平面高平齐的 $a''_1d''_1$ 段上，如图 3-22b 所示。

③ 右方截切的结果与左方完全相同，它们的侧面投影相重合。

3）整理轮廓线。需注意：由于圆筒的最前、最后素线没有被截切，故在侧面投影中都应完整地画出圆筒外表面及孔的最前和最后素线。圆筒上顶面 C、B 之间为空，故左视图中上顶面的图线只能画出 b''、c'' 外侧到最前、最后素线之间的部分。完成全图，如图 3-22b 所示。

【例 3-13】　图 3-23a 中，圆柱开一方形槽口，已知主视图和俯视图，求作左视图。

分析：圆柱的轴线垂直于 H 面，圆柱上的方形槽口相当于 P、Q、R 三个平面截切圆柱的结果。两个与圆柱轴线平行且左、右对称的截平面 P、Q，与圆柱的顶面、圆柱面以及 R 平面均相交，其交线围成了两个平行于 W 面的矩形。两矩形的侧面投影反映实形，并且重合在一起，而其 V 面、H 面投影各积聚为一直线。截平面 R 为与圆柱轴线垂直的水平面，它与圆柱面交得的前、后两段水平圆弧连同与 P、Q 两平面的交线构成平面图形，其水平投影反映实形，而 V 面、W 面投影积聚为一直线。

作图：补画左视图的步骤如图 3-23b 所示。

1）画出完整圆柱的左视图。

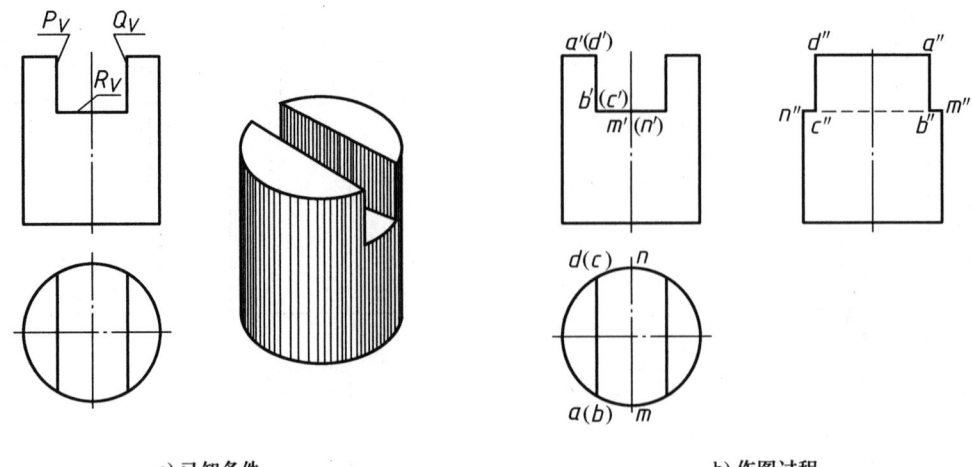

a) 已知条件　　　　　　　　　　　　b) 作图过程

图 3-23　圆柱上开方槽

2) 求点、判断可见性、连线。

① P 侧平面的矩形截形的四个顶点的求法与上例相同，区别仅在于可见性不同。P 平面产生的四段截交线中，前后两段可见，故 $a''b''$ 和 $c''d''$ 画成粗实线，$a''d''$ 段与上顶面的积聚性重合，故也画成粗实线，而 $b''c''$ 不可见，故画成细虚线，从而完成了左边侧平矩形的投影 $a''b''c''d''$，右边侧平矩形的侧面投影与其重合。

② 做出 R 平面的侧面投影，其中 $b''m''$ 及 $c''n''$ 画成粗实线。

3) 整理轮廓线。圆柱顶面的侧面投影在 $a''d''$ 之外的两小段应擦去。圆柱的最前、最后素线由于被 R 平面切断，故 m'' 和 n'' 之上不画线。

拓展分析：图 3-24 所示圆筒上开了方槽，注意分析截平面与圆孔表面的交线。

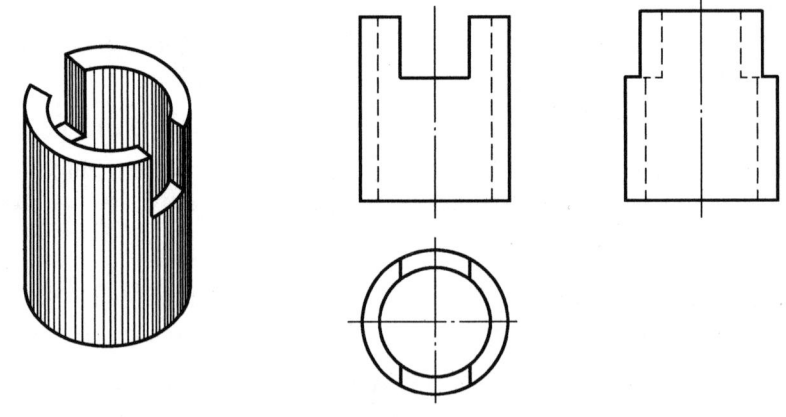

图 3-24　圆筒上开方槽

2. 圆锥的截交线

平面截切圆锥时，由于截平面与圆锥轴线的相对位置不同，截交线有五种情况，见表 3-2。

表 3-2 圆锥面的截交线

截平面位置	过锥顶	垂直于轴线 $\theta=90°$	倾斜于轴线 $\theta>\alpha$	平行或倾斜于轴线 $\theta=0°$ 或 $\theta<\alpha$	倾斜于轴线 $\theta=\alpha$
立体图		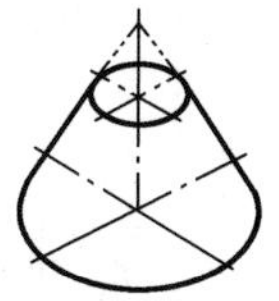	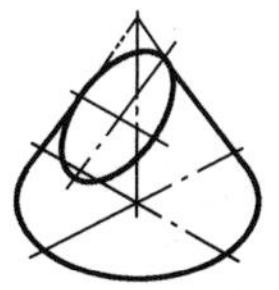		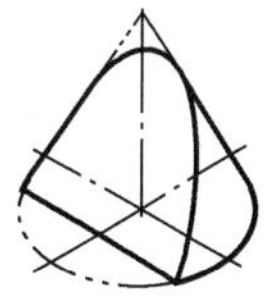
截交线	两素线	圆	椭圆	双曲线	抛物线
投影图	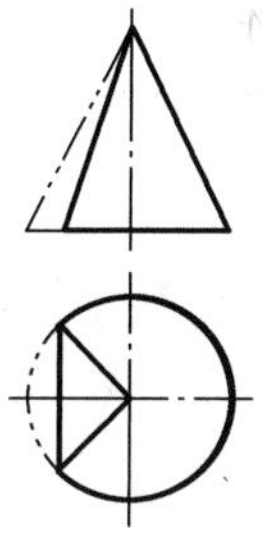	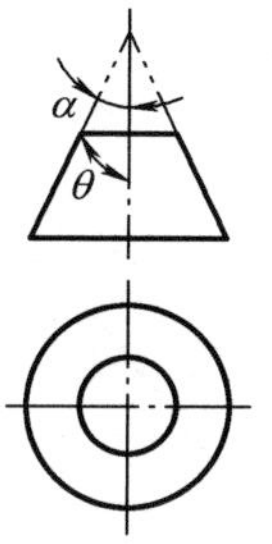	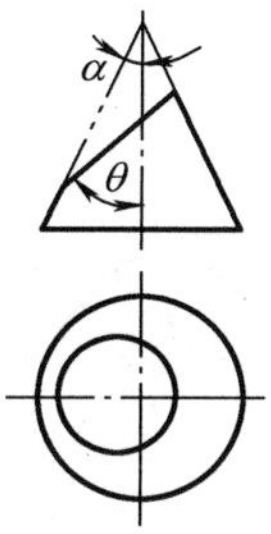	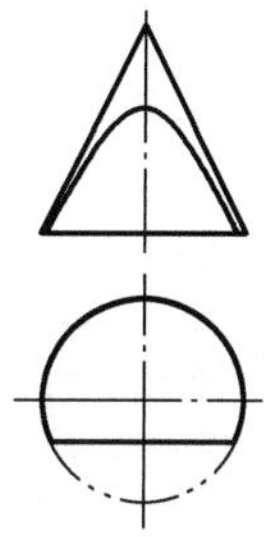	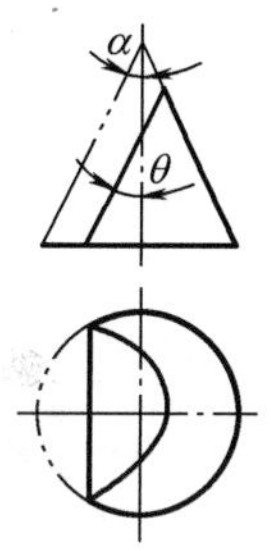

【例 3-14】 已知截头圆锥的主视图，补全左视图，并画出俯视图，如图 3-25a 所示。

分析：圆锥的轴线垂直于 W 面，被正垂面切去了头部。由图中截平面与轴线的相对位置可知，截交线为椭圆。椭圆的正面投影积聚为一直线，即椭圆上各点的正面投影是已知的。可应用在圆锥表面上取点的方法求出椭圆上诸点的水平投影和侧面投影，然后将它们依次光滑相连。

作图：

1）先画出俯视图的作图基准线，后用双点画线或细实线把完整的俯视图画出。

2）取点。

① 求特殊点，如图 3-25b 所示。圆锥最下素线的点 A 及最上素线的点 E 是椭圆长轴的端点，它们的水平投影 a、e 以及侧面投影 a''、e'' 可直接求出。圆锥最前素线的点 B 和最后素线的点 H 的正面投影为 $b'(h')$，其水平投影 b 和 h 可直接求得，进而"宽相等"确定侧面投影 b'' 和 h''。椭圆短轴的端点 C 和 G 的正面投影 $c'(g')$ 重影在 $a'e'$ 线的中点，可利用圆锥面上的纬圆先求出它们的侧面投影 c'' 和 g''，进而求得 c、g。

② 求一般点，如图 3-25c 所示。椭圆上一般点的水平投影及侧面投影的作法和 C、G 两点的作图完全相同，如点 D 和点 F，请读者自行分析其求解过程。

3）判断可见性，连线。因此截形在圆锥的左上方，故俯视图及左视图均可见。依次用粗实线光滑连接各点的水平投影、侧面投影即完成截交线作图，如图 3-25d 所示。

4）整理轮廓线及加深图形。注意截头圆锥的俯视图中，最前素线在点 b 及最后素线在点 h 以左无线，如图 3-25d 所示。

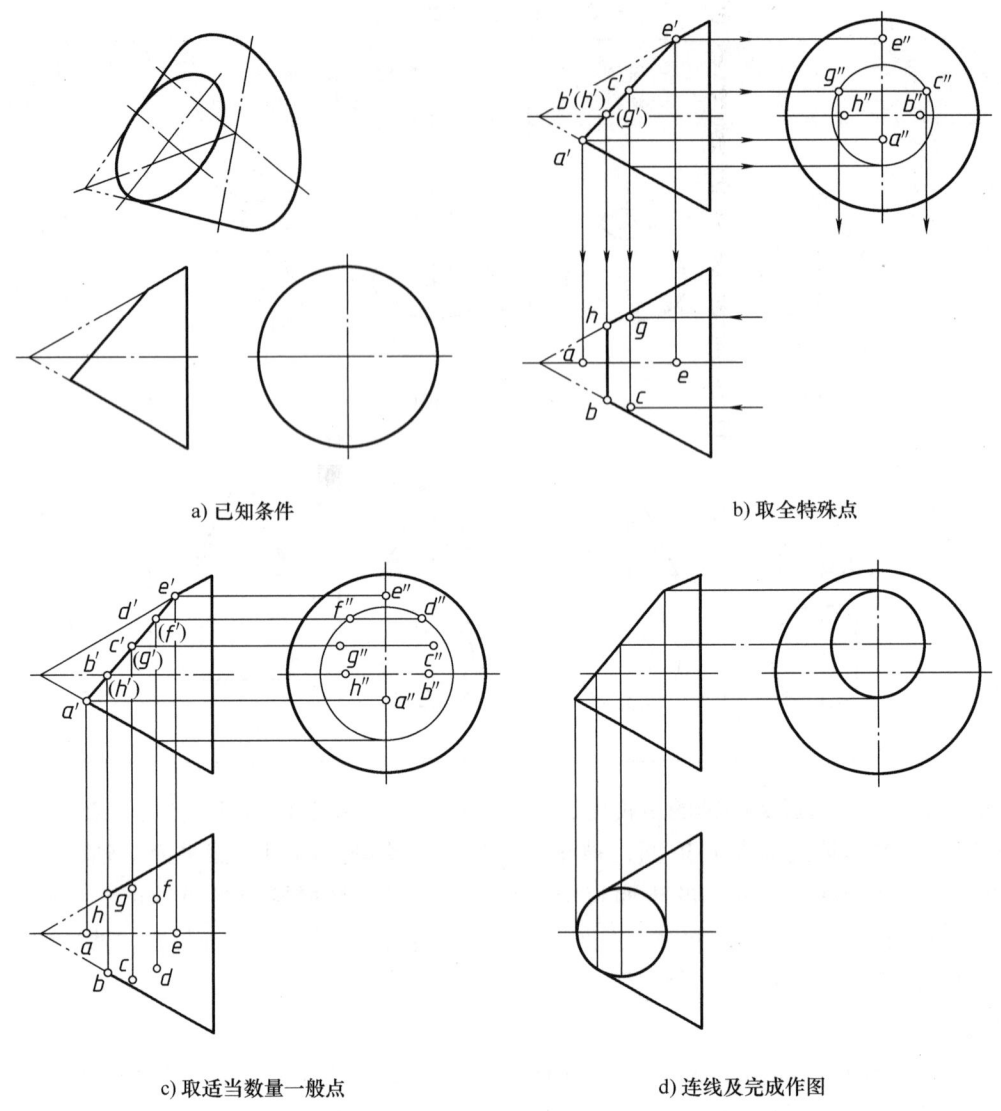

a) 已知条件   b) 取全特殊点

c) 取适当数量一般点   d) 连线及完成作图

图 3-25　截头圆锥

【例 3-15】 如图 3-26a 所示，圆锥被侧平面截切掉左边部分，已知主视图和俯视图，求作左视图。

分析：圆锥的轴线垂直于 H 面，截平面与轴线平行，故与圆锥表面的交线为单条双曲线，与圆锥底面相交得直线。双曲线与直线构成的截断面的 V 面、H 面投影积聚为直线，W 面投影反映实形。

作图：

1) 先用细双点画线或细实线画出完整圆锥的左视图，注意先画出作图基准线—圆锥的轴线。

2) 取点

① 求特殊点，如图 3-26b 所示。作出双曲线上最上点 D，点 D 在圆锥最左素线上，W

第3章 基本立体

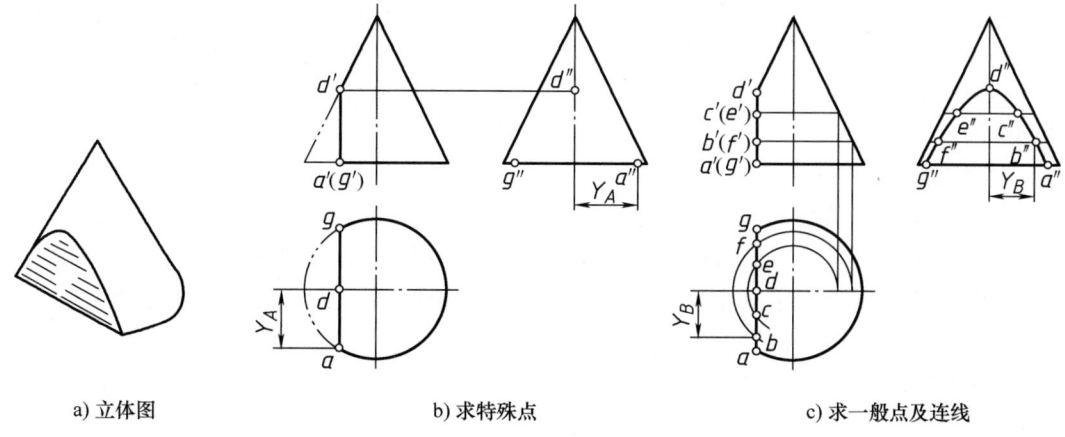

a) 立体图　　　　b) 求特殊点　　　　c) 求一般点及连线

图 3-26　水平面截切圆锥

面投影 d'' 直接求得。双曲线上的最前点 A 和最后点 G 都在圆锥的底圆上，AG 线是截平面与圆锥底面的交线，H 面投影已有，侧面投影"宽相等"可直接得到 a''、g'' 两点。

② 求一般点，如图 3-26c 所示。例如，根据双曲线上一般点 B、F 的正面投影 $b'(f')$，利用圆锥表面上的纬圆求得它们的水平投影 b、f，进而根据"宽相等"确定它们的侧面投影 b''、f''。同理完成 C、E 两点的另外两面投影。

3）判断可见性及连线。因该截切产生的截形在圆锥的左部，故左视图可见，所以用粗实线依次光滑连接双曲线上各点的侧面投影即完成截交线的作图。

4）整理轮廓线及加深图形。注意圆锥的最前、最后素线没有被截切，它们的侧面投影应完整画出，加深图形。

拓展分析：图 3-27 所示的圆锥其轴线垂直于 H 面，被 P、Q 两平面截切。截平面 P 为

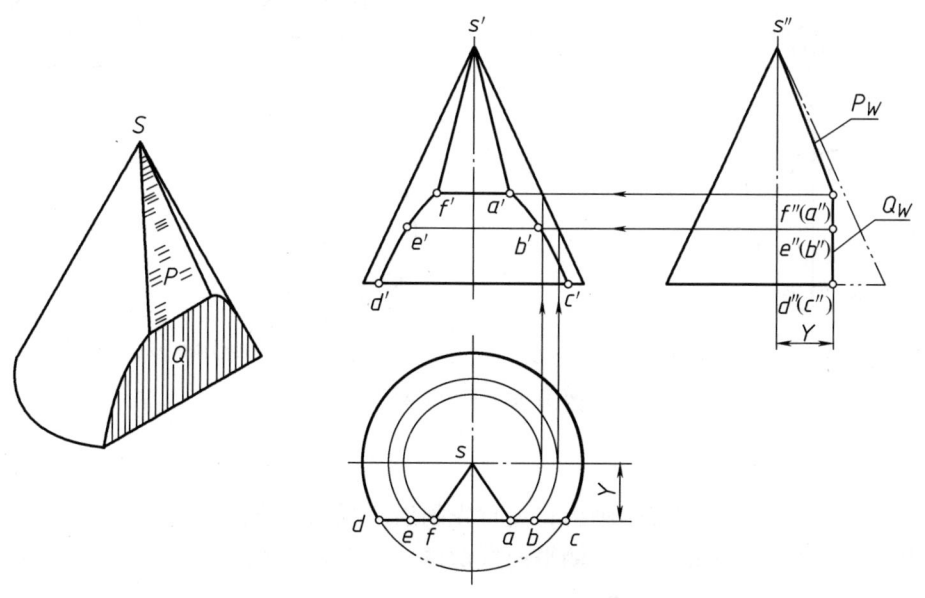

图 3-27　两平面截切圆锥

通过圆锥锥顶 S 的侧垂面，Q 平面为与圆锥轴线平行的正平面。P 平面与圆锥表面相交得两条直素线，连同 P、Q 两平面的交线构成一个 △SAF 平面。Q 平面与圆锥表面的交线为左、右两段双曲线，它们连同直线 AF 及 Q 平面与圆锥底面的交线 CD 构成一平面图形。分析被切割圆锥的三视图。

3. 球的截交线

球被任何位置的截平面截切，其截交线总是圆。该圆的直径与截平面到球心的距离有关。当截平面平行于某个投影面时，交线圆在该投影面上的投影反映实形，而其余的投影积聚为直线；当截平面垂直于某个投影面时，交线圆在该投影面上的投影积聚为直线，而其余的投影是圆的类似形——椭圆。

【例 3-16】 完成如图 3-28a 所示开槽半球的俯视图，并求作左视图。

分析：半球所开前、后通槽可看作是半球被左、右对称的侧平面及一个水平面截切的结果。

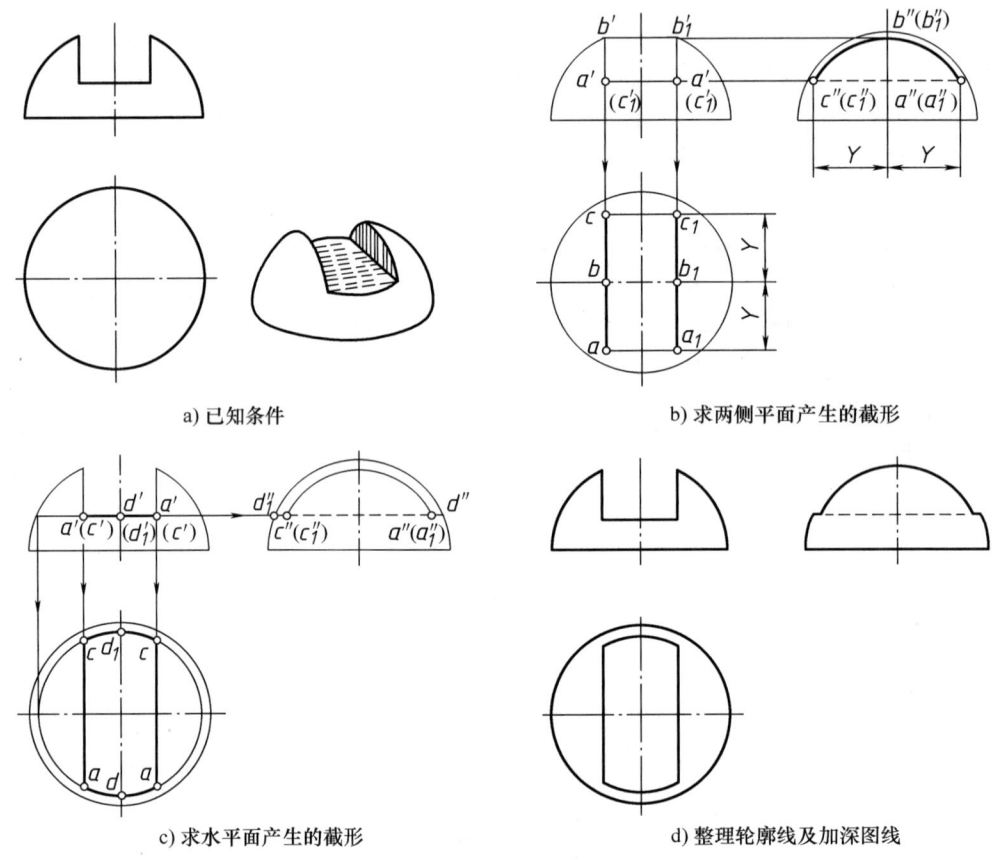

a) 已知条件　　b) 求两侧平面产生的截形

c) 求水平面产生的截形　　d) 整理轮廓线及加深图线

图 3-28　半球上开方槽

作图：

1) 用细实线把完整的左视图画出，注意先画出左视图的作图基准线——圆的中心线。

2) 求画两侧平面产生的截形。侧平面截切球体时会形成侧平纬圆，因此该题两侧平面与球面交得左、右两段侧平圆弧 $\overparen{ABC}$ 和 $\overparen{A_1B_1C_1}$，连同它们与水平面交得的左、右两直线 AC 和 A_1C_1 构成了两个与 W 面平行的弓形，它们的正面投影及水平投影都积聚为直线，而侧面投影反映实形且重影在一起，因此，用粗实线使用圆规（注意找对侧平纬圆的半径）画出两圆弧的侧面投影 $\stackrel{\frown}{a''b''c''}$ 和 $\stackrel{\frown}{a''_1b''_1c''_1}$，侧平面与水平面的交线 AC 侧面投影因不可见而画成细虚线，如图 3-28b 所示。

3）求画水平面产生的截形。水平面截切球体时会形成水平纬圆，该水平面与球面交得前、后两段水平圆弧 $\stackrel{\frown}{ADA_1}$ 和 $\stackrel{\frown}{CD_1C_1}$，连同上述两直线 AC 构成一平面图形，其水平投影反映实形，而正面投影和侧面投影都积聚为直线。因此，使用圆规用粗实线（注意找对水平纬圆的半径）画出 $\stackrel{\frown}{ADA_1}$ 和 $\stackrel{\frown}{CD_1C_1}$ 圆弧的水面投影 $\stackrel{\frown}{ada_1}$ 和 $\stackrel{\frown}{cd_1c_1}$，如图 3-28c 所示。

4）整理轮廓线及加深图线。注意该半球左右两半球的分界圆已经被截掉了上半部分，故左视图在水平面的上方不应再画出，加深全图，图 3-28d 为完成的开槽半球的三视图。

【例 3-17】 已知图 3-29b 被截切球体的主视图，求画其俯、左视图。

分析：球体被一水平面和一正垂面所截切，要分别完成两次截切的截断面。水平面与球面相交，产生水平纬圆弧，正垂面与球体相交产生垂直于正面的纬圆弧，其俯、左视图为椭圆弧，注意两截平面之间的交线，参考图 3-29a。

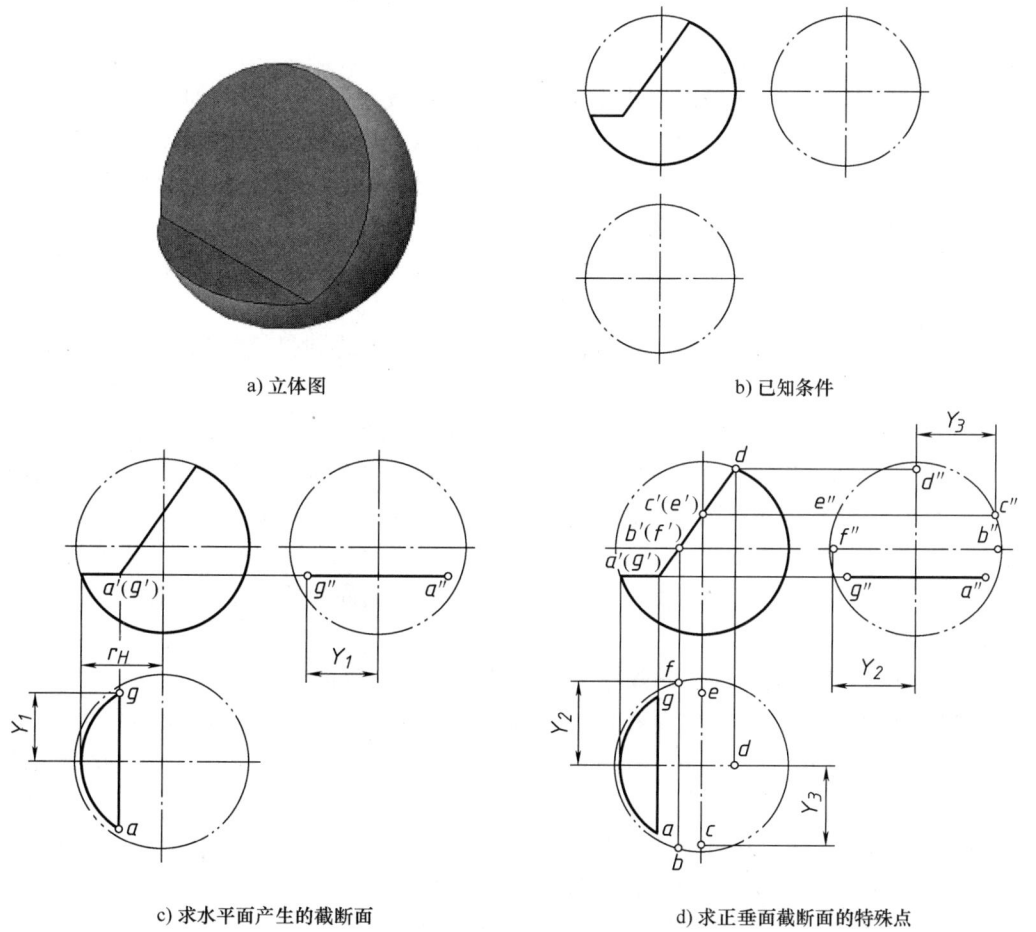

a) 立体图　　　　　　　　　　　b) 已知条件

c) 求水平面产生的截断面　　　　d) 求正垂面截断面的特殊点

图 3-29 被截切球体

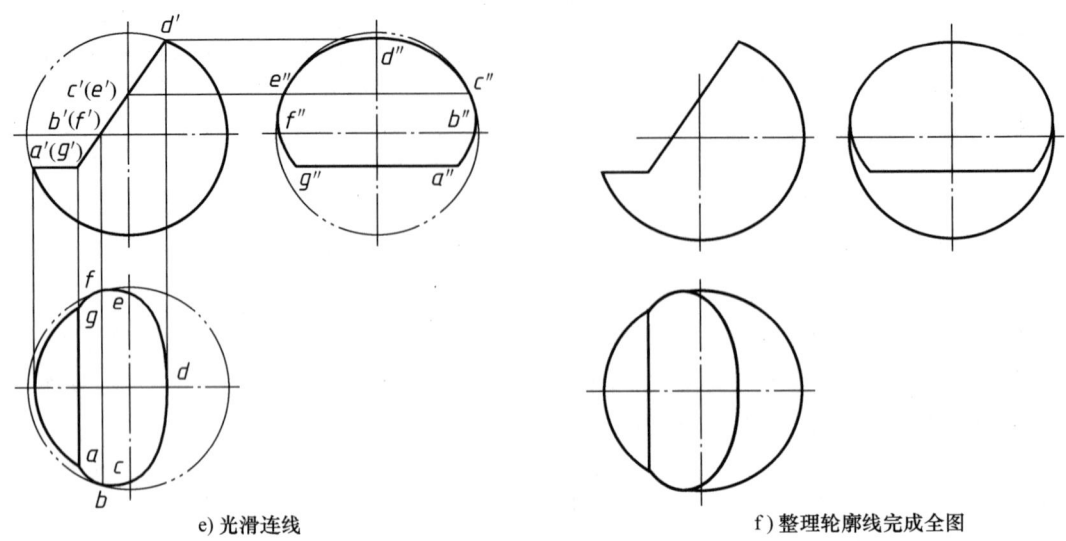

e) 光滑连线　　　　　　　　　　　　f) 整理轮廓线完成全图

图 3-29　被截切球体（续）

作图：

1）求画水平面产生的截断面。水平面截切球体形成水平纬圆，找对水平纬圆半径 r_H，如图 3-29c 所示，在 H 面上直接画出该纬圆弧，纬圆弧上最右侧两点 A、G 的水平投影 a、g 直接利用"长对正"获得，侧面投影利用"高平齐"和"宽相等"，即 Y_1 相等得到 a''、g''。直线 AG 是水平面与正垂面之间的交线，水平投影可见，故用粗实线画出，连同左侧圆弧共同构成的截断面在 H 面反映实形，W 面积聚在 $a''g''$ 线段上，因其可见，故画成粗实线，如图 3-29c 所示。

2）求画正垂面产生的截断面。正垂面与球体相交产生的圆弧交线的俯、左视图为椭圆弧，需取点光滑连接完成作图。

① 求特殊点，如图 3-29d 所示。**注意找全特殊点！**特殊点除了椭圆弧最左端点 A、G 以外，还有上下两半球分界圆上前后对称的一对点 B、F，左右两半球分界圆上前后对称的一对点 C、E 及前后两半球分界圆上的点 D。B、F 的水平投影 b、f 直接利用"长对正"得到，侧面投影 b''、f'' 利用"Y_2 相等"求得；C、E 的侧面投影 c''、e'' 直接利用"高平齐"得到，水平投影 b、f 利用"Y_3 相等"求得；D 的水平投影 d 及侧面投影 d'' 直接利用"长对正、高平齐"分别得到。

② 求一般点，**特殊点之间的间隔不大时，可以不求一般点。**

③ 光滑连接椭圆弧，因正垂面截切位于球体的左上部，因此 H、W 投影均可见，故用粗实线分别光滑连接 a、b、c、d、e、f、g 及 a''、b''、c''、d''、e''、f''、g''，完成曲线作图，如图 3-29e 所示。

3）整理轮廓线。注意该球体上下两半球分界圆以 BF 为界，左侧已被截掉，故俯视图 bf 左侧擦除，右侧加深；该球体左右两半球的分界圆以 CE 为界，上侧已被截掉，故左视图 $c''e''$ 上侧擦除，下侧加深，完成全图，如图 3-29f 所示。

4. 截交线综合举例

【**例 3-18**】　已知：由轴线垂直于 H 面的圆柱和圆锥组合而成的立体，左方被一侧平面和一正垂面截切后的主、俯视图，求画左视图，如图3-30所示。

分析：侧平面平行于圆锥轴线，因此所得交线为单条双曲线；平行于圆柱轴线，所得交线为两条素线；正垂面倾斜于圆柱轴线，所得交线为部分椭圆。另外，立体被截切后，圆锥与圆柱的分界圆剩下右侧一大段圆弧。

作图：

1）画出完整的柱、锥组合立体的左视图，注意先画出此组合体的作图基准线——轴线。

2）求画侧平面产生的截交线。

① 画出侧平面与圆锥的交线：双曲线的侧面投影 $e''d''c''$。

② 画出侧平面与圆柱的交线：两条铅垂素线的侧面投影 $c''b''$ 和 $e''f''$。

3）求画正垂面与圆柱的交线：椭圆弧的侧面投影 $b''a''f''$。

4）画出侧平面与正垂面的交线的侧面投影 $f''b''$。

5）整理轮廓线及加深图形。立体的左侧被截切，圆锥与圆柱的最前最后素线是完整的，故左视图粗实线完整画出；而圆锥与圆柱的分界圆剩下 C、E 两点之右的一大段圆弧 $\overset{\frown}{CMGNE}$，这段圆弧的侧面投影中，$c''m''$ 及 $e''n''$ 是可见的，画成粗实线。其余部分即 $\overset{\frown}{MGN}$ 弧的侧面投影是不可见的，应画成细虚线，但与 $c''m''$ 及 $e''n''$ 重影的部分为粗实线。

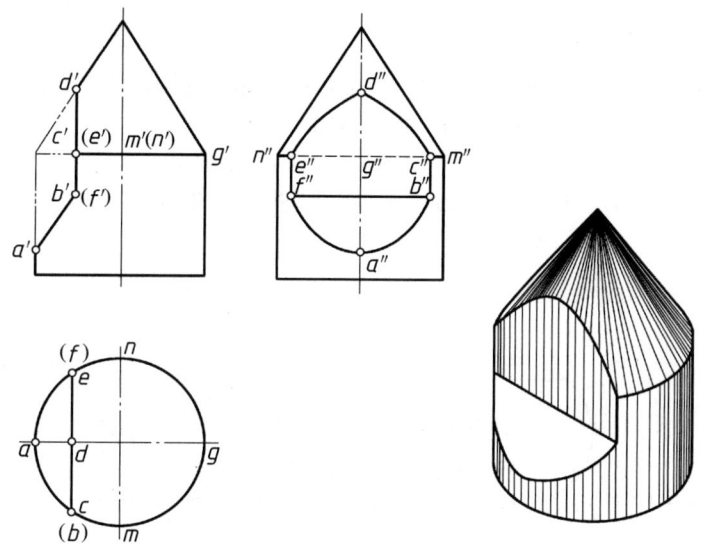

图3-30 平面截切柱锥组合立体

【**例3-19**】 如图3-31a所示的由轴线垂直于 W 面的半球和圆柱组合而成的立体被截切，已知主、左视图，求画俯视图。

分析：组合体轴线垂直于 W 面，被 P、Q、R 三个平面截切，P 平面是水平面，不仅截切了半球体，同时也截切了圆柱体，要分别求出对应的截交线，连同与 Q 平面产生的交线围成的截断面，其水平投影反映实形；Q 平面是侧平面，垂直于圆柱的轴线截切，形成前后对称的两段圆弧，连同与 P、R 平面产生的交线共同构成的截断面水平投影积聚成直线；R 平面是正垂面，倾斜于圆柱的轴线截切，与圆柱面形成前后对称的大部分椭圆弧，连同与 P

平面产生的交线围成的截断面在水平投影是类似形。

作图：

1）求画 P 平面产生的截断面。

① 求画 P 平面截切球体的截交线。P 平面是水平面，故形成水平纬圆，找对水平纬圆半径，如图 3-31b，在 H 面上直接画出该纬圆弧，因其可见，故画成粗实线。

② 求画 P 平面截切圆柱体的截交线。P 平面平行于圆柱轴线截切，产生与左侧纬圆半径同宽的两条素线，粗实线画出。

③ 画出 P 平面与 Q 平面之间的交线，完成 P 平面所产生的截断面。

④ **注意**：该组合体由半球体与等直径圆柱体组合而成，**球面和圆柱面之间相切，两者表面之间无交线，光滑过渡，故视图之中不能画交线！**如图 3-31b 所示。

2）求画 Q 平面产生的截断面。Q 平面垂直于圆柱的轴线截切，形成前后对称的两段圆弧，连同与 P、R 平面产生的交线共同构成的截断面，侧面投影已经存在，水平投影积聚成直线。注意积聚性直线的长度，因 Q 平面截切了最前素线和最后素线，分别交得 Ⅰ、Ⅱ 两点，故水平投影积聚性直线的长度要画至 1、2 两点，如图 3-31c 所示。

3）求画 R 平面产生的截断面。R 平面是正垂面，其与圆柱体倾斜轴线截切，产生大半个椭圆弧，需取点光滑连接完成作图。

① 求特殊点，如图 3-31d 所示。**注意找全特殊点！特殊点之间的间隔不大时，可以不求一般点。**

② 光滑连接椭圆弧，因正垂面在圆柱体的上部截切，因此 H 投影可见，故用粗实线分别光滑连接 a、b、c、d、e，完成曲线作图，如图 3-31e 所示。

4）整理轮廓线。注意该球体上下两半球分界圆没有被截切，故完整画出；圆柱前后特殊素线在 Ⅰ、Ⅱ 两点与 B、D 两点之间被截掉，故此段不能画出，其他部分用粗实线画出，如图 3-31f 所示。

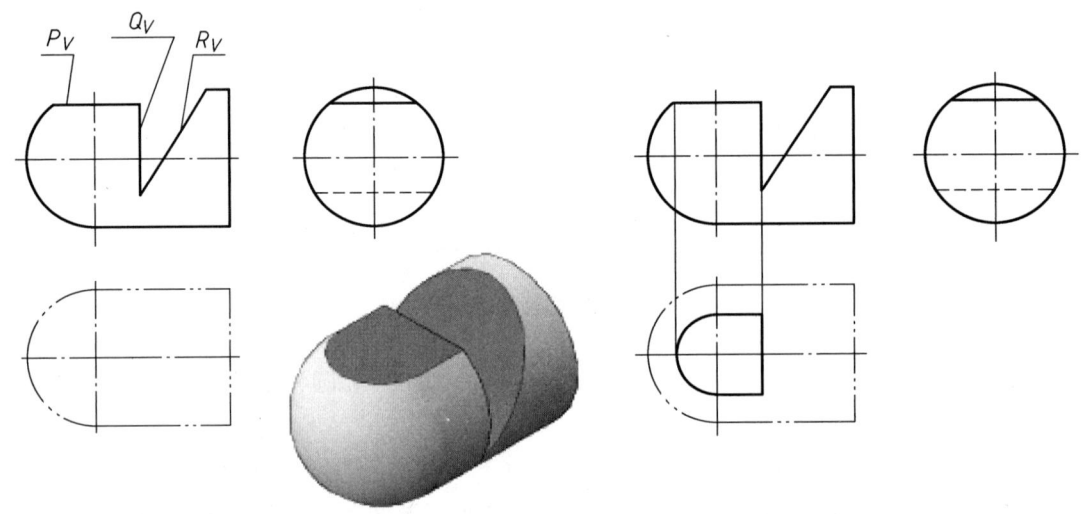

a) 立体图及已知条件　　　　　　　　　　b) P 平面的截交线

图 3-31　被截切球体

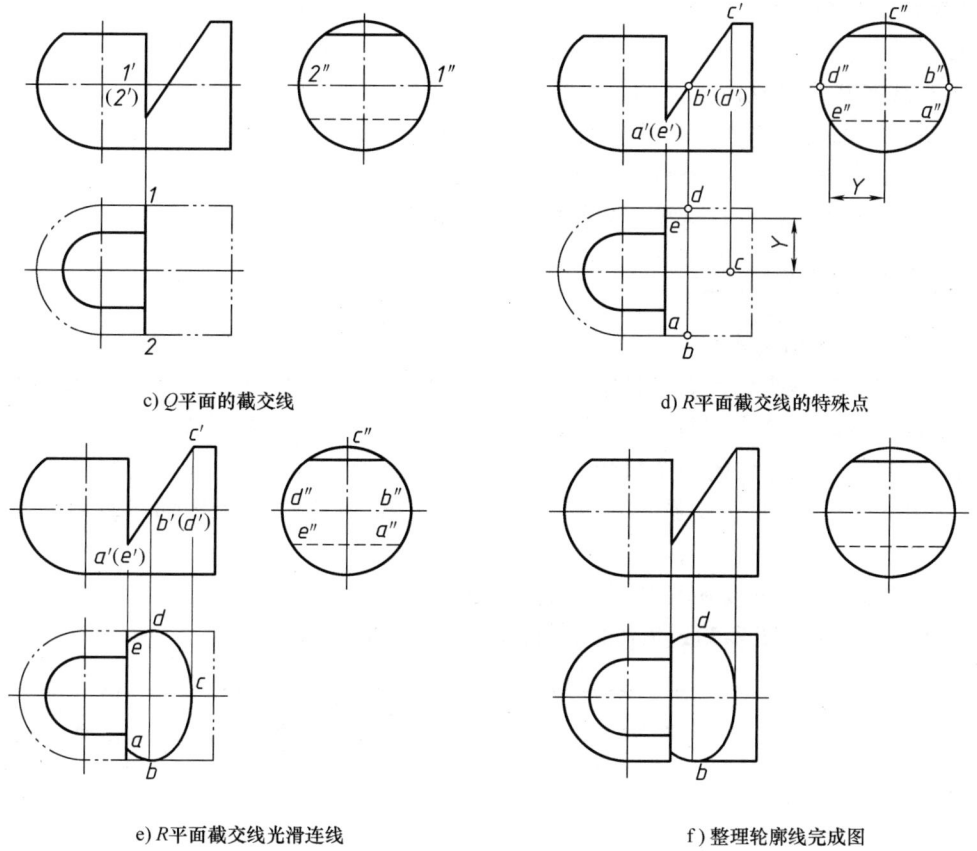

c) Q平面的截交线   d) R平面截交线的特殊点

e) R平面截交线光滑连线   f) 整理轮廓线完成图

图 3-31　被截切球体（续）

3.3　相贯线

3.3.1　相贯线的概念与性质

1. 相贯线的概念

图 3-32 所示为机械零件上常见到的立体相交的情况。相交的立体称为相贯体，它们表面的交线称为相贯线。为完整清楚地表达机器零件的形状，画图时要正确地画出相贯线。本节讨论工程上用得最多的两曲面立体相贯线的画法。

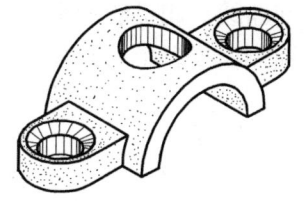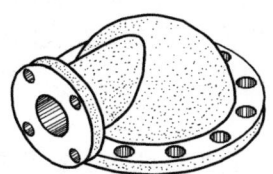

图 3-32　机械零件上的相贯线

2. 相贯线的性质

1）相贯线是相交两立体表面的共有线，是一些共有点的集合。

2）相贯线是相交两立体表面的分界线。

3）相贯线一般情况下为闭合的空间曲线，特殊情况下为平面曲线与直线。

求相贯线的作图就是找共有点的作图。为了更准确地确定相贯线的范围和变化趋势，应注意求出相贯线上的特殊点，这里主要指的是立体轮廓素线上的点。

3.3.2 相贯线的求解方法

1. 利用积聚性求相贯线

原理：两曲面立体相交，如果其中一个立体是轴线垂直于投影面的圆柱，则相贯线在该投影面上的投影必落在这个圆柱面所积聚的圆上。此时求相贯线其他投影的问题可以看作是，已知另一立体表面上线的一个投影，求作其他投影的问题。

（1）利用积聚性求两正交圆柱的相贯线 "两正交圆柱"就是指轴线垂直相交的两圆柱。

1）利用积聚性求两正交圆柱相贯线的作图方法。

【例3-20】 求作如图3-33a所示正交两圆柱的相贯线。

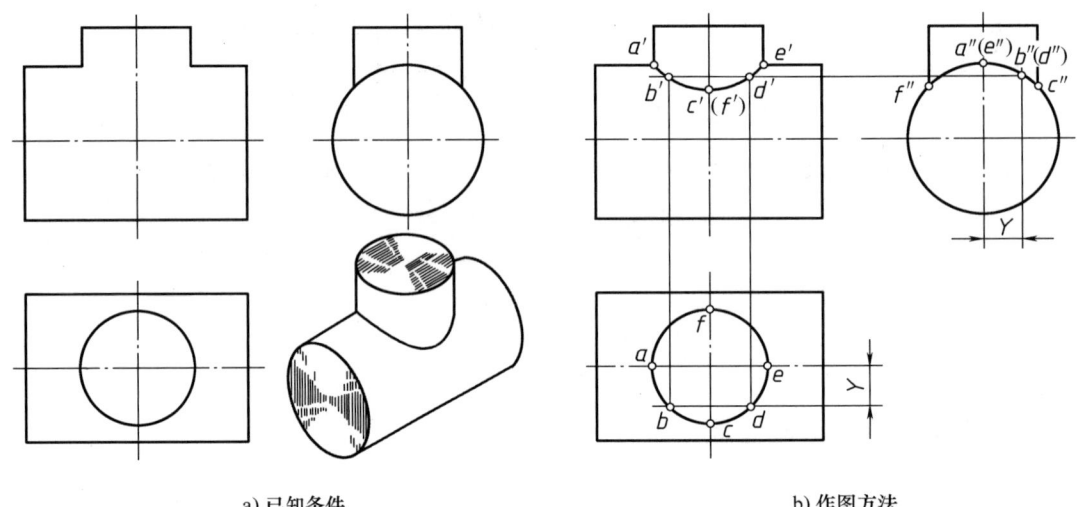

a) 已知条件　　　　　b) 作图方法

图 3-33 轴线正交的两圆柱相贯

分析：小圆柱的轴线垂直于 H 面，大圆柱的轴线垂直于 W 面，两圆柱轴线在同一正平面内垂直相交，相贯线为一条左右、前后都对称的闭合的空间曲线。相贯线的水平投影重影在小圆柱面的水平投影上，相贯线的侧面投影重影在大圆柱面侧面投影中两圆柱共有的一段圆弧上，本例只需作出相贯线的正面投影。

作图：

① 取点。求特殊点：作出相贯线上的特殊点。在相贯线的水平投影上定出最左点 A、最右点 E、最前点 C、最后点 F 的水平投影 a、e、c、f，并作出它们的侧面投影 a''、(e'')、c''、f''，进而确定正面投影 a'、e'、c'、(f')。点 A、E 还是相贯线上的最高点，点 C、F 还是

相贯线上的最低点。

求一般点：在相贯线上相距比较大的特殊点之间，取适当数量的一般点。例如，作一般点 B、D，可先在水平投影上定出 b、d，再按投影关系作出 b''、(d'')，最后确定 b'、d'。

② 判断可见性及连线。相贯线的前、后对称，正面投影重影在一起。向 V 面投影时，曲线 $ABCDE$ 同时位于两圆柱的可见表面上，$a'b'c'd'e'$ 画成粗实线，因此用粗实线徒手依次光滑连接 $a'b'c'd'e'$，即相贯线的正面投影。

③ 整理轮廓线。将两圆柱看成一整体，整理投影轮廓线。大圆柱最高素线的正面投影在 a'、e' 之间无线；小圆柱最左、最右素线的正面投影在 a'、e' 之下无线。

拓展分析一：
分析图 3-34a 所示正交两圆柱与图 3-33 所示的相贯线求解过程的异同点。

拓展分析二：
分析图 3-34b 中在圆柱体上挖正交圆柱孔与图 3-34a 中正交两圆柱相贯线作图方法的联系。

特别提示：图 3-34b 与图 3-34a 的区别仅仅在于垂直于 H 面的圆柱孔替换了小圆柱，俯视图两图完全一样，相贯线在俯、左视图中所处的位置完全相同，故分析过程与作图方法与**例 3-20** 相同，只是注意由于孔的转向素线不可见，因此画成细虚线。

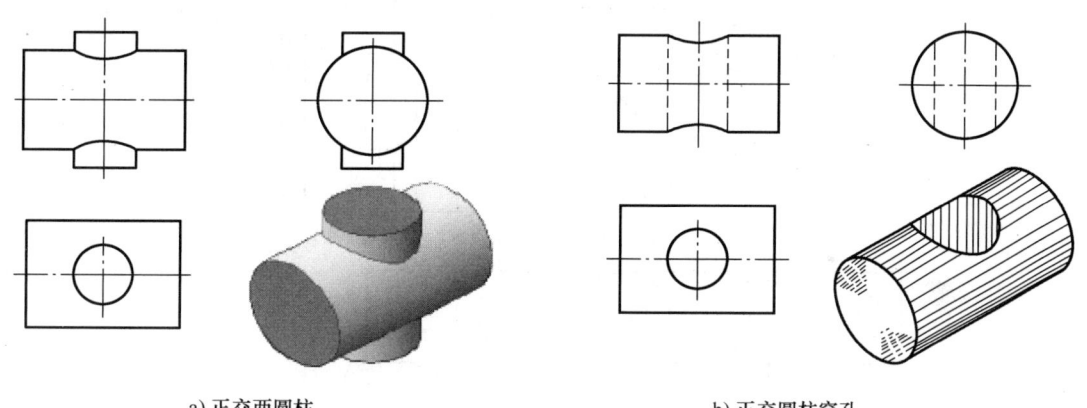

a) 正交两圆柱　　　　　　　　　b) 正交圆柱穿孔

图 3-34　圆柱与圆柱孔正交形式对比

拓展分析三：
正交两圆柱在机器零件上经常遇到。它们的表现形式除了两实心圆柱相交以外，还有如图 3-34、图 3-35 所示等常见形式。

图 3-35a 与图 3-34b 相比较，垂直于 W 面的圆柱换成了圆筒，此时水平圆孔与竖直圆柱孔之间也相交，所以同样会产生相贯线。分析过程与作图方法与**例 3-20** 相同，只是注意两孔产生的相贯线不可见，故画成细虚线。

图 3-35b 与图 3-35a 相比较，垂直于 H 面的圆孔换成了圆筒，两个圆柱外表面有一条相贯线。竖直圆孔除了与水平圆孔的两条交线外，**只与水平圆柱下表面有交线，与水平圆柱上表面不再有交线**。每一条相贯线的分析过程与作图方法与**例 3-20** 相同，但要**注意相贯线的虚实问题**。

2）正交圆柱相贯线投影的趋势。在机器零件上，常常会遇到正交圆柱的相贯线，熟悉

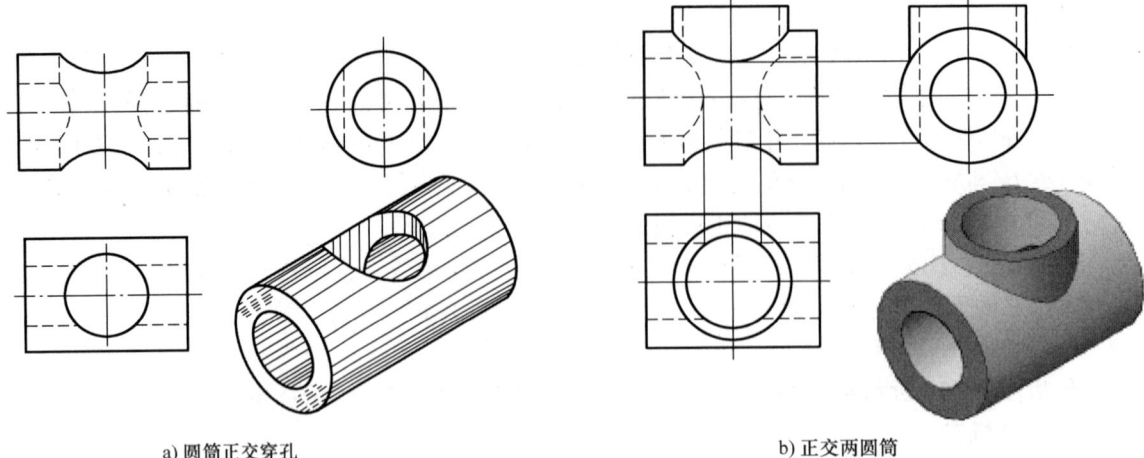

a) 圆筒正交穿孔　　　　　　　　　　　　b) 正交两圆筒

图 3-35　正交两圆柱常见形式

各种情况下相贯线投影的趋势，对迅速、正确地作图很有帮助。图 3-36 为由一轴线水平的圆柱面与四个轴线竖直的直径大小不等的圆柱面正交后的三视图。

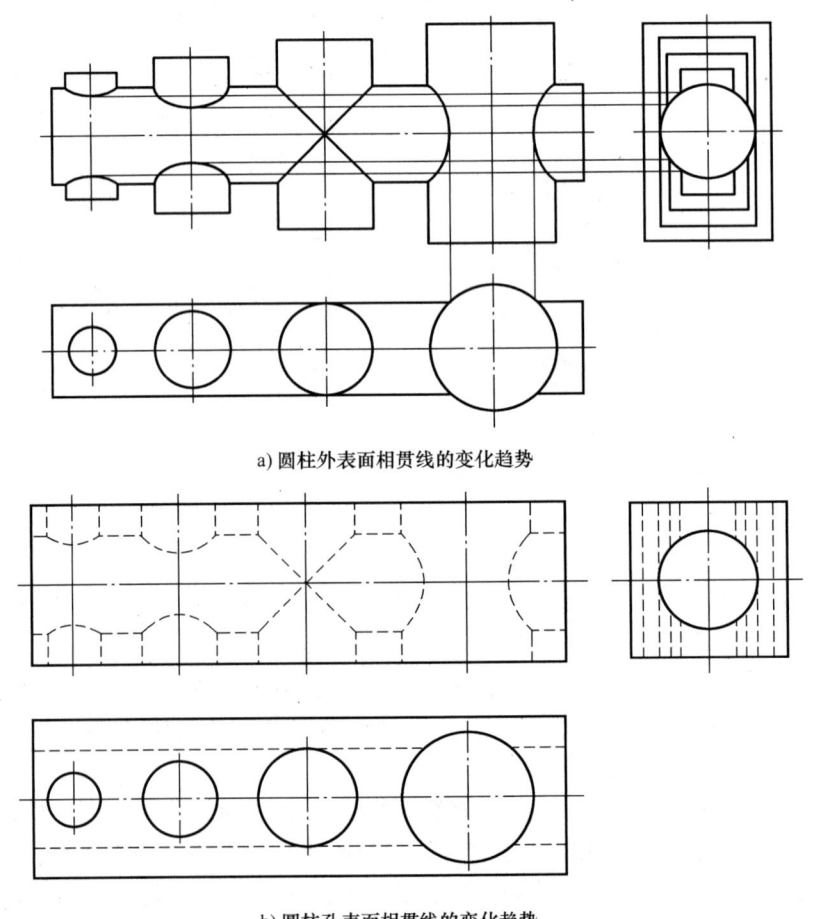

a) 圆柱外表面相贯线的变化趋势

b) 圆柱孔表面相贯线的变化趋势

图 3-36　正交圆柱面相贯线的变化

对比图 3-36a、b 可知，只要是两圆柱面相交，无论是圆柱外表面相交还是圆柱孔相交，二者产生相贯线的形式是一样的，只是有虚实之分。

由图 3-36a、b 的主视图可以看出：在正交两圆柱的非圆视图上，其相贯线有如下特点。

一般情况：正交两圆柱相贯线投影表现为相对于小圆柱轴线对称的一段曲线。根据参加相贯的两圆柱直径的大小不同，这段曲线"弯曲的方向"和"弯曲的大小"发生相应的变化。

1）弯曲的方向：投影曲线弯曲的方向是沿着小圆柱的轴线向大圆柱内弯曲。

2）弯曲的大小：正交两圆柱直径相差越大，这种弯曲越小；反之，两圆柱直径越接近，这种弯曲越明显。

特殊情况：当两圆柱直径相等时，投影曲线变成直线（详见"3.3.3 相贯线的特殊情况"）。

（2）利用积聚性求圆柱与圆锥、圆球正交相贯等相贯线的作图方法

【例 3-21】 求作如图 3-37 所示正交圆柱与圆锥的相贯线。

分析：圆柱与圆锥的轴线分别垂直于 W 面与 H 面，且在同一正平面内垂直相交，故相贯线为一条前后对称闭合的空间曲线。因为圆柱的轴线垂直于 W 面，显然，相贯线的侧面投影重影在圆柱面有积聚性的同面投影上，即利用圆柱面有积聚性的侧面投影，再应用圆锥表面上取点的方法完成相贯线的正面、水平投影。

作图：

1）取点

① 取特殊点：相贯线的特殊点包括圆锥的最左素线上的点，圆柱的最上、最下、最前、最后素线上的点。

相贯线上最高点 Ⅰ、最低点 Ⅴ 的求法：因为左视图的相贯线已知，由左视图可知，这两个点既是圆柱最上、最下素线上的点，同时也是圆锥最左素线上的点，这两个点的正面投影可以直接得到，利用"长对正"水平投影即可求出。

相贯线上最前点 Ⅲ、最后点 Ⅶ 的求法：这两点在圆柱的最前、最后素线上；再找对这两点所在的圆锥纬圆半径大小，在俯视图上画圆，与圆柱的最前、最后素线的交点即是相贯线上最前点 Ⅲ、最后点 Ⅶ 的水平投影，利用"长对正"正面投影即可求出。

曲线上最右侧两点点 Ⅱ 与点 Ⅷ 的求法：除了圆柱和圆锥特殊素线的点之外，点 Ⅱ、点 Ⅷ 也是一对特殊点。这一对点的位置的取得，参见图 3-37 左视图的方法，即通过圆柱和圆锥轴线的交点作圆锥特殊素线的垂线，以过垂足所作水平纬圆的积聚性线为辅助线，它与积聚性圆的交点即为点 Ⅱ、Ⅷ。相贯线上的点 Ⅱ、Ⅷ 在圆柱上属于宽度为 Y 的两条素线，利用"宽相等"找到水平投影这两条素线的位置，然后找对这两点所在的圆锥纬圆半径大小，在俯视图上画出该纬圆，与圆柱的两条素线的交点即是相贯线上点 Ⅱ、Ⅷ 的水平投影，利用"长对正"正面投影即可求出。

② 取一般点：在特殊点相距比较大的地方，取相贯线上适当数量的一般点。采用上面求得 Ⅱ、Ⅷ 两点的相同方法，求得相贯线上的点 Ⅳ、Ⅵ，为作图简便，使点 Ⅳ、Ⅵ 与 Ⅱ、Ⅷ 两点在侧面投影处的位置上、下对称于圆柱轴线。

2）判断可见性及连线。向 V 面投影时，点 Ⅰ、Ⅴ 之前的相贯线位于两立体可见的表面上，故 1′、2′、3′、4′、5′ 以粗实线徒手光滑相连，后半段相贯线不可见，但与前半段重影。

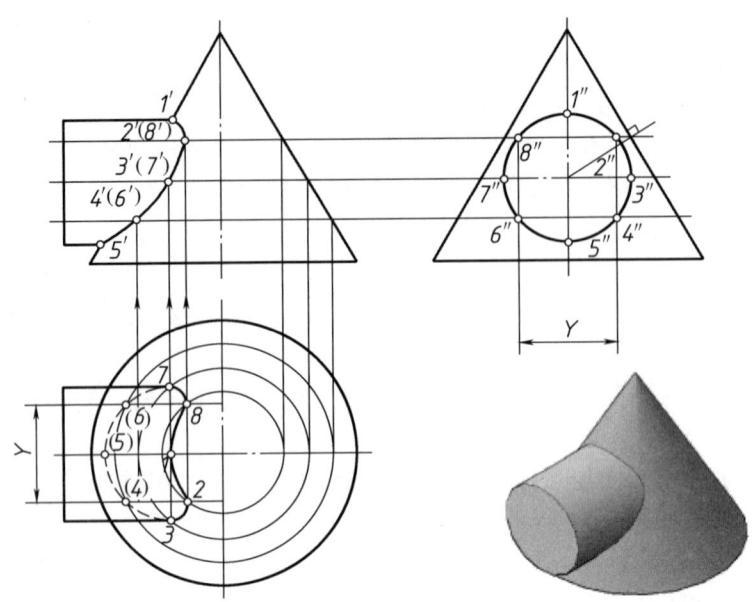

图 3-37 圆锥与圆锥相贯

向 H 面投影时,点Ⅲ、Ⅶ以上的相贯线位于两立体可见的表面上,故 3、2、1、8、7 以粗实线徒手光滑相连,相贯线的其余部分位于不可见的下半个圆柱面上,故 3、(4)、(5)、(6)、7 徒手连成细虚线。

3) 整理轮廓线。将圆柱、圆锥看成一整体,整理投影轮廓线。主视图中,圆柱的上、下以及圆锥的左边轮廓线画到 1′、5′;水平投影中,圆柱的前、后轮廓线分别画到 3、7。

2. 利用辅助平面求相贯线

原理:用适当的辅助平面去截切两立体,就会在两个立体表面上分别获得截交线,进一步去求截交线的交点,即为两个立体表面的共有点,也就是相贯线上的点,如果用几个适当的辅助平面按上述方法作图,就会获得若干个相贯线上的点,最后依次把这些点连接起来,就会求出相贯线。为了方便地作出相贯线上的点,因此适当的辅助平面必须具备以下两个条件:

第一,必须与两个立体同时相交;第二,交出的截交线的投影必须简单且准确易画——圆或直线。

如图 3-38a 所示为圆柱与圆锥相贯,选用辅助平面 P 同时截切两立体,P 平面与圆柱表面的交线为两条直素线,与圆锥表面交得一圆,两素线与圆的交点即为相贯线上的点。如图 3-38b 所示为圆柱与球相贯,图中示出了用平行于圆柱轴线的辅助平面求得相贯线上点的作图原理。

【例 3-22】 求作如图 3-39 所示的圆柱与圆锥的相贯线。

分析:圆柱的轴线垂直于 W 面,圆锥的轴线垂直于 H 面,两轴线在同一正平面内垂直相交,相贯线为一条前后对称闭合的空间曲线。显然,相贯线的侧面投影重影在圆柱面的侧面投影上,要求作的是相贯线的正面、水平投影。本题采用辅助平面法作图。

适当辅助平面的选择:如果选用不过圆锥锥顶的正平面或侧平面作为辅助平面,它们与水平圆柱的截交线为两素线或圆,然而与圆锥的截交线都是双曲线,作图极不方便。因此要

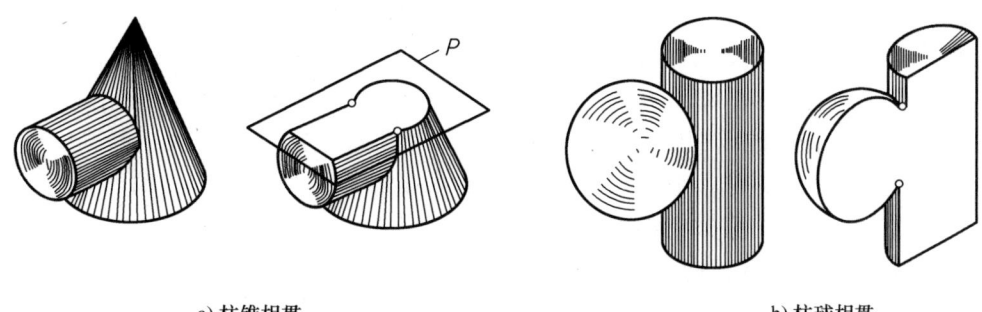

a) 柱锥相贯　　　　　　　　　　　　　　b) 柱球相贯

图 3-38　辅助平面法原理

使辅助平面与圆锥、圆柱的截交线的投影都简单易画，只有采用过锥顶的正平面及系列水平面。

作图：

1) 取点。

① 取特殊点：相贯线的特殊点包括圆锥的最左素线上的点，圆柱的最上、最下、最前、最后素线上的点。过锥顶作辅助正平面 Q，求得相贯线上最高点 Ⅰ、最低点 Ⅴ，这两个点的正面投影直接得到，利用"长对正"水平投影即可求出。过圆柱轴线作水平辅助面 R，与圆柱相交是最前、最后素线，找对与圆锥相交的纬圆半径大小，在俯视图上画圆，与圆柱的最前、最后素线的交点即是相贯线上最前点 Ⅲ、最后点 Ⅶ 的水平投影，利用"长对正"正面投影即可求出。

除了圆柱和圆锥特殊素线的点之外，曲线上最右侧的点即点 Ⅱ、Ⅷ，也是一对特殊点。这一对点的位置的取得，参见图 3-39 左视图的方法（同图 3-37），即通过圆柱和圆锥轴线的交点作圆锥特殊素线的垂线，以过垂足所作的水平纬圆的积聚性线为辅助线，它与积聚性圆的交点即为点 Ⅱ、Ⅷ。作辅助水平面 P 可求出相贯线上的点 Ⅱ、Ⅷ，辅助水平面 P 与圆柱

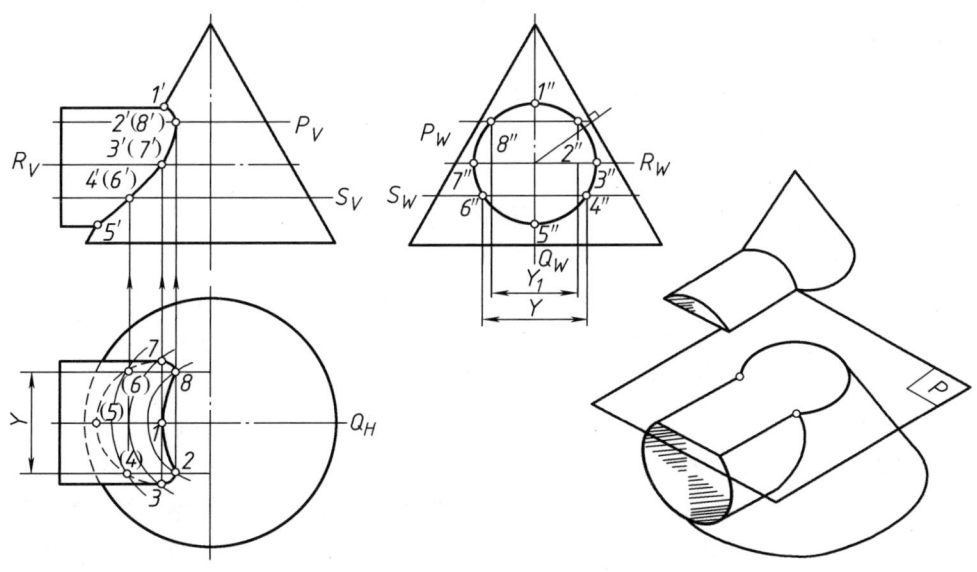

图 3-39　圆柱与圆锥相贯

相交得到宽度为 Y 的两条素线，利用"宽相等"找到水平投影这两条素线的位置，同时找对辅助水平面 P 与圆锥相交的纬圆半径大小，在俯视图上画出该纬圆，与圆柱的两条素线的交点即是相贯线上点Ⅱ、Ⅷ的水平投影，利用"长对正"正面投影即可求出。

② 取一般点：在特殊点相距比较大的地方，取相贯线上适当数量的一般点。采用上面求得Ⅱ、Ⅷ两点的相同方法，利用辅助水平面 S 求得相贯线上的点Ⅳ、Ⅵ（为作图简便，使 S 与 P 平面上、下对称于圆柱轴线）。

2）判断可见性及连线。向 V 面投影时，点Ⅰ、Ⅴ之前的相贯线位于两立体可见的表面上，故 $1'$、$2'$、$3'$、$4'$、$5'$ 以粗实线徒手光滑相连，后半段相贯线不可见，但与前半段重影。向 H 面投影时，点Ⅲ、Ⅶ以上的相贯线位于两立体可见的表面上，故 3、2、1、8、7 以粗实线徒手光滑相连，相贯线的其余部分位于不可见的下半个圆柱面上，故 3、(4)、(5)、(6)、7 徒手连成细虚线。

3）整理轮廓线。将圆柱、圆锥看成一整体，整理投影轮廓线。主视图中，圆柱的上、下以及圆锥的左边轮廓线画到 $1'$、$5'$；水平投影中，圆柱的前、后轮廓线分别画到 3、7。

【例 3-23】 求作如图 3-40a 所示的部分球体与圆台的相贯线。

分析：部分球体为一前后对称截切的四分之一球，其主视图中圆弧 m' 是截平面与球面的交线。图中圆台的轴线垂直于 H 面但不通过球心，它们处在同一正平面内，相贯线为一条前后对称的闭合空间曲线。由于球面及圆锥面的三面投影都没有积聚性，相贯线的三面投影都需要作出，只能采用辅助平面法作图。

适当辅助平面的选择：如果选用不过圆锥锥顶的正平面或不过锥顶的侧平面作为辅助平面，它们与球的截交线都为圆，但与圆锥的截交线都是双曲线，作图极不方便。因此适当的辅助平面为过锥顶的正平面、过锥顶的侧平面以及系列水平面。

作图：

1）取点。

① 取特殊点：作出相贯线上的特殊点。利用过锥顶的正平面 P 求得相贯线上的最左点Ⅰ（也是最低点），最右点Ⅳ（也是最高点），这两个点的正面投影 $1'$、$4'$ 可直接获取，根据"长对正"得到水平投影 1、4，根据"高平齐"求出侧面投影 $1''$、$4''$。过锥顶再作辅助侧平面 Q，求得圆锥最前素线上的点Ⅲ及最后素线上的点Ⅴ，侧平面 Q 与圆锥面相交，截交线为圆锥的最前和最后素线，与球面相交，截交线为侧平纬圆，找对侧平纬圆半径的大小，在左视图上画纬圆，与圆锥的最前、最后素线的交点，即是点Ⅲ、点Ⅴ的侧面投影 $3''$、$5''$，根据"高平齐"找到 $3'$ 和 $(5')$，再根据"宽相等"完成水平投影 3、5，如图 3-40b 所示。

② 取一般点：作出相贯线上适当数量的一般点。例如，选用辅助水平面 R 求得相贯线上的点Ⅱ和Ⅵ，辅助水平面 R 与圆锥和球的截交线均为纬圆，分别找对圆锥的纬圆和球的水平纬圆半径大小，并且找对这两个纬圆的圆心，在俯视图中画出这两个纬圆，它们的交点即是Ⅱ和Ⅵ的水平投影 2、6，根据"长对正"找到Ⅱ和Ⅵ的正面投影 $2'$、$(6')$，再根据"宽相等"完成侧面投影 $2''$、$6''$，如图 3-40c 所示。

2）判断可见性及连线。向 V 面投影时，Ⅰ、Ⅳ点之前的相贯线可见，$1'$、$2'$、$3'$、$4'$ 以粗实线徒手光滑相连，后半段相贯线不可见，但与前半段重影。向 W 面投影时，Ⅲ、Ⅴ点之左的相贯线可见，$3''$、$2''$、$1''$、$6''$、$5''$ 以粗实线徒手光滑相连，其余连成细虚线。向 H 面

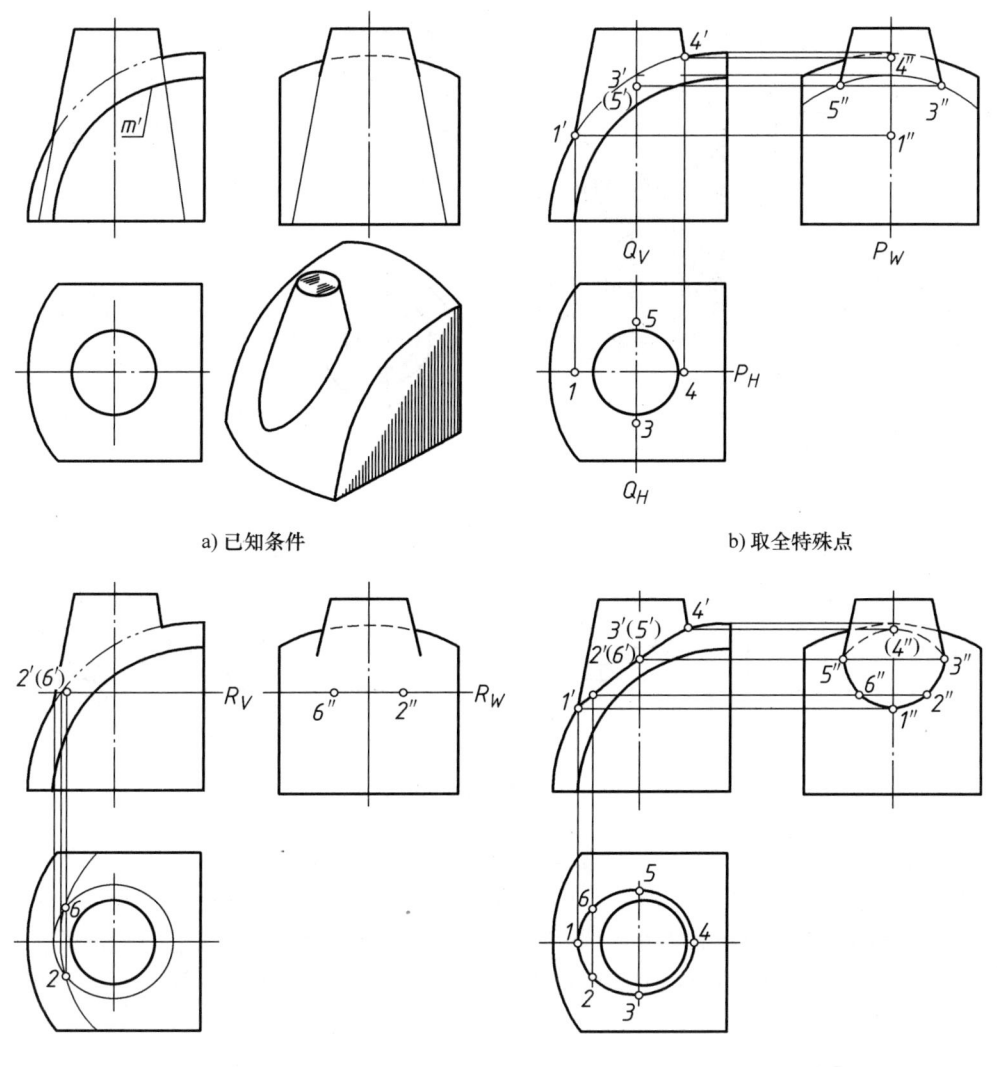

a) 已知条件　　　　　　　　b) 取全特殊点

c) 求适当数量一般点　　　　d) 连线及完成作图

图 3-40　圆台与部分球的相贯线

投影时，相贯线都可见，徒手光滑连接画成粗实线，如图 3-40d 所示。

3）整理轮廓线。将两立体看成一整体，整理投影轮廓线。注意：圆台最前、最后素线的侧面投影分别画到 $3''$、$5''$，如图 3-40d 所示。

3.3.3　相贯线的特殊情况

两曲面立体的相贯线一般情况下为闭合的空间曲线，特殊情况下为平面曲线或直线。

1）轴线相互平行的两圆柱相交时，相贯线为两条直线，也就是这两个圆柱面的共有素线，如图 3-41 所示。

2）同轴的回转体相贯时，相贯线为垂直回转轴的圆，也就是这两个回转体的共有纬圆，如图 3-42 所示。分析图 3-43b 中缺画的相贯线。

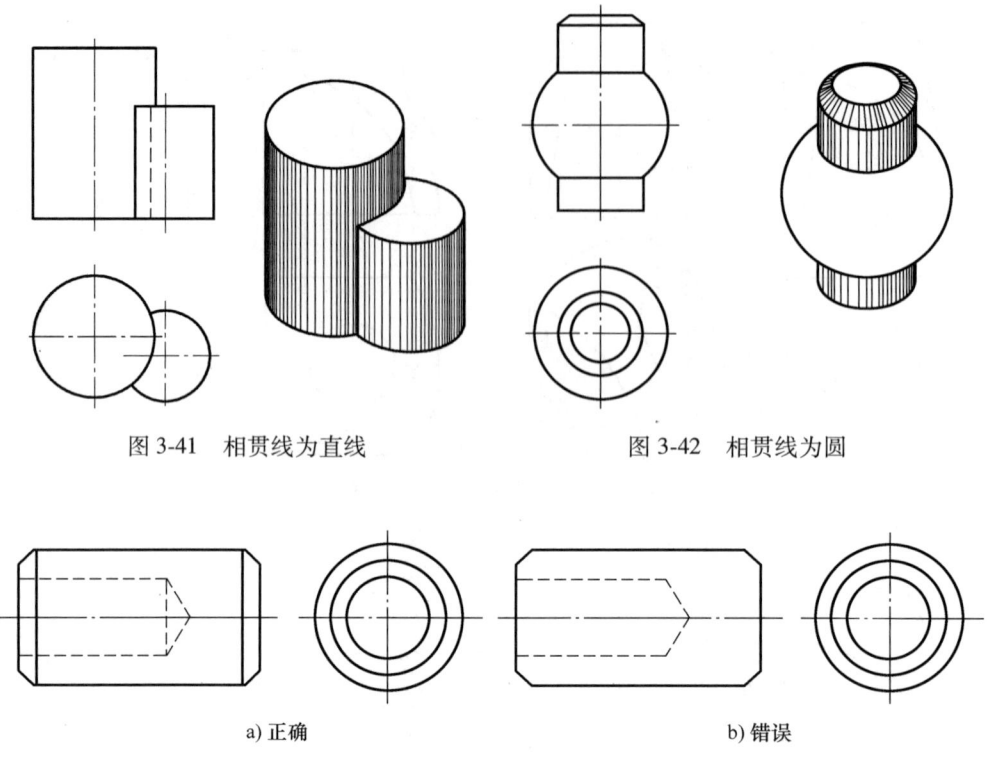

图 3-41　相贯线为直线　　　　　图 3-42　相贯线为圆

a) 正确　　　　　　　　　　　　　b) 错误

图 3-43　共轴回转体的相贯线

3) 正交两圆柱直径相等时，二者必同时外切于一球，相贯线为两个大小相等的平面曲线——椭圆，如图 3-44~图 3-46 所示。图中相贯线的正面投影为两段直线，其中图 3-44a、图 3-45a 及图 3-46a 均为完整椭圆的积聚性投影；图 3-44b、图 3-45b 及图 3-46b 均为半个椭圆的积聚性投影。请读者通过注意观察每组例子中分图 a 与分图 b 的区别，自行分析相贯线的变化。

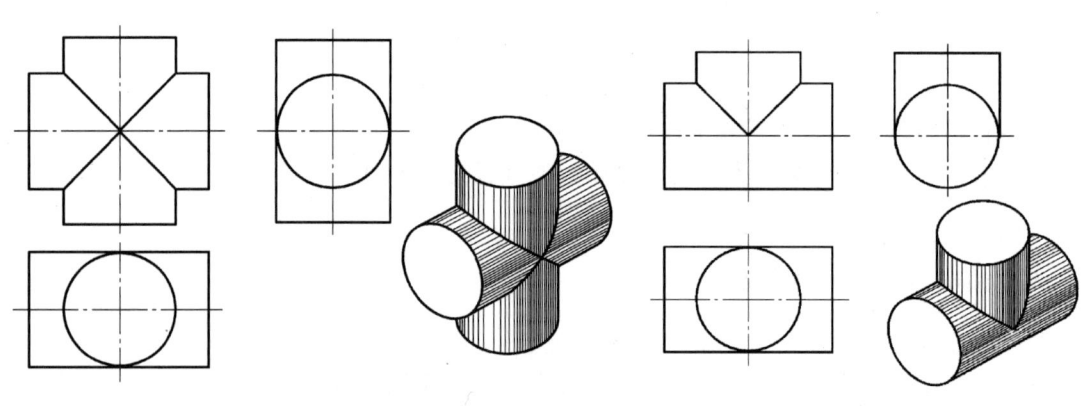

a) 正交等直径两圆柱贯穿型　　　　　　　　b) 正交等直径两圆柱未贯穿型

图 3-44　相贯线为椭圆

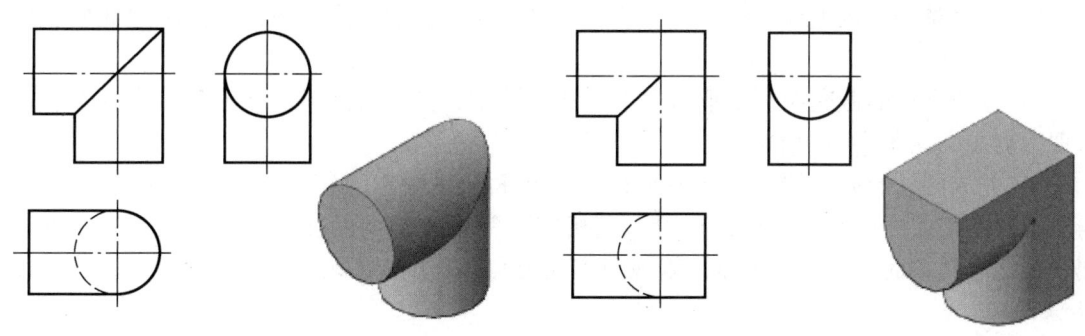

a) 正交等直径两圆柱互贯型　　　　b) 正交等直径两 U 形柱互贯型

图 3-45　相贯线为椭圆

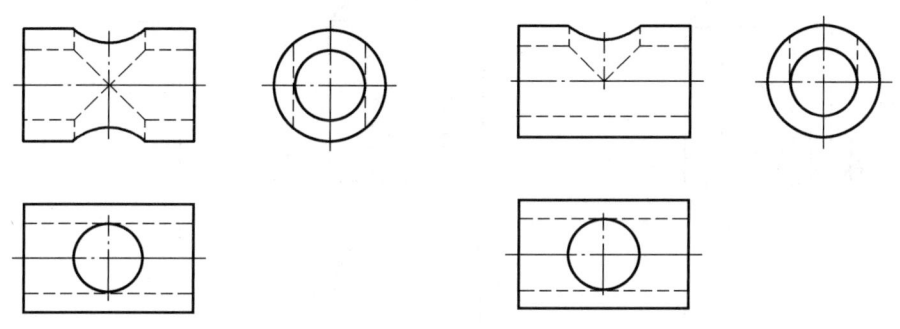

a) 正交等直径两圆孔贯穿型　　　　b) 正交等直径两圆孔未贯穿型

图 3-46　相贯线为椭圆

3.4　立体表面交线综合举例

在实际应用中，常常会遇到零件表面同时存在较为复杂的截切和相贯的情形。因此，熟练掌握立体表面综合截交线和相贯线的作图方法，会为将来绘制和阅读零件图样打下最坚实的基础。截交线和相贯线都是立体表面上的交线。一般来讲，由平面与立体表面所产生的交线称为截交线，曲面与曲面立体表面相交产生的交线称为相贯线。

【例 3-24】　读懂图 3-47a 所示组合体的主俯视图，完成其左视图。

读图：由图 3-47a 所给的视图可以看出，该组合体整体结构上下方向是一共轴圆锥和圆柱组合体，内部有一同心盲孔（不贯通的孔），该盲孔同样是由同轴圆锥面和圆柱面组合构成；组合体的前面有一带有圆孔的 U 型柱（由半个圆柱和与之直径同宽的四棱柱构成）。

注意：画图时，应先用细实线打底稿，最后检查没有错误后方可加深全图。作图时，应先将已知立体的完整轮廓线画出，再依次完成其交线。

（1）**截交线分析**　从图 3-47a 可以看出，锥柱组合体被一正垂面、一侧平面和一水平面截切，分别在圆锥和圆柱面上产生三组截交线。

（2）**截交线作图**　利用"高平齐，宽相等"原则完成以下作图。

1）把完整的柱锥组合体轮廓线画出，如图 3-47b 所示，注意圆柱与圆锥之间同轴回转体的交线应画出。

2）完成圆锥的截交线，正垂面过锥顶截切圆锥，其截交线是两条素线，俯、左视图均表现为直线，如图 3-47c 所示。

3）完成圆柱的截交线，侧平面平行于圆柱的轴线截切圆柱，产生的交线是两条素线，俯视图两条素线的位置已存在，利用"宽相等"完成左视图的交线。水平面垂直于圆柱的轴线截切与圆柱面产生部分圆弧，俯视图表现为实形，左视图表现为一水平的线段，如图 3-47c 所示。

4）注意正垂面与侧平面的交线，左视图此交线与柱锥交线重合，如图 3-47c 所示。

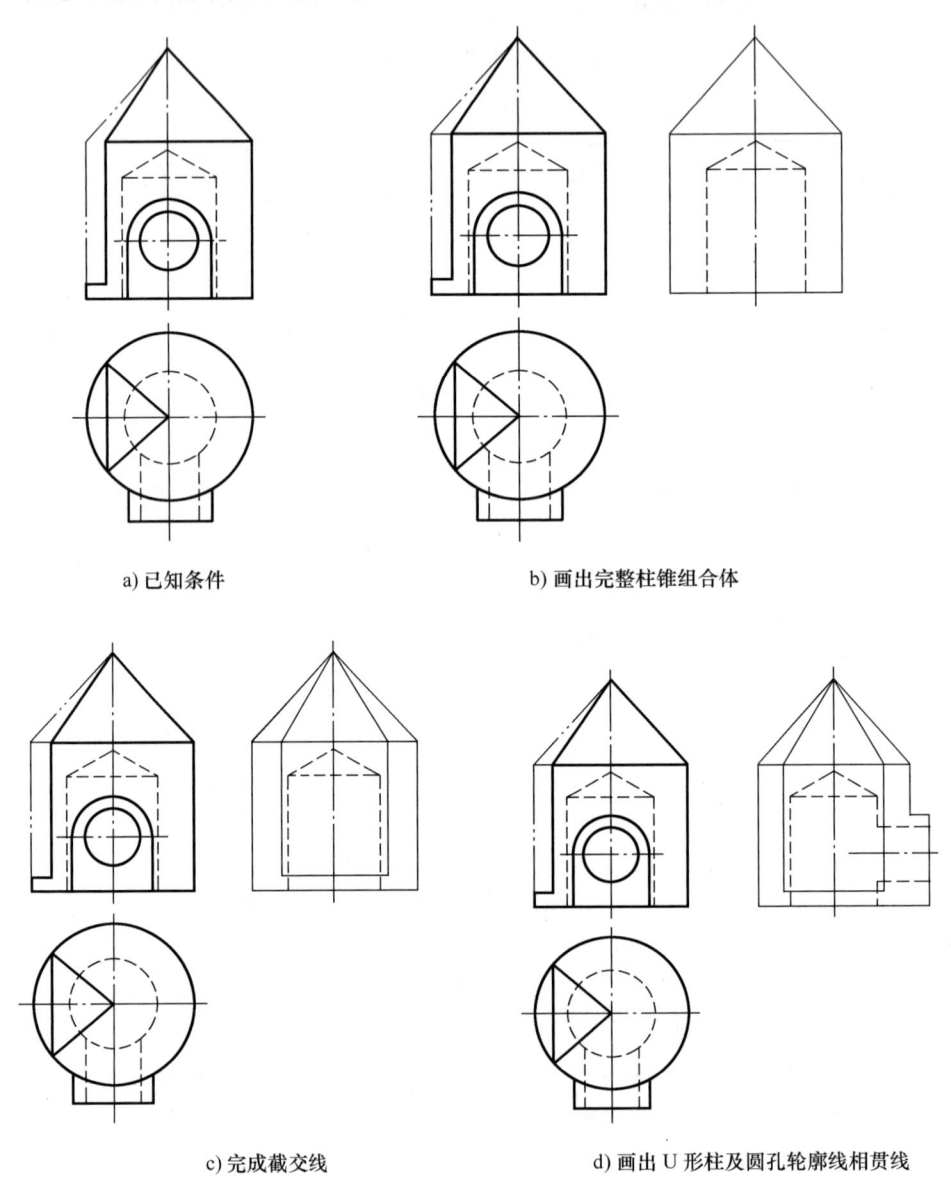

a) 已知条件　　　　　　　　b) 画出完整柱锥组合体

c) 完成截交线　　　　　　　d) 画出 U 形柱及圆孔轮廓线相贯线

图 3-47　综合截切与相贯

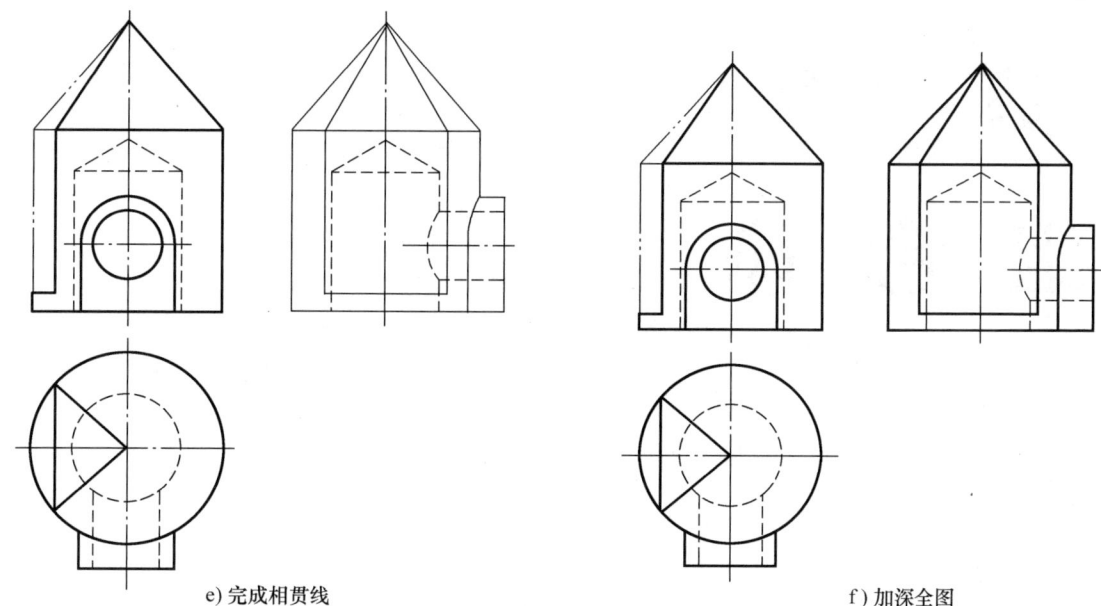

e) 完成相贯线　　　　　　　　　　　　　　f) 加深全图

图 3-47　综合截切与相贯（续）

（3）**相贯线分析**　从图 3-47a 可以看出，柱锥组合体前面有一 U 形柱，但该 U 形柱只与圆柱相交，故需要完成 U 形柱与圆柱的相贯线；U 形柱内有一圆孔，该圆孔与锥柱组合体内的竖直盲孔相交，因此要完成两圆孔的相贯线。

（4）**相贯线作图**　利用"高平齐，宽相等"原则完成以下作图。

1）先完成 U 形柱及圆孔的轮廓线，如图 3-47d 所示。

2）完成 U 形柱与圆柱的相贯线。因为 U 形柱是由半个圆柱和与它直径同宽的四棱柱组合而成，因此要分别完成半个圆柱、四棱柱与竖直圆柱的交线。半个圆柱与竖直圆柱相交产生半段弯曲的交线，四棱柱与竖直圆柱产生的交线是直线，如图 3-47e 所示。

3）两圆孔相贯产生的交线为整段弯曲的交线，因不可见，故画成细虚线，如图 3-47e 所示。

（5）**完成全图**　最后检查没有错误后，方可加深全图，如图 3-47f 所示。

实践与思考

1. 用语言描述不同位置基本立体的三视图。
2. 用语言描述基本立体被平面截切时截交线的形式，并阐述其三视图。
3. 用语言描述相贯体相交时相贯线的形式，并阐述其三视图。
4. 观察身边带有截交线和相贯线的物体，并想象其三视图。
5. 将橡皮泥捏成不同形状的基本立体，再用小刀将橡皮泥沿不同方向进行截切，观察表面截交线的形成及变化，加深对立体三视图及截交线的理解。
6. 观察模型，分析出其表面交线形成的原因及三视图的画法。
7. 构形设计：分别设计棱柱、棱锥、圆柱、圆锥、球，先选择平面对它们进行截切，用三视图表达。再任意进行两两相贯，用三视图表达清楚。

第 4 章 组合体

主要内容

1. 组合体的组合形式。
2. 组合体视图的绘制。
3. 组合体视图的阅读。
4. 组合体的尺寸标注。
5. 组合体的构形设计。

由基本形体按一定的方式组合而成的立体称为组合体。从几何形体角度来分析，任何机械零件都可以看成是组合体，组合体是零件的几何模型。通过组合体的学习，可为零件的学习奠定基础。

4.1 组合体的形体分析

4.1.1 基本形体间的组合形式

常见的基本形体间的组合形式有叠加和挖切两类。

1. 叠加

叠加的组合形式是指：由若干基本形体按一定的相对位置堆积在一起。如图 4-1a 所示的组合体可以看成是由底板Ⅰ、垫块Ⅱ和肋板Ⅲ三部分叠加而成，如图 4-1b 所示。

2. 挖切

挖切的组合形式是指：从实形体中挖去一个实形体，被挖去的部分形成空腔或孔洞；或者是在形体上挖去一部分实形体，使之成为不完整的基本形体，如图 4-2a 所示的组合体可以看成是一长方体被切去形体Ⅰ、Ⅱ、Ⅲ三部分而成，

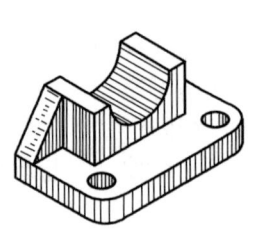
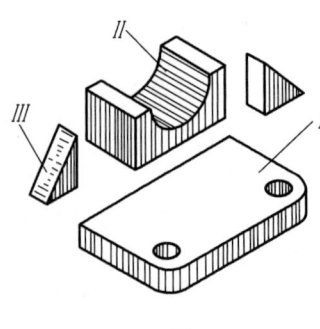

a)   b)

图 4-1 叠加式组合体

如图 4-2b 所示。挖切可以是在基本形体上挖切，也可以是在较复杂的形体上挖切，后者实际上是叠加和挖切的复合组合形式。

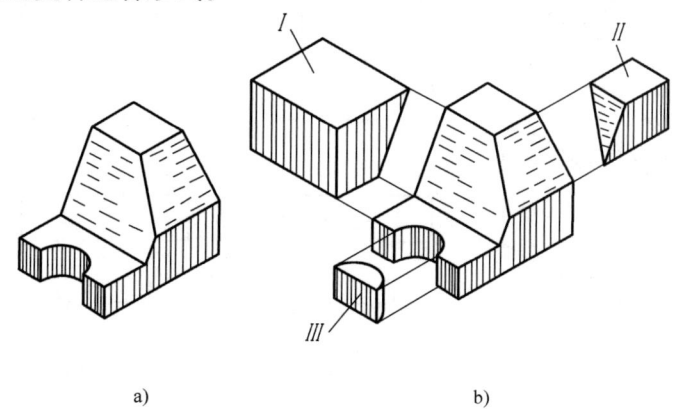

图 4-2 挖切式组合体

4.1.2 各形体邻接表面间的相对位置

形体经叠加、挖切组合后，形体的邻接表面间可能产生共面、相交和相切等情况。

1. 共面

当两形体邻接表面共面时，两表面连接处不存在分界线，在视图上两表面间不画线，如图 4-3 所示。当两形体的邻接表面相互错位不共面时，在视图上两表面间应有线隔开，如图 4-4 所示。图 4-5 中，前后两形体共柱面，中间没有线隔开。

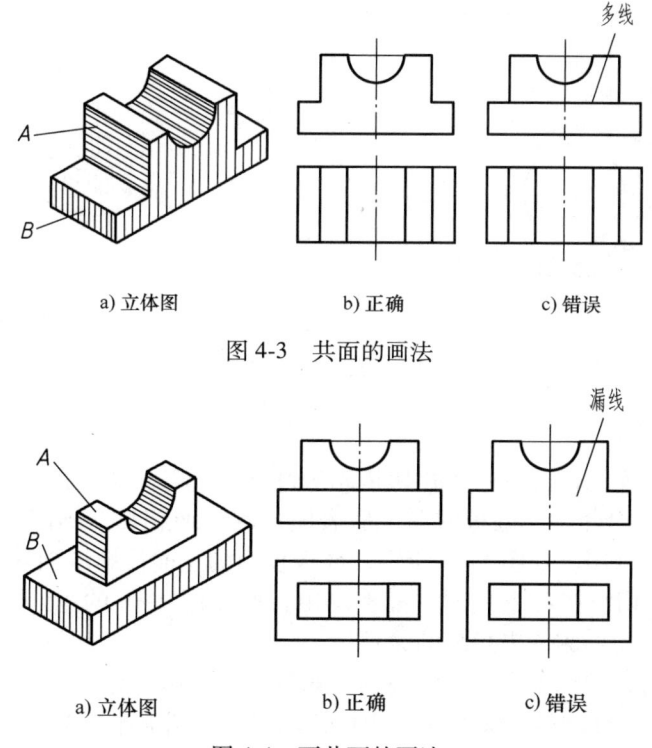

图 4-3 共面的画法

图 4-4 不共面的画法

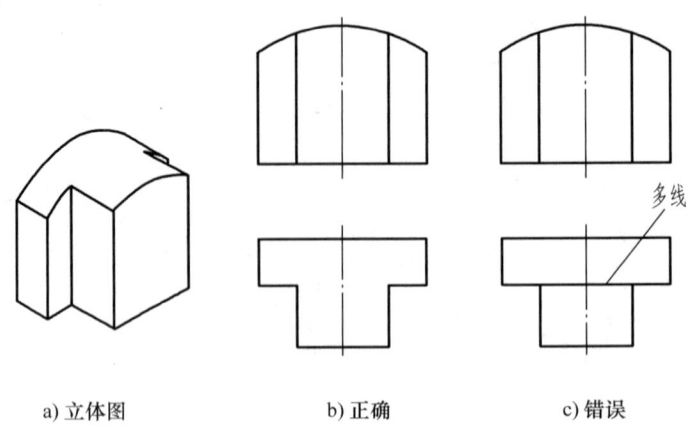

a) 立体图　　　　　b) 正确　　　　　c) 错误

图 4-5　共柱面的画法

2. 相交

当两形体邻接表面相交时，一定产生交线，在视图上应画出交线的投影，如图 4-6 所示。

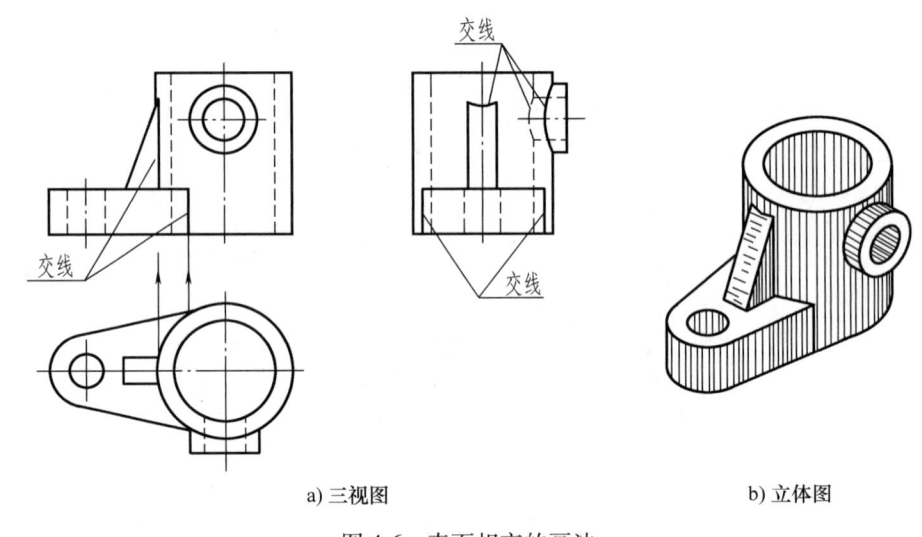

a) 三视图　　　　　　　　　　　b) 立体图

图 4-6　表面相交的画法

3. 相切

当两形体邻接表面相切时，由于相切是光滑过渡，所以，切线在三视图中的投影均不画出。如图 4-7a 所示组合体中，底板的前、后表面与圆柱面相切，画图时应先画出反映相切关系的有积聚性的俯视图。如图 4-7b 所示，底板顶面的正面投影应画到 $a'(c')$ 处，侧面投影积聚为 $a''c''$。由于切线在各个视图中都不画出，所以图 4-7b 的主、左视图中底板前、后表面与圆柱面的投影均形成一未封闭的线框。

在不引起误解时，轴线垂直相交的两圆柱相贯线的投影，允许用圆弧近似代替，以方便作图，如图 4-8 所示。该圆弧的圆心在小圆柱的轴线上，圆弧半径为大圆柱的半径。

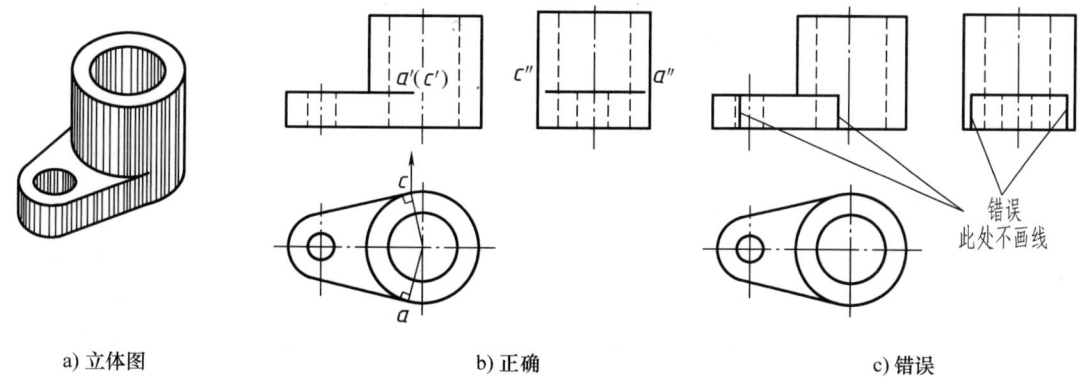

a) 立体图   b) 正确   c) 错误

图 4-7 表面相切的画法

4.1.3 形体分析法

按照形体特征，假想把组合体分解为若干个基本形体，通过分析各基本形体的形状以及基本形体之间的相对位置、组合方式及邻接表面的连接关系，达到了解整体的目的，这种分析方法称为形体分析法。

应用形体分析法可将复杂形体简化为若干个基本形体来分析，从而降低读图、画图的难度。如图 4-9 所示的组合体，可以看成是由底板Ⅰ、肋板Ⅱ、圆筒Ⅲ和小圆筒Ⅳ四部分叠加而成，底板Ⅰ的前后表面和圆筒Ⅲ的外圆柱面是相切关系，其余形体间相邻表面均为相交关系。

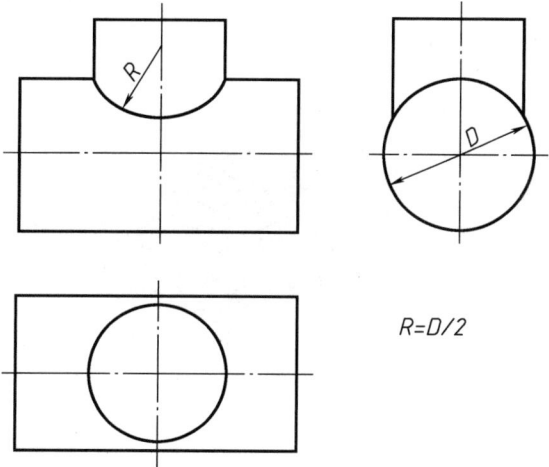

图 4-8 正交圆柱相贯线近似画法

形体分析法是组合体画图、读图以及尺寸标注的基本方法。

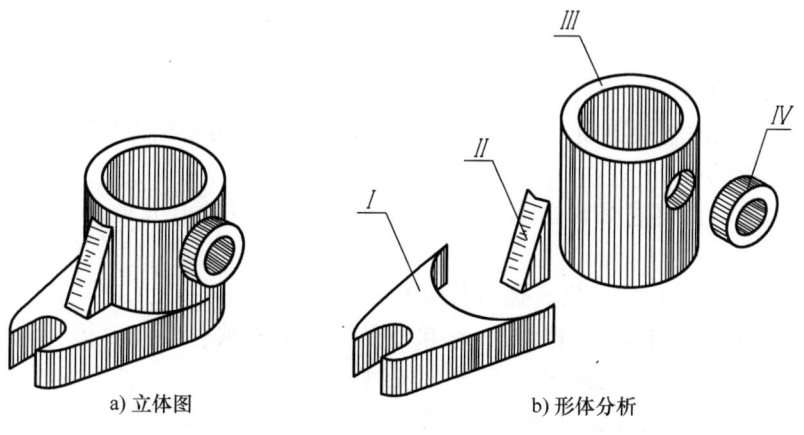

a) 立体图   b) 形体分析

图 4-9 形体分析法

4.2 组合体视图的画法

以图 4-10a 所示的组合体为例，说明画图的方法和步骤。

4.2.1 形体分析

图 4-10a 所示组合体为一轴承座。应用形体分析法可将它分解为左、右对称放置的四部分：套筒、支承板、肋板和底板，如图 4-10b 所示。

图 4-10b 中，套筒即空心圆柱。底板可看作是一带圆角的长方体，其上挖去两个圆柱形成孔，并且挖切一个薄的长方体形成长方形通槽。支承板和肋板都是棱柱体，上面带有与套筒外表面相搭接的圆柱面。支承板的后面与底板的后面共面，左、右侧面与套筒外表面相切。其余各相邻表面均为相交关系。

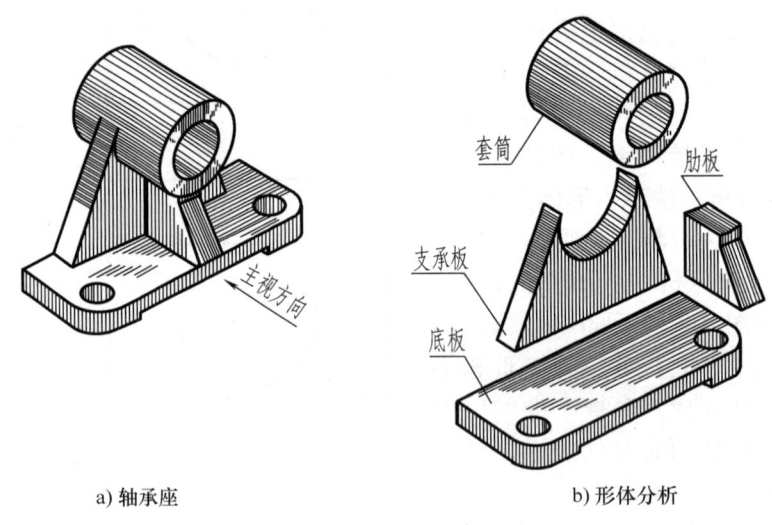

a) 轴承座　　　　　　　　b) 形体分析

图 4-10　画组合体视图

4.2.2 视图选择

1. 选择视图的方法

主视图是一组视图中最重要的视图，要首先确定，然后再根据需要确定其他视图。

2. 选择主视图的原则

确定主视图时，要解决如何放置组合体和确定主视图投射方向两个问题，遵循下列原则：

1) 组合体应按自然位置放置，使其保持稳定。

2) 主视图应能清楚地显示组合体的形状特征，即把反映各组成形体和它们之间相对位置最多的方向作为主视图的投射方向。

3) 使所有视图中细虚线总数最少。

图 4-10a 中箭头所示方向作为主视图的投射方向使主视图清楚地反映了轴承座四个组成部分的上下、左右位置关系，表达了套筒及支承板的形状以及肋板、底板的厚度，是比较好的。

4.2.3 画图方法和步骤

1. 正确的画图方法和步骤

正确的画图方法和步骤是保证绘图质量的关键。

（1）布置图面　根据组合体的大小和复杂程度选定比例，确定图幅，画出各视图中的作图基准线：对称线、主要轮廓线或主要回转体的轴线。

（2）画底稿　先画主要形体，后画次要形体；先画大形体，后画小形体；先画形体的整体形状，后补画细节形状。在画每部分时，要先画反映该部分形状特征的视图，后画其他视图，将几个视图基本完成后再画下一形体。注意分析基本形体之间的表面连接关系，以便建立正确的投影对应关系。

（3）检查、加深　以图 4-10a 所示轴承座为例，画图过程和步骤如图 4-11 所示。

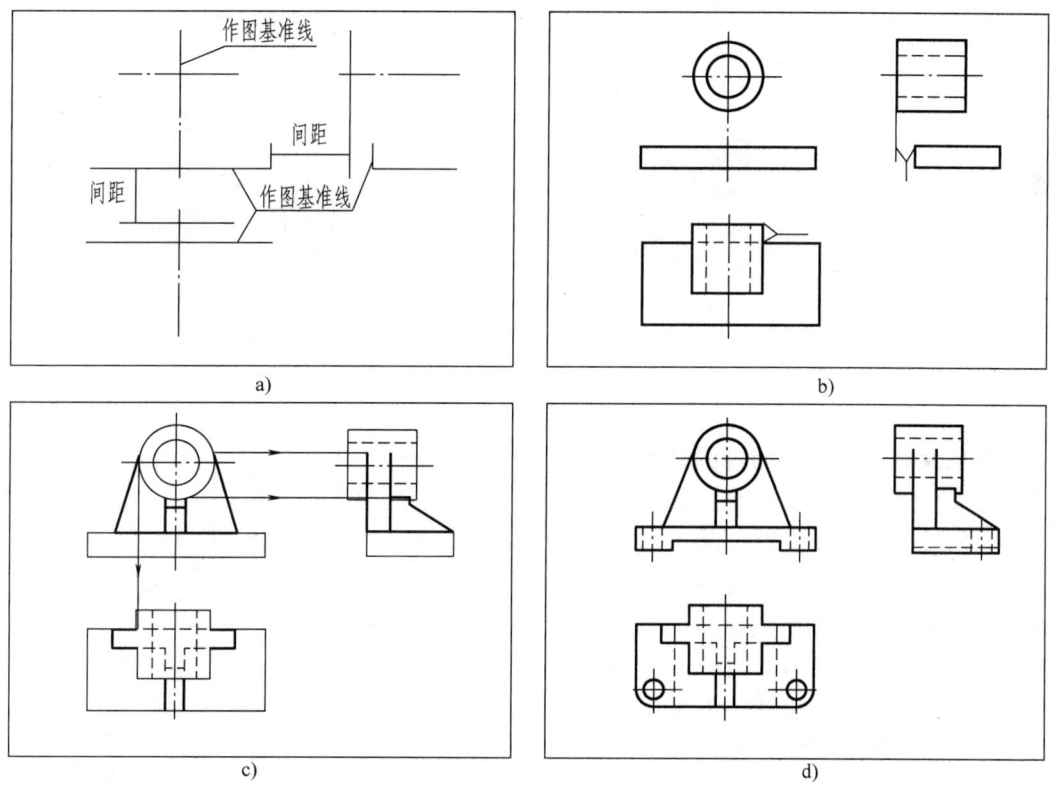

图 4-11　轴承座的画图过程和步骤

2. 组合体画图举例

（1）布置视图并画出作图基准线　以左右对称面作为长度方向的作图基准，以底板下表面作为高度方向的作图基准，以底板后端面作为宽度方向的作图基准。注意要保证各视图之间留有标注尺寸的足够间距，如图 4-11a 所示。

（2）画套筒和底板外形　俯视图中二者投影拥有重影部分，要注意分析可见性，如图 4-11b 所示。

（3）画支承板和肋板　注意切线不画及可见性问题；反映肋板形状特征的左视图要结

合主视图完成；注意分析形体叠加时的贴合面，如图 4-11c 所示。

（4）画细节部分　检查投影正确性，加深，如图 4-11d 所示。

4.3　读组合体视图

读图是画图的逆过程。画图是把空间的组合体用正投影法表示在平面上，而读图则是根据已画出的视图，运用投影规律，想象出组合体的空间形状。

4.3.1　读图的基本要领

1. 要几个视图联系起来读

一个视图不能唯一确定组合体的形状，如图 4-12a 所示的主视图至少可对应图 4-12b~d 所示的几个组合体，因而在读图时，一般从主视图入手，几个视图联系起来读，才能准确识别组合体中各形体的形状和它们之间的相对位置。切忌看了一个视图就下结论。

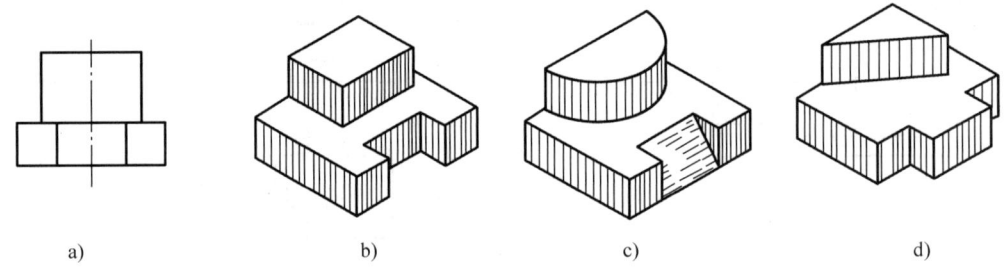

图 4-12　一个视图不能唯一确定组合体形状

2. 要从反映形状特征的视图开始读

认识每一形体的关键是要抓住其形状特征。主视图常常能较多地反映组合体各部分的形状特征，所以读图时一般从主视图开始读，如图 4-13 所示的组合体，它由三部分组成，在分析形体 I 时应先从反映其形状特征的主视图开始读。但是组成组合体的各形体的形状特征，不一定全集中在主视图上，因此，还要善于找出反映这些部分形状特征的视图，如反映形体 III 形状特征的视图是俯视图，反映形体 II 形状特征的视图是左视图。从特征视图出发，联系其他视图，就能迅速地将各部分形状判断清楚。

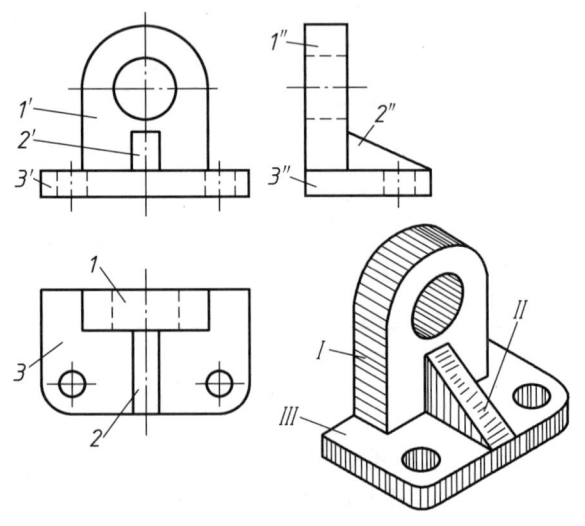

图 4-13　找出形状特征视图

3. 要认真分析形体间相邻表面的相对位置

组合体各形体间相邻表面相对位置的不同会使视图中的图线产生相应的变化。读图时要注意分析视图中反映形体之间连接关系的图线，从而判断各形体间的相对位置。如图 4-14a

所示的主视图中,三角形肋板与底板之间为粗实线,说明它们的前表面不共面,结合俯视图、左视图可以判断出肋板只有一块,位置如其立体图所示。图 4-14b 的主视图中三角形肋板与底板之间为细虚线,说明它们的前表面是共面的,结合俯、左视图可以判断出肋板有前、后两块,如其立体图所示。

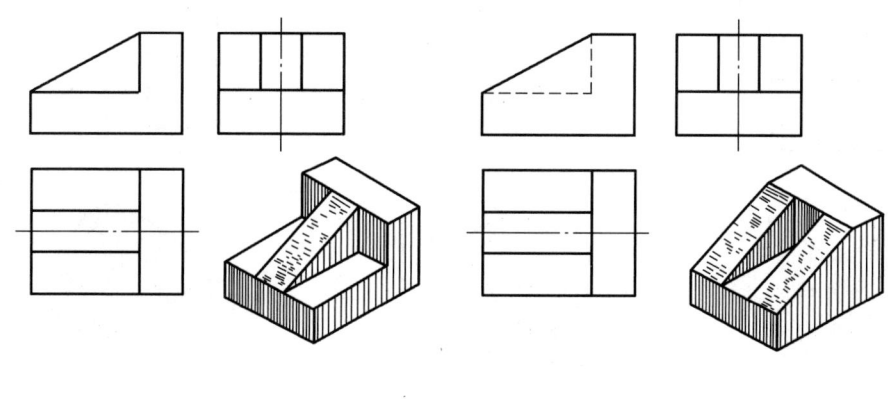

a) 一块肋板　　　　　　　　　　b) 两块肋板

图 4-14　判断形体间的相对位置

4. 要把想象中的形体与给定的视图反复对照

看图的过程是不断地把想象中的组合体与给定视图进行对照的过程。或者说读图的过程是不断修正想象中的组合体形状的思维过程。读图时,可根据给定的视图想象出组合体并默画出它的视图,再根据其与给定视图间的差异来修正想象中的形状,直至与给定的视图完全相符。

4.3.2　形体分析法读图

形体分析法是读图的基本方法。读图时,应从视图中将组合体分解成若干部分,根据各部分的投影,想出它们的形状,然后把它们组合起来想象出组合体的整体形状。看图过程中在分析各视图中线框的空间含义时,应考虑它们是否表示基本形体,并通过各视图之间的投影关系,想象其形状、相对位置以及组合形式,从而综合想象组合体形状。形体分析法主要适用于叠加方式构成的组合体的读图。

1. 柱状体读图

柱状体是构成组合体最常用的一种基本体,掌握柱状体的读图方法是形体分析法读图的基础。如图 4-15 所示,柱状体三视图中有一个为特征视图。其特点为:线框的各端点均为平行棱线(或平行素线)的投影,换言之,线框表示基本体的前、后,或上、下,或左、右两端面。如图 4-15a、b 中主视图和图 4-15c 中的左视图所示。

根据柱状体的特点,读图时用拉伸法,即从特征视图出发,沿其投射方向将二维的投影图复原为三维的柱状体。

2. 形体分析法读图步骤

形体分析读图的核心是判断封闭线框代表一个什么形状的基本体的形状特征,进一步复原为三维实体。

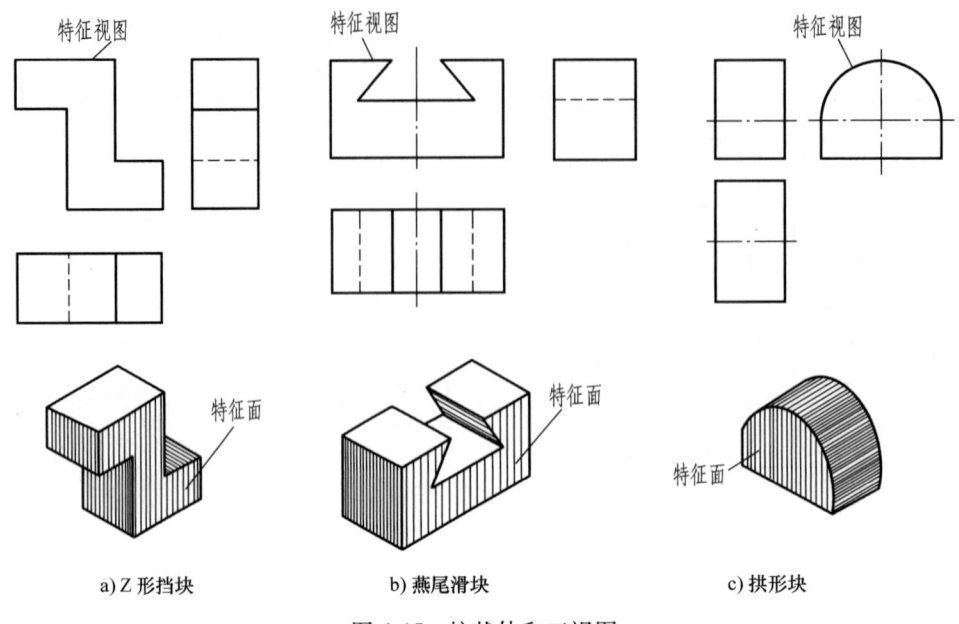

图 4-15 柱状体和三视图

（1）分层拉伸法 当组合体为若干柱状体叠加而成，而且各部分的特征视图都集中在某一个视图中时，可用分层拉伸法；分别把各个特征线框沿其投射方向拉伸到给定的距离，即形成多层的柱状体，如图 4-16 所示的组合体。

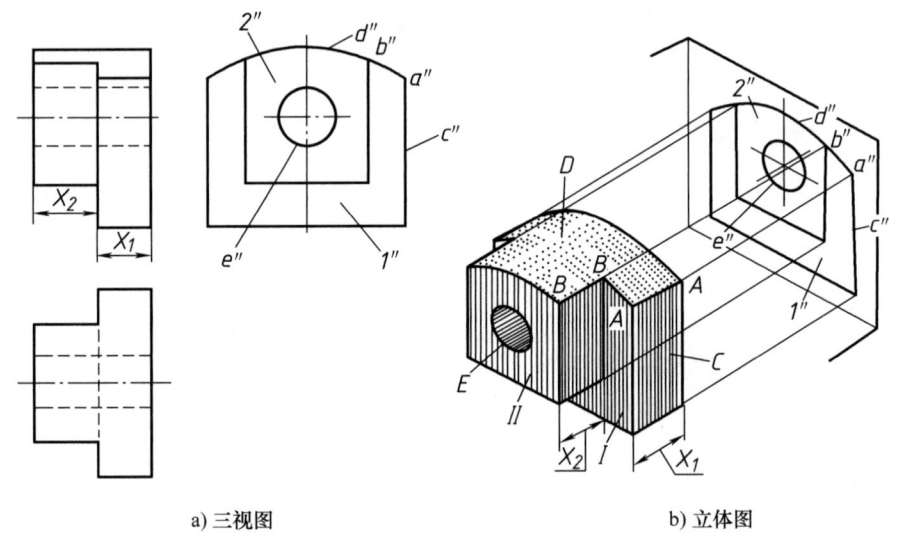

图 4-16 分层拉伸法

（2）分向拉伸法 当组合体各部分的特征视图分别在不同的视图中时，可用分向拉伸法。即特征线框分别沿其不同的投射方向拉伸，则形成形体为不同方向的柱状组合体，如图 4-17 所示的组合体。

组合体的形体分析法读图按分解线框—拉伸法想象基本体—综合想整体三步进行。

（1）将主视图分解成几个线框 以基本体为出发点考虑，先需要将组合体投影线框分

第4章 组合体

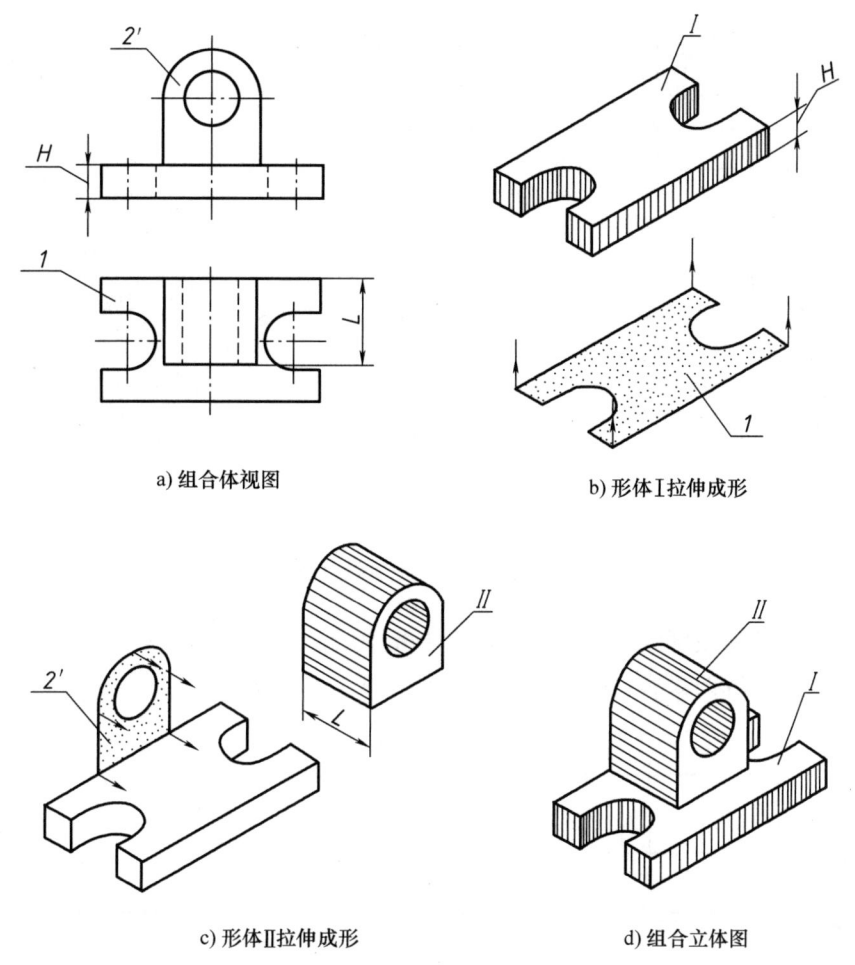

图 4-17 分向拉伸法

解为基本形体的投影线框。一般从反映组合体特征较多的视图入手,图 4-18a 所示组合体俯视图可初步分为三个线框 1、2、3。

(2) 确认基本形体　对照其他视图找出各个线框的对应投影,抓住特征视图采用拉伸法想象他们所代表的基本体形状。图 4-18a 俯视图中线框 1、2 分别与主视图中的线框 1′、2′对应,俯视图中两线框为特征视图,沿上下方向分层拉伸得到形体Ⅰ和形体Ⅱ;主视图中线框 3′与俯视图中的线框 3 对应,主视图中线框为特征视图,沿前后方向拉伸得到形体Ⅲ。

(3) 综合想整体　根据各线框的相对位置,将上述基本体组合起来确定组合体的整体形状,如图 4-18b 所示。

4.3.3　线面分析法的读图方法

线面分析法的着眼点是要分清组合体的表面。组合体各表面的投影有时为图线围成的封闭线框,有时会积聚为线。分清视图中图线和图框的含义,是线面分析法读图的基础。

1. 视图中图线(粗实线或细虚线)的含义

1) 表示平面或曲面积聚性的投影。如图 4-19a 中所示的 C 和图 4-19b 中所示的 A、B。

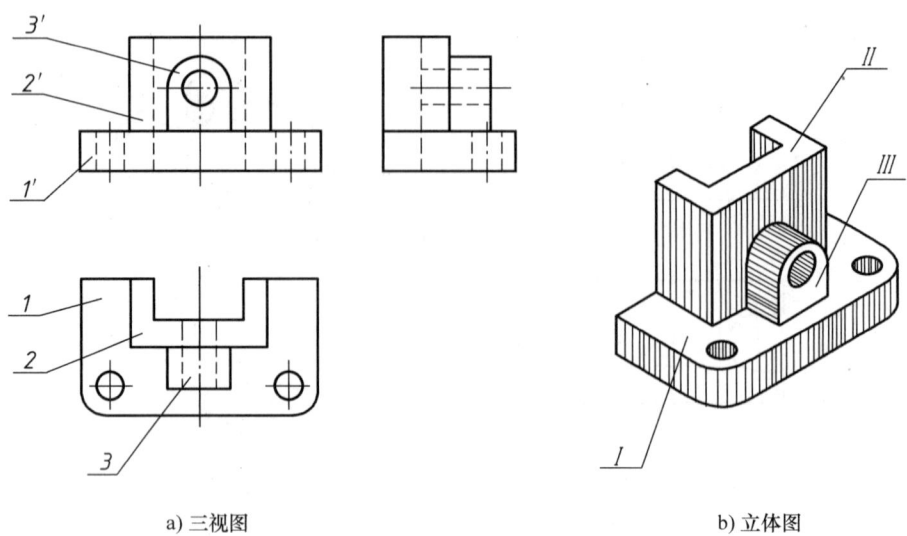

a) 三视图 b) 立体图

图 4-18 形体分析法读图

2) 表示曲面转向轮廓线的投影。如图 4-19b 中所示的 $p'm'$、$m'm_1'$。

3) 表示两面交线的投影。如图 4-19a 中所示的 $a'a_1'$、$b'b_1'$。

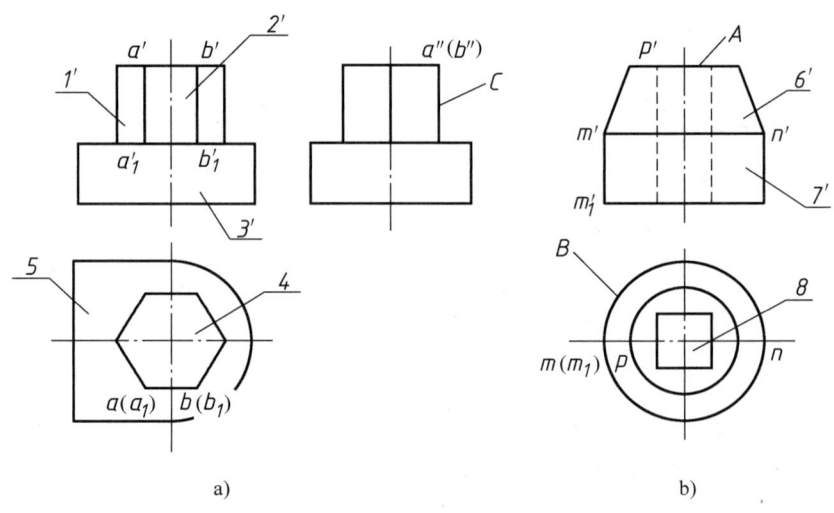

a) b)

图 4-19 视图中图线、线框的含义

视图中的图线表示的是组合体上线或者面的投影。视图中的图线表示的是形体上的线还是面,要与相关视图对照投影关系加以识别。如果是面,必是一斜线对应两线框或两条与投影轴平行的线对应一个线框,否则表示的是线。

2. 视图中封闭线框的含义

1) 表示平行面的实形,如图 4-19a 中所示的线框 2′、4、5,反映实形。

2) 表示倾斜面的类似形,如图 4-19a 中所示的线框 1′是铅垂面的正面投影,它是一个类似形。

3) 表示曲面的投影,如图 4-19b 中所示的线框 6′、7′分别是锥面和柱面的正面投影。

4）表示平面与曲面、曲面与曲面组成相切组合表面的投影，如图 4-19a 中所示的线框 3′ 是平面与半圆柱面组成相切结合表面的正面投影。

5）表示通孔、洞的投影，如图 4-19b 中所示的线框 8 表示通孔。

可见，视图中封闭线框一般能代表组合体表面的投影，线面分析方法读图应该从分析线框入手。

3. 线框与图线及线框的对应关系

组合体上某平面的各投影中，一个投影为封闭线框，其余投影可能为类似线框或积聚为线。若要明确视图中线框对应组合体上什么形状的表面，需分析其对应投影。

分析对应投影的原则：

（1）若无类似形，必有积聚性投影　在确认线框的对应投影时，一般可先从非矩形线框找起，后找矩形线框；先找对应关系明显的表面，即先找有唯一对应关系的投影代表的表面。

如图 4-20a 所示主视图中所示的线框 1′，在俯视图中有与其长对正的类似形线框 1，而在左视图中找不到与其高平齐的类似形线框，它必对应积聚性斜线 1″，这就说明 Ⅰ 面为侧垂面，如图 4-20b 所示。线框 2′ 和 3′ 按长对正在俯视图上均找不到类似形线框，只能分别找到具有积聚性的线段 2、3，这说明 Ⅱ 面和 Ⅲ 面均是正平面，其左视图也一定是有积聚性的直线段 2″、3″。俯视图中线框 4 在主视图上找不到与其长对正的类似线框，它必对应为积聚性线段 4′，Ⅳ 面为水平面，如图 4-20b 所示。

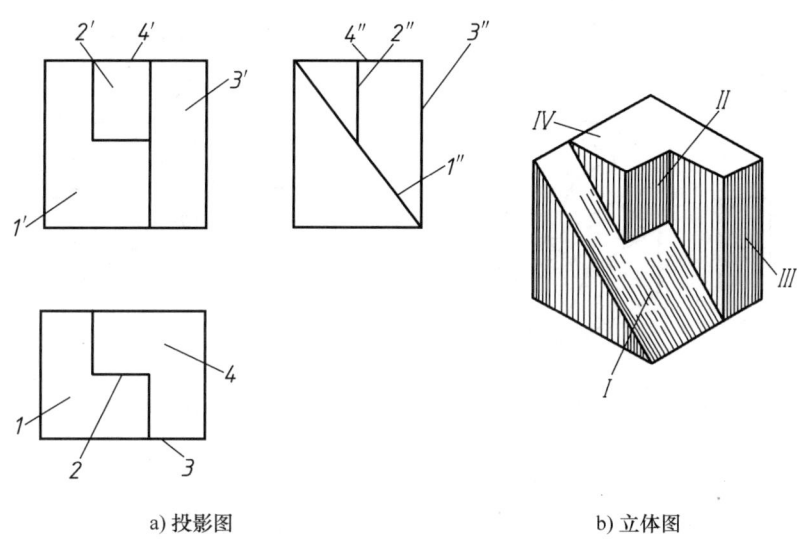

a) 投影图　　　　　　　　　　　　b) 立体图

图 4-20　线面分析法

（2）相邻两线框不能同时对应同一条线　借助于视图中图线的可见性，判断相邻两线框与图线的对应关系。

如图 4-21a 中所示的线框 1′ 和 2′ 为相邻的两线框，它们不能对应俯视图中的同一条线。根据长对正，它们将分别与俯视图中的图线 1、2 相对应。由于图线 1、2 可见，所以线框 1′ 和图线 1 相对应，表示平面 Ⅰ 在前；线框 2′ 和图线 2 相对应，表示平面 Ⅱ 在后，如图 4-21b 所示。在图 4-21c 中，图线 1、2 为一实一虚，则有线框 2′ 与图线 2 相对应，表示平面 Ⅱ 在前，线框 1′ 与图线 1 相对应，表示平面 Ⅰ 在后，如图 4-21d 所示。

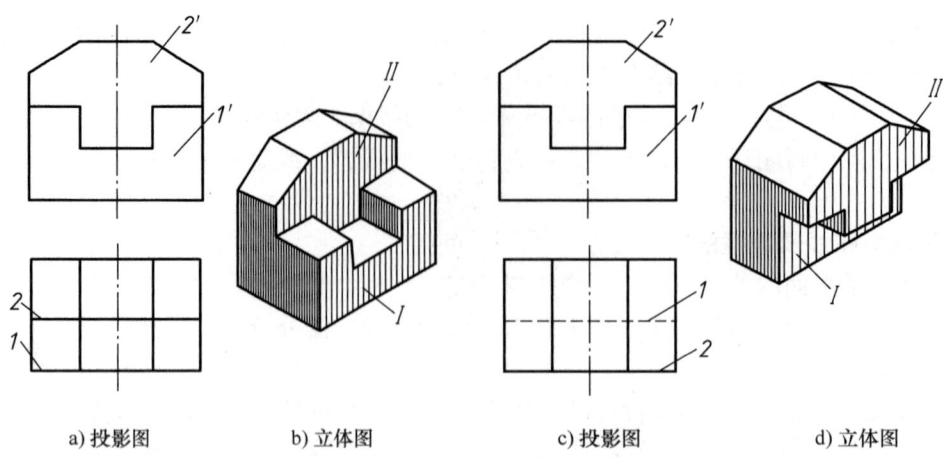

a) 投影图　　　　b) 立体图　　　　c) 投影图　　　　d) 立体图

图 4-21　利用可见性判断相邻线框的对应关系

（3）确定两线框对应投影的方法　两线框为对应投影关系必同为类似形并且符合下列条件之一。

1）两个可见类似形若为同向类似形，而且它们成对应关系，则为同一表面的两投影，如图 4-22a 中的侧垂面 A。

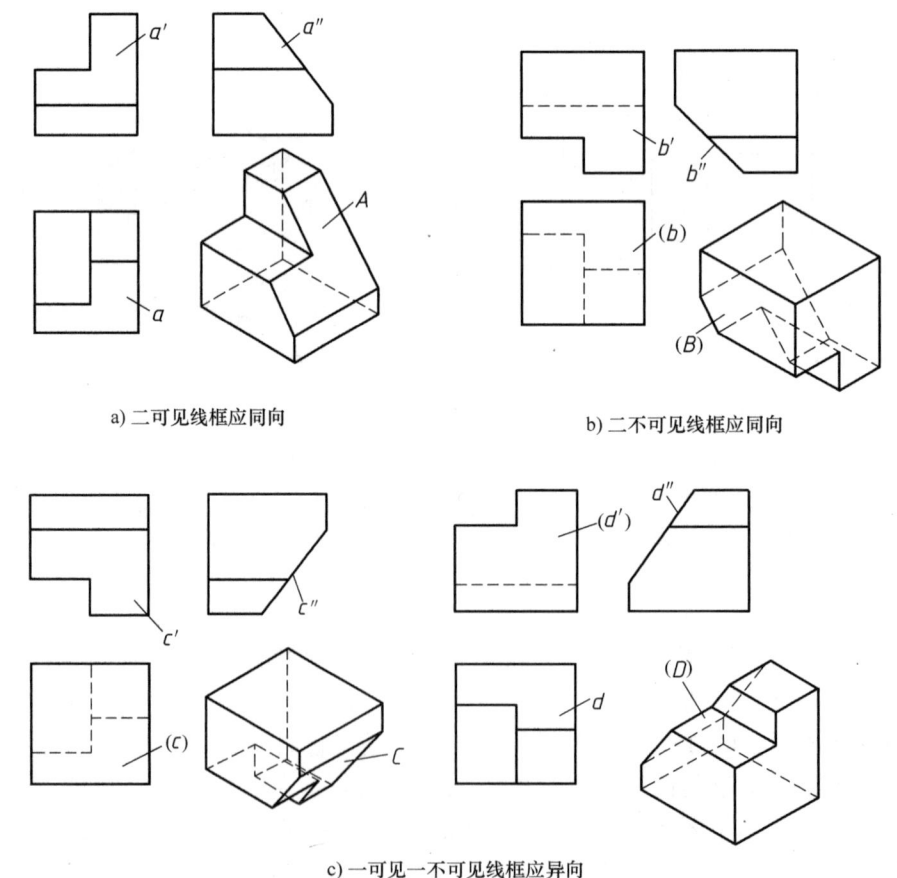

a) 二可见线框应同向　　　　　　　b) 二不可见线框应同向

c) 一可见一不可见线框应异向

图 4-22　线框对应方法分析（1）

2）两个不可见类似形若为同向类似形，而且它们成对应关系，则为同一表面的两投影，如图 4-22b 中的侧垂面 B。

3）一可见一不可见类似形若为异向类似形，而且它们成对应关系，则为同一表面的两投影，如图 4-22c 中的侧垂面 C 和 D。

否则，两类似形不属于同一表面，如图 4-23a 中的三个线框 1′、2′、3″都是可见的类似形，但它们不是同向类似形，所以它们不属于同一个平面，1′是正平面Ⅰ的正面投影，2 是水平面Ⅱ的水平投影，3″是侧平面Ⅲ的侧面投影。

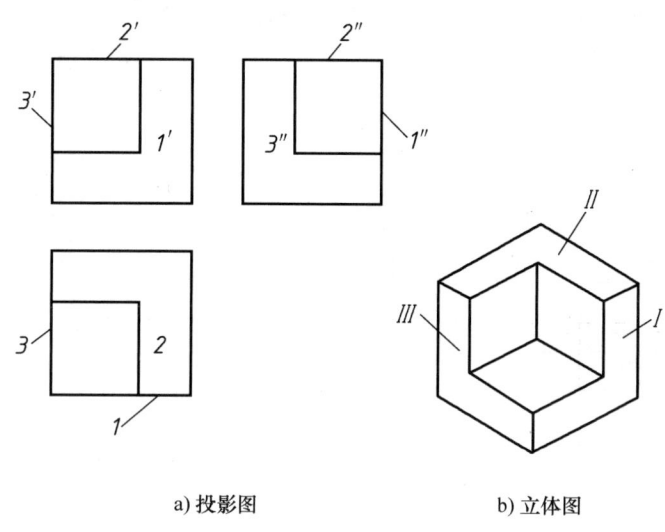

a) 投影图   b) 立体图

图 4-23　线框对应方法分析（2）

4. 线面分析法读图及步骤

线面分析法读图是通过分析各视图中线框和图线、线框和线框的对应关系，确定它们所代表的组合体表面的形状和位置，从而推断出组合体形状的一种读图方法。

线面分析读图的核心是判断封闭线框所代表的组合体表面的形状和位置。按分解线框—对投影—想象表面的空间形状及位置—综合想整体的顺序进行。线面分析读图主要适用于切割体读图。

线面分析法读图步骤：分清视图，几个视图联系起来看，按照上述方法分析，想象整体。

如图 4-24a 所示挡块，读图过程为：

1）分清视图。几个视图联系起来看，组合体前后对称，为长方体被切割情况，假想将其复原为未被切割时的长方体（一般为长方体）。

2）分解线框。应从面的角度考虑，主、俯两视图都要分解，主视图分成 2′、3′、4′，俯视图分成 1、5、（6）、（7），如图 4-24a 所示。

3）通过分析各线框的对应投影，利用线框与线框、线框与图线的对应关系，确定切平面的位置和形状。由于切平面一般都处于特殊位置，所以，在三个视图中总能找到反映切口、切槽、通孔等特征的积聚性投影。

如图 4-24a 所示的挡块，图 4-24b 俯视图中线框 1 对应主视图中一斜线，表示用正垂面在长方体的左上方切去一角；图 4-24c 主视图中的线框 2′对应俯视图中两条斜线，表示用两

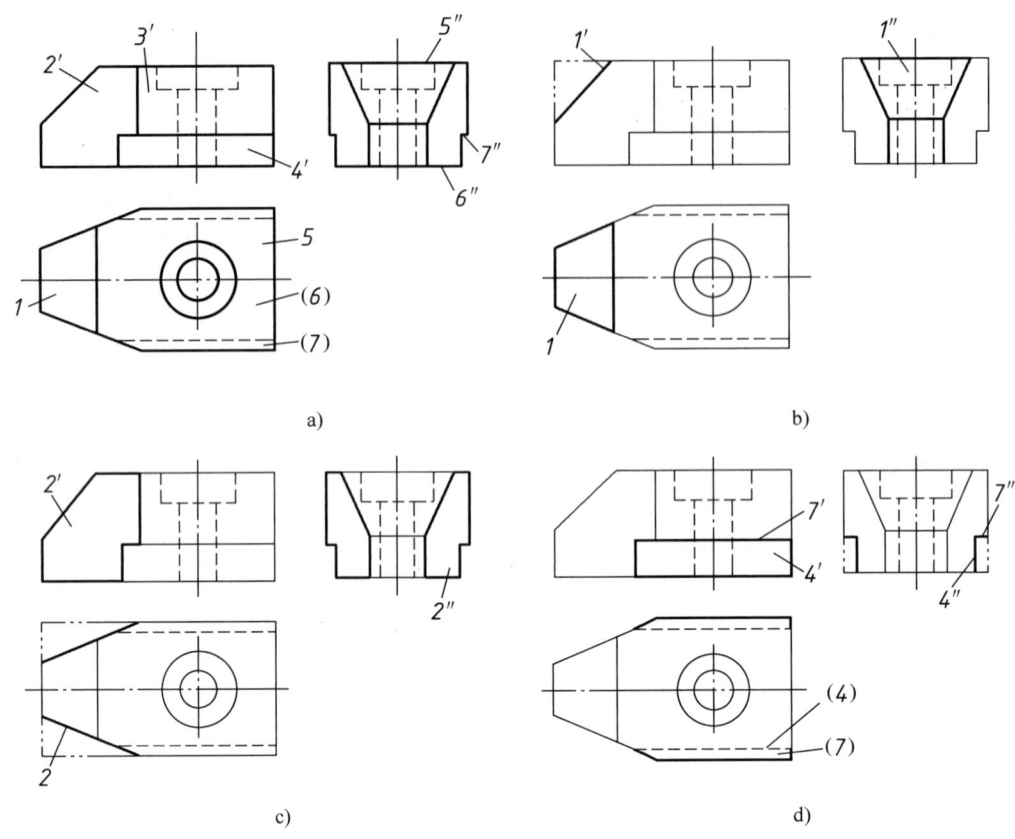

图 4-24 挡块的读图分析

个铅垂面在长方体左侧的前后位置斜切去两角；如图 4-24d 主视图中线框 4′对应左视图中前、后两条纵向直线段，表示两正平面；俯视图中线框 7 对应主、左视图均为横线直线段，表示两水平面，Ⅳ和Ⅶ合起来表示在长方体下方前后各切出一直角缺口。线框 3′对应俯视图中最前、最后两条横向直线段，表示截切之后保留的原长方体的前后两正平面；俯视图中线框 5 和 6 均对应主视图中横线直线段，表示保留下来的长方体的上下两端面。挡块的左右端面均为侧平面。

4) 各表面的形状读者自行分析。

5) 综合想象整体形状。搞清楚各截断面的空间位置和形状后，可综合想象出挡块的形状，如图 4-25 所示。

4.3.4 已知组合体两视图补画第三视图

由组合体的两视图补画第三视图，是将读图与画图相互结合起来，提高空间想象力的一种有效方法，因此，应先读懂所给的两个视图，并想象出组合体的空间形状，然后再画出所求的第三视图，画图时必须注意以下几点：

1) 先看懂已知两视图，把组合体形状想清楚，用形体分析法把组合体分为几个部分来画。通常情况下，根据基本形体的投影特点作图。当遇到难以分清的形体时，则用线面分析法分析其表面或其交线。

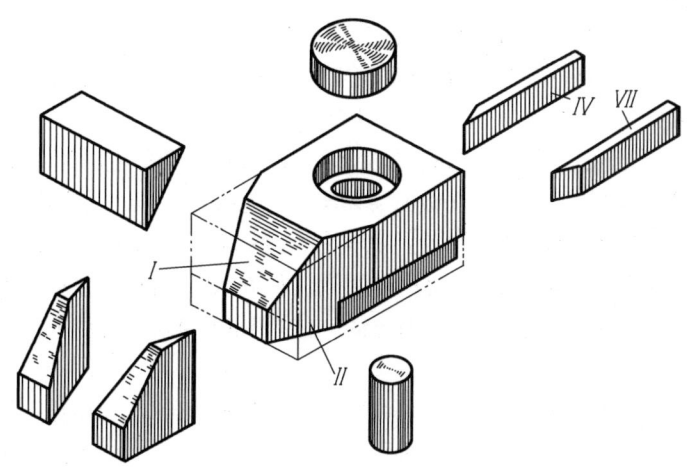

图 4-25 挡块

2) 画图顺序一般先画主要形体，再画次要形体、细节部分。先画外形，后画内形。杜绝作图过程的盲目性，盲目性不仅影响作图速度而且容易画错。

3) 每画一部分都应正确反映该部分的位置，并严格遵守视图之间的"三等"关系。根据补画视图的投射方向，判断视图中线、线框的可见性。

4) 从组合体的整体出发，正确处理两部分表面连接处图线的变化。两形体表面不共面，结合处应有界线；两形体表面共面，相接处无界线；两形体表面相切，相切处无界线；两形体表面相交，相交处有交线。

【例 4-1】 图 4-26a 给出了底座的主、俯视图，求作左视图。

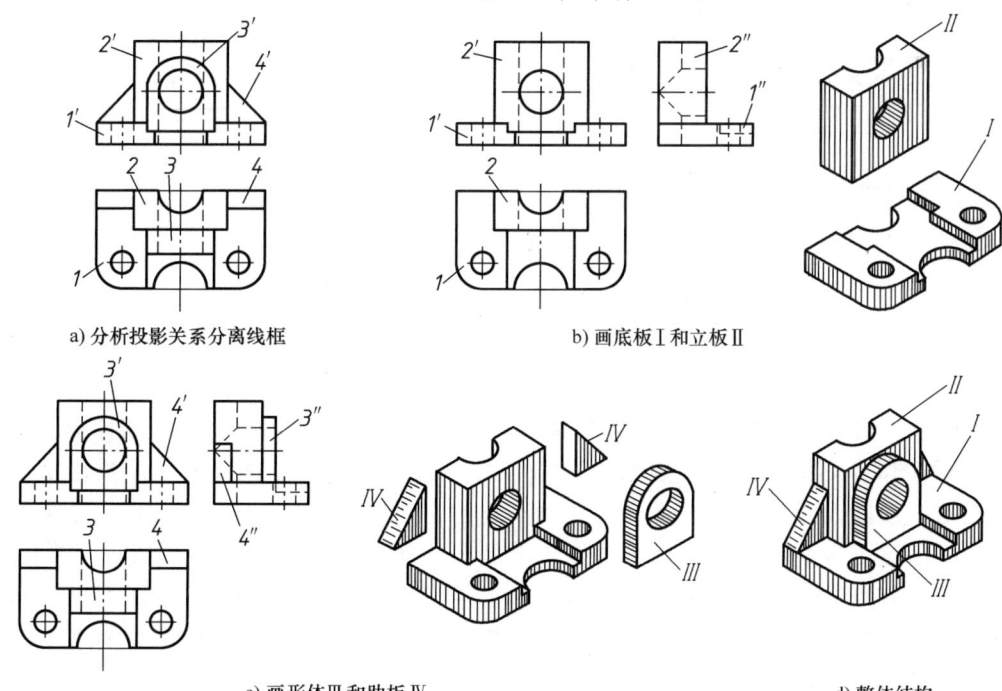

图 4-26 补画支架左视图

解：本题先用形体分析法读懂，然后补画左视图。

1）读图想立体。通过对照主、俯视图的投影关系，把主视图的线框分离为 1′、2′、3′、4′四个线框并初步确定底座由四个基本形体组成。

从主视图四个线框出发，找俯视图线框对应关系，逐个想象其立体形状。线框1′对应线框1 表示底板Ⅰ；线框2′对应线框 2 表示立板Ⅱ；线框 3′对应线框 3 表示形体Ⅲ；线框 4′对应线框 4 表示三角形的肋板Ⅳ。从线框的相对位置及其连接关系综合想象出底板Ⅰ在下方，它支承立板Ⅱ；形体Ⅲ在立板Ⅱ正前方，肋板Ⅳ在结构左右两侧，从而形成底座的整体形状。

2）补画左视图。补画左视图时，应按想象出的四部分形状，逐个地画出其左视图。

作图：

1）画底板Ⅰ、立板Ⅱ。应先画出高、宽方向的作图基准线，如图 4-26b 所示。

2）画形体Ⅲ和肋板Ⅳ，如图 4-26c 所示。

底座整体结构如图 4-26d 所示。

【例 4-2】 如图 4-27a 所示，已知压块的主视图和左视图，补画其俯视图。

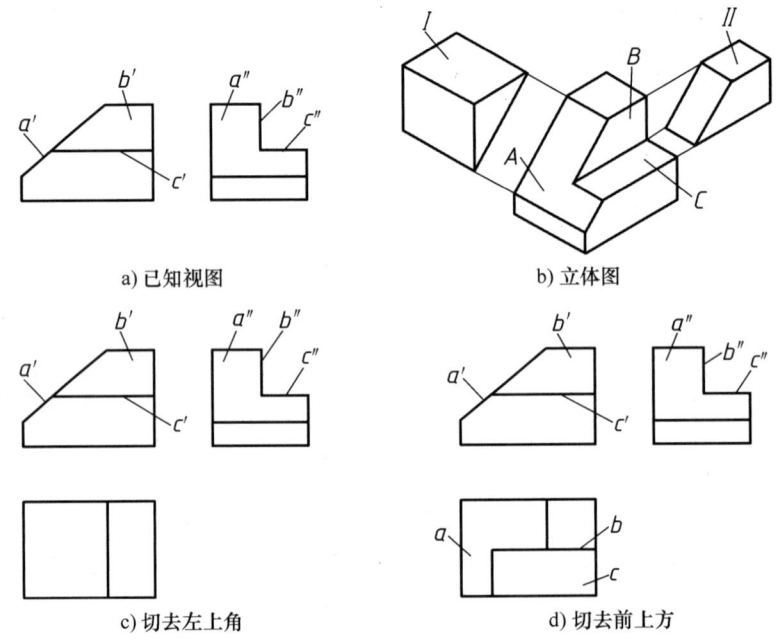

图 4-27 由主，左视图求俯视图

解：由已知的两视图可以看出，该立体相当于一长方体左上角被平面 A 切掉形体Ⅰ，前上方被平面 B 和 C 切掉形体Ⅱ，如图 4-27b 所示。图 4-27a 中，平面 A 的侧面投影是一个六边形线框 a″，根据投影关系在正面投影中找不到与它对应的类似形线框，只有线段 a′与其对应，所以平面 A 为正垂面，其水平投影必定是与侧面投影类似的六边形线框。平面 B 的正面投影是一个梯形线框 b′，对应的侧面投影为竖直直线段 b″，因而平面 B 为正平面，其水平投影也应是线段。平面 C 的正面和侧面投影是线段 c′和 c″，因而平面 C 为水平面，其水平投影应是矩形线框。

作图：利用"长对正、高平齐、宽相等"的三等原则，完成以下各步作图。

1）将长方体被平面 A 截切后的水平投影求出，如图 4-27c 所示。
2）求出形体被平面 B 和 C 截切后的水平投影，如图 4-27d 所示。
3）检查整理，作图时要注意不同表面的交线的投影一定要画出。

【例 4-3】 已知图 4-28a 所示的主、左视图，求作俯视图。

解：从已知视图可看出，该立体相当于一长方体被切去形体 I 而成，如图 4-28b 所示。图 4-28a 中，平面 A 的侧面投影 a'' 为一竖直直线段，平面 A 为正平面，其水平投影 a 应为一水平直线段；平面 B 侧面投影 b'' 为一斜直线段，平面 B 为侧垂面，其水平投影 b 应为与其正面投影类似的梯形；平面 C 正面投影 c' 为一斜直线段，平面 C 为正垂面，其水平投影 c 应为与其侧面投影类似的梯形。

作图：
1）作平面 A 的水平投影 a，如图 4-28c 所示。
2）作平面 B 的水平投影 b，如图 4-28d 所示。
3）作平面 C 的水平投影 c，如图 4-28e 所示。
4）分析求解前后左右四个端面，检查整理，结果如图 4-28f 所示。

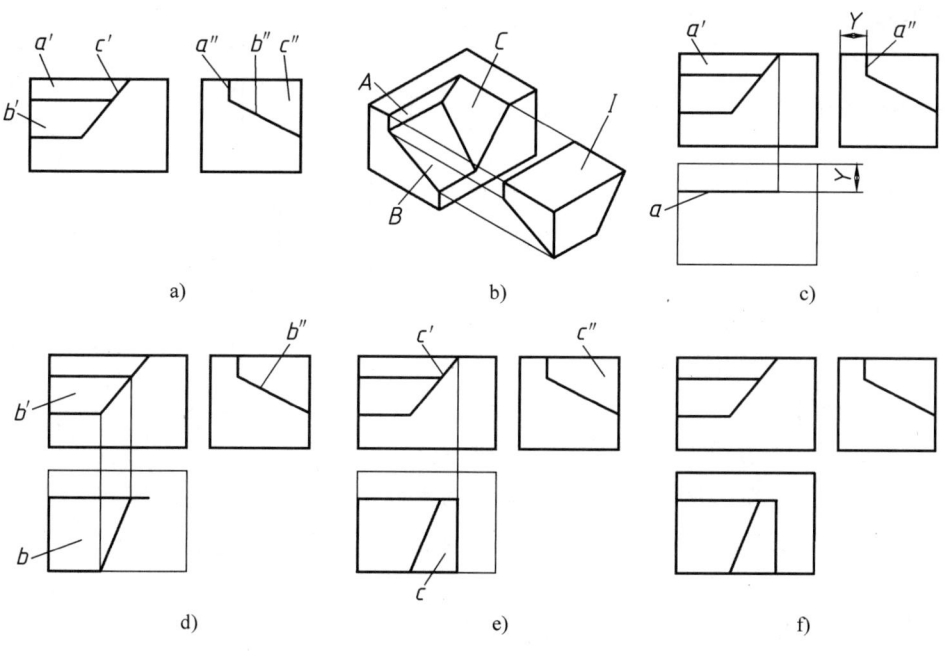

图 4-28　求作俯视图

【例 4-4】 已知图 4-29a 所示的主、俯视图，求作左视图。

解：图 4-29a 主视图中有三个长度相等的实线线框 $1'$、$2'$、$3'$，此题目关键在于确定这三个线框所对应平面之间的相对位置。如图 4-29b 所示，俯视图中没有和 $1'$、$2'$、$3'$ 三个线框成对应关系的类似形，所以一定有积聚性的直线和它们相对应，线框 $1'$、$2'$、$3'$ 为相邻线框，它们不能对应俯视图中的同一直线，它们分别与线段 1、2、3 相对应。由此可知，$1'$、$2'$、$3'$ 这三个线框所对应的平面均为正平面，由于线段 1、2、3 均为可见，所以，正平面 I

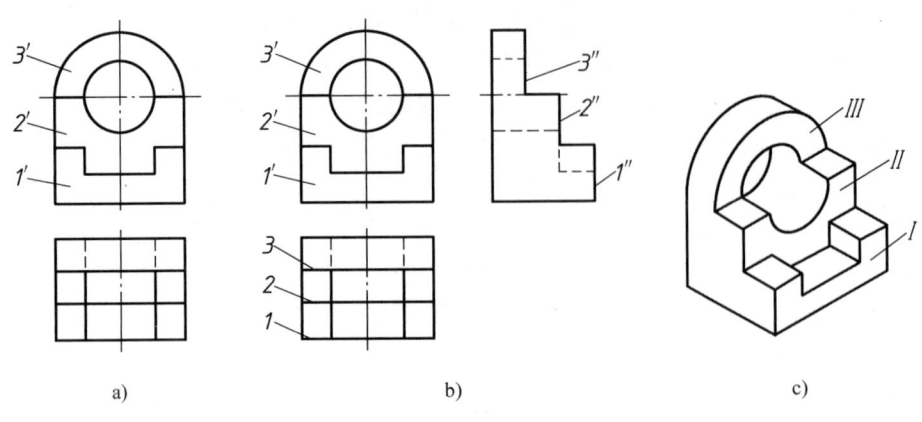

图 4-29 求作左视图

在最前,正平面Ⅱ在Ⅰ面之后,正平面Ⅲ在Ⅱ面之后。明确了Ⅰ、Ⅱ、Ⅲ面的位置,根据投影规律便会很容易地画出该组合体的左视图,如图 4-29b 所示。图 4-29c 为该组合体的立体图。

【例 4-5】 图 4-30 给出了支承座的主视图和俯视图,画出其左视图。

解:本题先用形体分析,然后用线面分析读图,最后补画左视图。

1) 形体分析。根据支承座的主视图和俯视图的轮廓形状可知它的基本形体是一柱状体。其前方突出半个圆柱,形体左、右对称,如图 4-31a 所示。其余各线框表示在组合体上挖切后的结构,主视图上的半个圆表示挖切了一个半圆柱,俯视图中的小圆表示有一个竖直圆孔与挖切的半个圆柱面相交,如图 4-31b 所示。

2) 线面分析。主视图中的线框 1′是如图 4-31c 所示的哪一个?如 1′是左边的线框,则支承座的形状如图 4-31d 所示,显然它的俯视图与题意不符。这样明确 1′为右边矩形线框,矩形的下部分为不可见,它被突出的半个圆柱遮住,线框 1′表示的形体也是挖切的结构,

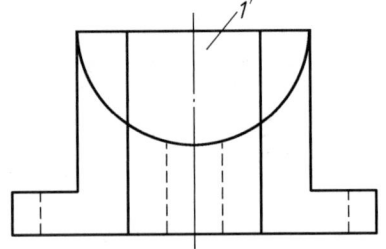
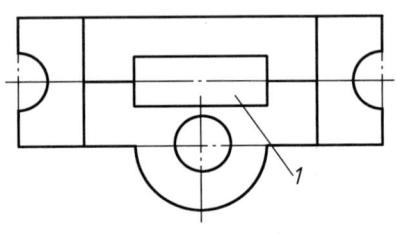

图 4-30 支承座

根据投影关系,线框 1′和线框 1 对应表示侧垂面,则有如图 4-31e 所示的支承座形状。

根据"若无类似形,必有积聚性的投影"的规律分析,线框 1′还可与线框 1 的长边对应表示正平面,则支承座的中间挖去了一个长方形通槽,如图 4-31f 所示。图中左、右各挖去一个半圆柱槽。

综上所述,阅读一个较复杂的组合体视图,首先要进行形体分析,对其叠加部分要先用形体分析法读图,对其挖切部分某些难懂的地方要用线面分析法读图。要特别注意对重合图线的分析,图 4-32 为图 4-31f 所示支承座的三视图。

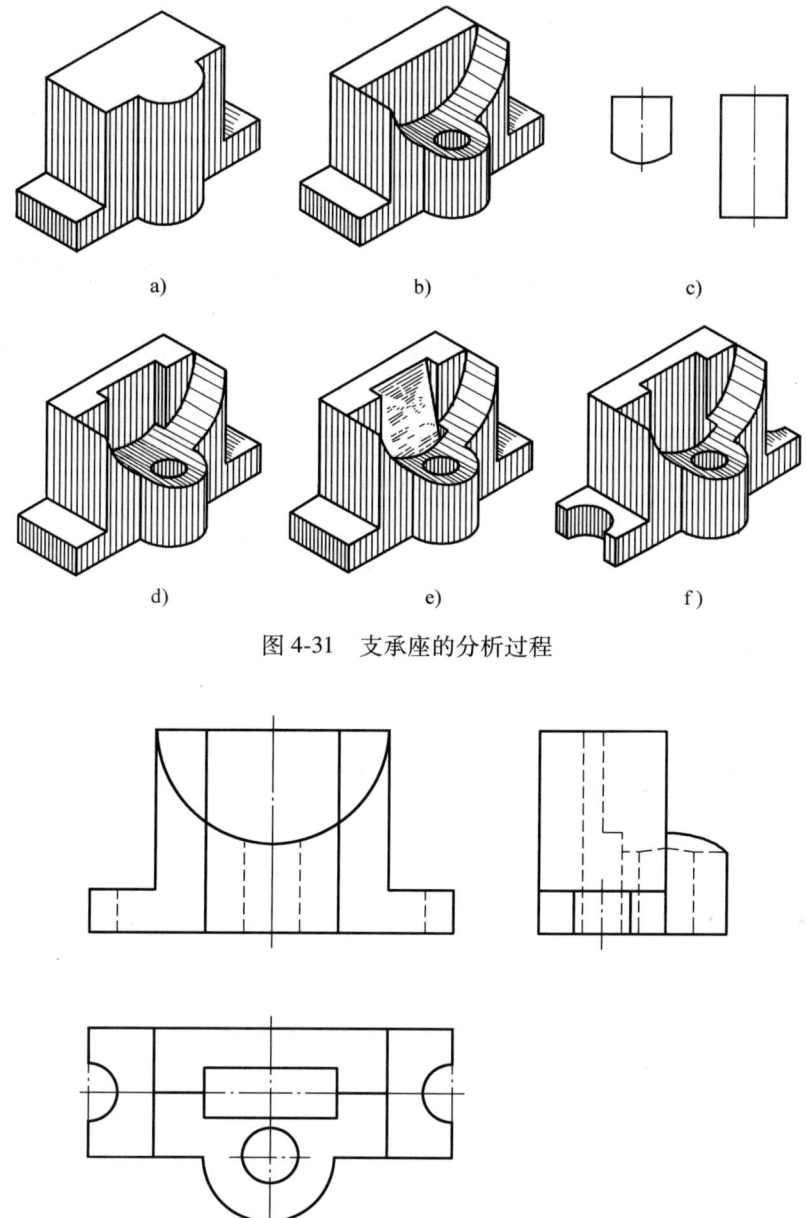

图 4-31 支承座的分析过程

图 4-32 支承座的三视图

4.4 组合体的尺寸标注

组合体的形状可以用一组视图表示,而组合体的大小则通过视图上标注的尺寸来确定。在生产中,视图上标注的尺寸是加工制造机件的重要依据,因此注写尺寸必须认真细致,一丝不苟。认真掌握好组合体的尺寸注法,可为今后在零件图上标注尺寸打下良好的基础。

标注尺寸的基本要求是:

（1）正确　尺寸标注要符合国家标准的有关规定。
（2）完整　尺寸必须注写齐全，不遗漏、不重复。
（3）清晰　尺寸布置恰当，排列整齐、清楚；注写在最明显的地方，便于查找、阅读。

4.4.1　基本立体尺寸标注

基本立体的大小，由长、宽、高三个方向的尺寸确定，每一个尺寸只能标注一次，如图4-33所示。棱柱与棱锥应注出确定底面形状和高度的尺寸。通常将确定底面形状的尺寸注写在反映其实形的视图中，如图4-33a～e所示。圆柱、圆锥等回转体的直径尺寸，一般注在非圆视图中，这样标注有时可以省略一个视图，如图4-33f～i所示。采用图4-33h、j标注可仅用一个视图表达球体。

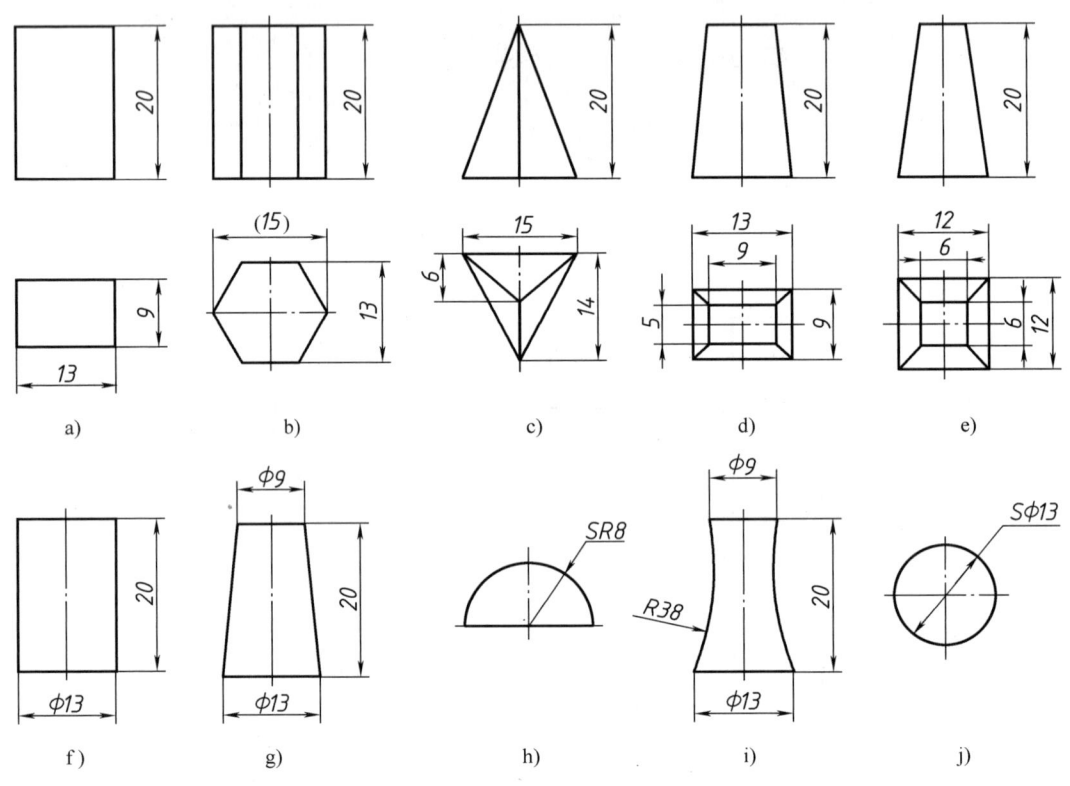

图4-33　基本立体的尺寸标注

对于如图4-33i所示的回转体，还要标注出确定其母线形状的尺寸，图中注出了圆弧母线的半径尺寸。确定基本立体形状和大小的尺寸，叫定形尺寸。

4.4.2　切割体和相贯体的尺寸标注

图4-34所示为切割立体和两立体相贯的尺寸标注。对于切割立体除了注出基本立体的定形尺寸之外，还应注出截平面的定位尺寸，来确定截平面的位置；对于相贯的立体，除了注出基本立体的定形尺寸之外，还应加注确定各相贯体之间相对位置的定位尺寸。上述尺寸注全后，截交线、相贯线就随之确定了。所以，截交线、相贯线上一律不注尺寸。图4-35b

中大圆柱截交线上的尺寸 18.2 取决于大圆柱的尺寸 φ32 及确定截平面位置的尺寸 29，如图 4-35a 所示，因此，不应注出 18.2。确定两圆柱相对位置的尺寸，应由两圆柱的轴线开始标注，如图 4-35a 中所示的尺寸 27、23，而图 4-35b 中的尺寸 11 和 13 是错误的。当两圆柱的大小、相对位置确定后，相贯线就确定了，因此，图 4-35b 中的尺寸 R16 是错误的。

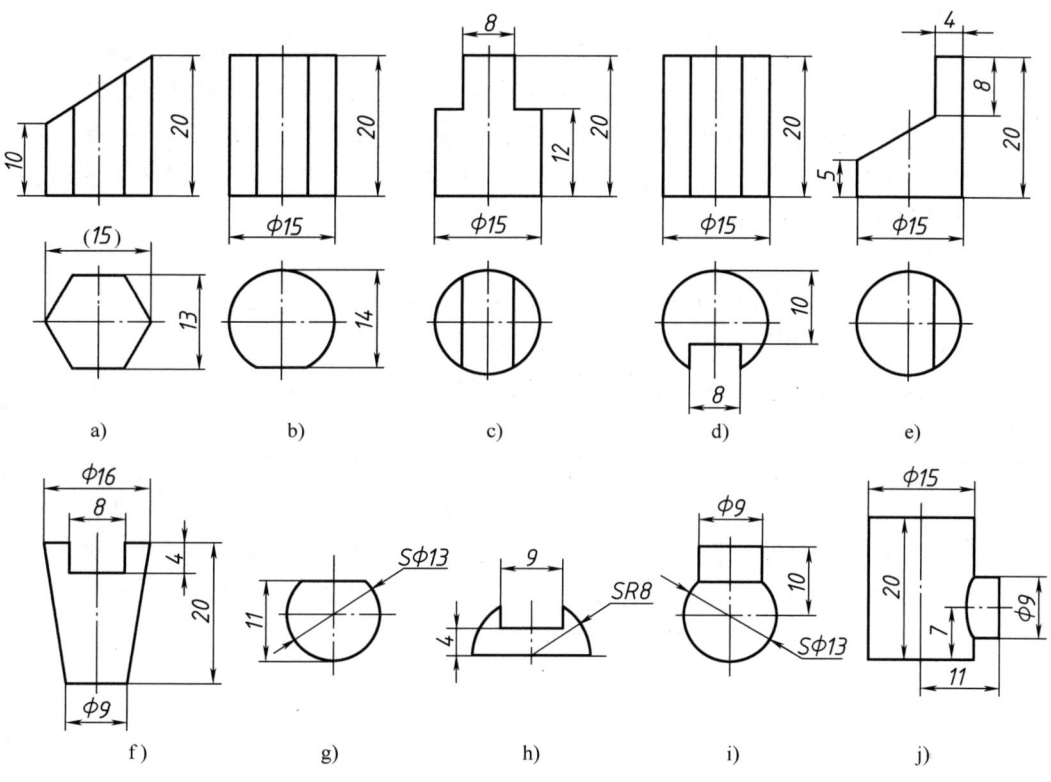

图 4-34 切割体和相贯体的尺寸标注

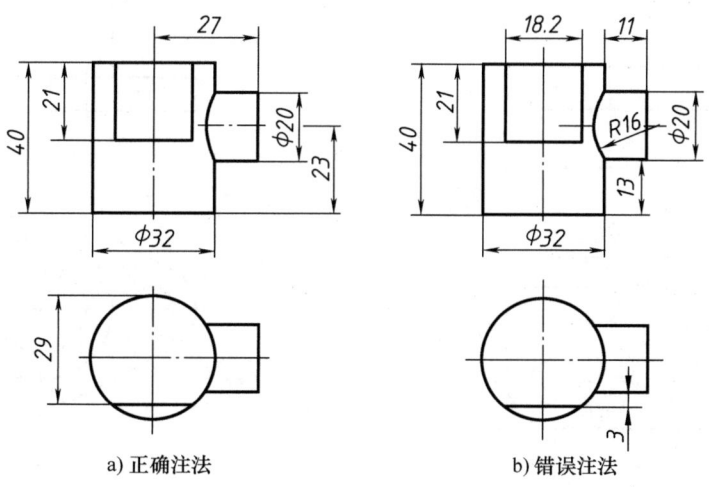

a) 正确注法　　　　　　　　b) 错误注法

图 4-35 截交线、相贯线上不标尺寸

4.4.3 组合体的尺寸分析

组合体由基本形体按一定的位置关系组合而成，标注组合体尺寸的基本方法是形体分析法。在标注组合体尺寸时，应首先将组合体分解为若干个基本形体，然后再标注定形、定位、总体三类尺寸。

(1) 尺寸基准　量度尺寸的起点称为尺寸基准。标注定位尺寸时必须先选定尺寸基准，组合体有长、宽、高三个方向，每一方向上至少有一个尺寸基准。通常以组合体的对称平面、重要的底面或端面、主要回转体的轴线和素线等要素作为尺寸基准。图 4-36 所示的组合体其长度方向的尺寸基准为左、右对称平面，宽度方向的尺寸基准为组合体后侧面，高度方向的尺寸基准为组合体的底平面。

(2) 三类尺寸

1）定形尺寸。确定组合体中各基本立体的形状和大小的尺寸。例如，图 4-36 中底板的长 47、宽 28、高 7，底板上小孔的直径 2×φ8，肋板上的尺寸 5 和 13 等。

2）定位尺寸。确定组合体中各基本立体之间相对位置的尺寸。例如，图 4-36 中确定底板上两圆孔位置的尺寸 31 和 20。

3）总体尺寸。确定组合体总长、总高、总宽尺寸。当某一总体尺寸与组合体中的基本立体的定形尺寸相同时，则不再重复标注。例如，图 4-36 中底板的长和宽分别就是组合体的总长 47 和总宽 28。此外，若组合体的一端是回转体时，则相应的总体尺寸一般不直接注出而是由轴线位置尺寸结合半径尺寸间接得到，如图 4-37 中总长尺寸就未直接注出而是根据 2×φ8 孔的中心距尺寸 38 及半径尺寸 R8 间接得到。

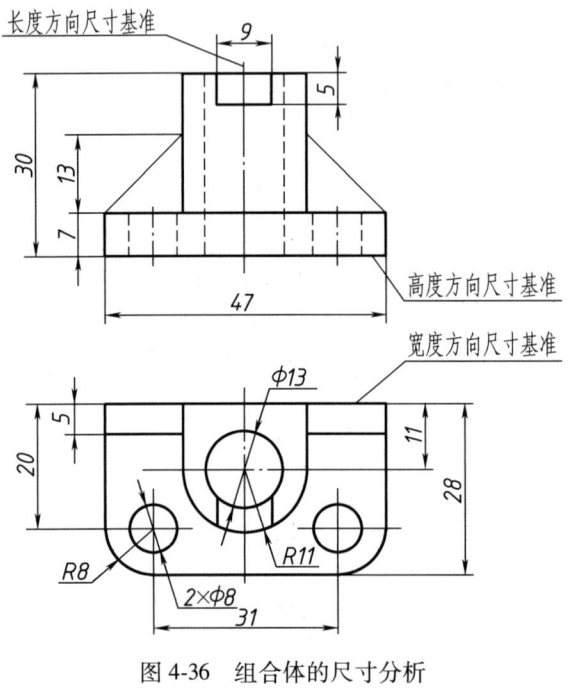

图 4-36　组合体的尺寸分析

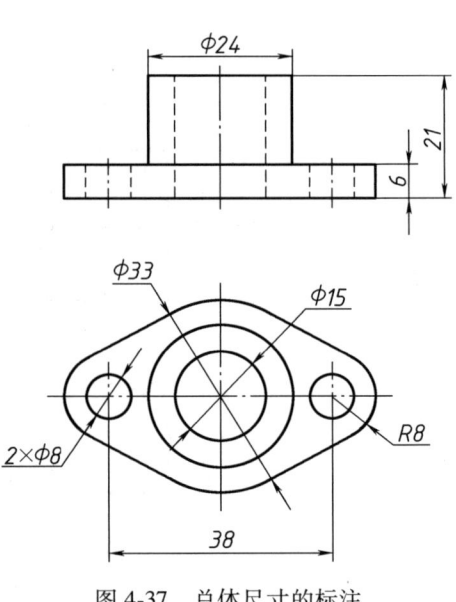

图 4-37　总体尺寸的标注

4.4.4 组合体尺寸标注举例

以图 4-38a 所示的轴承座为例，说明标注组合体尺寸的方法和步骤。

1）形体分析。轴承座可分解为如图 4-38b 所示的四部分，图中标出了确定各部分形状和大小所需的尺寸。

2）选择尺寸基准，标注定位尺寸，如图 4-38c 所示。

3）标注各部分的定形尺寸，如图 4-38d 所示。此时由于图 4-38b 中所示的几个部分已经组合成一个整体，故图 4-38b 中带括号的尺寸不再注出。

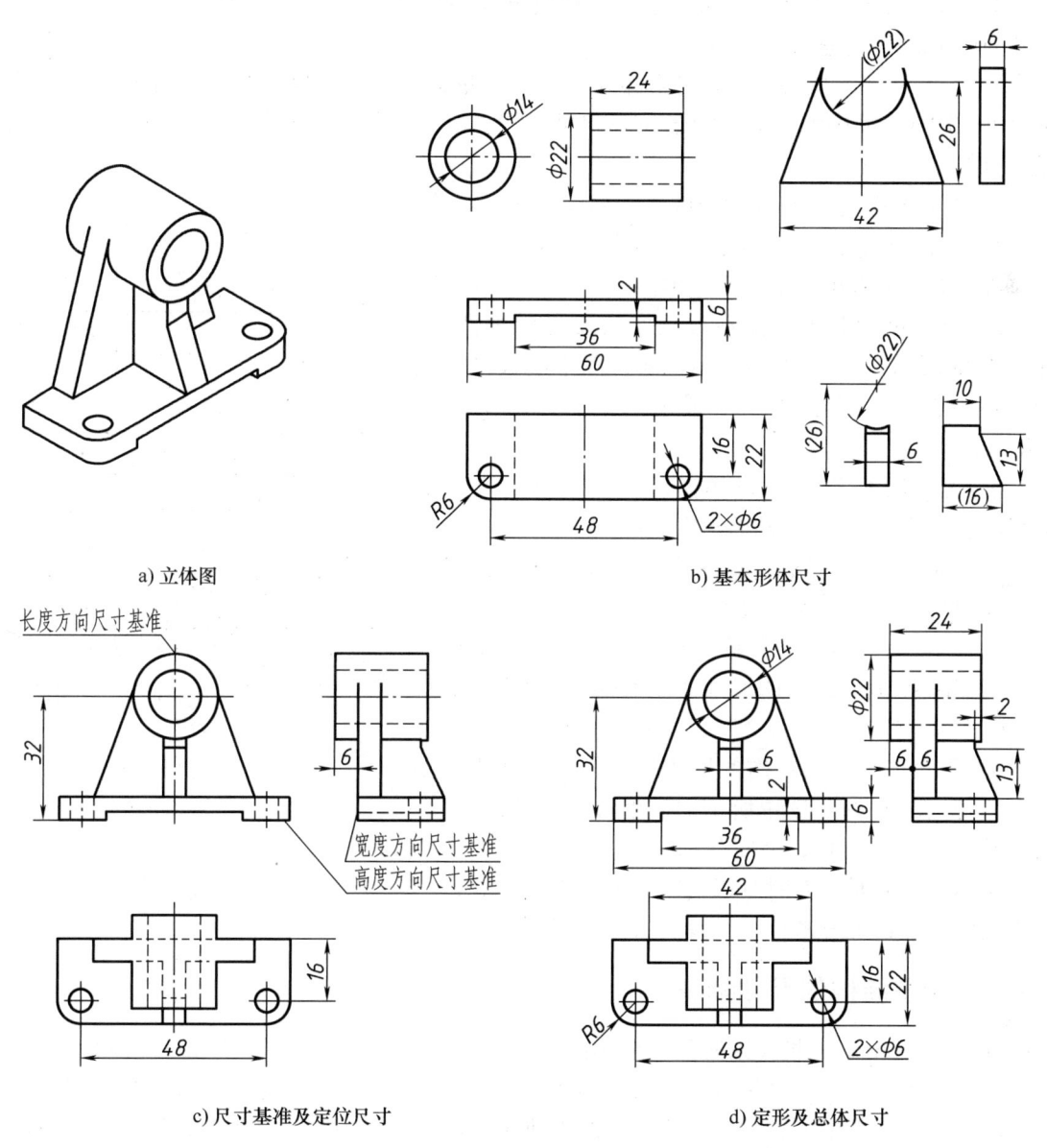

图 4-38 轴承座的尺寸标注

4)标注总体尺寸,并对已注尺寸作必要的调整。如图 4-38d 所示,总长尺寸就是底板的长度 60,总高尺寸和总宽尺寸是根据形体结构特点间接得到的,没有直接注出。

5)检查。按上述步骤注出尺寸后,依次检查各部分尺寸有无遗漏或重复。

4.4.5 标注组合体尺寸应注意的问题

标注组合体尺寸应注意的问题有以下几点:

1)为使图面清晰,应尽量将尺寸标注在视图外面。与两视图有关的尺寸,标注在两视图之间,如图 4-38d 所示。

2)每一尺寸只能标注一次,不应出现重复和多余尺寸。如图 4-38b 中标注了底板定形尺寸 60,轴承座的总长就不应再标注。

3)表示同一形体的定形尺寸和定位尺寸,尽量集中标注在反映其形状特征最清晰的视图上,如图 4-38d 中所示的套筒的定形尺寸 $\phi22$、24、定位尺寸 6 等集中标注在左视图中,便于查找。

4)要避免尺寸线与尺寸线或尺寸界线相交,为此,相互平行的尺寸应按大小顺序排列,小尺寸在内,大尺寸在外,如图 4-38d、图 4-39 所示。

5)半径尺寸必须标注在反映圆弧实形的视图上,如图 4-38 所示底板上的圆角半径 R6,图中底板虽有两个相同的圆角,但不必注出圆角的数目,即不能注成 2×R6。

6)为了便于读图,回转体的直径尺寸最好注在非圆视图上。应避免在同心圆较多的视图上标注过多的直径尺寸。如图 4-39 所示,圆柱及其阶梯孔的直径尺寸注在非圆视图上,减少读错尺寸的可能性。

7)对于组合体上的对称结构,常对称于基准标注尺寸,如图 4-38 中所示的尺寸 48,图 4-39 中所示的尺寸 74、56。

8)组合体上不同结构的形体尺寸要分别注出,不能互相替代,如图 4-39 中所示的高度方向上几个尺寸,尺寸数值虽然都是 11,但要分别注出。

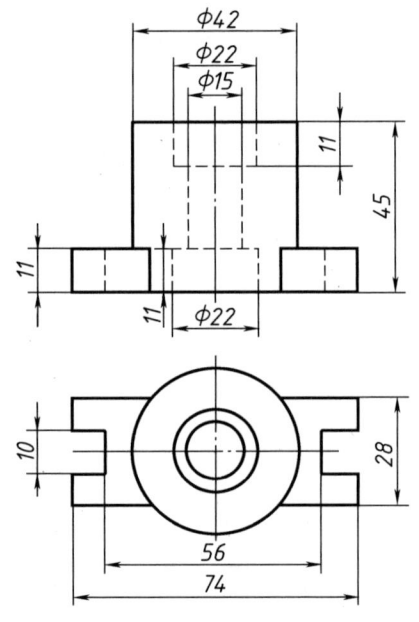

图 4-39 对称结构的尺寸标注

在标注尺寸时,有时难以同时兼顾以上各点,应该在保证正确、完整、清晰的前提下,根据具体情况,统筹考虑,合理安排。

4.4.6 典型结构的尺寸标注

图 4-40 列出了一些常见的基本形体的尺寸标注。为了读图方便,通常在反映形体特征的视图上集中标注两个坐标方向的尺寸,图 4-40f 中长方板四个圆角可能与四个小圆孔同轴也可能不同轴,无论哪种情况,都要如图中所示标注尺寸。只是当同轴时,注意尺寸数值不要发生矛盾。

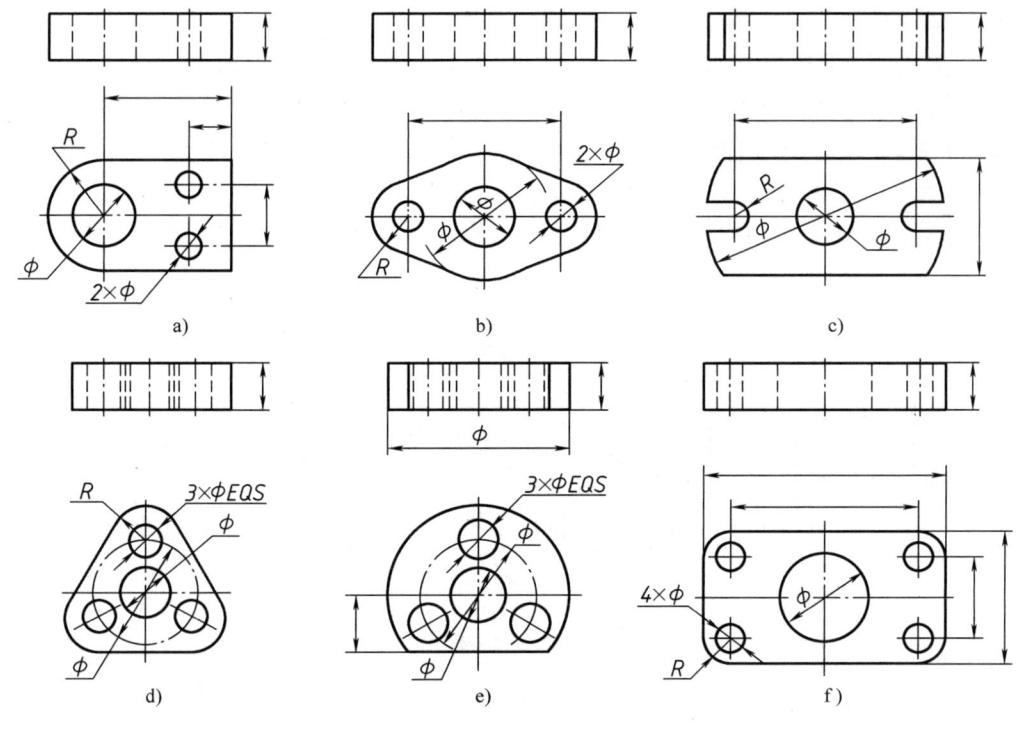

图 4-40 典型结构的尺寸标注

4.5 组合体的构形设计

组合体的构形设计是根据已知条件如结构要求、功能要求等,构思出组合体的形状和大小并用图形表达出来的设计过程。构形设计是工业产品设计的基础,它能把空间想象、形体构思和形体表达有机地结合起来,因此通过组合体构形设计的学习和训练,既能提高空间想象力和形象思维能力,又能提高画图、读图能力,培养创新意识和开发创造能力。

4.5.1 组合体构形设计原则和方法

1. 组合体构形设计原则

1) 应以基本立体为主。组合体构形设计的主要目的是培养学生利用基本立体构建组合体以及绘制视图的能力。组合体是工业产品的模型化,所以构形应尽可能体现工业产品或零部件的结构形状和功能要求;同时,为培养学生创造力和想象力,构形不需完全符合产品实际形状。如图 4-41 所示,该组合体基本上表现

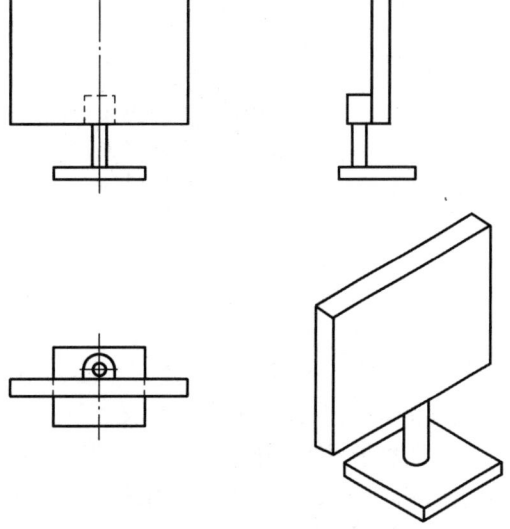

图 4-41 显示器构形

了一台显示器的外形,但并不要求所有细节都要展现。

2)应突出创新性。构形要力求新颖,敢于突破常规,如果构思出的组合体全是基本立体的简单叠加,即使数量很多,也不会有多少新颖性。如图 4-42 所示,要求按给定的俯视图(见图 4-42a)设计出组合体。图 4-42b 给出的方案均是由平面体构成,显得单调呆板;而图 4-42b 所示的方案则是由圆柱体挖切而成,表面也不完全是平面,形式活泼,构思更加新颖。开动脑筋,还可以构思多个组合体与给出的俯视图对应,请读者思考并用三视图表达清楚。

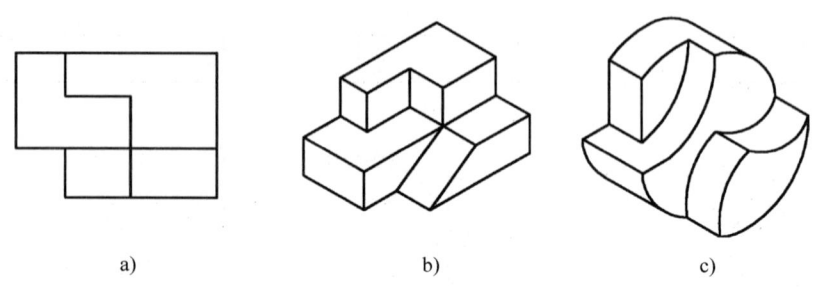

图 4-42 组合体的多种构形设计

3)应体现平衡、稳定、协调、美观等造型艺术法则。对称结构能使构形具有平衡、稳定的效果,如图 4-43a 所示。非对称的组合体构形也应当具备力学与视觉上的平衡感与稳定感,如图 4-43b 所示。

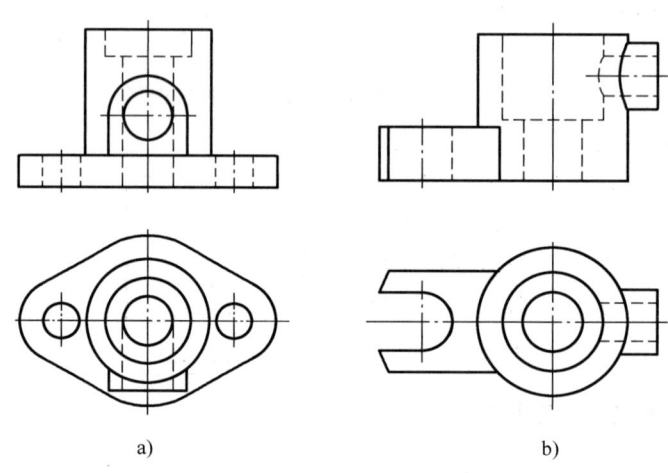

图 4-43 对称与非对称形体的构形设计

4)组合体各组成部分应连接牢固,不能出现点连接、线连接以及面连接。如图 4-44 所示,这样的构形没有实际工程意义,属于无效构形。

5)要便于成型 构形应尽量采用平面或回转面,没有特殊需要一般不用自由曲面,以便于绘图和标注尺寸。同时,封闭的内腔不便于成型,一般不要采用,如图 4-45 所示。

2. 构形设计方法

1)已知组合体的一个视图,通过组合体表面的位置或形状变化构思组合体。如以图 4-46a

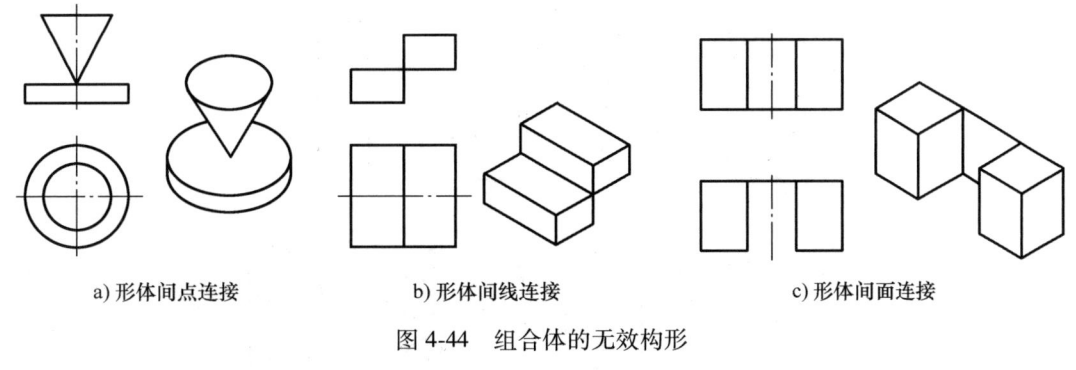

图 4-44 组合体的无效构形

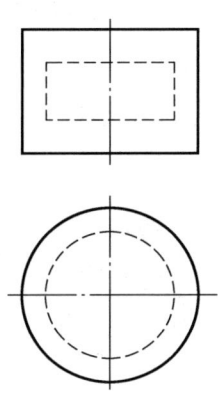

图 4-45 封闭内腔

为主视图，可对应图 4-46b～e 所示的多个不同组合体，还有很多种情况，请读者自行思考。

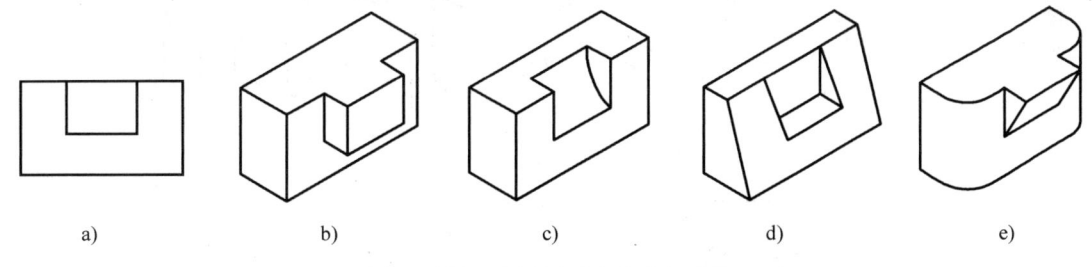

图 4-46 一个视图对应多个组合体

2）已知组合体的两个视图，通过视图的对应关系构思不同的组合体。图 4-47a 给出的主视图和俯视图并不能唯一地确定组合体的形状，所以在构形时就有了更广阔的想象空间，可构想出多个组合体，如图 4-47b～d 所示。

3）通过基本体和它们之间的组合方式构思组合体。运用叠加、挖切、复合等构形方式构造符合特定条件的组合体。如图 4-48a 所给的三个基本体，经过不同的组合设计可得到图 4-48b～e 所示的多个不同组合体。

图 4-49a 所给的七个基本形体，通过组合设计可得到图 4-49b 所示的组合体，读者可自行分析其构形过程。

a）　　b）　　c）　　d）

图 4-47　两个视图对应多个组合体

a)　　b)　　c)　　d)　　e)

图 4-48　组合设计（1）

a)

b)

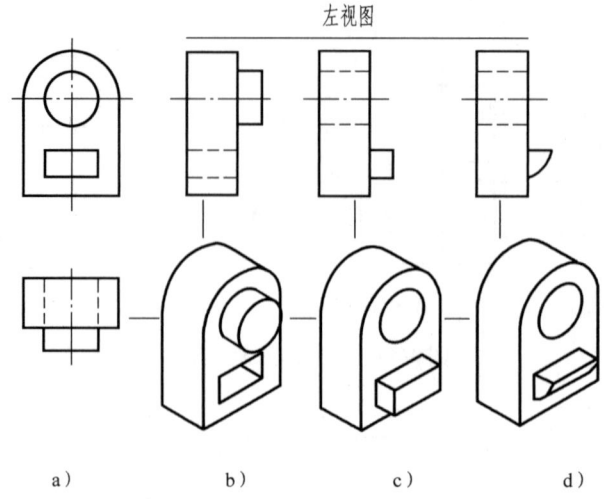

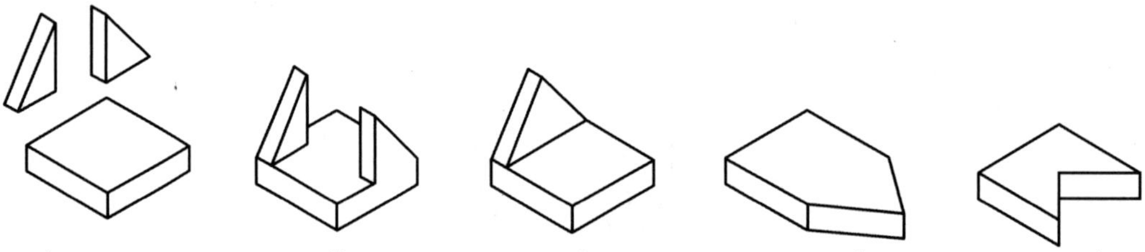

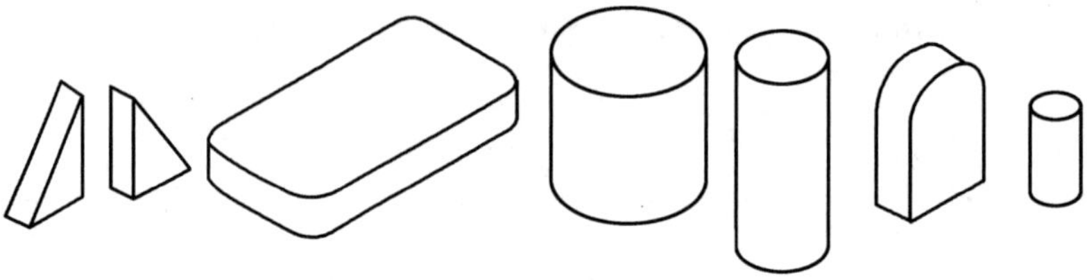

图 4-49　组合设计（2）

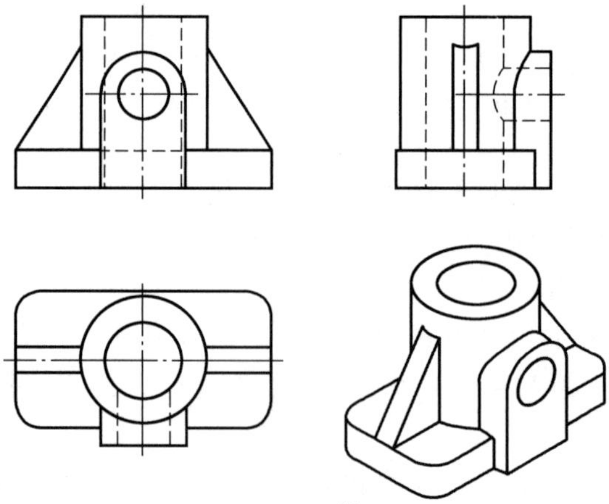

4）互补形体构形。根据已知形体，构思另一形体，使这两个形体能相互吻合成基本立体。如图 4-50 所示，图 4-50a 和图 4-50b 对应的两个形体能吻合成一个长方体。

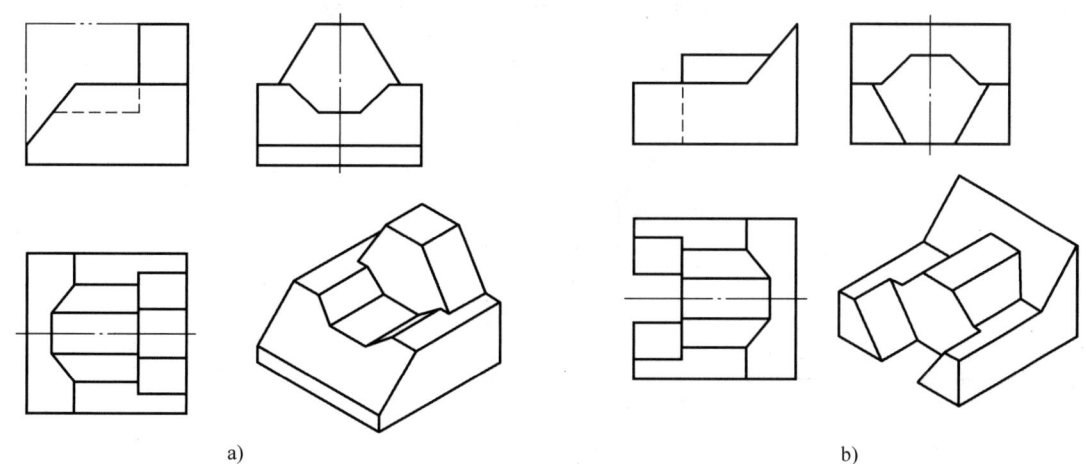

图 4-50 互补形体构形

构形设计能力的培养和提高，需要学生多观察、多分析实物或模型，仔细研究其组合形式、连接方式，而且对一些典型结构应当熟记下来，以备构形时灵活运用。

4.6 第三角画法简介

我国国家标准 GB/T 14692—2008《技术制图 投影法》规定，机件的图形按正投影法绘制，并优先采用第一角画法。必要时（如按合同规定等），允许使用第三角画法。

第一角投影法是将物体置于第一分角内，并使其处于观察者与投影面之间而得到的多面正投影方法，又称为第一角画法，简称 E 法，如图 4-51b 所示。采用第一角画法的国家有中国、俄罗斯、英国、法国、德国等。

第三角投影法是将物体置于第三分角内，并使投影面处于观察者与物体之间而得到的多面正投影方法，又称为第三角画法，简称 A 法，如图 4-51c 所示。采用第三角画法的国家有美国、日本、加拿大、澳大利亚等。

展开投影面时，也都是规定 V 面不动，分别把 H 面、W 面各自绕它们与 V 面的交线旋转到与 V 面成一个平面，如图 4-51b 和图 4-51c 所示。因此，各视图之间都分别保持对应的投影关系。

为了便于进行国际技术交流，本节通过第三角画法与第一角画法的比较，对第三角画法作简单介绍。

用第三角画法与第一角画法绘制的视图，它们的主要区别有两点：

1）视图的配置有所不同。采用第一角画法时，三视图的配置如图 4-51b 所示；采用第三角画法时，三视图的配置如图 4-51c 所示。

2）在视图中反映前、后关系有所不同。由于在采用第三角画法和第一角画法时，投影面之间的相对位置以及展开投影面的方向都有所不同，所以在三视图中反映所画机件的前、后关系也有所不同。如图 4-51 所示，俯视图的下方和右视图的左方，都表示机件的前面；俯视图的上方和右视图的右方，都表示机件的后方。概括地说，即在第一角画法中，远离主视图的方向为前方；在第三角画法中，远离主视图的方向为后方。

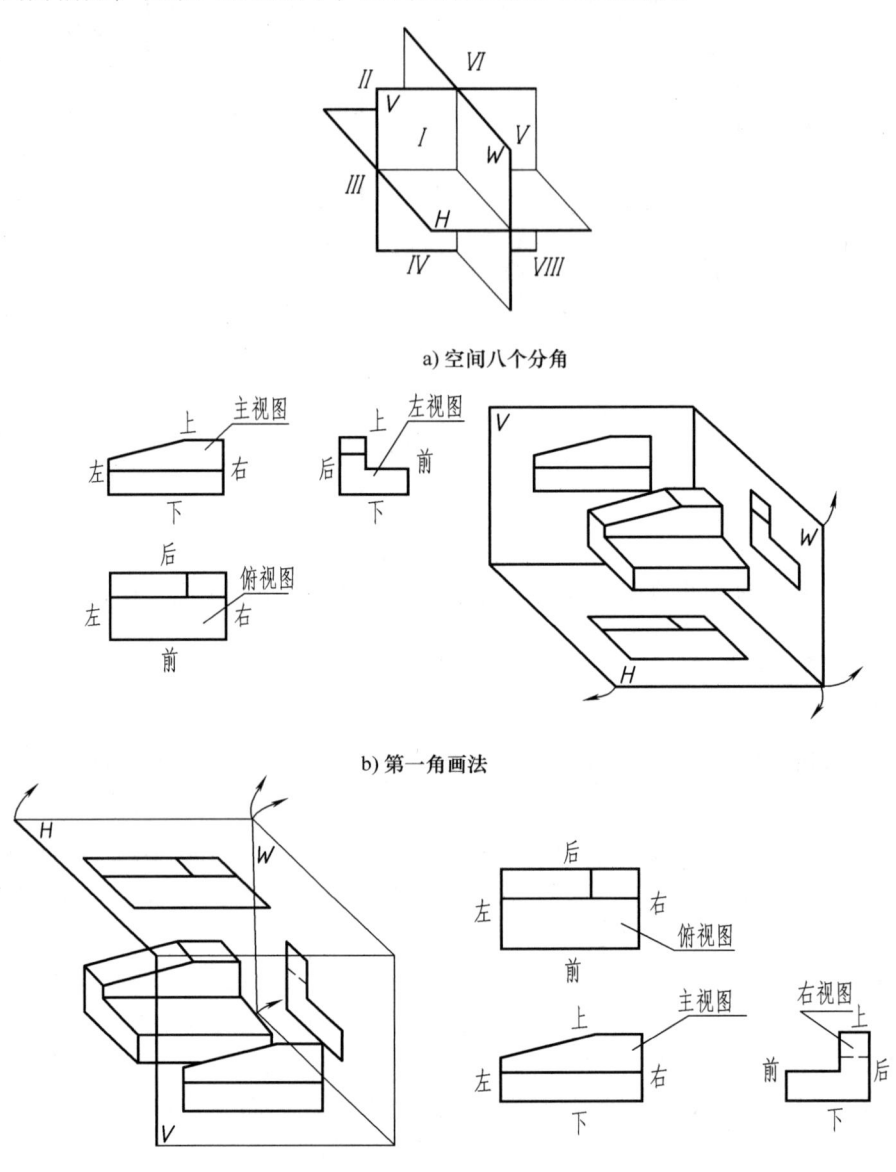

图 4-51 第三角画法与第一角画法比较

我国国家标准 GB/T14692—2008 规定了相应的投影识别符号，第一角画法的投影识别符号如图 4-52a 所示，第三角画法的投影识别符号如图 4-52b 所示。绘图时，应该在图样的标题栏内投影符号一栏中画出相应的投影识别符号。

以上仅介绍了第三角画法的基本概念，如果我们熟练掌握了第一角画法，就不难掌握第三角画法。

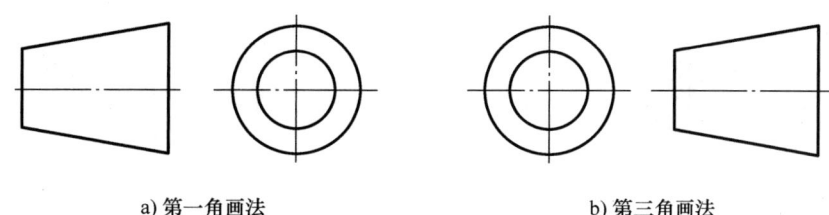

a) 第一角画法　　　　　　　　　b) 第三角画法

图 4-52　投影识别符号

实践与思考

1. 观察模型，用语言描述其构形方式，徒手画出三视图。
2. 测绘模型，按照画图方法和步骤完成模型三视图绘制，并标注尺寸。
3. 观察机械零件，分析其基本体的组合方式。
4. 遵循组合体构形设计原则，利用不同的构形设计方法构思组合体，画出其三视图并标注尺寸。

第 5 章
轴 测 图

主要内容

1. 正等轴测图的画法。
2. 斜二等轴测图的画法。

用正投影法绘制的物体的多面正投影图能够准确地表达物体的形状,且度量性好,但其直观性较差,如图 5-1 所示的 H 面和 V 面投影图。**轴测投影图是将物体连同其参考直角坐标系,沿不平行于任一坐标面的方向,用平行投影法将其投射在单一投影面上所得的图形**,如图 5-1 所示的平面 P 上的投影图,直观性好,且有较强的立体感。由于轴测图作图较麻烦,度量性差,主要用

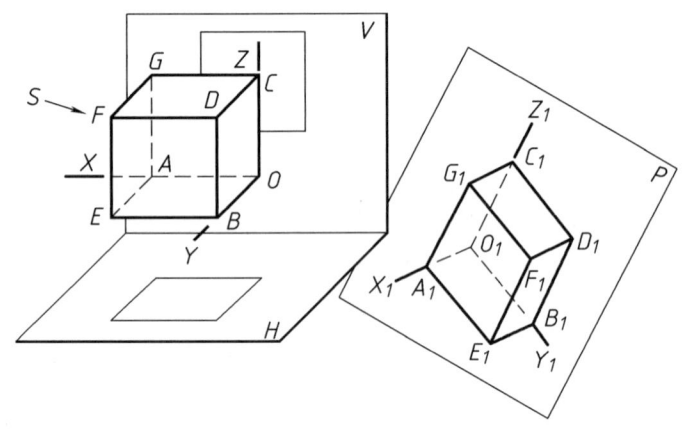

图 5-1 多面视图与轴测图的比较

于广告和三维设计,有时在生产中作为辅助图样。三维设计扩展了轴测图的应用空间。

5.1 轴测图的基本知识

在图 5-1 中,S 为投射方向,投影面 P 为轴测投影面;称空间直角坐标系的三条坐标轴 OX、OY、OZ 的轴测投影 O_1X_1、O_1Y_1、O_1Z_1 为轴测轴;称轴测轴之间的夹角,即 $\angle X_1O_1Z_1$、$\angle X_1O_1Y_1$、$\angle Y_1O_1Z_1$ 为轴间角;称轴测轴上单位长度与相应投影轴上的单位长度的比值为轴向伸缩系数,X、Y、Z 轴的轴向伸缩系数分别用 p_1、q_1、r_1 表示,即 $p_1 = O_1A_1/OA$,$q_1 = O_1B_1/OB$,$r_1 = O_1C_1/OC$。

轴测投影作为平行投影,具有平行投影的投影特性,作轴测图时要特别注意以下三个特性:

(1) 平行性　空间相互平行的直线，它们的轴测投影仍互相平行。因此，物体上平行于三条坐标轴的线段的轴测投影，仍与相应的轴测轴平行。如图5-1所示，$BE /\!/ DF /\!/ OX$，则 $B_1E_1 /\!/ D_1F_1 /\!/ O_1X_1$。

(2) 定比性　物体上平行于坐标轴的线段的轴测投影与原线段实长之比，等于相应的轴向伸缩系数。如图5-1所示，$B_1E_1/BE = D_1F_1/DF = p_1$。

(3) 实形性　物体上平行于轴测投影面的直线或平面图形，在轴测图上反映实长或实形。

投射方向垂直于轴测投影面时，所得到的轴测图称为正轴测图。投射方向倾斜于轴测投影面时，所得到的轴测图称为斜轴测图。国家标准《机械制图》（GB/T 4458.3—2013）规定，一般采用下列3种轴测图：

(1) 正等轴测图　投射方向垂直轴测投影面，且 $p_1 = q_1 = r_1$。
(2) 正二等轴测图　投射方向垂直轴测投影面，且 $p_1 = r_1 = 2q_1$。
(3) 斜二等轴测图　投射方向倾斜于轴测投影面，且 $p_1 = r_1 = 2q_1$。

由于生产中使用最多的是正等轴测图和斜二等轴测图，故本章只介绍这两种轴测图。

5.2　轴测图的画法

5.2.1　轴测图的基本画法

画轴测图的基本方法是坐标法。先根据物体形状的特点，确定恰当的坐标系，选定相应的轴测轴，再按物体上各直线段顶点的坐标画出它们的轴测图，然后连接相应的顶点得到各直线段的轴测图。对于曲线来讲，要先画出曲线上适当数量的点的轴测图，再顺次连接成曲线。轴测图中可见轮廓线用粗实线绘制，不可见轮廓线用细虚线绘制或省略不画。

5.2.2　正等轴测图及斜二等轴测图的比较

1. 正等轴测图和斜二等轴测图的主要区别

正等轴测图和斜二等轴测图的比较见表5-1。

表5-1　正等轴测图及斜二等轴测图的比较

比较项目	正等轴测图	斜二等轴测图
轴测投影面	与三个坐标面夹角相等	平行于一个坐标面（以下以平行于XOZ坐标面为例）
轴间角	120°、120°、120°（X_1、Y_1 与水平方向夹角为30°）	90°、135°、135°（Y_1 与水平方向夹角为45°）

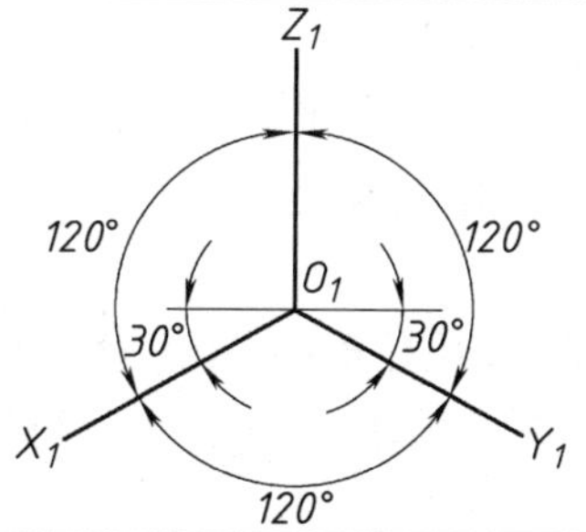

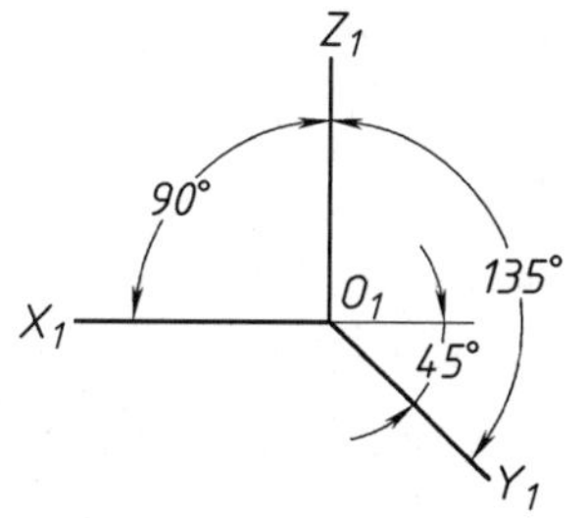

(续)

比较项目	正等轴测图	斜二等轴测图
轴向伸缩系数	$p_1=q_1=r_1=0.82$,为作图方便,采用简化轴向伸缩系数 $p_1=q_1=r_1=1$,所画轴测图放大了 $1/0.82 \approx 1.22$ 倍; 沿三个轴测轴方向可按 $1:1$ 度量	$p_1=r_1=2q_1=1$; 沿 X_1、Z_1 轴测轴方向可按 $1:1$ 度量
平行于各坐标面的圆的轴测图	坐标面对轴测投影面都倾斜,平行于三个坐标面的圆的轴测图都是椭圆。三个椭圆的形状和大小是一样的,但长、短轴方向各不相同。各椭圆的短轴方向与相应的轴测轴一致,各椭圆长轴则垂直于该轴测轴	平行于 XOZ 坐标面的圆仍是圆。平行于 XOY、YOZ 坐标平面的圆为椭圆,形状相同,但长、短轴方向各不相同。椭圆长轴分别与 X_1 轴或 Z_1 轴倾斜 $7°10'$。 椭圆长轴 $=1.06d$,短轴 $=0.33d$

2. 平行于坐标平面的圆的正等轴测图的画法

以平行于 XOY 坐标平面的圆的正等轴测图为例,椭圆可用四段圆弧连成近似椭圆,画法如图 5-2 所示。

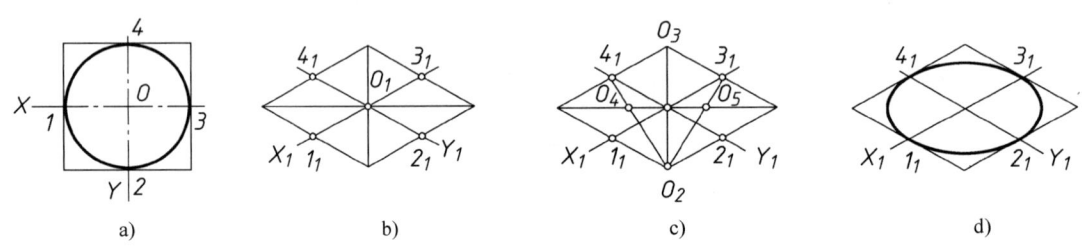

图 5-2 平行于 XOY 坐标平面的圆的正等轴测图

作图过程:

1)确定坐标系,画圆的外切正方形。如图 5-2a 所示,过圆心 O 作坐标轴 OX、OY,再作四边平行于坐标轴的圆外切正方形,切点为 1、2、3、4。

2)作圆外切正方形的轴测图。如图 5-2b 所示,由 O_1 作轴测轴 O_1X_1、O_1Y_1,从点 O_1 沿轴向按半径量得切点 1_1、2_1、3_1、4_1,通过这些点作轴测轴的平行线,得圆外切正方形的轴测图为菱形,作出对角线。

3)找四段圆弧的圆心。如图 5-2 所示,菱形短对角线端点为 O_2、O_3,连接 O_23_1、O_24_1,它们分别垂直于菱形的相应边,并交菱形长对角线于 O_4、O_5,得四个圆心 O_2、O_3、O_4、O_5。

4）四心法画圆弧。如图5-2d所示，以点 O_2、O_3、O_4、O_5 为圆心，点 1_1、2_1、3_1、4_1 为圆弧连接点，画出四段圆弧，光滑连成近似椭圆。

应用这种四心法近似画椭圆所画出的轴测图误差较大，但作图方便。在要求准确作出椭圆的情况下，要应用找点法，光滑连接各点，得到椭圆。

由平行于坐标平面的圆的正等轴测图的画法可得轴线平行于坐标轴的圆柱的正等轴测图，如图5-3所示。

提示：另一圆形端面的轴测图仍为椭圆，作图过程中，绘制椭圆所需要的关键点可通过沿轴线方向平移的办法得到。

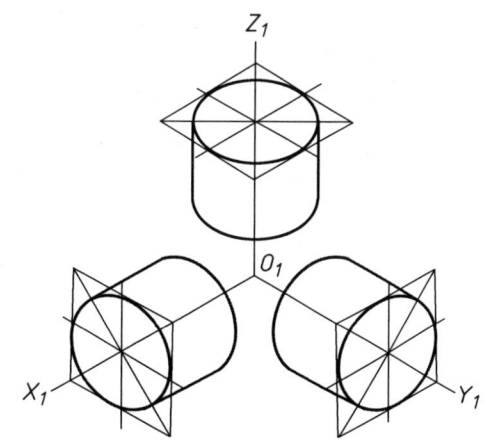

图5-3　轴线平行于坐标轴的圆柱的正等轴测图

由平行于坐标平面的圆的正等轴测图的画法可以看出：菱形的钝角与大圆弧相对，锐角与小圆弧相对，菱形相邻两条边的中垂线的交点就是圆心。由此可以得出平板上圆角的正等轴测图的近似画法，如图5-4所示。

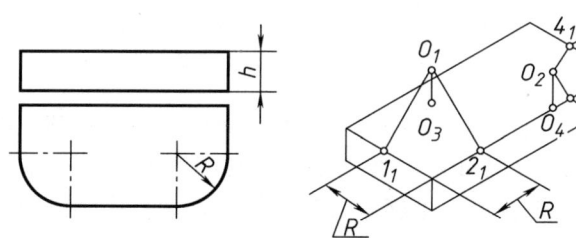 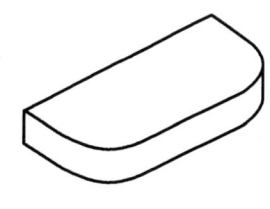

a) 已知平板　　b) 由角顶在两条夹边上量取圆角半径得切点 1_1、2_1、3_1、4_1，过切点作相应边的垂线，交点 O_1、O_2 即为上表面的两圆心。从 O_1、O_2 向下量取板厚 h，即得下底面的对应圆心 O_3、O_4　　c) 以 O_1、O_2、O_3、O_4 为圆心，由圆心到切点的距离为半径画圆弧，作两小圆弧的外公切线，即画成两圆角的正等测图

图5-4　圆角正等轴测图

3. 平行于坐标平面的圆的斜二等轴测图的画法

以平行于 XOY 坐标平面的圆的斜二等轴测图为例，椭圆画法如图5-5所示。图中椭圆也是用四心法确定的四段圆弧连成的近似椭圆，所画出的圆的轴测图误差较大，但作图方便，在要求准确作出椭圆的情况下，也要应用找点法，光滑地连接各点，得到椭圆。

作图过程：

1）确定坐标系，画圆的外切正方形。如图5-2a所示，由 O 作坐标轴 OX、OY，再作四边平行于坐标轴的圆外切正方形，切点为1、2、3、4。

2）作圆外切正方形的轴测图（为作图清晰，将该图放大1.4倍）。如图5-5a所示，由 O_1 作轴测轴 O_1X_1、O_1Y_1，从点 O_1 沿 O_1X_1 轴方向按半径量得切点 1_1、3_1，从点 O_1 沿 O_1Y_1 轴方向按半径一半量得切点 2_1、4_1，通过这些点作轴测轴的平行线，得圆外接正方形的斜二测图形，为平行四边形。作 A_1B_1 与 O_1X_1 投影轴成 $7°10'$，即为长轴方向，作 C_1D_1 垂直于 A_1B_1，C_1D_1 为短轴方向。

3）找四段圆弧的圆心。如图5-5b所示，在短轴上取$O_1 5_1 = O_1 6_1 = d$（圆的直径），连接$5_1 3_1$交长轴于7_1，连接$6_1 1_1$交长轴于8_1。5_1、6_1、7_1、8_1为四段圆弧的圆心。

4）四心法画圆弧。如图5-5c所示，找出1_1关于$A_1 B_1$的对称点10_1，3_1关于$A_1 B_1$的对称点9_1，1_1、3_1、9_1、10_1为四段圆弧的连接点，画出四段圆弧，光滑地连成近似椭圆。

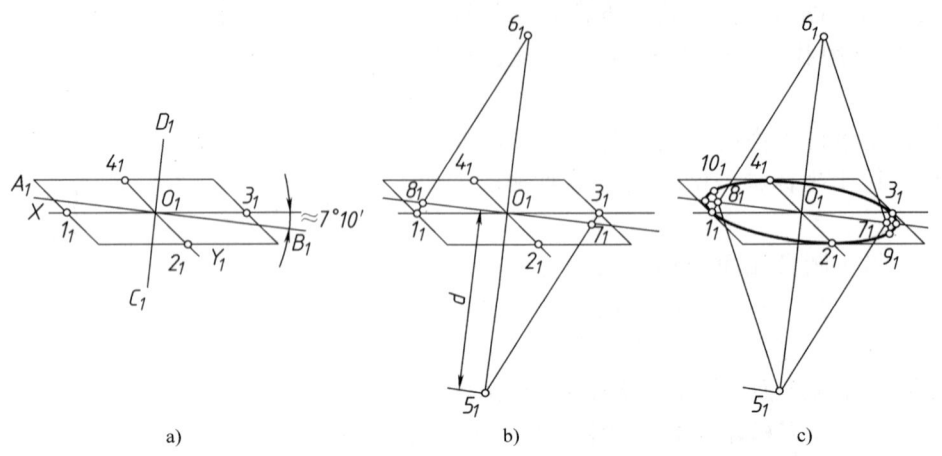

图 5-5　平行于 XOY 坐标平面的圆的斜二等轴测图

5.2.3　轴测图实例

物体结构形状不同，所适合的轴测图不尽相同。合理选择轴测图表达方案，有利于简化作图过程。由正等轴测图和斜二等轴测图的特点可见，当物体表面有圆或表面形状很复杂时，如果这些表面能够平行于轴测投影面，则投影面上能够反映实形，直观且作图简单。选择轴测图表达方案时，读者应谨慎考虑。

当物体在平行于某一投影面的方向上形状较复杂或有圆，而其他方向形状较简单且无圆时，采用斜二轴测画图就比较方便。如图5-6a所示支座，平行于 XOY 坐标面的表面上有圆，采用平行于 XOY 坐标面的平面作为轴测投影面，画斜二等轴测图如图5-6c所示，作图过程会比较简单；而图5-6b中圆的正等轴测图为椭圆，作图比较麻烦。

由于正等测图中各个方向的椭圆画法比斜二等轴测图简单，所以当机件两个或三个方向上都有圆时，采用正等轴测画图较为适宜。

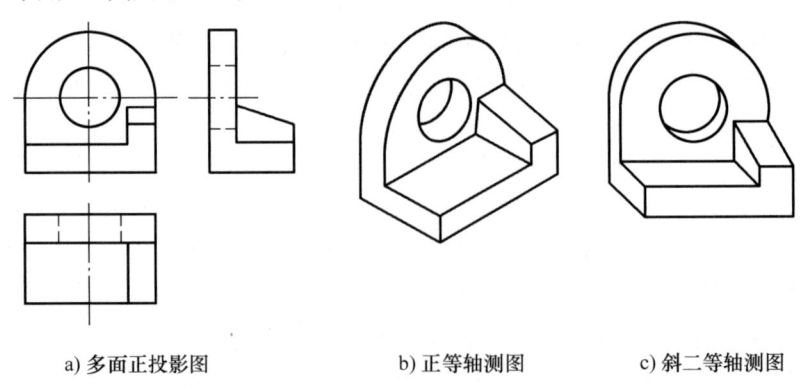

a) 多面正投影图　　　b) 正等轴测图　　　c) 斜二等轴测图

图 5-6　支座

【例 5-1】 已知图 5-7a 所示的直立六棱柱，求作其轴测图。

解：直立六棱柱为平面立体，棱线均为直线段，采用坐标法求出各顶点的轴测图，即可进一步得到其轴测图。绘制正等轴测图和轴测投影面平行于 XOY 坐标面的斜二等轴测图均可，难易程度相当。正等轴测图的作图步骤如下：

1) 选择顶面中心 O 为坐标原点，并确定坐标轴，如图 5-7a 所示。

2) 画出轴测轴，在 O_1X_1 轴上截取 $O_11_1 = O_14_1 = a/2$，得 1_1、4_1 两点。同样用坐标定点法作出顶面 2_1、3_1、5_1、6_1 各点，如图 5-7b 所示。

3) 连接相应各点，画出顶面的正等轴测图。再根据 h 作出底面可见点的正等测 7_1、8_1、9_1、10_1，如图 5-7c 所示。

4) 连接相应各可见点，擦去多余的作图线，加深图线，即完成正六棱柱的正等轴测图，如图 5-7d 所示。

请读者根据作正等轴测图的作图过程，作出该直立六棱柱的斜二等轴测图。

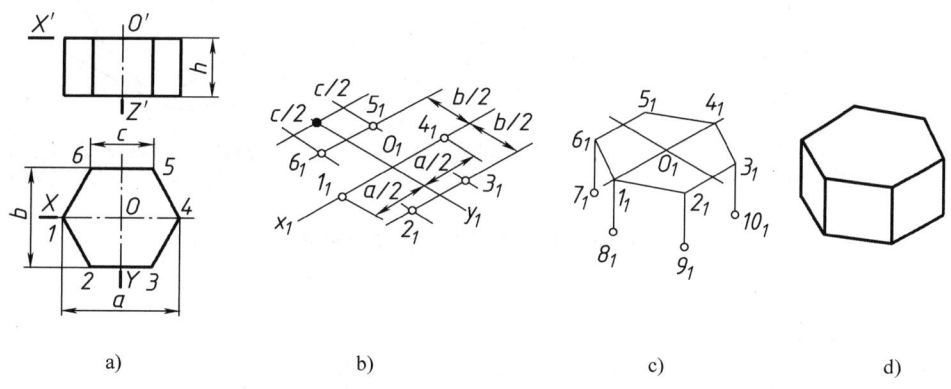

图 5-7 作六棱柱的正等测图

【例 5-2】 绘出图 5-8a 所示不完整圆柱的正等轴测图。

解：作图步骤如图 5-8 所示。

【例 5-3】 绘出图 5-9a 所示不完整圆柱的斜二等轴测图。

解：由于圆平行于 YOZ 坐标面，选取轴测投影面平行于 YOZ 坐标面，X 方向轴向伸缩系数 $p_1 = 0.5$，Y、Z 方向轴向伸缩系数 $q_1 = r_1 = 1$。作图步骤如图 5-9 所示。与【例 5-2】正等轴测图比较，斜二等轴测图在这种情况下作图更简单。

【例 5-4】 作图 5-10a 所示两相交圆柱的轴测图。

解：由于立体两个方向上都有圆，适合采用正等轴测图表达。相贯线上的点需要利用坐标法求出。作图步骤如图 5-10 所示。

【例 5-5】 求作如图 5-11a 所示同轴圆柱的轴测图。

解：该立体为同轴两圆柱叠加的情况，结构简单，圆只平行于 XOZ 坐标面，选择平行于 XOZ 坐标面的平面作为轴测投影面，绘制斜二等轴测图。作图步骤如下：

1) 确定直角坐标系如图 5-11a 所示。
2) 画轴测轴及各端面圆圆心，如图 5-11b 所示。
3) 画各端面圆，如图 5-11c 所示。
4) 作圆公切线，擦掉多余图线，加深，完成全图，如图 5-11d 所示。

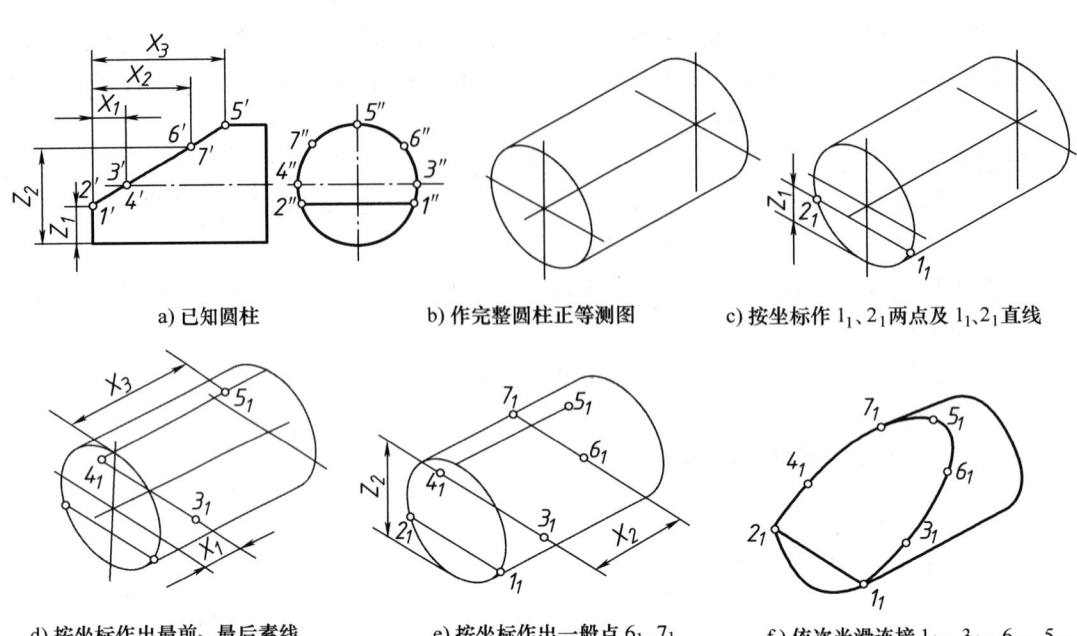

图 5-8 不完整圆柱的正等轴测图

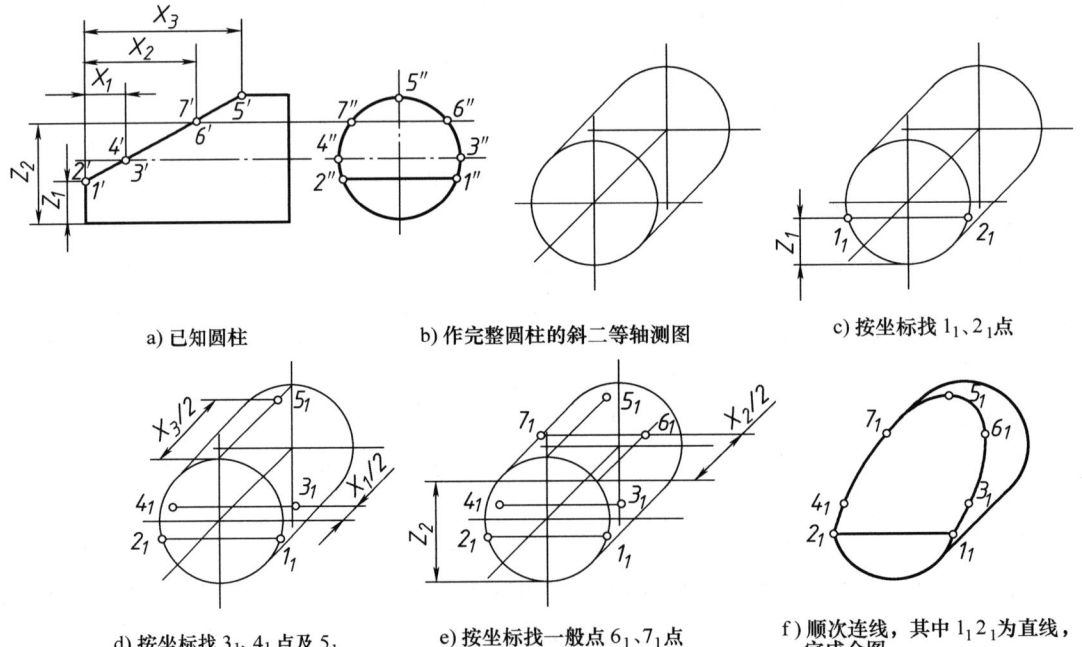

图 5-9 不完整圆柱的斜二等轴测图

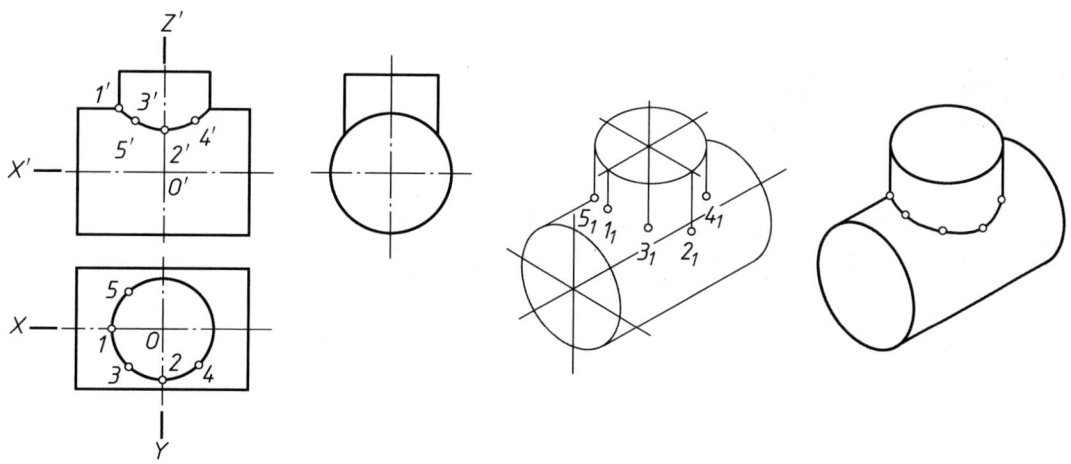

a) 两相交圆柱　　　b) 画出相交两圆柱的主要轮廓，按坐标作出点 1_1、2_1、3_1、4_1、5_1　　　c) 连接相贯线上各点的正等测图，加深图线，完成全图

图 5-10　画两相交圆柱的正等轴测图

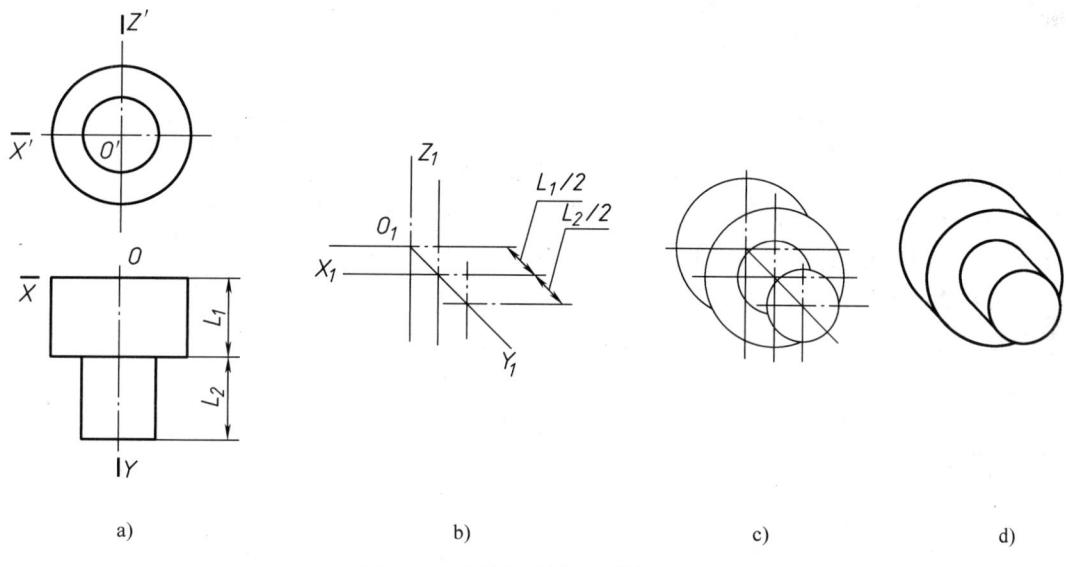

a)　　　b)　　　c)　　　d)

图 5-11　同轴圆柱斜二等轴测图

实践与思考

1. 体会正等轴测图和斜二等轴测图的投射方向相对于原直角坐标系分别处于什么方向。
2. 观察简单立体，根据立体形体特点，选择适宜的轴测图进行表达。
3. 用所学基本平面立体和回转体，构思不同的组合体，并徒手绘制适合的轴测图。

第 6 章

机件常用的表达方法

主要内容

1. 视图的种类、画法及标注。
2. 剖视图的种类、画法、标注及剖切面的形式。
3. 断面图的种类、画法及标注。
4. 局部放大图及简化表示法。

由于使用要求不同,机件的结构形状是多种多样的。当机件的形状和结构比较复杂时,仅采用前面所讲的两个视图或三个视图就难以将其内外形状准确、完整、清晰地表达出来。为此,国家标准《技术制图》(GB/T 17451—1998、GB/T 14692—2008、GB/T 17452—1998、GB/T 17453—2005、GB/T16675.1—2012)和《机械制图》(GB/T 4458.1—2002、GB/T 4458.6—2002)中,规定了机件的各种表达方法,包括视图、剖视图和断面图、局部放大图及简化表示法等。本章着重讲述机件常用的表达方法,以便根据机件的具体结构形状,采用合适的表达方法准确、完整、清晰地对机件的结构形状进行表达。

6.1 视图

视图主要用来表达机件的外部结构形状。视图分为:基本视图、向视图、局部视图和斜视图。

6.1.1 基本视图

根据国标规定,在原有三个投影面的基础上,再增设三个投影面,组成一个正六面体,六面体的六个面称为基本投影面,机件在基本投影面上的投影称为基本视图。除已介绍过的三个视图以外,还有右视图(由右向左投射所得到的视图)、仰视图(由下向上投射所得到的视图)、后视图(由后向前投射所得到的视图),如图 6-1 所示。

1. 基本投影面的展开和基本视图的配置

六个投影面在展开时,仍然保持正立投影面不动,其他各个投影面展开到与正立投影面共面的位置上,如图 6-1 所示,展开后各基本视图的配置关系如图 6-2 所示。在同一张图纸内，按图 6-2 配置视图时，一律不标注视图的名称。

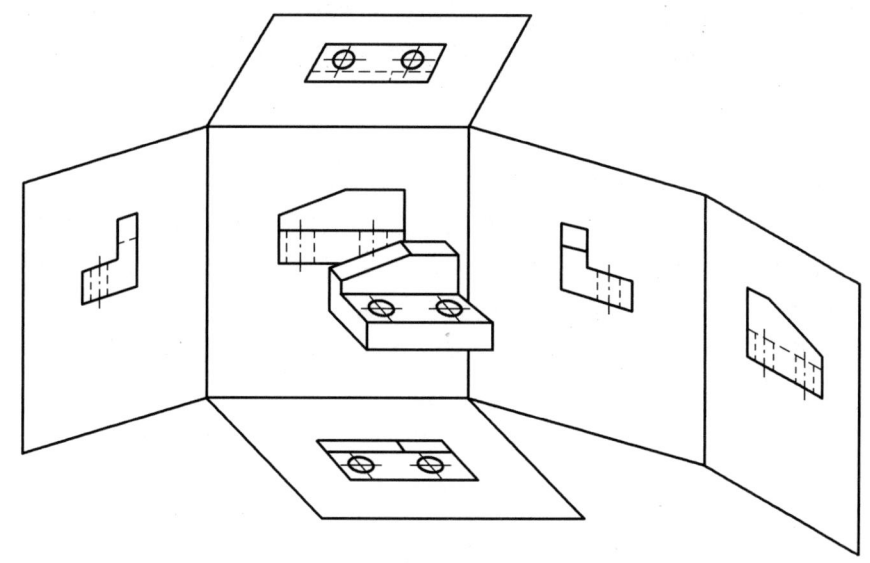

图 6-1 六个基本投影面及其展开

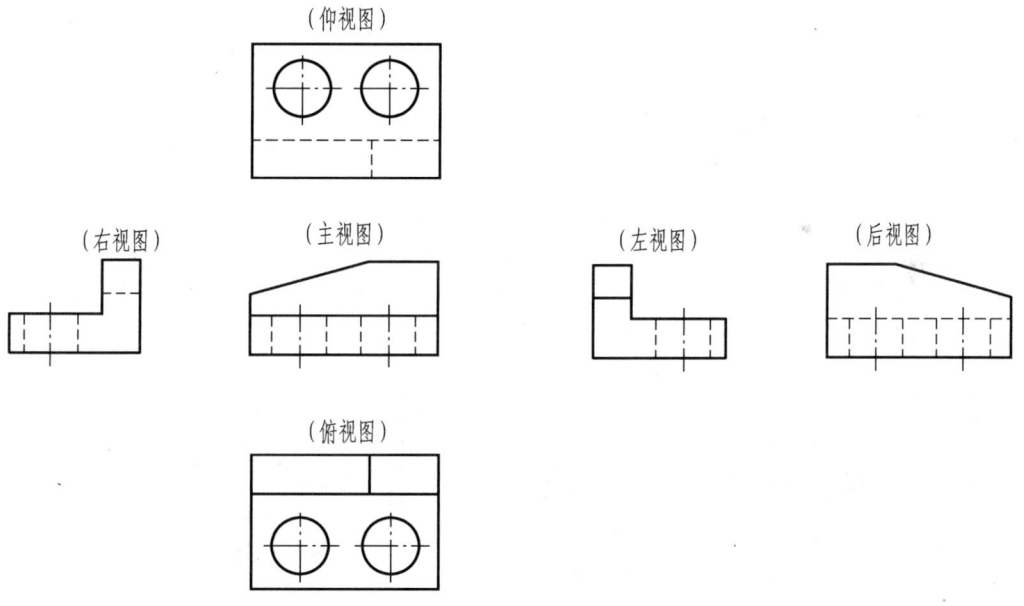

图 6-2 六个基本视图的配置

2. 基本视图的投影规律及位置对应关系

三视图的投影规律对六个基本视图仍然适用。

1）六个基本视图的度量对应关系，仍保持长对正、高平齐、宽相等。即主视图、俯视图、仰视图长对正并与后视图长相等；主视图、左视图、右视图、后视图高平齐；左视图、右视图、俯视图、仰视图宽相等。

2）六个基本视图的位置对应关系是：主、左、右、后四个视图的上、下与机件的上、下是相对应的；主、俯、仰三个视图的左、右与机件的左、右是相对应的，而后视图的左侧表示的是机件的右侧，后视图的右侧表示的是机件的左侧；俯、左、右、仰视图远离主视图的一侧表示的是机件的前面，而它们靠近主视图的一侧则表示机件的后面。

6.1.2　向视图

六个基本视图中的某个视图如果不能按图 6-2 配置时，可采用向视图。向视图是基本视图自由配置得到的视图，画向视图时应在视图上方标出视图名称，用大写拉丁字母"×"表示，在相应的视图附近，用箭头指明投射方向，并注上同样的大写拉丁字母"×"，如图 6-3 所示。注意：向视图是某个基本视图自由配置在其他位置得到的视图，不能只画部分结构，必须完整地画出投射所得图形；向视图与对应的基本视图对应，基本视图只能自由地平移到其他位置，不允许进行旋转。

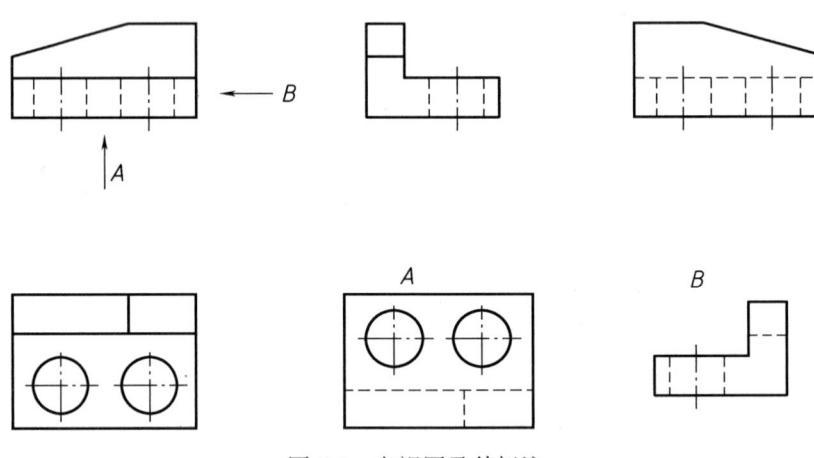

图 6-3　向视图及其标注

选用恰当的基本视图和向视图，可以较清晰地表达机件的形状。图 6-4 中选用了主、左、右三个视图来表达机件的主体和左、右凸缘的形状（图中省略了不必要的细虚线）。

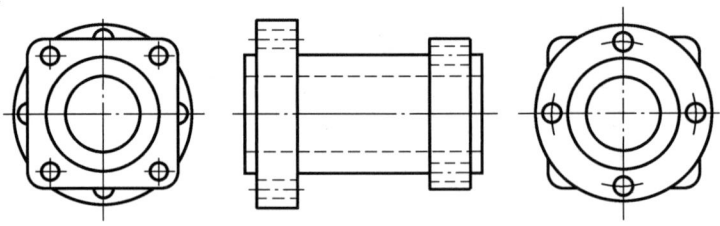

图 6-4　基本视图的选用

6.1.3　局部视图

当机件的某一局部形状没有表达清楚，而又没有必要用一完整基本视图表达时，可单独将这一部分向基本投影面投射，得到基本视图的一部分。将机件的某一部分向基本投影面投射所得到的视图，称为局部视图。采用局部视图不仅可以减少基本视图的数目，使视图表达重点突出，还能避免结构的重复表达，简化作图。如图 6-5 所示，机件左右两侧的凸台只通过主、俯视图表达不够清晰，又没有必要画出完整的左视图和右视图来表达凸台的形状特征，左侧沿 A 方向将左视图画成局部视图 A，用图 6-5a 方案或图 6-5b 方案均可，右侧沿 B 方向将右视图画成局部视图 B，绘图简单且重点突出。

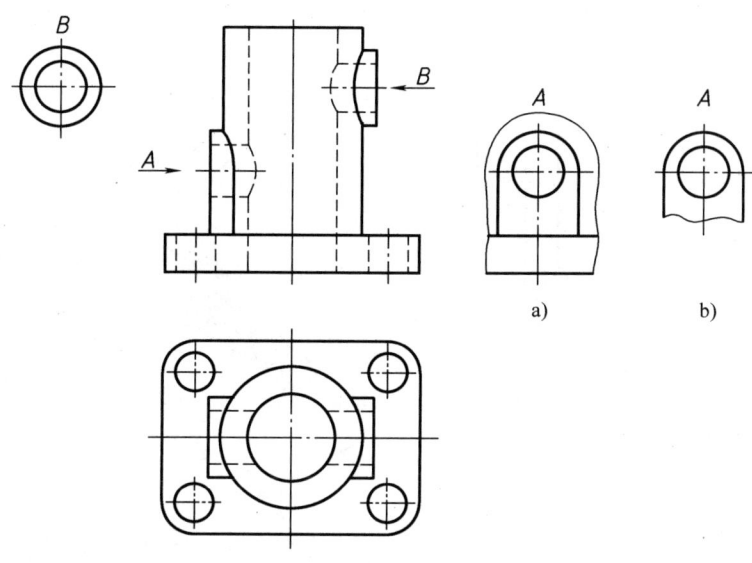

图 6-5　局部视图的画法

局部视图的画法和标注规定如下：

1）局部视图的断裂边界应用波浪线或双折线表示。用波浪线代表机件的断裂边界时，所选择断裂边界不同，图形将发生相应变化，如图 6-5 中左侧凸台所画的局部视图：图 6-5a 方案和图 6-5b 方案，由于断裂边界位置不同，图形不尽相同。当所表达的局部结构是完整的，且外轮廓线又自成封闭时，波浪线或双折线可省略不画，如图 6-5 中的 B 方向局部视图所示。注意：波浪线不应与机件的轮廓线重合或在轮廓线的延长线上；波浪线代表机件的断裂边界，没有断裂边界的地方不应画波浪线。

2）局部视图一般按投影关系配置，必要时也可配置在其他适当位置。当局部视图按投影关系配置，之间又无其他视图隔开时，可省略标注，如图 6-5 中表示凸台形状特征的局部视图可省略视图标注；当局部视图不按投影关系配置时，需进行标注，标注方法与向视图的标注方法相同。

6.1.4　斜视图

图 6-6a 为压紧杆的三视图，由于压紧杆的左下部分对 H 和 W 面都是倾斜的，俯视图和左视图都不反映它的形状特征，表达不清楚，看图不方便，且作图过程比较困难。为清晰地表达压紧杆的倾斜结构，可以如图 6-6b 所示，增设一个平行于倾斜结构的正垂面 H_1 作为新投影面，然后将倾斜结构沿垂直于新投影面的方向 A 作投射，从而得到反映倾斜结构形状特征的视图 A。机件向不平行于任何基本投影面的平面投射所得的视图称为斜视图。斜视图的主要作用是反映倾斜部分的形状特征并简化作图。对于压紧杆，有了主视图和斜视图 A，可将俯视图改为局部视图，再增加从右向左投射的局部视图 B 反映右侧 U 形凸台的形状特征，

可去掉左视图，如图 6-7 所示，使视图表达重点突出，还降低了作图难度。在图 6-7 中局部视图 B 所表达的 U 形凸台结构是完整的，且外轮廓线又自成封闭，其外围的断裂线对应的波浪线或双折线被省略。C 向视图画成局部视图的俯视图在图 6-7a 中与主视图被斜视图 A 隔开，需要标注，而在图 6-7b 中与主视图按投影关系配置且不被其他图形隔开，可省略标注。

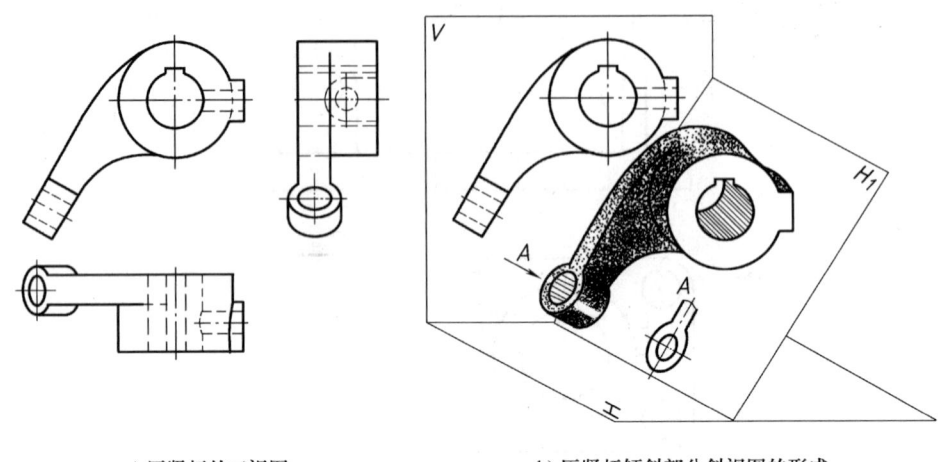

a) 压紧杆的三视图　　　　　　b) 压紧杆倾斜部分斜视图的形成

图 6-6　压紧杆的三视图及斜视图的形成

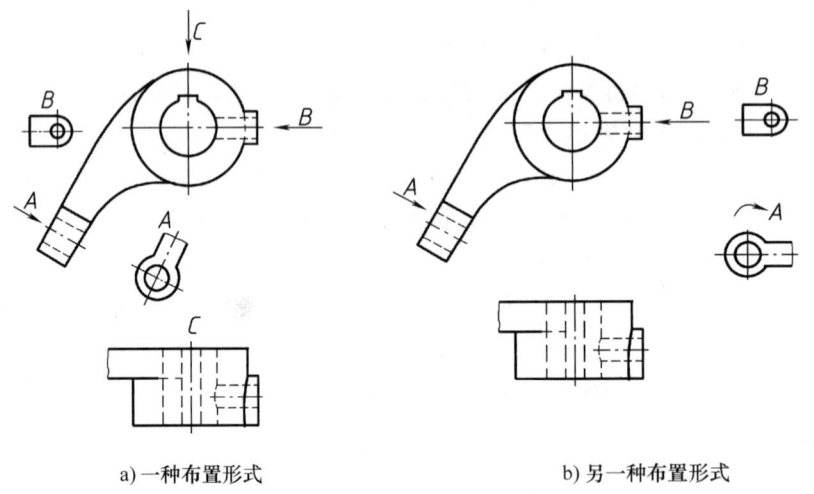

a) 一种布置形式　　　　　　b) 另一种布置形式

图 6-7　压紧杆的斜视图及局部视图

斜视图的画法和标注规定如下：

1）斜视图一般只需表达机件倾斜部分的形状，不必画出其他部分的投影，倾斜结构的断裂边界用波浪线或双折线表示，如图 6-7 中的斜视图 A 及图 6-8 中的斜视图 A。当所表达的局部结构是完整的，且外轮廓线又自成封闭时，波浪线或双折线可省略不画。

2）斜视图必须进行标注，在斜视图上方标注用大写拉丁字母表示的视图名称"×"，在相应视图附近用箭头指明投射方向，并注写相同的字母。要注意，注写的字母必须水平书写，如图 6-7a 中的 A 视图。

3) 斜视图一般按投影关系配置，如图 6-7a 中所示的斜视图 A，必要时也可配置在其他适当的位置，如图 6-7b 中的斜视图 A。在不致引起误解时，允许将图形旋转，标注形式为 "×⌒" 或 "⌒×"，其中箭头称为旋转符号，它的方向代表旋转方向。表示该视图名称的大写拉丁字母 "×" 应靠近旋转符号的箭头端，如图 6-7b 中的 "⌒A"。也允许将旋转角度标注在字母之后，如图 6-8 中的 "A 45°⌒"。旋转符号的尺寸如图 6-9 所示。

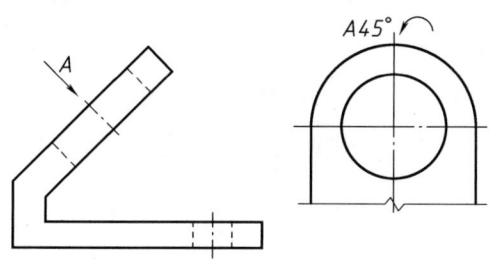

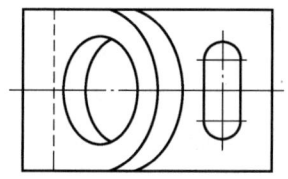

图 6-8 斜视图中双折线表示断裂边界

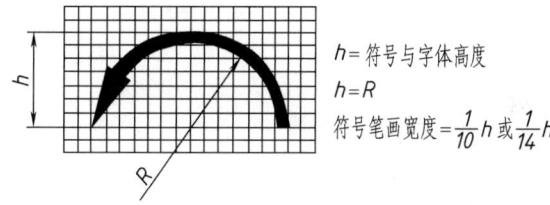

图 6-9 旋转符号的画法及尺寸

6.2 剖视图

6.2.1 剖视图的概念、画法及标注

当机件的内部结构比较复杂时，在视图上就会出现许多细虚线，如图 6-10 所示的压盖，主视图中多处重要结构用细虚线表达，给看图和标注尺寸都带来了不便，表达方案不理想。在绘制技术图样时，首先要考虑看图方便，根据物体的结构特点选用适当的表示方法完整、清晰地表示物体形状，在此前提下，应力求制图简便。为了清楚地表达机件的内部结构形状，按照国家标准规定，可以画成剖视图。

1. 剖视图的概念

假想用剖切面剖开机件，将处在观察者和剖切面之间的部分移去，而将其余部分向投影面投射所得的图形称为剖视图（简称剖视）。剖切面一般用平面，也可用曲面。图 6-11a 表示了压盖主视图作剖视的过程，得到如图 6-11b 所示的表达方案，很好地解决了压盖主视图中细虚线问题。

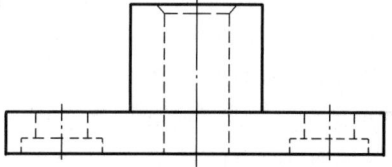

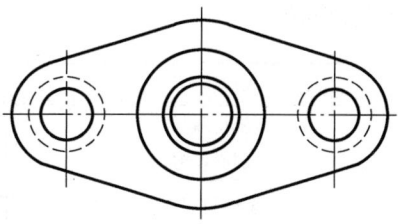

图 6-10 用视图表达的压盖

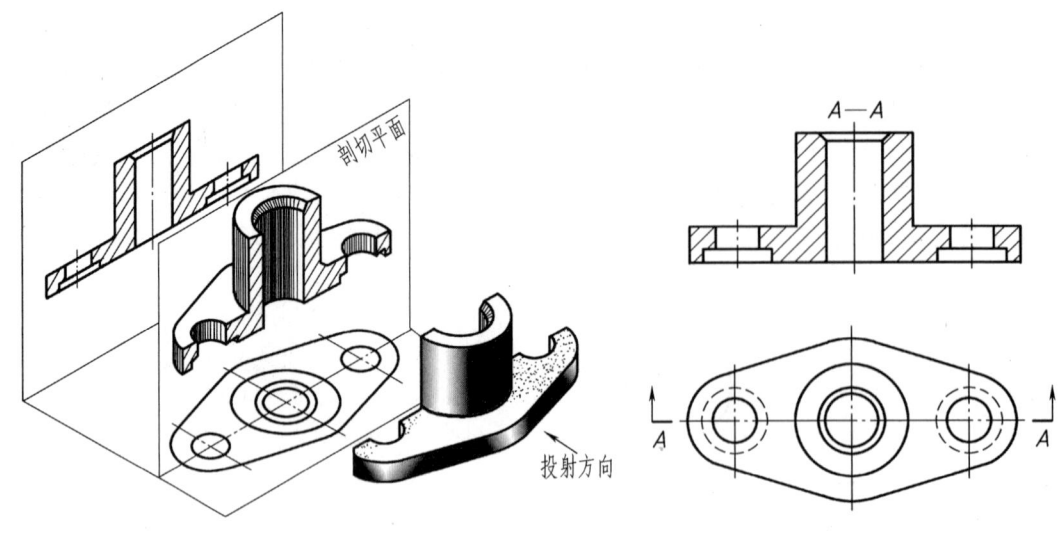

a) 压盖主视图作剖视的过程　　　　　　b) 压盖主视图用剖视图表达

图 6-11　机件的剖视图

2. 剖视图的画法

（1）确定剖切平面的位置　要将机件的主视图画成剖视图，剖切平面应平行于正立投影面，且尽量通过较多的内部结构（孔或沟槽）的轴线或对称面，如图 6-11 所示。如果需要将左视图画成剖视图，剖切平面应平行于侧立投影面；如果需要将俯视图画成剖视图，剖切平面应平行于水平投影面。

（2）画剖视图的轮廓线　机件被剖开后，剖切面与物体的接触部分称为剖面区域。在剖视图中用粗实线画出机件剖面区域的轮廓线和剖切面后面的可见轮廓线，如图 6-11 所示。

（3）画剖面符号　在机件的剖面区域内，应画上剖面符号。各种材料的剖面符号见表 6-1。当不需要在剖面区域中表示机件的材料类别或表示机件用金属材料制造时，采用与图形的主要轮廓线或剖面区域的对称线成 45°的通用剖面线表示，如图 6-12 所示。剖面线用细实线绘制，同一机件的各个剖面区域中剖面线的方向及间隔应一致。当图形的主要轮廓线与水平成 45°或接近 45°时，该图形的剖面线应改为与水平成 30°或 60°的斜线，但倾斜趋势和间隔仍应与同一机件其他图形的剖面线一致，如图 6-13 所示。

表 6-1　剖面符号

材料		剖面符号	材料	剖面符号
金属材料 （已经有规定剖面符号的除外）			液体	
非金属材料 （已经有规定剖面符号的除外）			胶合板（不分层数）	
木材	纵剖面		混凝土	
	横剖面			

(续)

材料	剖面符号	材料	剖面符号
玻璃以及供观察用的其他透明材料		钢筋混凝土	
线圈绕组元件		砖	
转子、电枢、变压器、电抗器等的叠钢片		基础周围的泥土	
型砂、填砂、粉末冶金、砂轮陶瓷刀片、硬质合金刀片等		格网（筛网、过滤网等）	

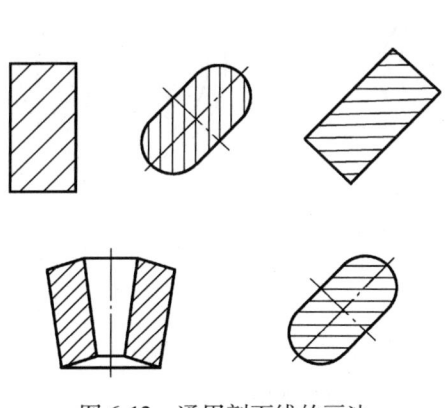

图 6-12　通用剖面线的画法

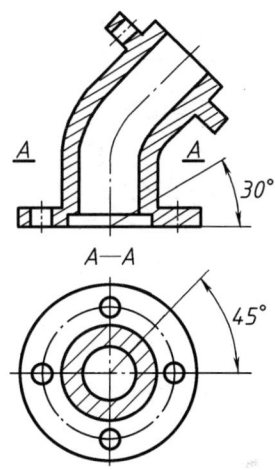

图 6-13　剖面线的调整

剖面符号的主要作用：
1) 剖视图中将被剖切部分与未剖切部分明显区分，使图形具有了远近层次感。
2) 在后面要讲的断面图尤其是重合断面图中，增加图形的清晰性和表达能力。
3) 在后面要讲的装配图中，通过剖面符号的范围、方向、间距来识别零件。
4) 用不同的剖面符号区分材料。

注意：剖视是因假想剖切所得，当一个视图画成剖视图后并不破坏机件的完整性，其他视图仍应按完整体考虑；剖切平面后面的可见部分的投影不能漏画，如图 **6-14** 所示。

3. 剖视图的标注

（1）标注内容　标注的内容一般包括剖切线、剖切符号、剖视图的名称，如图 6-11b、图 6-15a 所示。

1) 剖切线：指示剖切面位置的线，用细点画线绘制。
2) 剖切符号：指示剖切面起、讫和转折位置（用 5~8mm 长的粗短画线表示）及投射方向（在表面剖切面起、讫的粗短画线外端画与之垂直的箭头）的符号。
3) 剖视图的名称：在剖切符号旁注大写拉丁字母"×"，并在剖视图的上方用相同的大

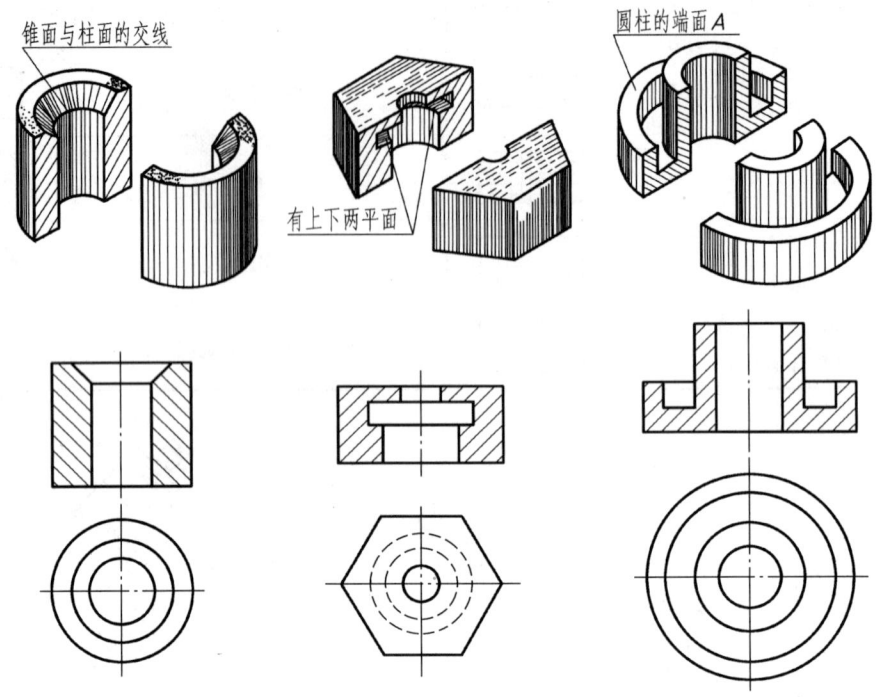

图 6-14　剖视图中不要漏线

写拉丁字母注出剖视图的名称"×—×"。

（2）标注的省略　剖视图中应标注的内容在以下情况下可以省略：

1）剖切符号之间的剖切线可省略不画，如图 6-15b 所示。

2）当剖视图按投影关系配置，中间又无图形隔开时，箭头可以省略不画，如图 6-13 中的 A—A。

3）用单一剖切平面通过机件对称面或基本对称面，且当剖视图按投影关系配置，中间又无图形隔开时，可省略标注，如图 6-13、图 6-14 中主视图。

4）用单一剖切平面剖切，剖切位置明显，不标注不致引起误解时，也可省略标注。

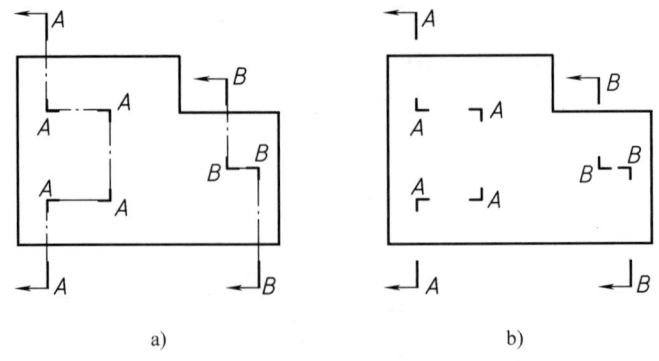

图 6-15　剖切线、剖切符号及字母的组合标注

4. 剖视图中的细虚线问题

采用剖视图表达机件时，各视图中一般不画细虚线。如图 6-16a 中的细虚线不画，也可以将结构表达清楚，则应当去掉不必要的细虚线，如图 6-16b 所示。另外，图 6-16 中左视图主要表达左侧 U 形凸台的形状特征，可以考虑用局部视图表示。当机件的不可见结构必须在剖视图中表示，并且又不影响图形清晰的情况下，允许在剖视图中画出相应细虚线，例如，图 6-17a 所示机件下侧长方孔的形状需要在俯视图中以细虚线形式表达，否则该孔形状不够明确，图 6-17b 所示机件左侧安装板上 U 形凸台两侧肋板的厚度需要在主视图中以细虚线形式表达。

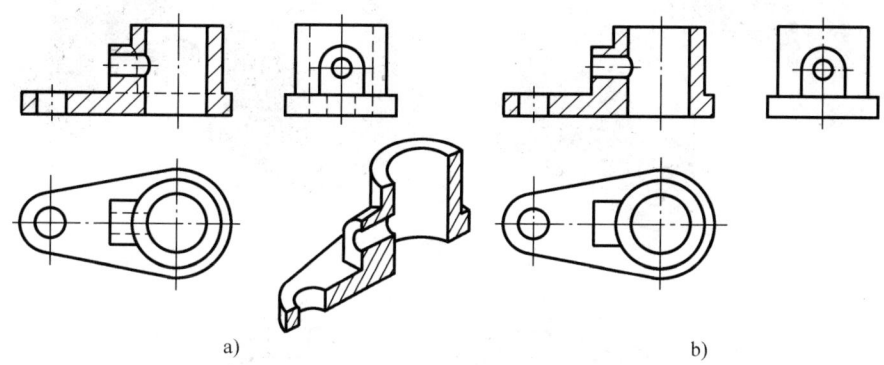

图 6-16　剖视图中去掉不必要细虚线

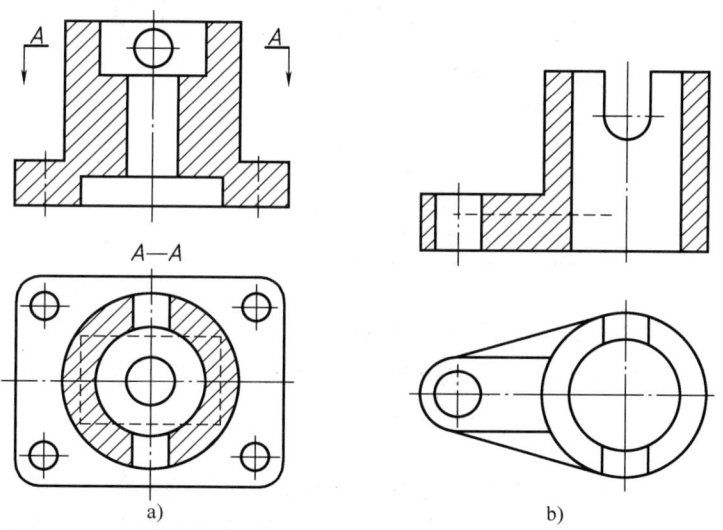

图 6-17　剖视图中的必要细虚线应画出

6.2.2　剖视图的种类

根据假想剖切掉实体的范围，可将剖视图分为全剖视图、半剖视图和局部剖视图三类。

1. 全剖视图

假想用剖切平面完全地剖开机件所得的剖视图称为全剖视图。例如图 6-18 所示机件，主、左视图都是假想用一个平行于投影面的剖切平面完全地剖开机件后得到的剖视图。全剖视图不利于完整地表达机件外部结构,所以适用于外形简单、内部结构复杂的机件。

全剖视图应按规定标注。图 6-18b 中的主视图符合省略标注的规定,而左视图因其剖切平面不通过机件的对称面,因此标注了剖切位置及字母 A—A,该图符合省略箭头的规定。

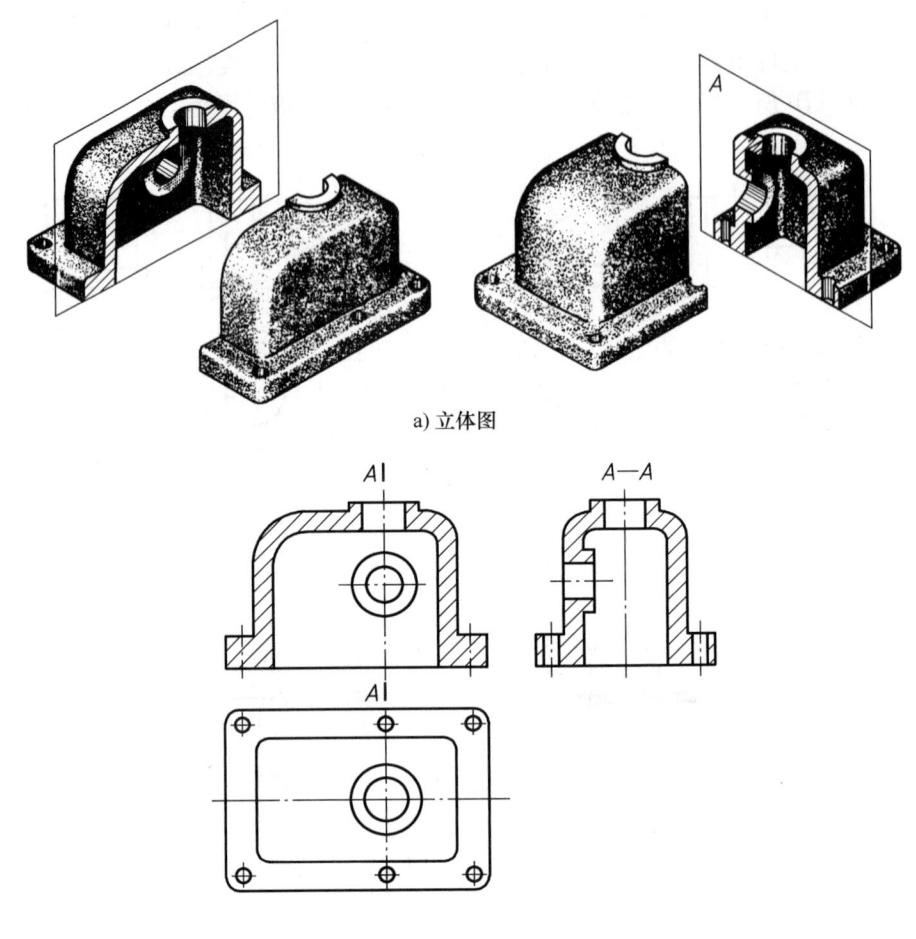

a) 立体图

b) 投影图

图 6-18　全剖视图

2. 半剖视图

当机件具有对称平面时,向垂直于对称平面的投影面上投射所得的图形具有对称性,如果对称中心线不与机件轮廓线的投影重合,可以以对称中心线为界,一半画成视图用来表达外部结构形状,另一半画成剖视图用来表达内部结构形状,这样的剖视图称为半剖视图。如图 6-19a 所示机件,主、俯视图都有重要结构以细虚线表示。如果主视图按照图 6-19b 画成全剖视图,则顶板下凸台的形状就不能表达清楚;如果俯视图按照图 6-19b 画成全剖视图,则长方形顶板及其上四个小孔的形状和位置也不能表达出来。图 6-19c 中主、俯视图都画成了半剖视图,兼顾了内、外形状的表达。

画半剖视图时应注意以下几点:

1) 半剖视图的外形部分和剖视部分的分界线仍要画成细点画线,不能画成粗实线。

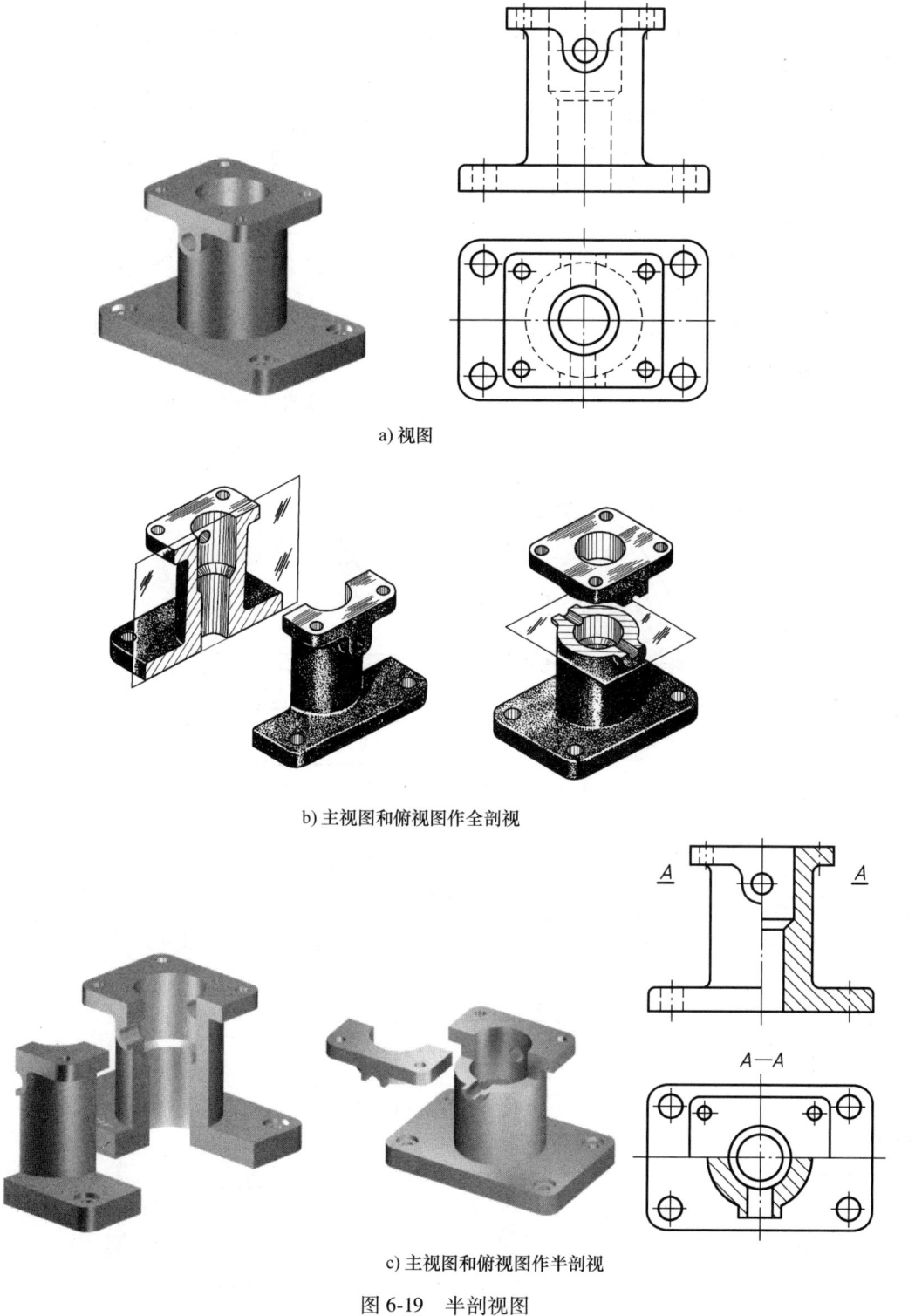

a) 视图

b) 主视图和俯视图作全剖视

c) 主视图和俯视图作半剖视

图 6-19 半剖视图

2) 由于图形对称,零件的内部形状已在剖视部分中表示清楚,所以,在表达外形的另一半视图中，相应细虚线应省略不画。

3) 半剖视图的标注和全剖视图的标注方法相同，如图 6-19c 中的 A—A。

半剖视图能同时表达机件的内、外结构，弥补了全剖视图不利于完整地表达机件外部结构的缺点，常用于内、外形状都需要表达的对称机件。如果机件的形状接近于对称，且不对称的部分已另有图形表达清楚时，也可以画成半剖视图，如图 6-20 所示的主视图。如果机件虽具有对称面，但外形十分简单，则没有必要画成半剖视图，如图 6-11 所示的主视图。

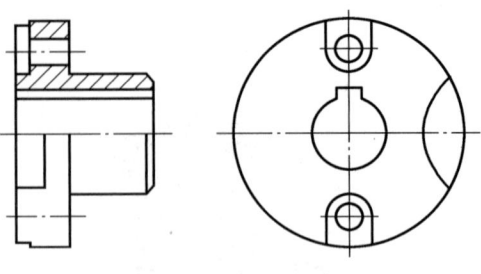

图 6-20　接近对称机件的半剖视图

3. 局部剖视图

用剖切平面局部地剖开机件所得的剖视图称为局部剖视图。例如图 6-21 所示机件的主、俯视图，都是用一个平行于投影面的剖切平面局部地剖开机件后所得到的剖视图。

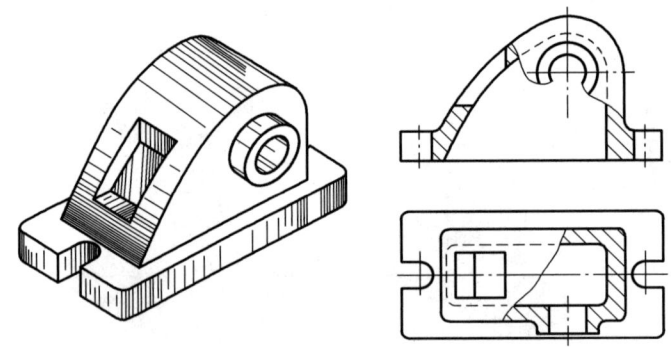

图 6-21　局部剖视图

画局部剖视图时，用波浪线表示断裂边界，确定剖切范围。波浪线不要与图形中其他图线重合，也不要画在其他图线的延长线上。波浪线代表机件断裂处的投影，因此，如遇孔、槽，波浪线不能穿空而过，也不能超出视图的轮廓线。图 6-22 列出了波浪线的几种错误画法。

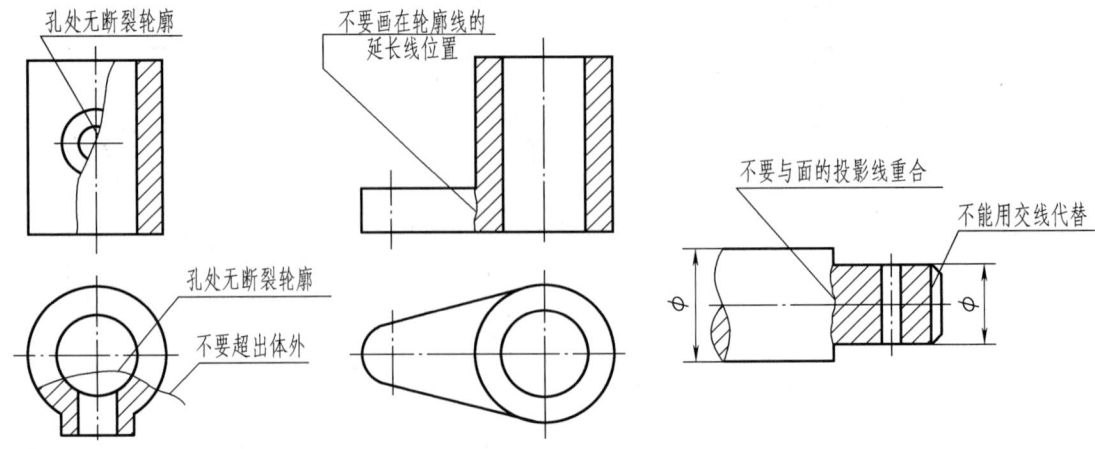

图 6-22　局部剖视图中波浪线的几种错误画法

局部剖视图的适用情况：

1）不对称的机件，既需要表达其内部形状，又需要保留其局部外形，如图 6-21 所示。

2）对称的机件，但其图形的对称中心线正好与机件轮廓线的投影重合而不宜采用半剖视图，如图 6-23 所示。

剖切位置明显时，局部剖视图可以省略标注。局部剖视图比较灵活，运用恰当，可以使图形简明清晰。例如，图 6-19 所示的机件，可在主视图半剖的基础上进行局部剖视表达安装孔，如图 6-24 主视图所示。

在同一个视图中，局部剖视的数量不宜过多，否则会使图形过于破碎。

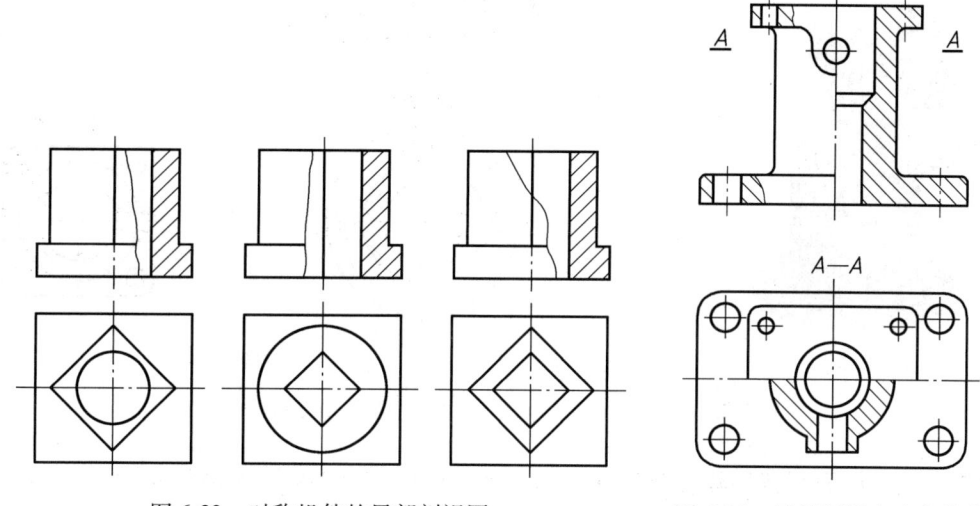

图 6-23　对称机件的局部剖视图　　　图 6-24　局部剖视表达安装孔

6.2.3　剖切面的形式

1. 单一剖切面

前面所接触到的几种剖视图均为采用平行于某一基本投影面的单一剖切平面剖开机件后所得。单一剖切面还可以用投影面的垂直面，当机件上具有倾斜部分时可采用此剖切面剖切。如图 6-25a 所示弯管，图 6-25b 中 A—A 剖面图就是用正垂面作剖切平面获得的全剖视图，既可表达上端法兰结构的形状特征，又能表达凸台及其孔的情况。

采用单一的投影面垂直面作剖切平面获得的剖视图必须标注剖切符号和剖视图的名称。要注意，注写的字母必须水平书写。图形位置的配置与斜视图类似，即一般按投影关系配置，必要时可以配置在其他适当的位置，如图 6-25b 所示。在不致引起误解时，允许将图形适当旋转，但需加注旋转符号，如图 6-25b 中的"A—A⌒"。

2. 几个相交的剖切平面（交线垂直于某一基本投影面）

用相交的剖切平面剖切的形式通常适用于机件具有较明显回转轴线且用单一平面剖切不能完全表达内部结构的情况。图 6-26a 所示的机件，需采用两个相交的剖切平面（交线垂直于 V 面）进行剖切才能在左视图中把内部情况表达完整。注意：**采用相交的剖切平面剖开机件画剖视图时，应先将倾斜剖切平面剖切到的结构及其有关部分绕两面交线（旋转轴）**

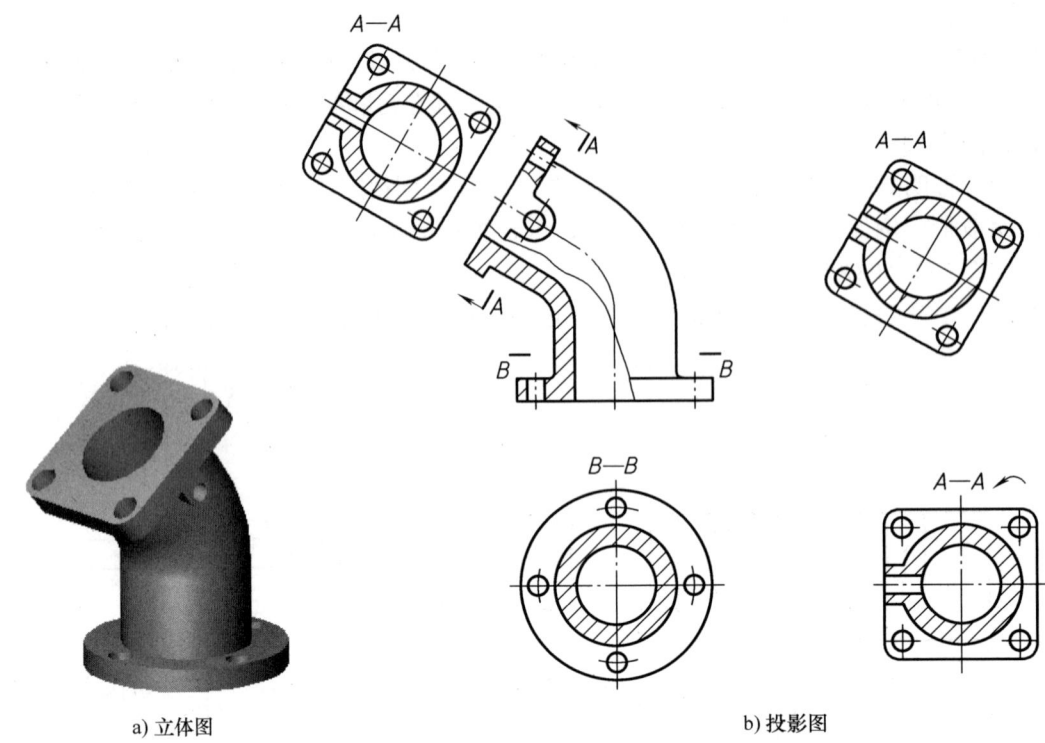

a) 立体图 b) 投影图

图 6-25　用单一的投影面垂直面作剖切平面的剖视图

旋转到与选定投影面平行后再进行投射。如图 6-26 所示，将倾斜剖切平面切着的结构绕旋转轴旋转到与选定投影面平行后再进行投射。

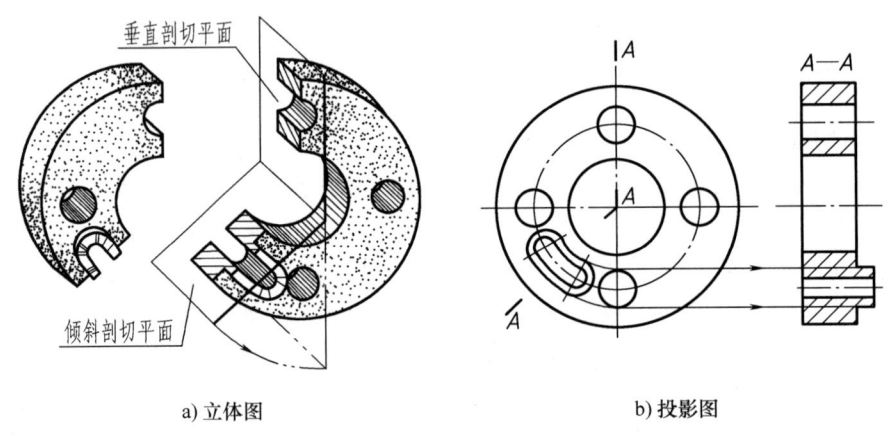

a) 立体图 b) 投影图

图 6-26　用两相交剖切平面剖切的剖视图

用相交的剖切平面剖切，与倾斜剖切平面切着的结构有直接关系的部分，与剖切平面切着的结构一起绕旋转轴旋转到与选定投影面平行后再进行投射，如图 6-27 中螺纹孔所示。倾斜剖切平面后面的与剖着的结构关系不密切的结构仍按原位置投射，如图 6-28 所示机件上油孔的投影。当剖切后产生不完整要素时，应将此部分按不剖绘制，如图 6-29 所示右侧中间的臂。

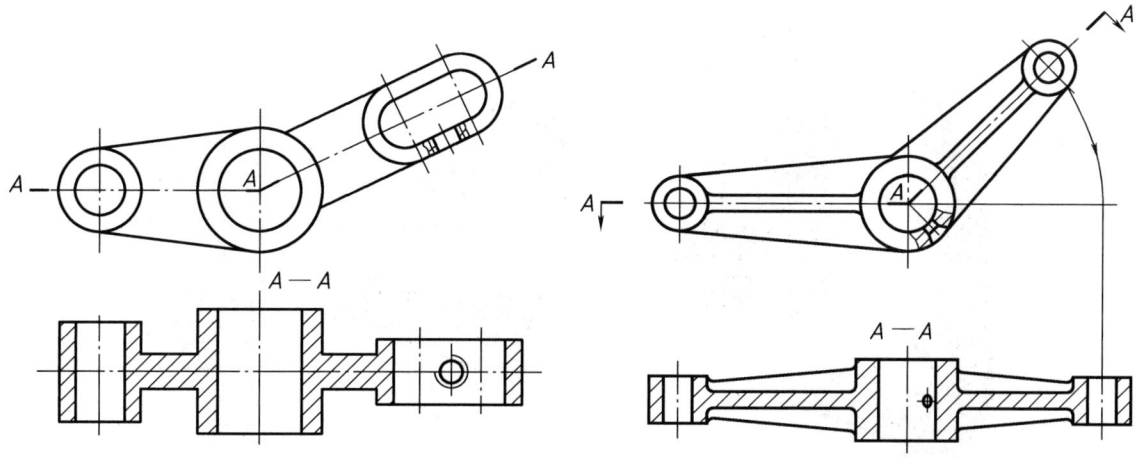

图 6-27　摇杆用两相交剖切平面剖切的剖视图　　　图 6-28　摇杆用两相交剖切平面剖切的剖视图

采用这种剖切平面获得的剖视图必须进行标注，如图 6-26~图 6-29 所示。表示投射方向的箭头应在外端与表示剖切位置的粗短画线垂直。若剖视图按投影关系配置，中间无图形隔开，则允许省略箭头，如图 6-27 所示；当剖切平面转折处地方有限且不致引起误解时，允许省略转折处字母。字母应水平书写。

连续用几个相交剖切平面剖切时可采用展开画法获得剖视图，此时应标注"×—×展开"，如图 6-30 所示。

3. 几个平行的剖切平面

当机件上有较多的内部结构形状，而它们的轴线又不在同一平面内时，可用几个相互平行的剖切平面将机件剖开。如图 6-31 所示机件，用三个相互平行的剖切平面剖开，将主视图画成全剖视图。

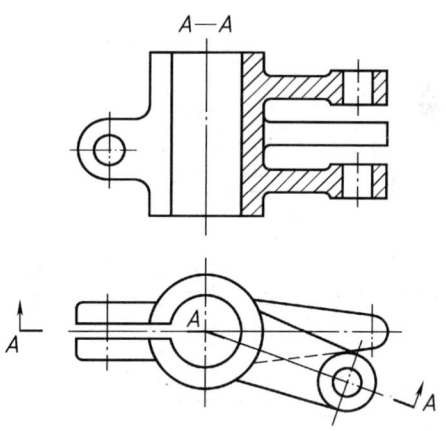

图 6-29　夹臂套筒用两相交剖切平面剖切的剖视图

采用这种剖视平面获得的剖视图也必须进行标注，标注方法与用相交的剖切平面剖切获得的剖视图的标注要求基本相同，如图 6-31 所示。

用这种剖切平面获得剖视图应注意以下几点：

1）几个相互平行的剖切平面转折处为直角。

2）在剖视图中不应画出两剖切平面转折处的投影，如图 6-31c 所示。

3）剖切面转折处不应与图上的轮廓线重合，如图 6-31c 所示。

4）在剖视图中不应出现不完整要素，如图 6-32b 所示。只有当两个要素在图形上具有公共对称中心线或轴线时，可以以公共对称中心线或轴线为界，各画一半，如图 6-33 所示。

当机件的内部结构形状较多，用以上剖切平面单独使用不能表达完全时，可以采用组合的剖切平面剖开机件，如图 6-34 所示全剖视图。

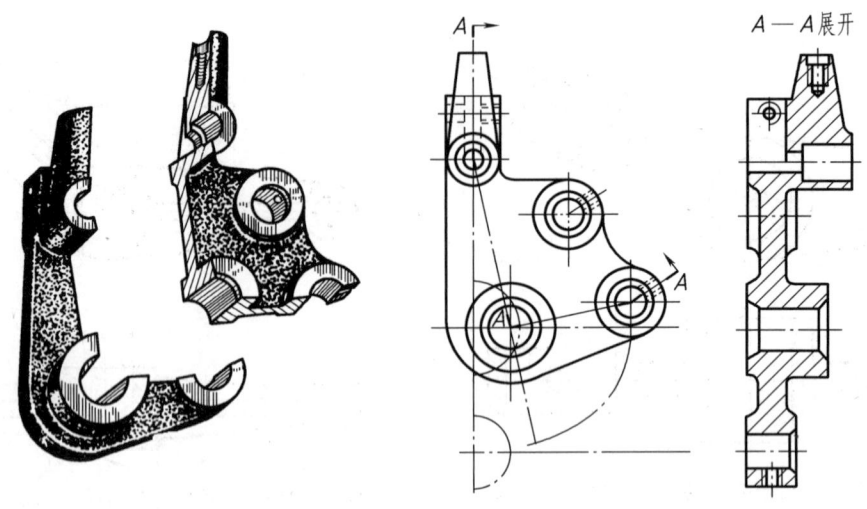

图 6-30 连续用几个相交剖切平面剖切并采用展开画法的剖视图

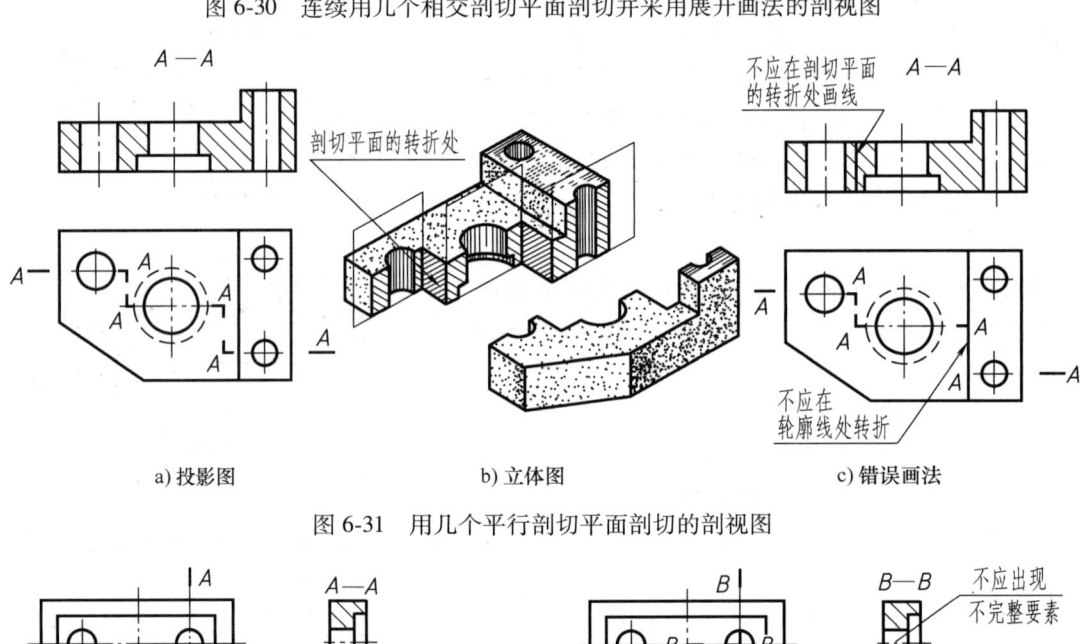

图 6-31 用几个平行剖切平面剖切的剖视图

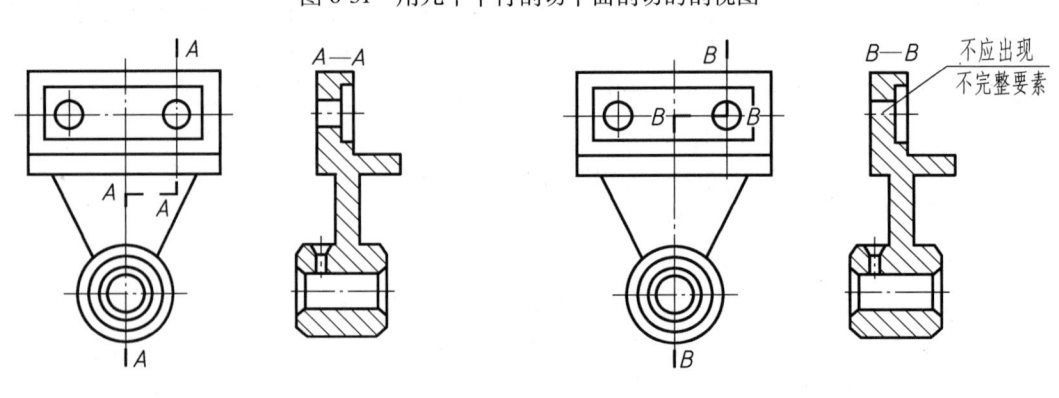

图 6-32 用几个平行剖切平面剖切悬吊轴承的剖视图

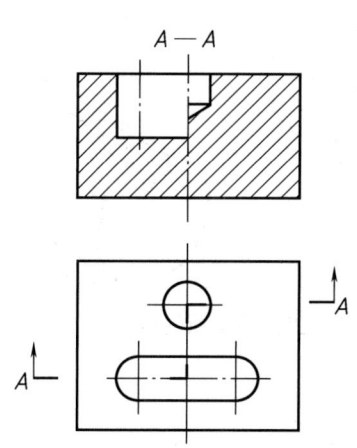

图 6-33　用几个平行剖切平面剖切具有公共对称中心线结构的剖视图

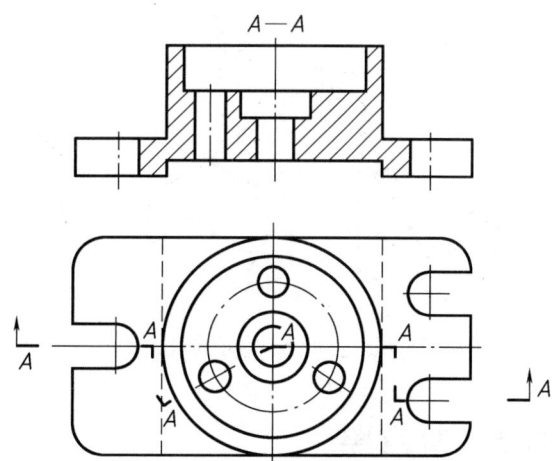

图 6-34　用组合剖切平面剖切的剖视图

6.2.4　剖视图的轴测画法

画机件轴测图时，为了表达内部形状，可假想用剖切平面将其剖开，画成轴测剖视图。通常是用两个平行于坐标面的相交平面将机件剖去四分之一，为避免破坏机件的完整性，一般不采用全剖。

轴测剖视图画法的有关规定如下：

1）被剖切平面所截的断面上，应画剖面线，轴测图中剖面线的方向应按图 6-35 绘制。注意：平行于三个坐标面的剖面上，剖面线方向是不同的。

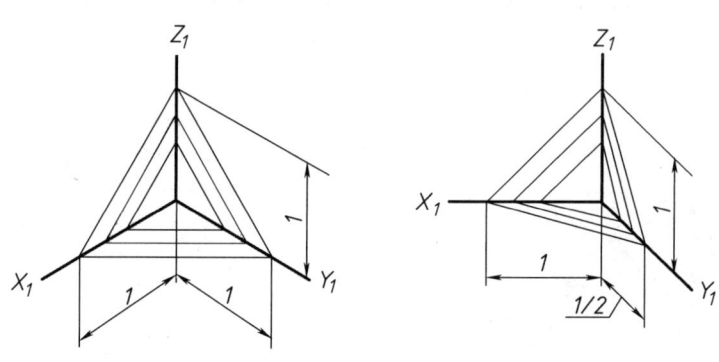

a) 正等轴测图中剖面线方向　　b) 斜二轴测图中剖面线方向

图 6-35　轴测图中剖面线的方向

2）当剖切平面通过机件上肋、轮辐或薄壁结构的纵向对称平面或基本对称线（即纵向剖切）时，这些结构不画剖面线，而用粗实线将其与邻接的部分分开，如图 6-36 所示。

3）表示机件中间折断或局部断裂时，断裂处的边界线用波浪线表示，并在可见断裂面内加画细点以代替剖面线，如图 6-37 所示。

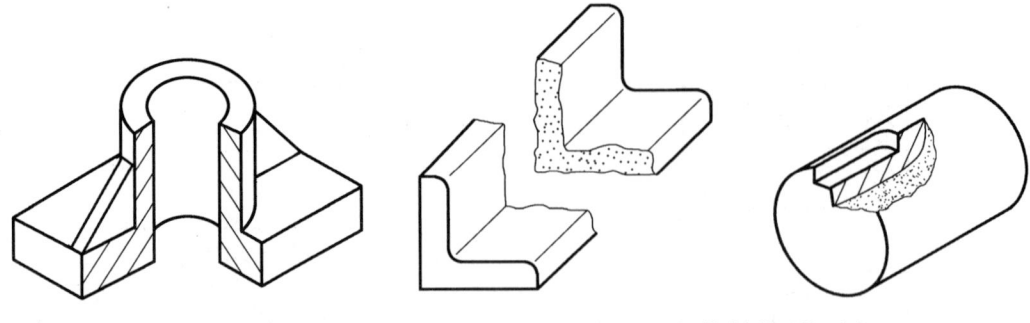

图 6-36　机件上肋板纵切的画法　　　　图 6-37　机件断裂面的画法

6.3　断面图

6.3.1　断面图的概念

假想用剖切平面将机件某处剖开，仅画出断面的图形，这个图形称为断面图。断面图通常用来表示机件上某一结构的断面形状，如肋板、轮辐、型钢、轴上键槽和孔等。

图 6-38a 是一根轴的两视图。在图 6-38a 中的左视图上，虽表示出了直径不相同的各轴段的形状及键槽、通孔的投影，但图形很不清楚。为了清晰地表达轴左侧键槽深度及右侧孔的深浅，可采用如图 6-38b 所示的方法，假想在键槽和孔处用垂直轴线的剖切平面将轴切开，画出如图 6-38c、图 6-38d 所示的断面图。

对比图 6-38c、图 6-38e 可知，断面图和剖视图的区别在于：断面图仅画出机件的断面形状；而剖视图则是将机件处在观察者与剖切平面之间的部分移去后，除了断面形状外，还要画出机件留下部分的投影。正因如此，在一些机件的表达中，采用断面图比剖视图显得更简洁、明了。

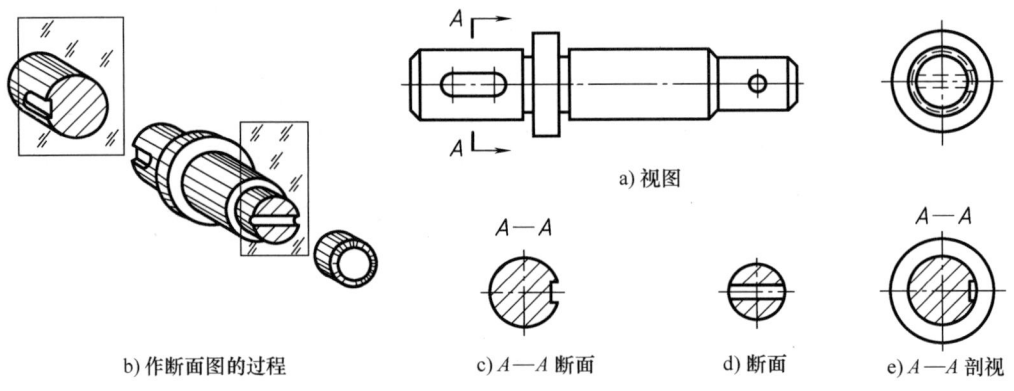

图 6-38　轴的视图、断面图和剖视图的区别

再如图 6-39 所示机件左侧三角形肋板，从肋板前表面到后表面的过渡情况只有假想用剖切平面垂直于所需表达结构的主要轮廓切开，画出断面图，才能表达得既清楚又简洁。图 6-39a 中断面为半圆形，表明三角形肋板从前表面到后表面经半圆柱面光滑过渡，而

图6-39b中断面为矩形，表明三角形肋板从前表面到后表面经平面过渡。

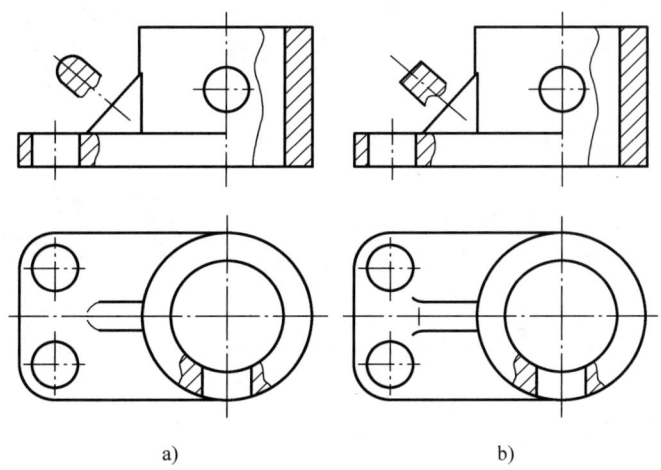

图6-39 机件上肋板的断面图

6.3.2 断面图的种类、画法及标注

根据断面图布置位置的不同，断面图分为移出断面图和重合断面图两种。

画在视图外的断面图，称为移出断面图，如图6-38~图6-43所示。画在视图内的断面图，称为重合断面图，如图6-44所示。

1. 移出断面图的画法及标注

（1）移出断面图的画法

1）移出断面图轮廓线用粗实线绘制，同时画上剖面符号，如图6-40所示。

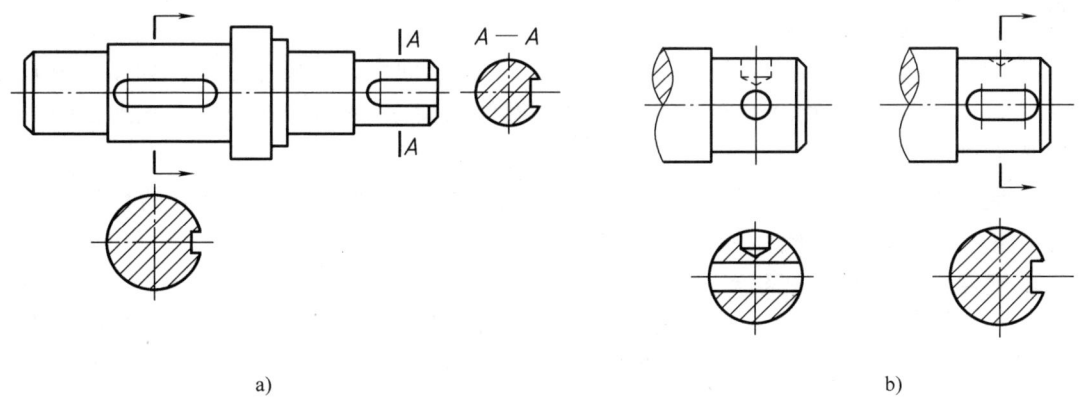

图6-40 轴的移出断面图

2）移出断面图应尽量配置在剖切符号或剖切线（用细点画线表示）的延长线上，如图6-38d、图6-39、图6-40a左侧断面、图6-40b所示。必要时也可以配置在其他位置，如图6-38c、图6-40a右侧断面所示。在不致引起误解时，允许将图形旋转，但必须用旋转符号注明旋转方向，如图6-41中*A—A*断面图所示。

3）当剖切平面通过回转面形成的孔或凹坑轴线时，这些结构的断面图按剖视图绘制，即画成闭合图形，如图 6-38d、图 6-40b 所示。

4) 当剖切平面通过非圆孔，会导致出现完全分离的断面时，这些结构的断面图按剖视图绘制，如图 6-41 中 A—A 所示。

5) 断面图形对称时，可画在视图中断处，如图 6-42 所示。

6) 用两个剖切平面剖切得到的移出断面图，中间应断开，每个剖切平面都应该垂直于所需表达机件结构的主要轮廓或轴线，如图 6-43 所示。

(2) 移出断面图的标注　移出断面图一般应用剖切符号表示剖切位置和投影方向，注上字母，并在断面图上方用同样的字母标出相应的名称"×—×"，如图 6-38c、图 6-41 所示。

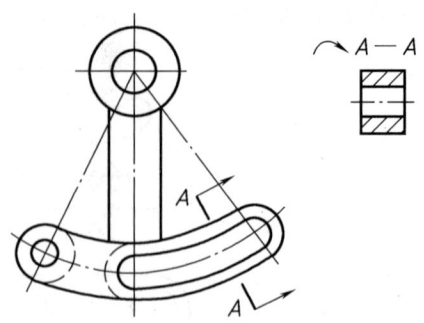

图 6-41　按剖视绘制的移出断面图及断面图的旋转

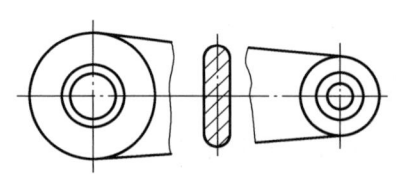

图 6-42　移出断面图布置在视图中间断开处

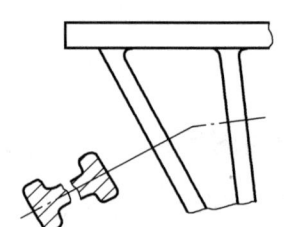

图 6-43　两相交剖切平面得到的移出断面图中间断开

在下面几种情况下，可以部分或全部省略标注。

1) 配置在剖切线或剖切符号延长线上的移出断面图，可省略字母，如图 6-38d、图 6-39、图 6-40a 左侧断面及图 6-40b 所示。

2) 对称移出断面图以及按投影关系配置的移出断面图，可省略箭头。如图 6-38d、图 6-39、图 6-40b 属于对称移出断面图，图 6-40a 右侧断面 A—A 属于按投影关系配置的情况，均省略了箭头。

3) 配置在剖切线延长线上的对称移出断面图，以及配置在视图中断处的移出断面图，不需标注，如图 6-38d、图 6-39、图 6-40b、图 6-42、图 6-43 所示。

2. 重合断面图的画法及标注

(1) 重合断面图的画法　用细实线绘制重合断面图的轮廓线，同时画上剖面符号，当视图中的轮廓线与重合断面图形重合时，视图中的轮廓线应连续画出，不可间断，如图 6-44 所示。

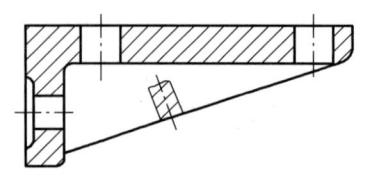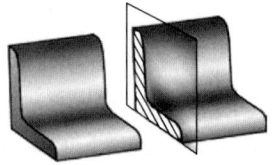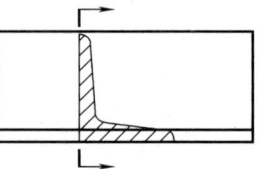

a) 对称的重合断面图　　　　　　　　　　b) 不对称的重合断面图

图 6-44　重合断面图的画法及标注

（2）重合断面图的标注　对称的重合断面图不需标注，如图6-44a所示；不对称的重合断面图不必标注字母，但仍要在剖切符号处画上箭头，以表明投影方向，如图6-44b所示。

6.4　其他表达方法

6.4.1　局部放大图

将机件的部分结构，用大于原图形所采用的比例画出的图形，称为局部放大图。如图6-45中机件的螺纹退刀槽和挡圈槽的局部放大图。当机件上的某些细小结构在原图形中表达得不清楚或不便于标注尺寸时，可采用局部放大图。局部放大图可以画成剖视图、断面图或视图，与被放大部位的表达方法无关。

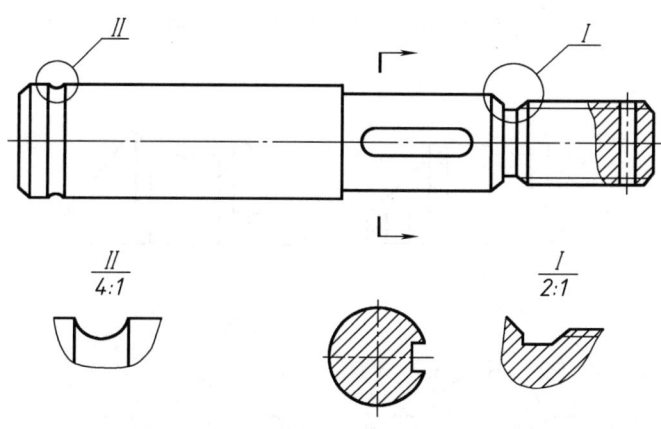

图6-45　局部放大图

绘制局部放大图时，应该用细实线的圆或长圆圈出被放大部位，并尽量将图形配置在被放大部位的附近，便于对照阅读。当一机件上有几个需要放大的部位时，必须用罗马数字依次标明被放大部位，并在局部放大图的上方标注出相应的罗马数字和所采用的比例。当机件上只有一个被放大部位时，在局部放大图上方只需注明所采用的比例。

6.4.2　剖视图中肋板、轮辐、薄壁等结构的规定画法

1）机件上经常有肋、轮辐及薄壁等结构，国标规定：当剖切平面通过机件上肋、轮辐及薄壁等结构的对称面或基本轴线（即纵向剖切）时，这些结构都不画剖面符号，而用粗实线将它与其邻接部分分开。

图6-46所示轴承座，其上下两部分用支撑板连接，中间有起加强作用的肋板。支架的左视图、俯视图均画成了全剖视图。左视图中肋板属于纵向剖切，按此项规定不画剖面符号。俯视图中肋板被横向剖切，在反映其厚度的剖视图上，要画出剖面符号。

2）当回转零件上成辐射状均匀分布的肋、轮辐、孔等结构不处于剖切平面上时，可将这些结构旋转到剖切平面上画出，如图6-47、图6-48所示。

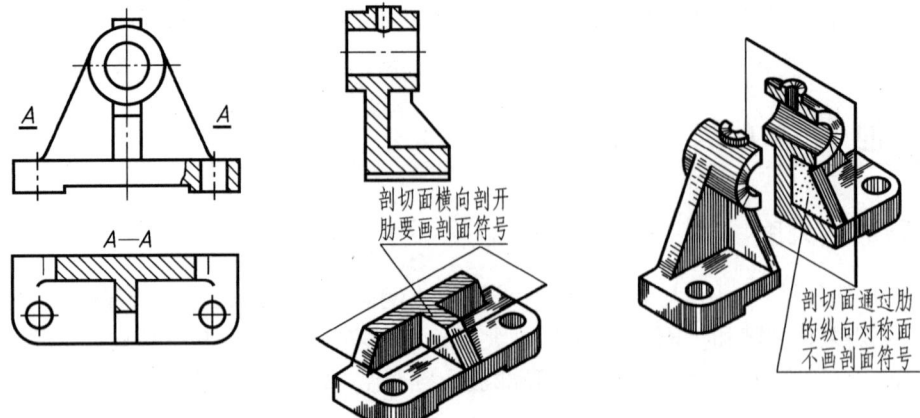

图 6-46 肋板结构在剖视图中的画法

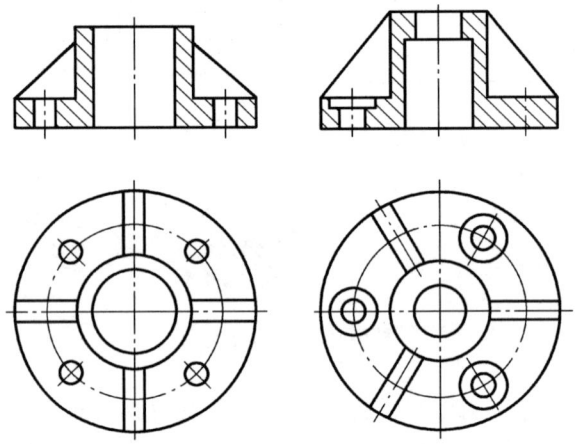

图 6-47 零件上均匀分布的肋板、孔在剖视图中的画法

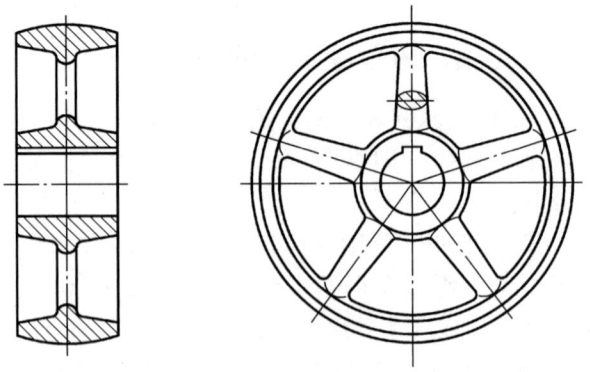

图 6-48 轮辐在剖视图中的画法

6.4.3 简化画法

简化画法是在不妨碍完整、清晰地表达机件形状的前提下,力求制图简便、看图方便的一些简化表达方法。采用简化画法时,应遵循《技术制图》和《机械制图》国家标准的有关规定。这里扼要介绍国家标准常用的一些简化方法。

1. 相同结构的省略画法

1) 当机件具有若干相同结构(如齿、槽等),并按一定规律分布时,只需要画出几个完整的结构,其余用连续的细实线代替其外形轮廓,但在零件图中必须注明该结构的总数,如图 6-49 所示。

2) 当机件具有若干个尺寸相同且呈一定规律分布的孔(圆孔、螺纹孔、沉孔等)时,可以仅画出一个或几个,其余只需用细点画线表示出孔的中心位置,但在零件图中应注明孔的总数,如图 6-50 所示。

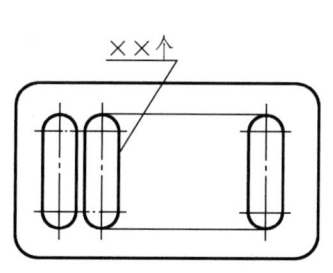

图 6-49 相同结构的表达方法

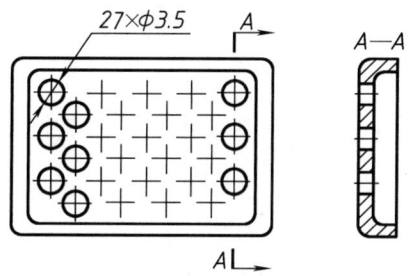

图 6-50 孔有规律分布时的表达方法

2. 图形中较小结构的规定画法

1) 机件上较小结构所产生的截交线、相贯线,如果在一个图形中已表示清楚,则在其他图形中可以简化或省略,如图 6-51a 中轴上加工键槽产生的截交线、相贯线,图 6-51b 中轴被切产生的截交线。

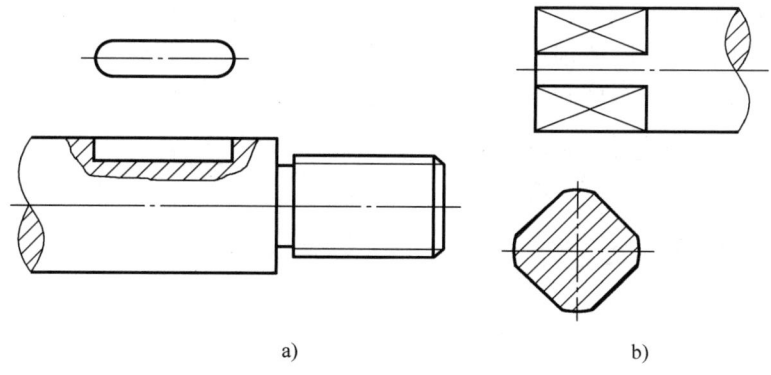

图 6-51 机件上较小结构产生的交线的简化画法

2) 对于机件上斜度不大的结构,如在一个图形中已表达清楚,其他图形可以只按小端画出,如图 6-52 所示。

3) 在不致引起误解时,机件的小圆角、锐边小倒圆、45°小倒角允许省略不画,但必须注明尺寸或在技术要求中加以说明，如图 6-53 所示。图中的 "C" 代表 45°倒角。

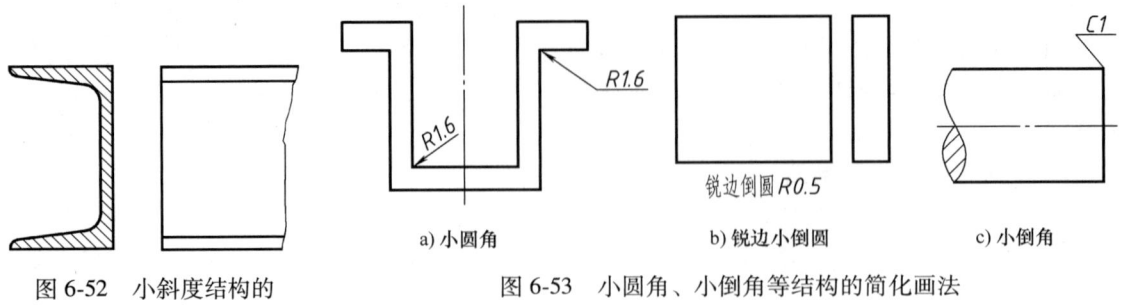

图 6-52　小斜度结构的简化画法

图 6-53　小圆角、小倒角等结构的简化画法

a) 小圆角　　　b) 锐边小倒圆　　　c) 小倒角

3. 图形的其他省略和规定画法

1) 在不致引起误解时，对称机件的视图，可以只画一半或四分之一，并在对称中心线两端画出两条与其垂直的平行细实线，如图 6-54 所示。

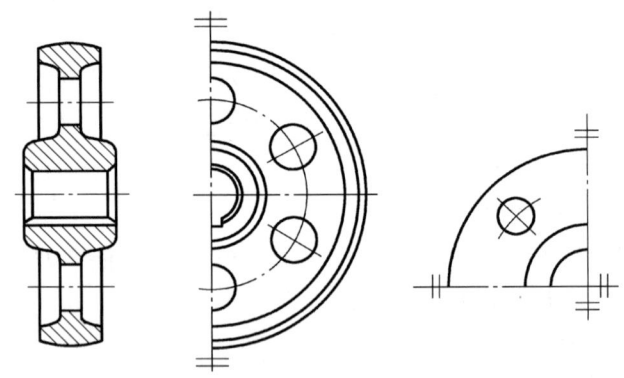

图 6-54　对称机件视图的简化画法

2) 较长的机件（轴、杆、型材、连杆等）沿长度方向的形状一致或按一定规律变化时，允许断开缩短绘制（用波浪线表示断裂边界），但必须按机件原来的实际长度标注尺寸，如图 6-55 所示。实心圆柱和空心圆柱的断裂处也可以按图 6-56a、图 6-56b 绘制。

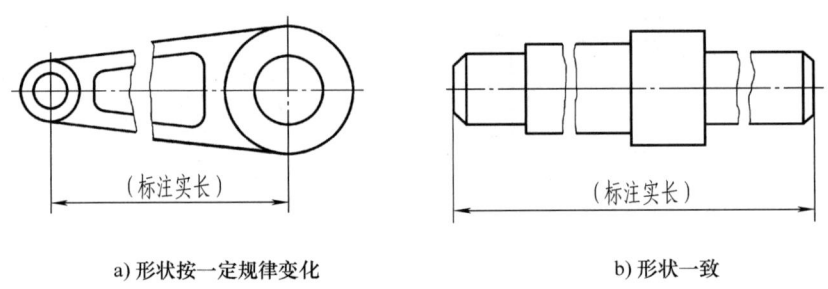

a) 形状按一定规律变化　　　b) 形状一致

图 6-55　较长机件的简化画法

3) 零件上对称结构的局部视图，可单独画出该结构的图形，如图 6-51a 所示的键槽的局部视图。

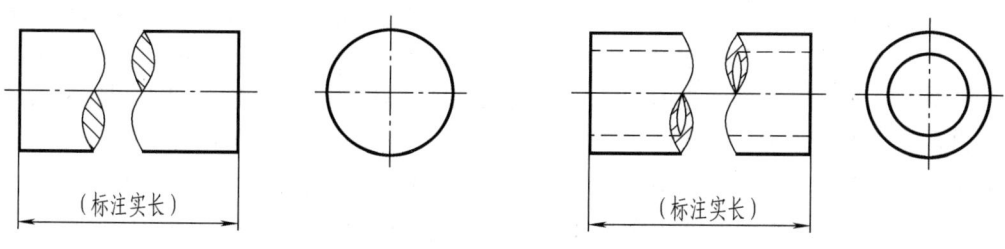

a) 实心圆柱断裂处的画法　　　　　　b) 空心圆柱断裂处的画法

图 6-56　实心圆柱和空心圆柱断裂处的简化画法

4) 当图形不能充分表达平面时, 可用平面符号（用两条细实线画出对角线）表示, 如图 6-57 所示。

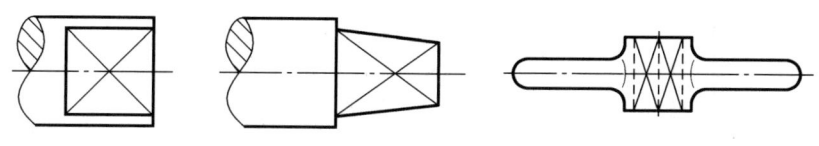

图 6-57　用平面符号表示平面

6.5　综合应用举例

本章讲述了国家标准中关于视图、剖视图、断面图以及其他表达方法的有关规定, 以表达结构形状千差万别的机件。对机件进行表达的各种方法都有其各自的特点和适用范围, 要注意合理选用。

1) 视图用于表达机件的外部结构, 包括: 基本视图、向视图、局部视图、斜视图。

2) 剖视图主要用于表达机件的内部结构, 包括全剖视图、半剖视图、局部剖视图。当机件内部结构比较复杂时, 根据内外结构形状特点, 可以假想用单一剖切平面、几个相交的剖切平面、几个平行的剖切平面、组合的剖切平面等不同形式的剖切平面进行剖切, 画成全剖视图表达机件内部结构或画成半剖视图或局部剖视图同时表达内外结构。

3) 断面图用来表示机件上肋板、轮辐、轴上键槽和孔等结构的断面形状, 作图简单且重点突出, 包括移出断面图和重合断面图。

4) 机件上的细小结构可采用局部放大图进行表达; 在结构形状表达清楚的前提下, 为简化作图, 方便看图, 可以采用简化画法。

对于不同结构形状的机件, 确定表达方案的原则是: 选用适当的表达方法和适量的图形, 在正确、完整、清晰地表达机件结构形状的前提下, 力求看图容易、绘图简单。在学习过程中, 要注意培养分析不同机件表达方案的能力。

下面列举一些例题以帮助大家进一步掌握这些表达方法的画法和培养分析不同机件表达方案的能力。

【例 6-1】　支架如图 6-58a 所示。支架前后对称, 由圆筒、底板和连接这两部分的十字肋板组成, 要求根据立体图进行表达。

解：为表达圆筒、肋板和底板相对位置，选择圆筒轴线水平放置且非圆视图为主视图的方向。为表达支架的内外形状，主视图宜采用局部剖视，将圆筒及底板上通孔显示得很清楚。由于底板倾斜，底板的实形和其上小孔的分布需采用斜视图表达，斜视图还能说明底板与肋板的前、后相对位置。为表示圆筒与肋板的前、后相对位置，可用左视图表示，为避免倾斜底板带来的不便，左视图应画成局部视图。十字肋板的断面形状需要由移出断面图来表示。这样就用图 6-58b 所示的四个图形正确、完整、清晰地表达了支架的结构形状。

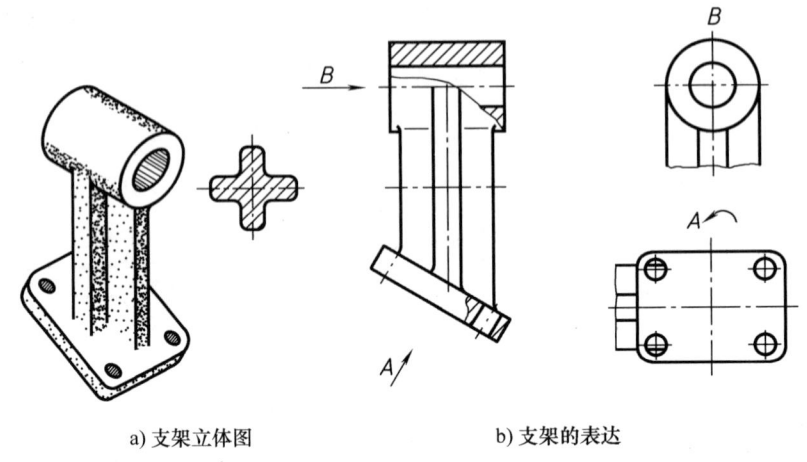

a) 支架立体图　　　　　　　　　　b) 支架的表达

图 6-58　支架

【例 6-2】　壳体如图 6-59a 所示，主要由带有圆角的长方形安装板、两个水平 U 形柱构成的柱状体、直立凸台构成。安装板左右两侧带有 U 形翼板并加工有阶梯孔，底面有向上的带有圆角的矩形凹坑；U 形柱状体内加工有水平阶梯孔；直立凸台带有大小不同的两个圆柱通孔。要求对壳体进行表达。

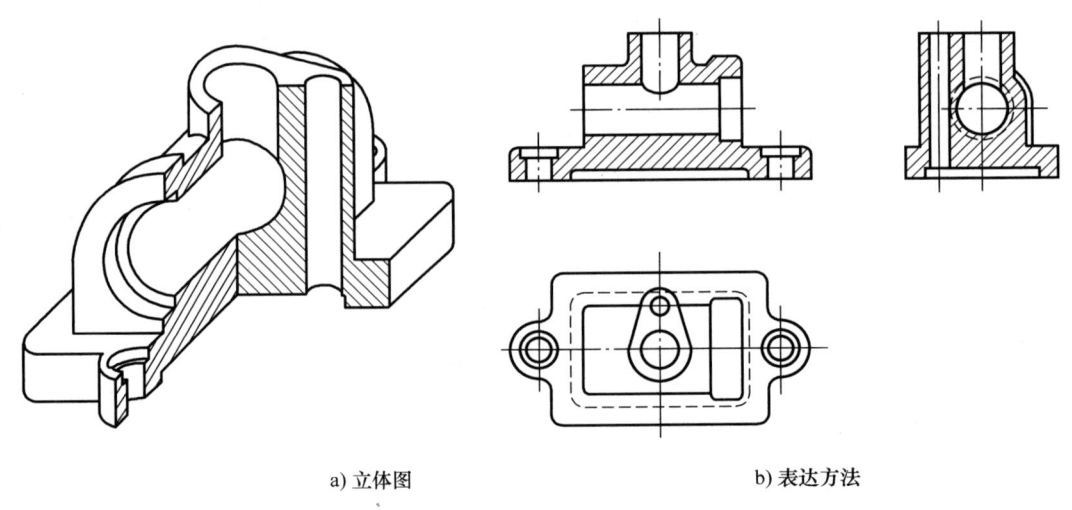

a) 立体图　　　　　　　　　　　　b) 表达方法

图 6-59　壳体

解：为表达各部分的相对位置，选择安装板底面水平放置且 U 形柱非圆视图为主视图的方向，有小 U 形柱在左侧和小 U 形柱在右侧两种方案。以小 U 形柱在左侧为例分析表达方法。为了在主视图中清晰地表达安装板上的阶梯孔、两个 U 形柱内的孔、凸台上的大孔，主视图顺着这些孔的轴线假想用剖切平面剖开画成剖视图，由于剖切平面前面部分不需要在主视图上反映形状特征，主视图画成全剖视图。在主视图的基础上，需要加俯视图反映安装板部分及凸台部分的形状特征并反映各部分前后方向上的相对位置，需要加左视图反映两个 U 形柱及其上的孔的形状特征。为了反映凸台内小孔，左视图宜沿着小孔轴线剖开画成全剖视图。这样就用图 6-59b 所示的三个图形正确、完整、清晰地表达了壳体的结构形状。如果小 U 形柱在右侧，大 U 形柱在左侧，则左视图画成全剖视图时会不能表达出大 U 形柱的形状特征，表达效果稍有逊色。

【例 6-3】 图 6-60 为一四通管接头，四通管接头可分为三部分，主体管、左通管和右前方通管，要求分析其表达方案。

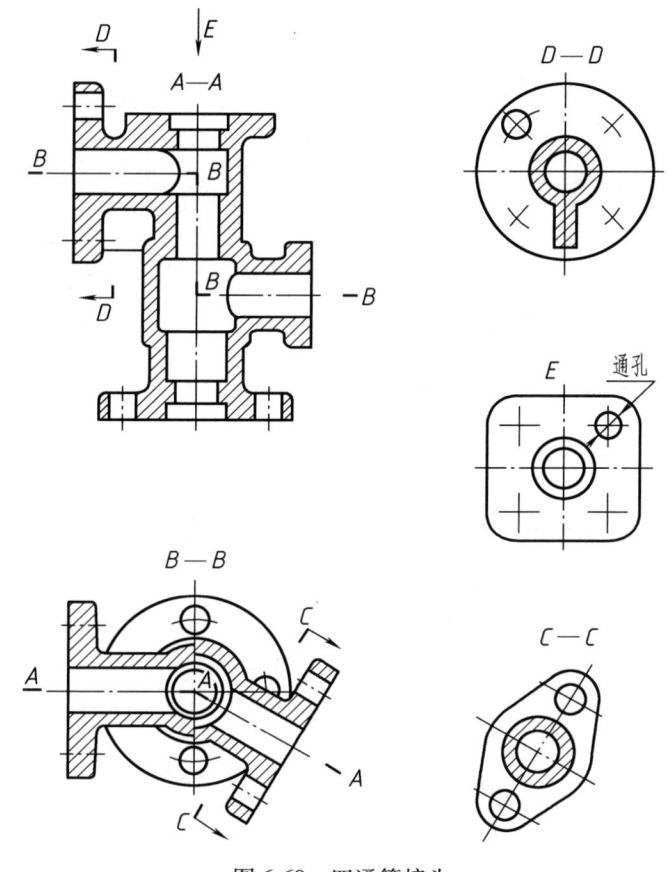

图 6-60 四通管接头

解： 四通管接头采用五个图形表达。主视图 $A—A$ 为假想用两个相交的剖切平面剖切后画出的全剖视图，清楚地表达了机件的内腔，表达了机件三个组成部分上下方向上的相对位置。俯视图 $B—B$ 为用两个平行于水平投影面的剖切平面构成阶梯状进行剖切画出的全剖视图，它补充表达了三个组成部分之间的内、外连接情况，由图中还可以清楚地看出左通管与右前方通管轴线间的夹角、主体管下方底盘的形状及其上孔的分布。$C—C$ 为假想用铅垂面剖切画出的全剖视图，它表达了右前方通管的管道和凸缘的形状及凸缘上两圆柱孔的分布。

D—D 为全剖视图，它表达了左通管的管道、凸缘形状及凸缘上孔的分布、肋板的厚度。*E* 向局部视图表示了机件上端凸缘的形状和孔的分布。图 6-60 用五个图形完整、清晰地表达了这一复杂机件。

实践与思考

1. 到模型室观察作为机件模型的组合体，分析表达方案并绘图。
2. 到模型室拆装减速器或齿轮油泵，了解其中各零件的作用，分析各零件的表达方案。
3. 图 6-61 用三个基本视图表达了壳体的内外形状，请自行分析壳体的结构形状及表达方案。

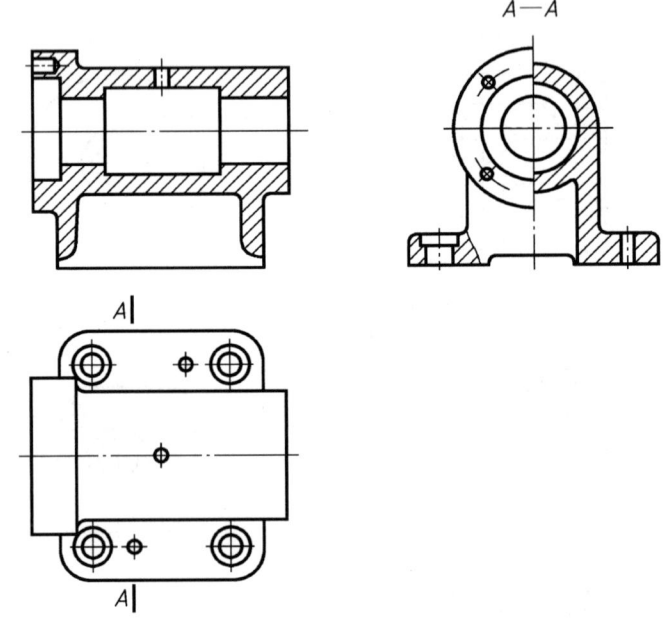

图 6-61　壳体

第 7 章

标准件和常用件

主要内容

1. 螺纹及螺纹紧固件连接画法。
2. 齿轮画法。
3. 键连接画法、销连接画法。
4. 滚动轴承画法。
5. 弹簧画法。

在各种机械、仪器和设备中，广泛应用螺栓、螺钉、螺母、键、销等零件，如图 7-1 所示。这些零件使用量很大，为便于设计、制造和使用，对它们的结构、尺寸和技术要求全部实行了标准化，这些零件称为标准件。对常用的齿轮等零件的部分重要参数进行了系列化，通常把这些零件称为常用件。除标准件、常用件以外的其他零件称为一般件或专用件。

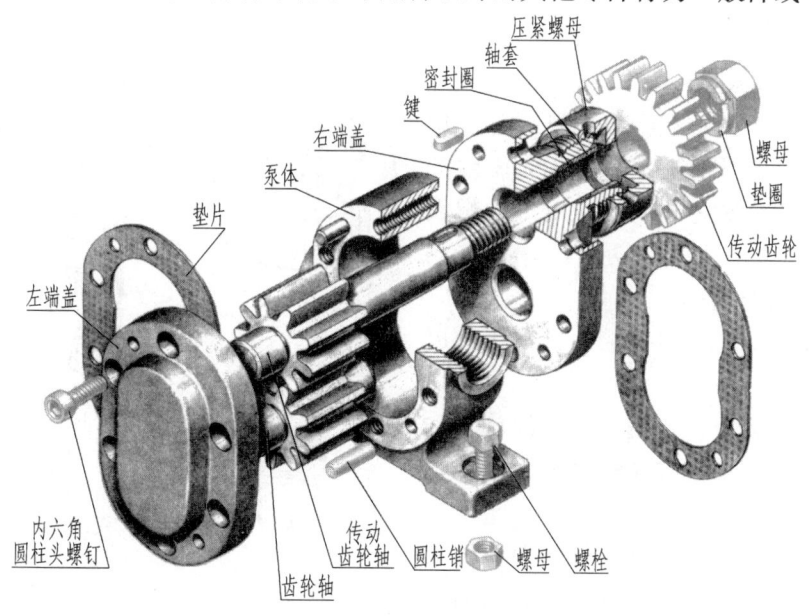

图 7-1　齿轮泵中的标准件和常用件

零件的结构、尺寸标准化后，加工时就可以使用标准的切削刀具或专用机床进行大批量生产，从而简化设计并减少加工成本。绘图时，为了提高画图效率，对上述零件的某些形状和结构不必按真实投影绘制，而是根据国家标准规定的画法、代号和标记进行绘图和标注。

本章重点介绍标准件和常用件的规定画法及其标注方法。

7.1 螺纹及螺纹紧固件

7.1.1 螺纹的形成及工艺结构

1. 螺纹的形成

动点沿圆柱表面运动，轴向位移和角位移成定比，运动轨迹称为圆柱螺旋线。与轴线共面的平面图形沿圆柱螺旋线运动形成的具有规定断面形状的连续凸起和沟槽称为螺纹。

在圆柱外表面上形成的螺纹称为外螺纹，在圆柱内表面上形成的螺纹称为内螺纹。螺纹可用多种方法制造，图7-2为在车床上车削内、外螺纹的情况。对于直径小的螺纹，可用丝锥和板牙加工，如图7-3所示。

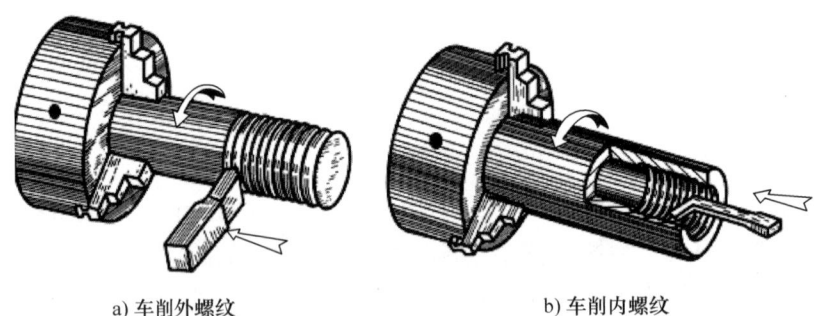

a) 车削外螺纹　　　　　b) 车削内螺纹

图 7-2　车削螺纹

螺纹凸起又称为牙体，牙体顶部的螺纹表面称为螺纹的牙顶。在螺纹沟槽底部的螺纹表面称为螺纹的牙底。在通过螺纹轴线的剖面上，牙顶和牙底之间的螺纹对应的螺纹表面称为牙侧，如图7-4a所示。

2. 螺纹的工艺结构

常见的螺纹工艺结构有倒角、螺尾和退刀槽。

（1）倒角　为了便于内、外螺纹旋合和防止碰伤螺纹端部，通常在螺纹的起始处加工出倒角，如图7-4b所示。

（2）螺尾和退刀槽　加工螺纹时，刀具快到螺纹终止处时要逐渐离开工件，因而螺纹尾部形成一小段不完整的螺纹，称为螺

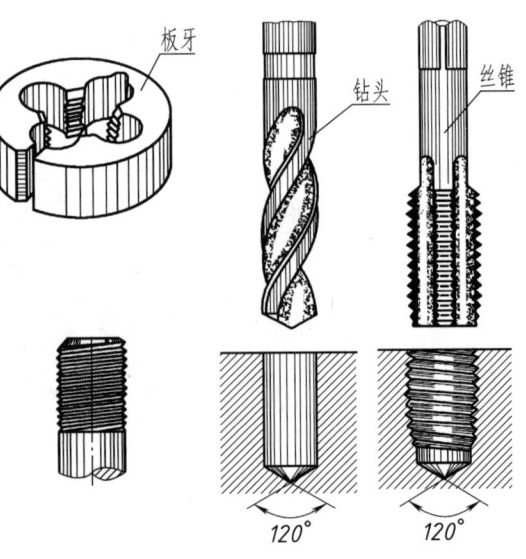

图 7-3　用板牙、丝锥加工螺纹

尾。螺纹的有效长度为完整螺纹的长度，不包括螺尾，如图 7-4b 所示。有时为了连接和定位，需避免产生螺尾，此时在螺纹终止处预先加工出退刀槽，如图 7-4c 所示。

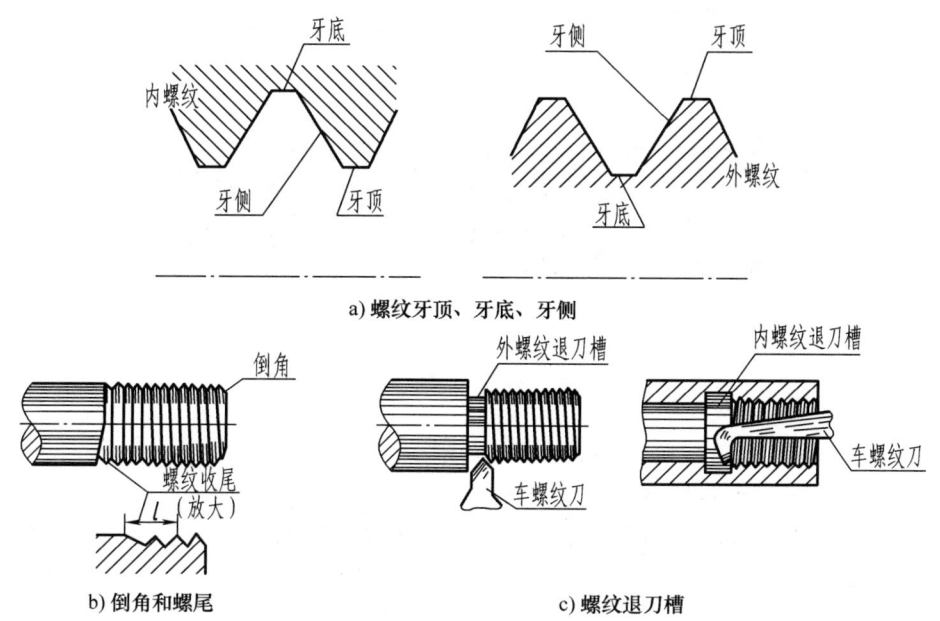

图 7-4 螺纹的牙顶、牙底、牙侧和螺纹上常见结构

倒角、螺尾和退刀槽的标准见表 E-4。

7.1.2 螺纹的要素

外螺纹和内螺纹通常成对使用，但要使内、外螺纹旋合在一起，下列要素必须一致：

（1）牙型　在通过螺纹轴线的剖面上，螺纹的轮廓形状称为牙型。常见的螺纹牙型有三角形、梯形、锯齿形和矩形等，如图 7-5 所示。三角形螺纹主要用于连接。

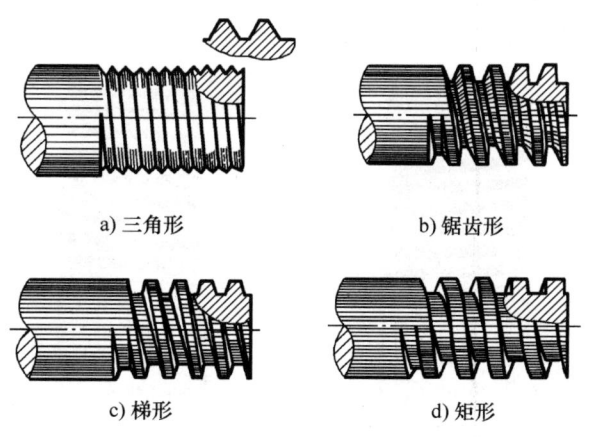

图 7-5 螺纹的牙型

（2）大径、小径、中径　与螺纹牙顶和螺纹牙底相切的两个假想圆柱的直径，大者称为大径，小者称为小径。外螺纹大径用 d 表示，内螺纹大径用 D 表示。外螺纹小径用 d_1 表

示，内螺纹小径用 D_1 表示，如图 7-6 所示。中径也是假想圆柱的直径，该圆柱的母线通过牙型上沟槽和凸起宽度相等的地方。该假想圆柱称为中径圆柱。外螺纹的中径用 d_2 表示，内螺纹的中径用 D_2 表示。公称直径是代表螺纹尺寸的直径，一般指螺纹大径的公称尺寸。

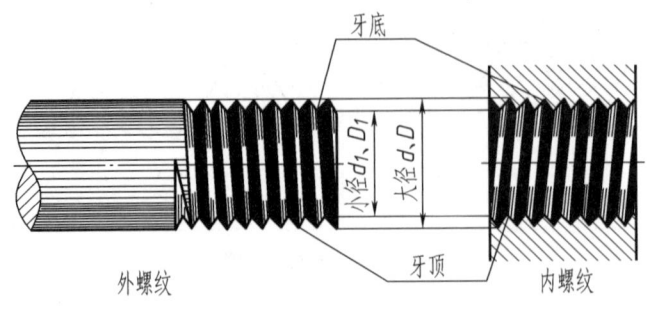

图 7-6 螺纹的大径和小径

（3）线数　螺纹有单线与多线之分。单线螺纹为沿一条螺旋线形成的螺纹。多线螺纹为沿两条或两条以上的螺旋线形成的螺纹，其螺旋线沿轴向等距分布，如图 7-7 所示。螺纹线数用 n 表示。

（4）螺距和导程　螺距是指相邻两牙在中径线上对应两点间的轴向距离，用 P 表示。导程是指同一条螺纹上的相邻两牙在中径线上对应两点间的轴向距离，用 P_h 表示，如图 7-7 所示。螺距与导程关系式为：$P_h = nP$。

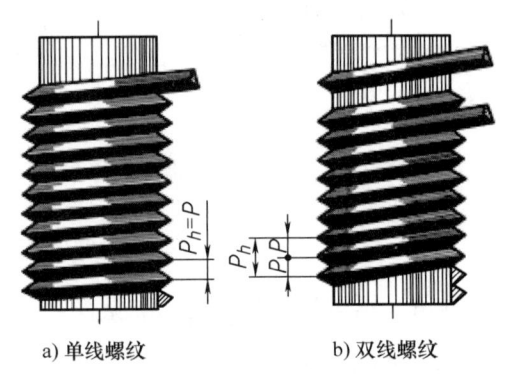

a) 单线螺纹　　b) 双线螺纹

图 7-7 螺纹的线数

（5）旋向　螺纹分右旋和左旋，顺时针旋转时旋入的螺纹称为右旋螺纹；逆时针旋转时旋入的螺纹为左旋螺纹。判断螺纹旋向的方法如图 7-8 所示：四指放入螺纹沟槽并旋转，若手的移动方向与右手拇指指向相同，则螺纹为右旋；若手移动方向与左手拇指指向相同，则螺纹为左旋。

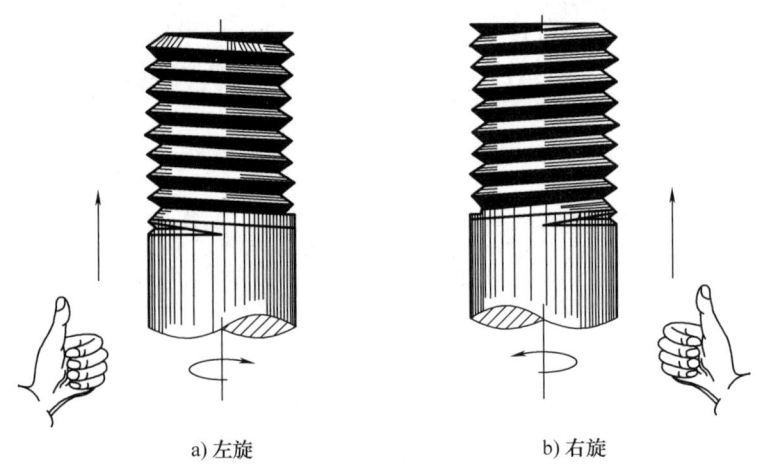

a) 左旋　　　　　　b) 右旋

图 7-8 螺纹的旋向

第7章 标准件和常用件

为了便于设计和制造，国家标准对螺纹的牙型、大径和螺距进行了统一规定。凡是这三项要素都符合标准的螺纹，称为标准螺纹，结构、形式和尺寸见表 A-1~表 A-4。牙型符合标准，直径或螺距不符合标准的螺纹，称为特殊螺纹。牙型不符合标准的螺纹，称为非标准螺纹（如矩形螺纹）。在工程上如无特殊需要，均应采用标准螺纹。

7.1.3 螺纹的规定画法

螺纹的真实投影比较复杂，为了绘图简便，国家标准《机械制图 螺纹及螺纹紧固件表示法》GB/T 4459.1—1995 规定了螺纹的表示法。

1. 外螺纹

如图 7-9a 所示，在平行于螺杆轴线的投影面上的视图中，外螺纹大径线用粗实线表示，小径线用细实线表示，螺纹长度终止线用粗实线表示。螺杆的倒角应当画出，并将螺纹小径线画入倒角部分。在垂直于螺纹轴线的投影面上的视图中，大径圆画成粗实线圆，小径圆只画约 3/4 圈细实线圆（空出约 1/4 圈的位置不作规定），螺杆上的倒角投影不画。当外螺纹采用剖视时，剖面线应画到粗实线，螺纹终止线按图 7-9b 所示的画法画出。

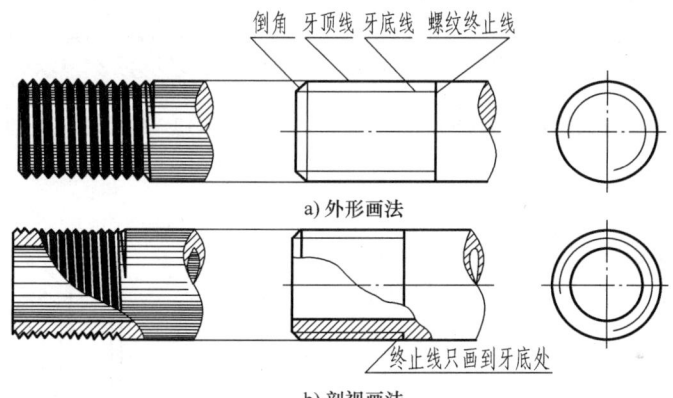

图 7-9 外螺纹的画法

2. 内螺纹

如图 7-10a 所示，在平行螺纹轴线的投影面的视图中，内螺纹通常画成剖视图。小径线

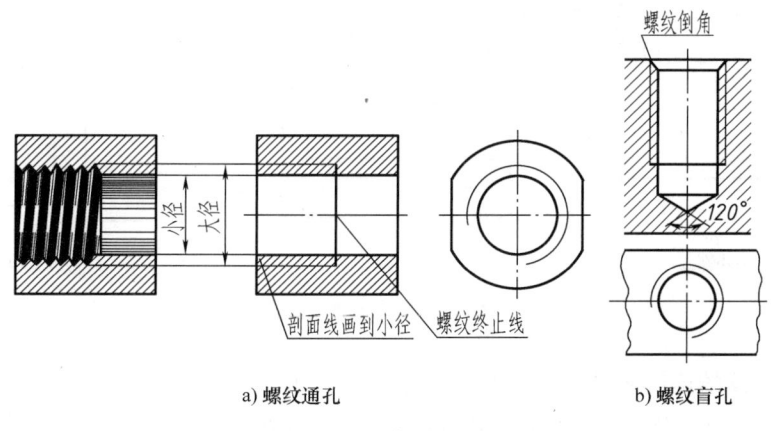

图 7-10 内螺纹的画法

用粗实线表示，大径线用细实线表示，螺纹长度终止线用粗实线表示，剖面线画到螺纹小径线。在垂直于螺纹轴线的投影面的视图中，小径圆画成粗实线圆，大径圆画成约 3/4 圈细实线圆（空出约 1/4 圈的位置不作规定），螺纹孔上的倒角投影不画出。

绘制不穿通螺纹孔时，一般应将钻孔深度与螺纹部分的深度分别画出，并在钻孔底部画出顶角为 120°的锥坑，如图 7-10b 所示。

图 7-11 为不可见螺纹孔的画法，图 7-12 为螺孔相贯线的画法。

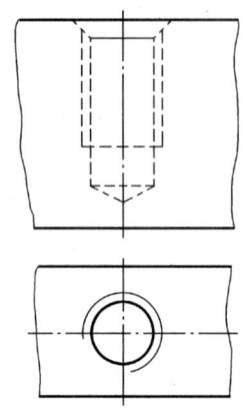
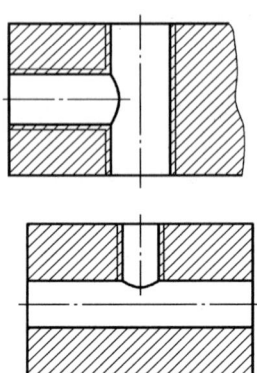

图 7-11　不可见的螺纹孔的画法　　　图 7-12　螺孔相贯线的画法

3. 螺尾画法

画图时，内、外螺纹的螺尾部分一般不必画出。当需要表示螺尾时，该部分用与轴线成 30°的细实线画出，如图 7-13 所示。

4. 牙型表示法

当螺纹为标准牙型时，一般不需要在图中表示螺纹牙型。若为非标准螺纹，可采用局部剖视图或局部放大图画出几个牙型，如图 7-14 所示。

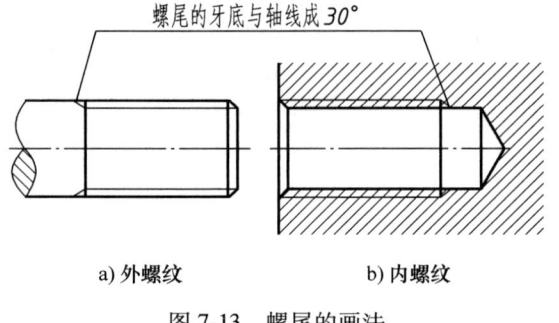

a) 外螺纹　　　b) 内螺纹

图 7-13　螺尾的画法

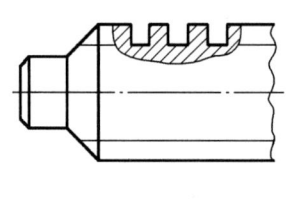
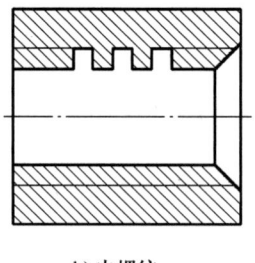
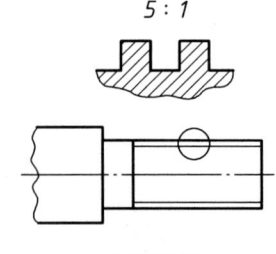

a) 外螺纹　　　b) 内螺纹　　　c) 局部放大

图 7-14　螺纹牙型的表示法

5. 内、外螺纹的连接画法

以剖视图表示内外螺纹连接时，其旋合部分应按外螺纹画法绘制，其余部分仍按各自画法绘制，如图 7-15 所示。由于内外螺纹旋合的条件是螺纹要素一致，因此画图时要注意：内、外螺纹小径线要对齐；内、外螺纹大径线也要对齐。另外，剖面线要画到粗实线。钻孔深度按照大于螺孔深度约 $0.5d$ 绘制；螺纹孔深度按照大于旋合长度约 $0.5d$ 绘制。

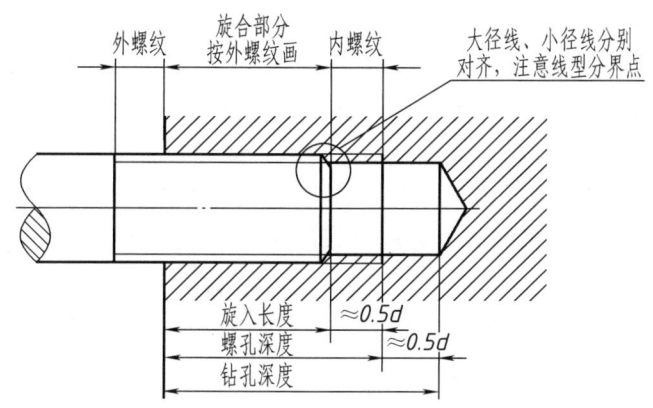

图 7-15　内、外螺纹连接画法

7.1.4　螺纹的种类及标记（GB/T 197—2018、GB/T 5796.4—2005、GB/T 20666—2006）

1. 螺纹的种类

螺纹有多种不同的分类形式，常用的标准螺纹按用途可分为紧固螺纹、管螺纹、传动螺纹、专用螺纹。紧固螺纹和管螺纹常用来起连接作用，此处统称为连接螺纹；传动螺纹用于传递动力和运动。见表 7-1。

表 7-1　常用的标准螺纹

螺纹分类	螺纹类别	外形及牙型图	特征代号	螺纹类别	外形及牙型图	特征代号
连接螺纹	粗牙普通螺纹	60°	M	55°非密封管螺纹	55°	G
	细牙普通螺纹			55°密封管螺纹	55°	R（圆锥外螺纹） Rc（圆锥内螺纹） Rp（圆柱内螺纹）
传动螺纹	梯形螺纹	30°	Tr	锯齿形螺纹	3° 30°	B

2. 螺纹的标注

国家标准规定，标准螺纹在图上注出：特征代号、公称直径、导程（螺距）、公差带代号、旋合长度代号、旋向。各种螺纹的标注内容和方法见表 7-2。

注意：①普通粗牙螺纹的螺距省略不注，旋向为左旋时，用字母 **LH** 表示，右旋省略不注。②螺纹公差带代号由表示其公差等级的数字和表示公差带位置的字母组成（内螺纹用大写字母，外螺纹用小写字母），如 **6H、7H、7A、6g、7c、7e** 等。普通螺纹分别标注中径、顶径公差带代号，两者相同时只标注一个。梯形螺纹只标中径公差带代号。③普通螺纹的旋合长度规定了短（S）、中（N）、长（L）三种旋合长度，梯形螺纹规定了中（N）、长（L）两种旋合长度。当旋合长度为中等旋合长度 N 时，省略不注。

表 7-2 常用的标准螺纹标注

螺纹类别	图例	说明
普通螺纹	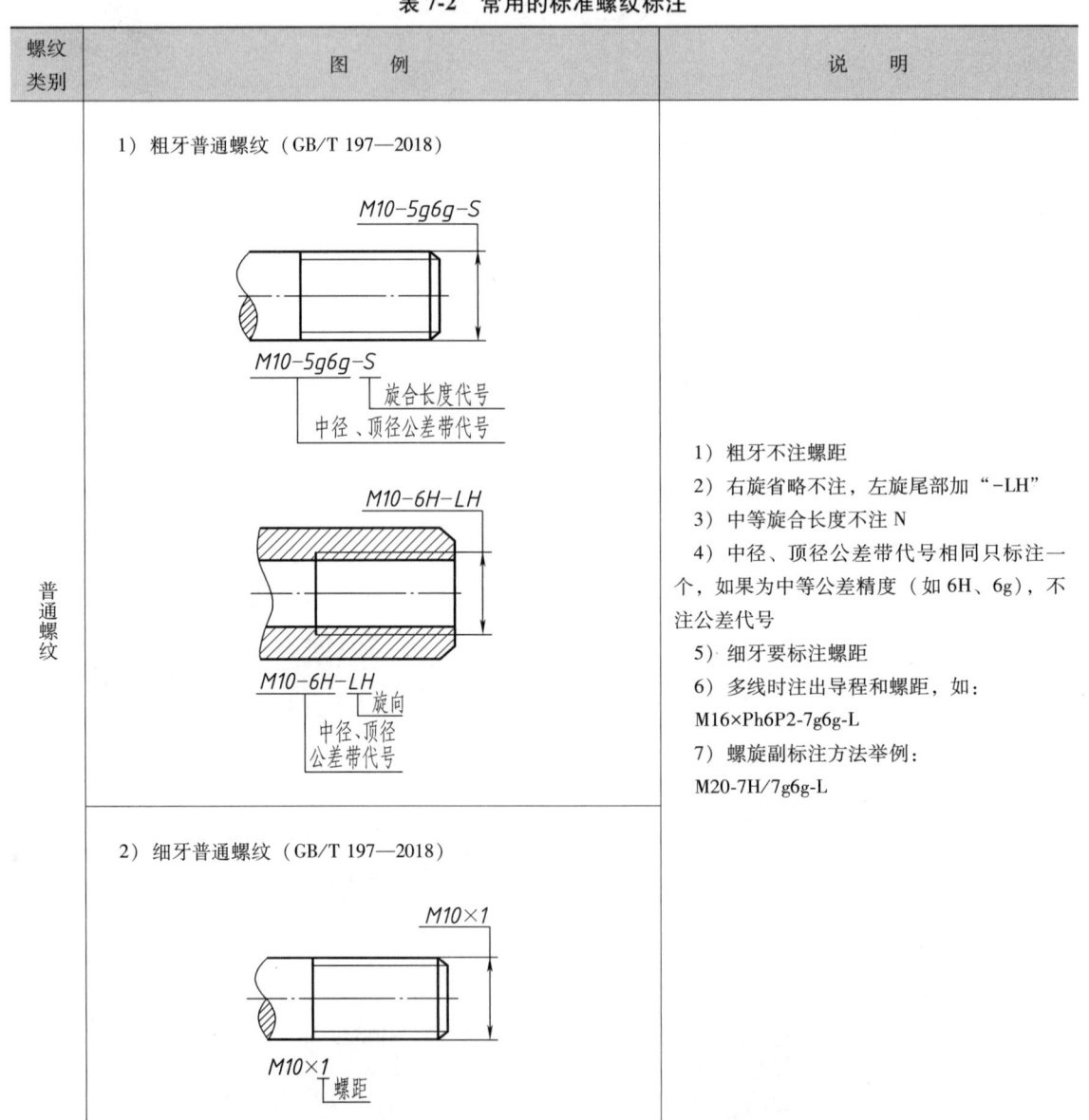	1）粗牙不注螺距 2）右旋省略不注，左旋尾部加"-LH" 3）中等旋合长度不注 N 4）中径、顶径公差带代号相同只标注一个，如果为中等公差精度（如 6H、6g），不注公差代号 5）细牙要标注螺距 6）多线时注出导程和螺距，如：M16×Ph6P2-7g6g-L 7）螺旋副标注方法举例：M20-7H/7g6g-L

(续)

螺纹类别	图 例	说 明
管螺纹（单线）	1）55°非密封管螺纹（GB/T 7307—2001）（内螺纹） *G1/2* 2）55°非密封管螺纹（GB/T 7307—2001）（外螺纹） *G1/2A-LH* 公差等级为A级*G1/2A-LH* 公差等级为B级*G1/2B*　左旋 3）55°密封管螺纹（圆柱内管螺纹）（GB/T 7306.1—2000） $R_P1/2$ 4）55°密封管螺纹（圆锥内管螺纹）（GB/T 7306.2—2000） $R_c1/2$ 5）55°密封管螺纹（圆锥外螺纹）（与55°密封管螺纹的圆柱内管螺纹配合） （GB/T 7306.1—2000） $R_11/2$ 6）55°密封管螺纹（圆锥外螺纹）（与55°密封管螺纹的圆锥内管螺纹配合） （GB/T 7306.2—2000） $R_21/2$	1）管螺纹采用旁注法标注，指引线由大径线引出 2）G右边的数字为管螺纹尺寸代号，表征管口的近似口径，可查得大径、螺距等主要参数 3）不标注螺距 4）右旋省略不注，左旋要标注LH 5）外螺纹有A、B两种精度，精度必须标注。内螺纹只有一种精度，不标注。表示螺纹副时仅需要标注外螺纹的标记 6）55°密封管螺纹的内、外管螺纹均只有一种公差，不注 7）R_c、R_p、R_1、R_2右边的数字为尺寸代号（单位为inch） 8）不标注螺距 9）右旋省略不注，左旋要标注LH

（续）

螺纹类别	图例	说明
锯齿形螺纹（单线或多线）	1）单线锯齿形螺纹（GB/T 13576.4—2008） B40×7LH-7c B40×7 LH - 7c 　　　│　│　└中径公差带代号 　　　│　└左旋 　　　└螺距 　└公称直径 2）多线锯齿形螺纹（GB/T 13576.4—2008） B40×14(P7)-7c B40×14(P7) - 7c 　　　│　│　└中径公差带代号 　　　│　└螺距 　　　└导程 　└公称直径	锯齿形螺纹标记参照梯形螺纹标记
梯形螺纹（单线或多线）	1）单线梯形螺纹（GB/T 5796.4—2005） Tr40×7-7e Tr40×7-7e 　　　│　└中径公差带代号 　　　└螺距 　└公称直径 2）多线梯形螺纹（GB/T 5796.4—2005） Tr40×14(P7)LH-7e Tr40×14(P7) LH -7e 　　　│　│　└中径公差带代号 　　　│　└左旋 　　　│　└螺距 　　　└导程 　└公称直径	1）单线标注螺距 2）螺纹公差带按中径公差带标注 3）右旋不注，左旋注 LH 4）多线要标注导程，括号内标注螺距

(续)

螺纹类别	图 例	说 明
统一螺纹（紧固螺纹）	统一螺纹（紧固螺纹）（GB/T 20666—2006） 标记实例： 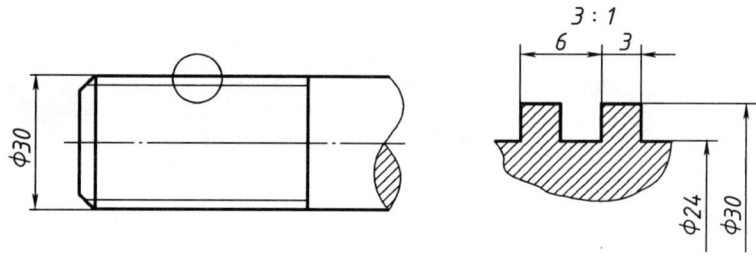	统一螺纹是指在美国、英国、加拿大三个国家统一使用的螺纹，相当于英寸制的普通螺纹

非标准螺纹不采用表 7-2 所列的标注方式，一般放大画出牙型并标注有关尺寸及要求，如图 7-16 所示。

图 7-16 非标准螺纹标注

图样中标注的螺纹长度，均指不包括螺尾，但包含倒角、退刀槽长度在内的螺纹有效长度，如图 7-17a 所示。否则，应另加说明或按实际需要标注，如图 7-17b 所示。

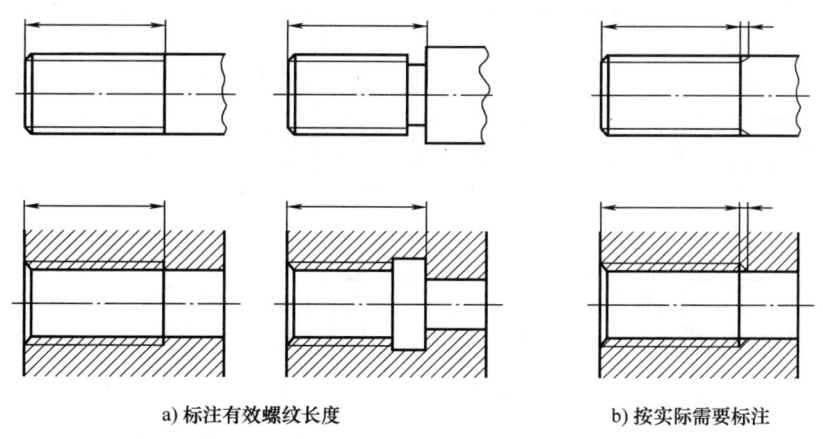

a) 标注有效螺纹长度　　　　b) 按实际需要标注

图 7-17 螺纹长度标注

7.1.5 常用螺纹紧固件的种类及标记

常用螺纹紧固件有螺栓、双头螺柱、螺钉、螺母、垫圈等，如图 7-18 所示。这些零件都是标准件，标准件各部分尺寸都可以从相应的标准中查出。紧固件通常都是由专业化工厂成批生产的，使用时可直接按其规格购买。

图 7-18　常用的螺纹紧固件

表 7-3 列出了常用螺纹紧固件及其规定标记。常用螺纹紧固件的结构及尺寸见附录中的表 B-1~表 B-8。

表 7-3　常用螺纹紧固件标记示例

名称及视图	规定标记示例	名称及视图	规定标记示例
六角头螺栓	螺栓 GB/T 5780 M12×45	内六角圆柱头螺钉	螺钉 GB/T 70 M12×50
B 型双头螺柱	螺柱 GB/T 899 M12×45	开槽圆柱头螺钉	螺钉 GB/T 65 M10×50
开槽沉头螺钉	螺钉 GB/T 68 M12×60	I 型六角开槽螺母	螺母 GB/T 6178 M20

名称及视图	规定标记示例	名称及视图	规定标记示例
开槽锥端紧定螺钉	螺钉 GB/T 71 M12×50	平垫圈	垫圈 GB/T 97.1 16
I 型六角螺母	螺母 GB/T 6170 M16	弹簧垫圈	垫圈 GB/T 93 20

7.1.6 螺纹紧固件连接画法

利用螺纹紧固件连接零件主要有三种形式：螺栓连接、双头螺柱连接和螺钉连接，如图 7-19 所示。

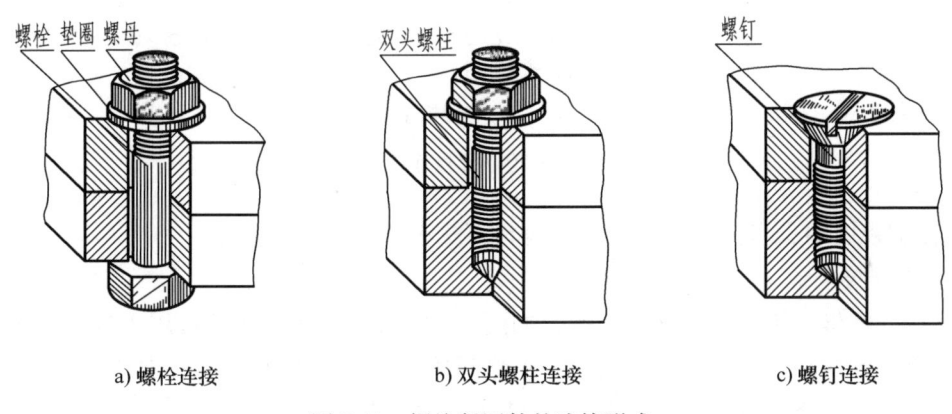

a) 螺栓连接　　　b) 双头螺柱连接　　　c) 螺钉连接

图 7-19　螺纹紧固件的连接形式

画图前，应根据连接形式、被连接件的厚度、螺纹大径等确定各标准件的标记。在画螺纹紧固件装配图时，为了作图简便，可不按标准中规定的尺寸画图，而采用比例画法。所谓比例画法，是指紧固件各部分尺寸都取成与螺纹大径成一定比例来画图。倒角、倒圆、退刀槽等工艺结构也可以省略不画，如图 7-20～图 7-22 所示。

装配图的画法规定如下：

1. 规定画法

画螺纹紧固件的装配图时，应遵守以下规定（见图 7-20～图 7-22）：

1）两零件的接触表面和配合表面只画一条线，不接触表面和非配合表面应画两条线。

2）两金属零件邻接时，其剖面线方向应相反，或者方向一致、间隔不等。

3）在剖视图中，当剖切平面通过紧固件（螺栓、螺母、垫圈等）或实心件的轴线时，这些标准件均按不剖绘制，即仍画其外形。

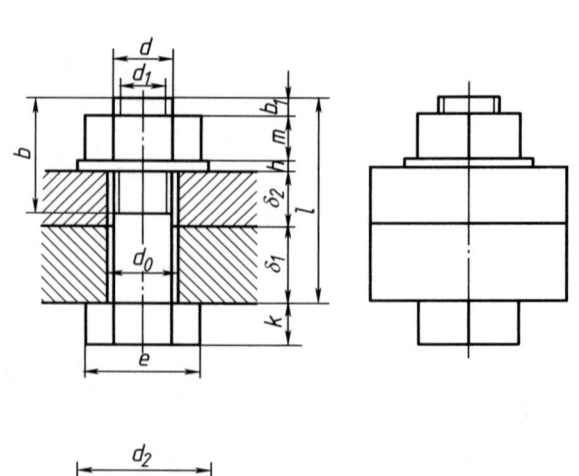
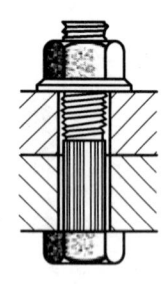
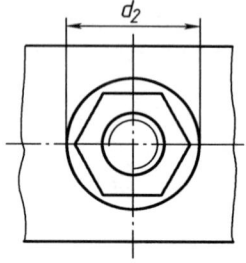

$d_0=1.1d, k=0.7d, e=2d, h=0.15d, d_2=2.2d, m=0.8d, b_1=(0.2\sim0.3)d,$
$b=(1.5\sim2)d, d_1=0.85d$

a) 螺栓连接立体图　　　　　　　　　　b) 螺栓连接装配图比例画法

图 7-20　螺栓连接

4）在剖视图中，当其边界不画波浪线时，应将剖面线绘制整齐。

2. 螺栓连接

由螺栓、螺母、垫圈组成螺栓连接，如图 7-19a 所示。螺栓连接常用于连接不太厚的零件，以六角头螺栓和六角螺母应用最广。平垫圈用以增加支承面积，并可防止拧紧螺母时损伤被连接件表面。被连接件的光孔通孔直径应略大于螺栓大径，具体尺寸可查阅有关的标准。螺栓连接装配图的比例画法如图 7-20 所示。

3. 双头螺柱连接

双头螺柱连接由双头螺柱、螺母、垫圈组成，如图 7-19b 所示。它用于被连接件总体厚度较厚或由于结构上的限制不能用螺栓连接的场合。被连接件中较厚的零件加工出螺纹孔，其余零件加工出光孔通孔，图 7-21 中选用了能起防松作用的弹簧垫圈。

双头螺柱两端都有螺纹，一端必须全部旋入被连接零件的螺纹孔内，称为旋入端；另一端用于拧紧螺母，称为紧固端。

旋入端长度 b_m，按国家标准规定有四种长度：$b_m=d$（GB/T 897—1988）；$b_m=1.25d$（GB/T 898—1988）；$b_m=1.5d$（GB/T 899—1988）；$b_m=2d$（GB/T 900—1988）。b_m 可根据螺纹孔零件的材料选用。通常被旋入零件的材料为钢或青铜时，取 $b_m=d$；为铸铁时，取 $b_m=1.25d$ 或 $1.5d$；为铝时，取 $b_m=2d$。螺纹孔深度为 $b_m+0.5d$，钻孔深度比螺纹孔深 $0.5d$。旋入端要全部旋入被旋入零件的螺孔内，所以，旋入端螺纹终止线应与该零件表面线平齐。

螺柱连接装配图的比例画法如图 7-21 所示。图中未注出比例值的部位，与螺栓连接装配图中对应处的比例画法相同。画弹簧垫圈时开口应左旋且与水平成 60°角。

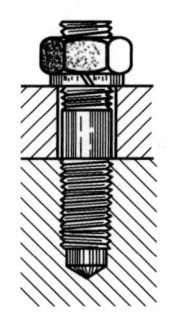
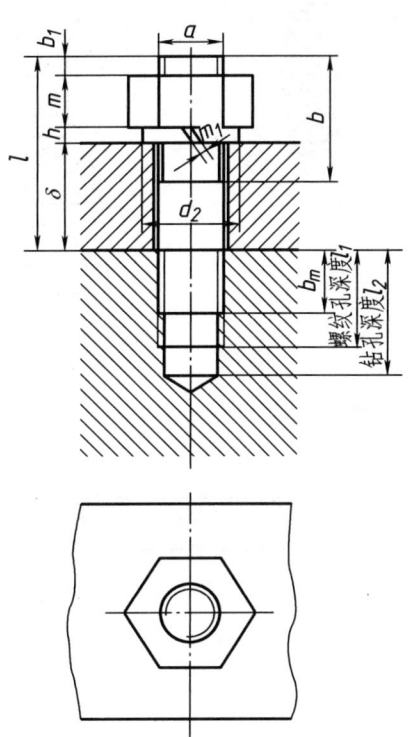

$d_2=1.5d$, $m_1=0.1d$, $h=0.25d$, $b_1=(0.2\sim0.3)d$, b_m 从双头螺柱标准中查得
$l_1=b_m+0.5d$, $l_2=l_1+0.5d$, $b=(1.5\sim2)d$

a) 双头螺柱连接立体图　　　　　　　　　　b) 双头螺柱连接装配图比例画法

图 7-21　双头螺柱连接

4. 螺钉连接

螺钉连接可不用螺母，而是将螺钉直接拧入机件螺纹孔中。螺钉连接一般用于受力不大而又不需经常拆卸的场合。在被连接零件中，一个零件加工出螺纹孔，其余零件加工出光孔通孔，如图 7-22 所示。该图为两种常用螺钉连接装配图的比例画法。

确定螺钉的标注时，螺钉旋入螺纹孔的深度 b_m 的大小也根据加工螺孔的被连接零件材料而定。

如图 7-22 所示，主、俯两个视图之间螺钉头部一字槽不按照投影关系绘制，国家标准规定在该俯视图上将其按照向右上方倾斜 45°方向画出。

紧定螺钉用于固定两个零件，使零件间不产生相对运动，如图 7-23 所示为用紧定螺钉连接的画法。

以上画法中，省略了零件上的倒角和因倒角而产生的截交线，如螺栓端部的倒角及螺母端部。

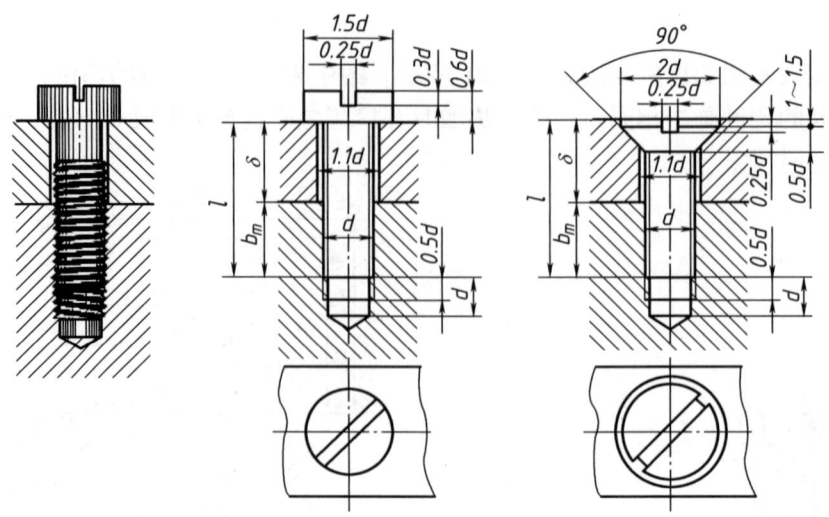

a) 螺钉连接立体图　　　　　　b) 螺钉连接装配图比例画法

图 7-22　螺钉连接

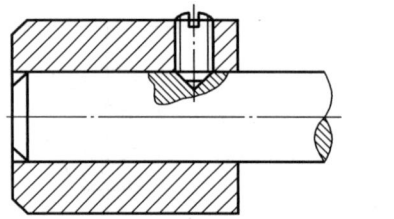 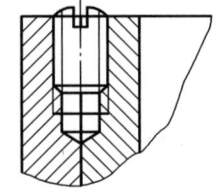

图 7-23　紧定螺钉连接

7.2　齿轮

齿轮是机械中应用广泛的一种传动零件，用来传递运动和动力，并能改变旋转速度和回转方向。齿轮种类很多，根据其用途和传动情况可分为三类：

圆柱齿轮——用于两平行轴之间的传动，如图 7-24a 所示；

a) 圆柱齿轮　　　　　　b) 锥齿轮　　　　　　c) 蜗杆与蜗轮

图 7-24　常见的齿轮传动

锥齿轮——用于两相交轴之间的传动，如图 7-24b 所示；

蜗杆与蜗轮——用于两交错轴之间的传动，如图 7-24c 所示。

圆柱齿轮按其轮齿方向分为直齿、斜齿和人字齿等。本节主要介绍标准直齿圆柱齿轮的几何要素、尺寸计算和规定画法。

7.2.1 标准直齿圆柱齿轮各几何要素的名称、代号和尺寸计算

1. 标准直齿圆柱齿轮几何要素的名称、代号

（1）节点、节圆、分度圆　齿轮啮合时，两齿廓的啮合线（两齿轮基圆的内公切线）与两齿轮中心连接线 O_1O_2 的交点 C 为节点。节点也是两齿轮上速度相同的点。分别以 O_1、O_2 为圆心，以 O_1C、O_2C 为半径所作的两个相切的圆，称为节圆，其直径用 d_w 表示，如图 7-25 所示。齿轮传动可假想为两个节圆做纯滚动。

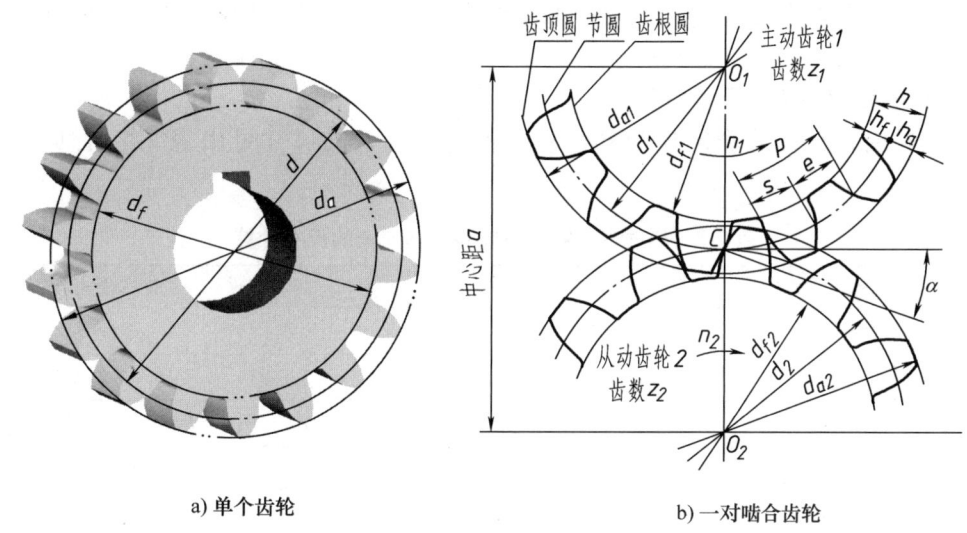

a) 单个齿轮　　　　　　　b) 一对啮合齿轮

图 7-25　齿轮各几何要素名称

分度圆是设计、制造齿轮时进行尺寸计算的基准圆，其直径用 d 表示。一对正确安装的标准齿轮，其分度圆与节圆重合，即 $d_w=d$。

（2）齿顶圆　通过轮齿顶部的圆称为齿顶圆，直径用 d_a 表示。

（3）齿根圆　通过轮齿根部的圆称为齿根圆，直径用 d_f 表示。

（4）齿高　齿顶圆与齿根圆之间的径向距离，称为齿高，用 h 表示。分度圆与齿顶圆之间的径向距离称为齿顶高，用 h_a 表示。分度圆与齿根圆之间的径向距离称为齿根高，用 h_f 表示。齿高为齿顶高和齿根高之和，即 $h=h_a+h_f$。

（5）齿距、齿厚、槽宽　分度圆上相邻两齿同侧齿廓对应点之间的弧长称为齿距，用 p 表示。分度圆上同一轮齿齿廓间的弧长称为齿厚，用 s 表示。分度圆上同一个齿槽间的弧长称为槽宽，用 e 表示。对于标准齿轮，齿厚与槽宽相等，且都等于齿距的一半，即 $p=e+s$，$e=s$。

（6）模数　以 z 表示齿轮齿数，则分度圆周长 $=zp=\pi d$，即 $d=pz/\pi$。令 $m=p/\pi$，则 $d=mz$。

m 称为齿轮模数，等于齿距 p 和 π 的比值。两啮合齿轮的齿距必须相等，因此两啮合齿轮模数必须相等。模数是计算齿轮各几何要素尺寸及加工齿轮的一个重要参数。模数越大，齿轮轮齿各部分尺寸越大，齿轮承载能力也就越大。在加工制造齿轮时，需根据模数选择刀具，为了设计和制造方便，已将模数标准化，其数值见表 7-4。

表 7-4　标准齿轮模数（GB/T 1357—2008）　　　　　　（单位：mm）

第一系列	1，1.25，1.5，2，2.5，3，4，5，6，8，10，12，16，20，25，32，40，50
第二系列	1.125，1.375，1.75，2.25，2.75，3.5，4.5，5.5，(6.5)，7，9，11，14，18，22，28，36，45

注：选用时，优先采用第一系列，括号内的模数尽可能不用。

（7）齿形角　在节点 C 处，齿廓曲线的公法线（即齿廓的受力方向）与两节圆的内公切线（即齿轮节点 C 处瞬时运动方向）所夹的锐角（即分度圆上的压力角）称为齿形角，用 α 表示，如图 7-25 所示。我国规定标准齿轮的齿形角为 20°。两相互啮合齿轮的齿形角必须相等。

2. 标准直齿圆柱齿轮尺寸计算

设计齿轮时，首先要确定模数和齿数，各几何要素的尺寸可由表 7-5 所列公式计算出来。

表 7-5　标准直齿圆柱齿轮各几何要素的尺寸计算

名称	代号	计算公式
齿顶高	h_a	$h_a = m$
齿根高	h_f	$h_f = 1.25m$
齿高	h	$h = h_a + h_f = 2.25m$
分度圆直径	d	$d = mz$
齿顶圆直径	d_a	$d_a = d + 2h_a = m(z+2)$
齿根圆直径	d_f	$d_f = d - 2h_f = m(z-2.5)$
中心距	a	$a = m(z_1 + z_2)/2$

7.2.2　直齿圆柱齿轮的规定画法

1. 单个圆柱齿轮规定画法

国家标准规定齿轮轮齿部分按规定画法绘制，其余结构按投影画法绘制。

在外形视图（即不剖视图）中，齿顶圆和齿顶线用粗实线绘制；分度圆和分度线用细点画线绘制；齿根圆和齿根线用细实线绘制，如图 7-26b 所示。在外形视图中，齿根圆和齿根线也可省略不画，如图 7-26c 所示。在剖视图中轮齿部分按不剖绘制，齿根线用粗实线绘制，如图 7-26a 所示。

2. 圆柱齿轮啮合画法

在投影为非圆的剖视图中，啮合区内两齿轮的节线重合，用细点画线绘制；齿根线用粗实线绘制；通常主动齿轮的齿顶线画粗实线，从动齿轮的轮齿被遮住的部分画成细虚线（也可省略不画），如图 7-27 所示。

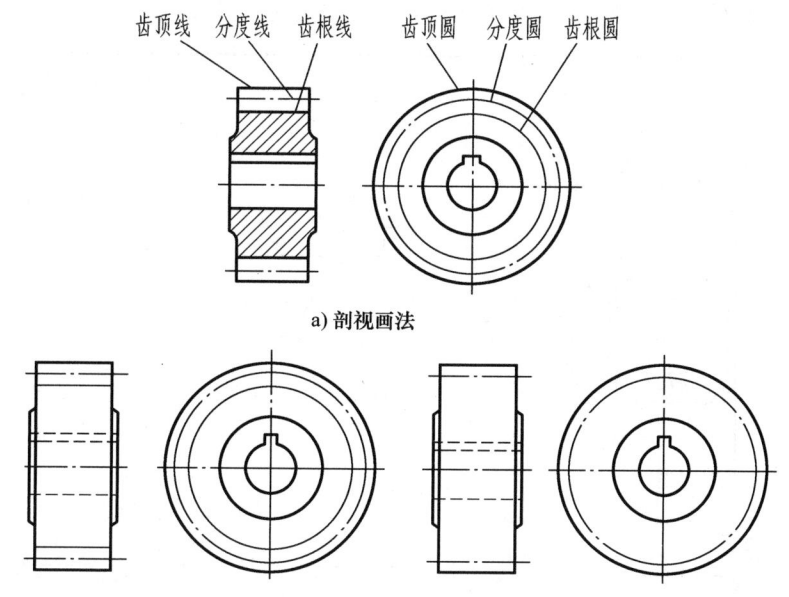

图 7-26 单个圆柱齿轮的画法

在投影为圆的剖视图中，两节圆相切，其余部分按单个齿轮规定画法绘制，也可以将齿根圆及啮合区的齿顶圆省略不画，如图 7-28a、b 所示。

在不剖的非圆外形视图中，啮合区内两齿轮的节线重合，用粗实线绘制，齿顶线、齿根线省略不画。如图 7-28c 所示。

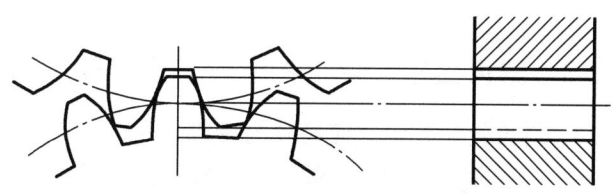

图 7-27 圆柱齿轮的啮合区画法

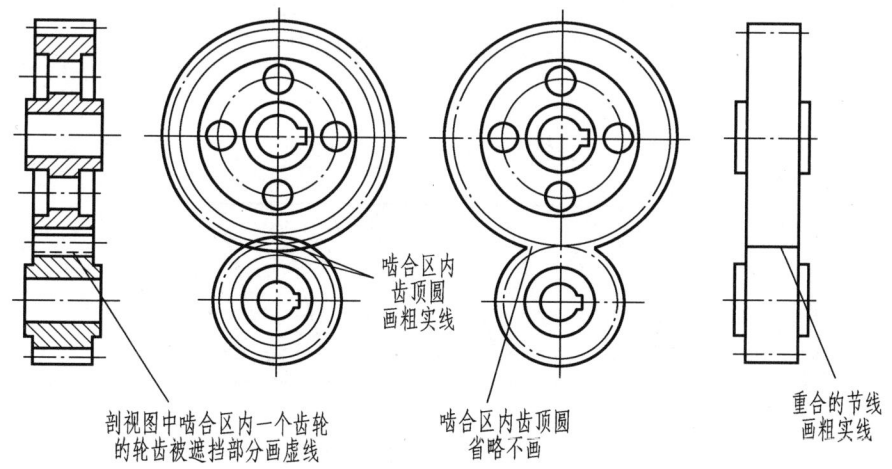

a) 主、左视图　　　b) 左视图省略画法　　　c) 主视图外形画法

图 7-28 圆柱齿轮啮合规定画法

图 7-29 为直齿圆柱齿轮的零件图（注意：齿根圆直径不标注）。

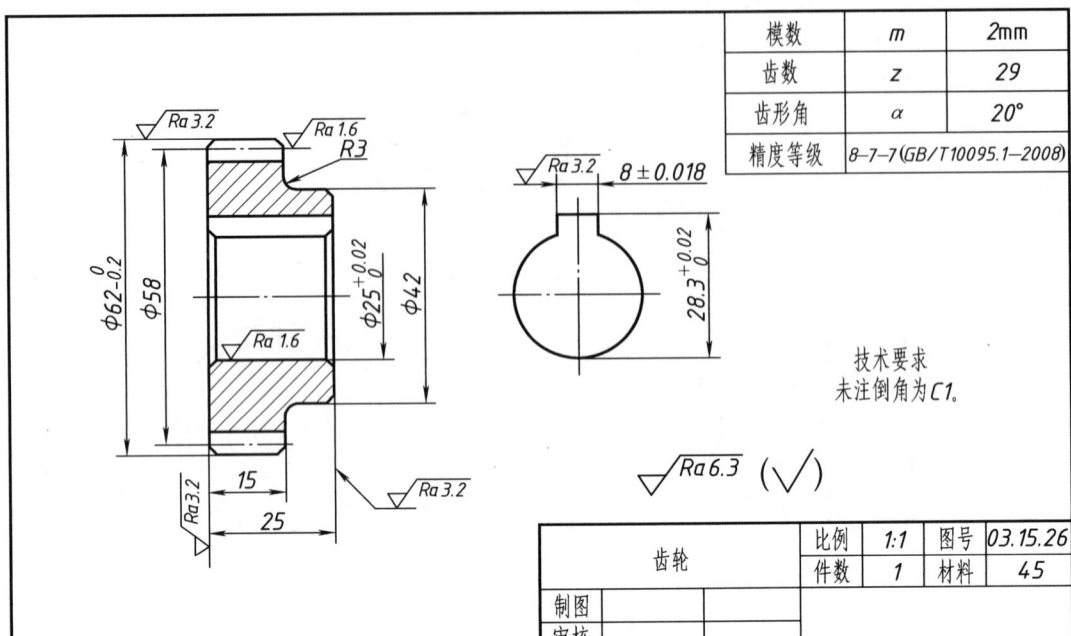

图 7-29　直齿圆柱齿轮零件图

7.2.3　斜齿圆柱齿轮（斜齿轮）及齿轮、齿条啮合画法简介

1. 斜齿轮参数和几何尺寸的计算

斜齿轮的齿向为圆柱螺旋线，分度圆柱面上的螺旋角为斜齿轮的名义螺旋角，用 β 表示。斜齿轮分度圆柱面的展开图如图 7-30 所示。斜齿轮参数分为端面参数和法向参数两种。垂直于齿轮轴线的平面为端平面，垂直于分度圆柱上螺旋线的平面为法平面。为了区别，法向参数加角标 n，端面参数加角标 t。由图 7-30 可知：

$$p_n = p_t \cdot \cos\beta \quad m_n = m_t \cos\beta$$

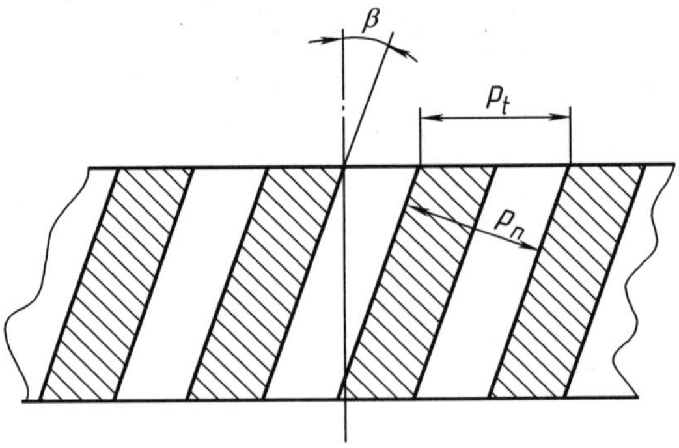

图 7-30　斜齿轮分度圆柱面展开图

斜齿轮加工沿螺旋齿槽方向切削，因此法向模数和法向齿形角取为标准值，但分度圆直径按端面模数计算。斜齿轮各几何要素尺寸计算见表 7-6。

表7-6 斜齿轮各几何要素尺寸计算

名称	代号	计算公式
法向模数	m_n	m_n
端面模数	m_t	$m_t = m_n/\cos\beta$
分度圆直径	d	$d_1 = m_t z_1 = \dfrac{m_n z_1}{\cos\beta}$ $d_2 = m_t z_2 = \dfrac{m_n z_2}{\cos\beta}$
齿顶高	h_a	$h_a = m_n$
齿根高	h_f	$h_f = 1.25 m_n$
全齿高	h	$h = 2.25 m_n$
齿顶圆直径	d_a	$d_{a1} = d_1 + 2h_a$ $d_{a2} = d_2 + 2h_a$
齿根圆直径	d_f	$d_{f1} = d_1 - 2h_f$ $d_{f2} = d_2 - 2h_f$
中心距	a	$a = (d_1 + d_2)/2 = m_n(z_1 + z_2)/(2\cos\beta)$

2. 斜齿轮画法

斜齿轮画法与直齿圆柱齿轮的画法相似,但在非圆视图中一般画成半剖视图或局部剖视图,并在外形视图部分画三条细实线表示轮齿的齿向,如图7-31所示。一对啮合的斜齿轮,其模数、齿形角、螺旋角相等,但螺旋角旋向相反。

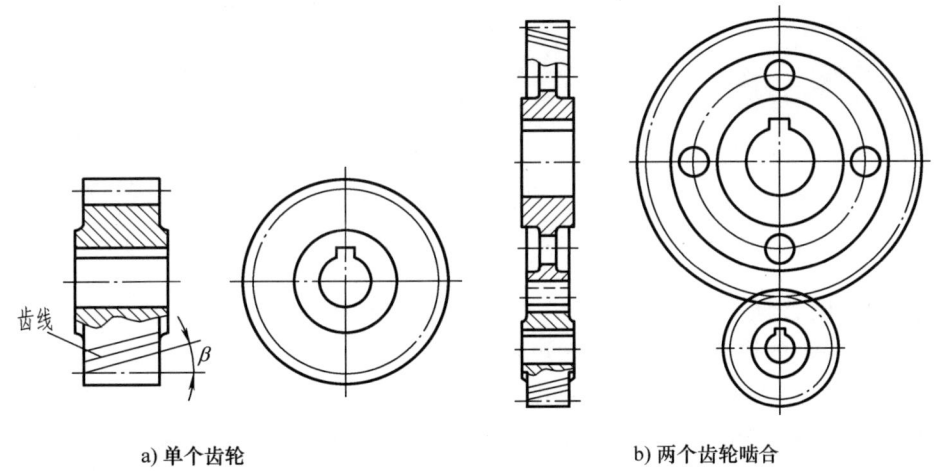

a) 单个齿轮　　　　　　　　　　b) 两个齿轮啮合

图7-31 斜齿轮视图画法

3. 齿轮、齿条的啮合画法

齿条可看成直径无穷大的齿轮,这时,齿顶圆、齿根圆、分度圆和齿廓曲线都变成直线。齿轮、齿条啮合画法基本与齿轮啮合的画法相同,需要注意的是齿轮的节圆应与齿条的节线相切,如图7-32所示。

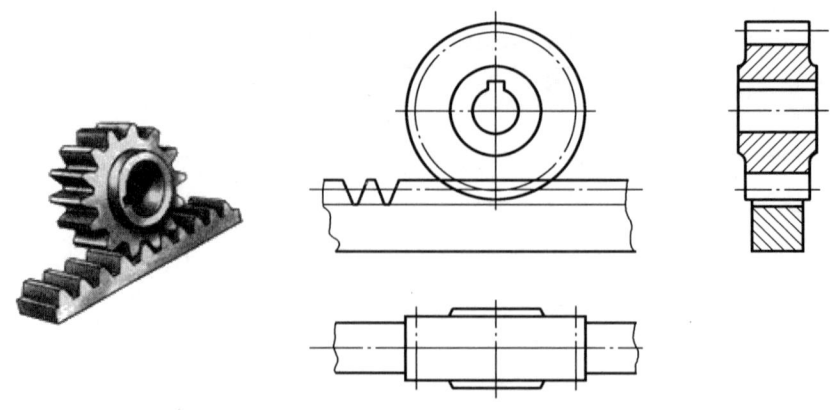

图 7-32 齿轮、齿条啮合画法

7.3 键和销

键和销是标准件，其结构、形式和尺寸见附录中的表 B-9～表 B-11。

7.3.1 键连接

键用来连接轴和轴上的传动零件（如齿轮、带轮等），起传递转矩的作用。常用的键有普通平键、半圆键和钩头楔键等，如图 7-33 所示。

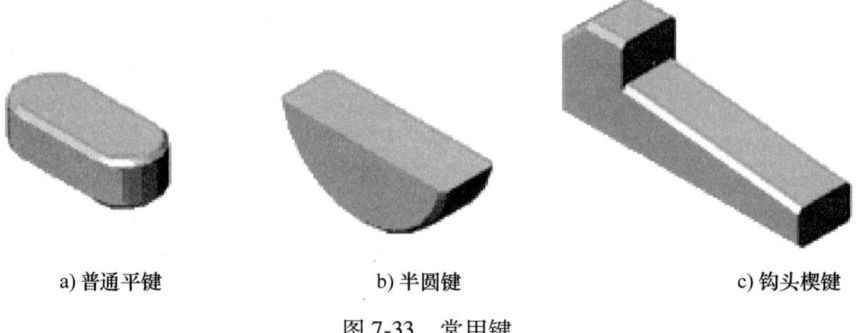

a) 普通平键　　　　　　b) 半圆键　　　　　　c) 钩头楔键

图 7-33 常用键

键连接中，以普通平键应用最广，其连接形式如图 7-34 所示。普通平键的横截面尺寸 $b×h$ 可根据轴径尺寸参照表 7-7 选取，通常键的长度比轮毂长度小 5～10mm，并根据附录中的表 B-9 取标准值。最后需经强度验算后确定键的标记。

键连接时，先要在轴上或轮毂上加工出键槽。轴上键槽如图 7-35a 所示，键槽长度应与键的公称长度相等，键槽宽度应与键的宽度一致，键槽深度 t_1 值通过查标准确定。轮毂上的键槽如图 7-35b 所示，键槽应加工成通槽，键槽宽应与键的宽度、轴上键槽宽度相一致。键槽深度 t_2 值通

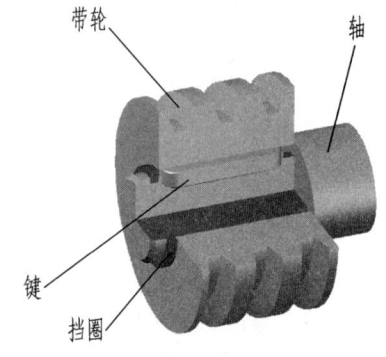

图 7-34 普通平键连接

过查标准确定。轴上及轮毂上键槽的尺寸应按图 7-35 所示方式标注。

表 7-7 普通平键的横截面尺寸选取 （单位：mm）

公称直径 d	>10~12	>12~17	>17~22	>22~30	>30~38	>38~44	>44~50	>50~58	>58~65	>65~75	>75~85	>85~95	>95~110
公称尺寸 b×h	4×4	5×5	6×6	8×7	10×8	12×8	14×9	16×10	18×11	20×12	22×14	25×14	28×16

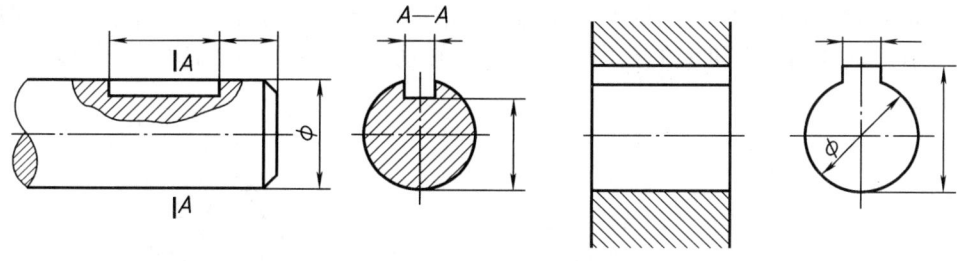

a) 轴上键槽　　　　　　　　　　　　　　b) 轮毂上的键槽

图 7-35　键槽的画法与尺寸标注

图 7-36 所示为普通平键连接的画法。普通平键的工作面为两个侧面。绘图时，键和键槽的两侧面为配合表面，下底面为接触表面，应画成一条线；键的上顶面为非接触面，应与轮毂键槽顶面画成两条线。

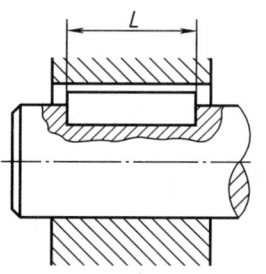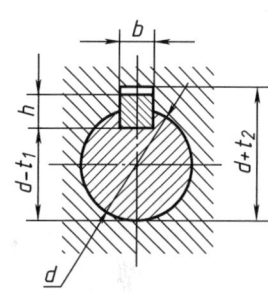

图 7-36　普通平键连接画法

7.3.2　销

销主要用于零件之间的连接和定位。常用的有圆柱销、圆锥销和开口销，其结构形式、规定标记见附录中的表 B-10、表 B-11。圆锥销的公称直径是指小端直径。

用销连接或定位时，两零件销孔应当在确定相对位置后再制作，并在零件图上注明"配作"，如图 7-37 所示。

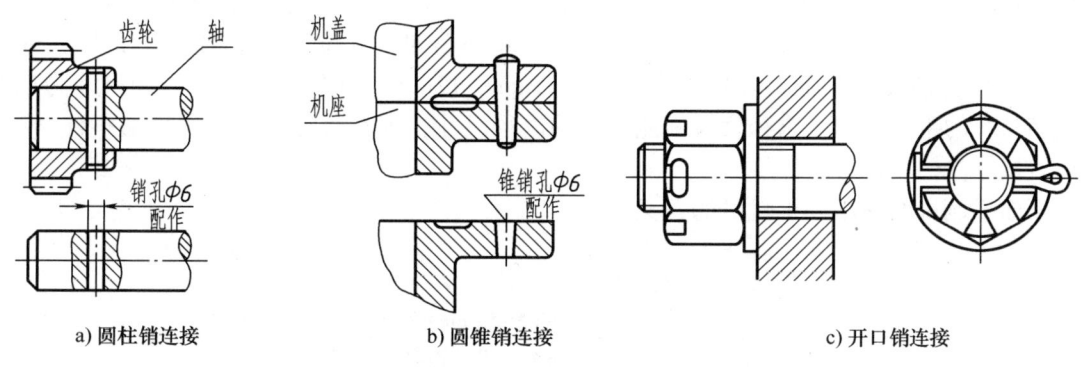

a) 圆柱销连接　　　　　b) 圆锥销连接　　　　　c) 开口销连接

图 7-37　销连接画法

7.4 滚动轴承

滚动轴承为支承旋转轴的组件。它具有摩擦力小，结构紧凑的优点，是生产中广泛应用的一种标准部件。本节介绍常用的几种滚动轴承，其形式、尺寸可查阅附录中的表B-12~表B-14。

7.4.1 滚动轴承的结构、分类和代号

滚动轴承种类很多，但其结构大体相同，一般由外圈、内圈、滚动体和隔离圈组成，如图7-38所示。其外圈装在机座的孔内，内圈套在转动轴上。在一般情况下，外圈固定不动，内圈随轴转动。

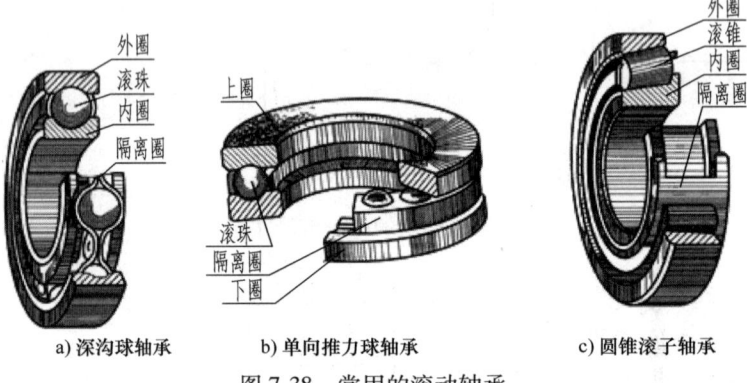

图7-38 常用的滚动轴承

滚动轴承的分类方法很多（参考GB/T 271—2017《滚动轴承 分类》），按其承受载荷的载荷方向或公称接触角的不同，可分成向心轴承和推力轴承两大类。主要用于承受径向载荷的轴承称为向心轴承，主要用于承受轴向载荷的滚动轴承称为推力轴承。

为了区别不同类型、结构、尺寸和精度的轴承，国家标准（GB/T 272—2017）规定了轴承代号。对于常用的结构上没有特殊要求的轴承，轴承代号由类别代号、尺寸系列代号（由宽度或高度系列代号和直径系列代号组成）、内径代号和公差等级代号组成，并按上述顺序由左向右依次排列。

常用滚动轴承用五位数字和公差等级代号表示：左起第一位数字表示轴承类型，例如，6表示深沟球轴承，3表示圆锥滚子轴承，5表示推力球轴承；左起第二位数字是宽度或高度系列代号；左起第三位数字是直径系列代号；左起第四、五位数字是轴承内径代号，00、01、02、03分别表示内径$d=10$mm、12mm、15mm、17mm，04以上表示内径的尺寸为该两位数字与5的乘积。以上内径代号不能表示的内径尺寸，则在直径系列代号后加斜杠"/"，然后直接标注内径尺寸。

下面举例说明滚动轴承代号的含义：

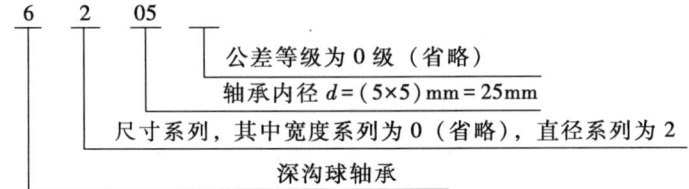

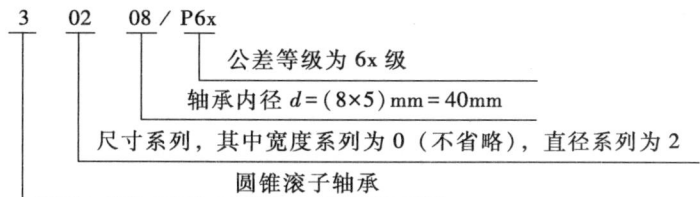

7.4.2 滚动轴承的画法

由于滚动轴承是标准部件，一般不需画零件图。画装配图时可采用规定画法、特征画法或通用画法。按轴承代号由轴承标准中查出外径、内径、宽度等主要尺寸，根据表7-8所示的画法绘制。

表7-8 常用滚动轴承画法及结构尺寸比例

轴承类型	结构形式	画法及尺寸比例		
		特征画法	规定画法	通用画法
深沟球轴承 60000				
圆锥滚子轴承 30000				

(续)

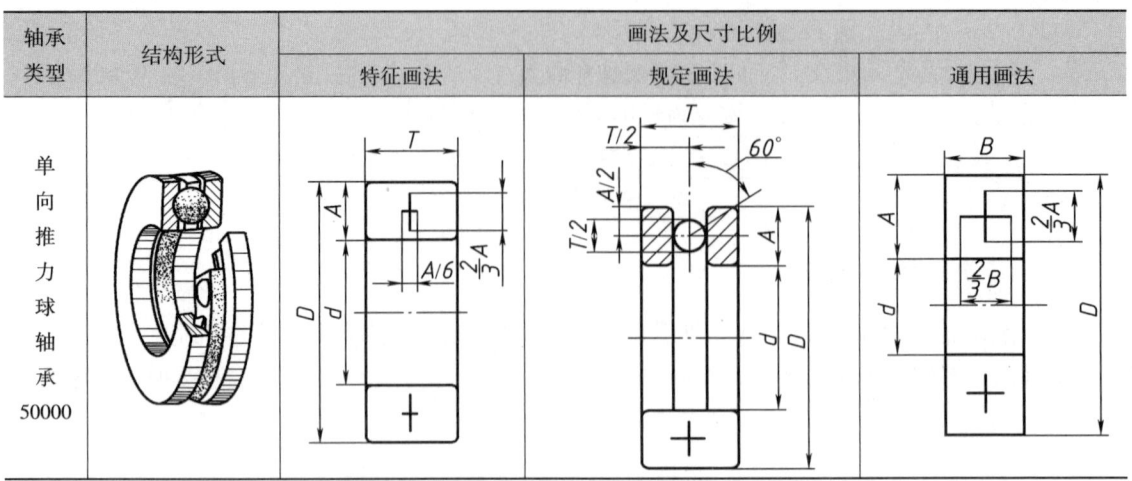

7.5 弹簧

弹簧用途很广，属于常用件。在机器和仪表中起减振、夹紧、复位、储存能量和测力等作用。其特点是外力去除后能立即恢复原状。弹簧的种类很多，常用的弹簧如图 7-39 所示。本节只介绍普通圆柱螺旋压缩弹簧的画法。

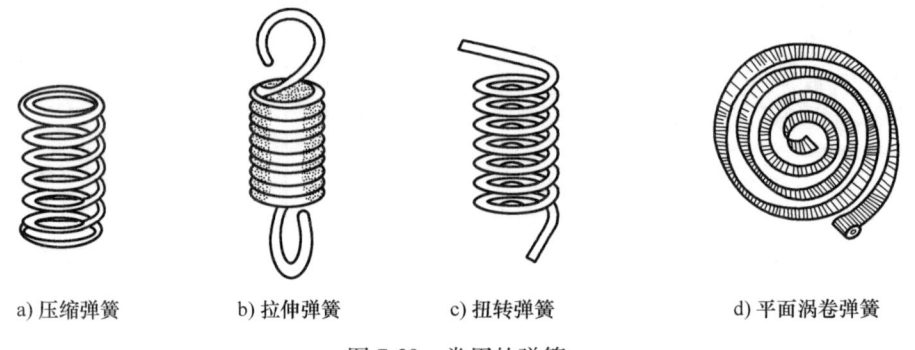

a) 压缩弹簧　　b) 拉伸弹簧　　c) 扭转弹簧　　d) 平面涡卷弹簧

图 7-39　常用的弹簧

7.5.1　圆柱螺旋压缩弹簧各部分名称及尺寸关系

圆柱螺旋压缩弹簧各部分名称及尺寸关系如图 7-40 所示。

1）线径 d。

2）弹簧外径 D_2、弹簧内径 D_1，弹簧中径 D；$D_2 = D+d$；$D_1 = D-d$。

3）节距 t。除支承圈外，相邻两圈的轴向距离。

4）支承圈数 n_z。为使压缩弹簧支承平稳，制造时将弹簧两端并紧且磨平。磨平和并紧的各圈仅起支承作用，称为支承圈。通常支承圈有 1.5 圈、2 圈、2.5 圈三种，2.5 圈用得最多。

5）有效圈数 n 与总圈数 n_1。除支承圈外，其余保持节距相等的圈数，称为有效圈数。

有效圈数 n 与支承圈数 n_z 之和称为总圈数 n_1,即 $n_1=n+n_z$。

6) 自由高度 H_0。弹簧在不受外力作用时的高度,$H_0=nt+(n_z-0.5)d$。

7) 展开长度 L。制造弹簧时坯料长度 $L=\pi Dn_1/\cos\gamma$,γ 为螺旋导角。压缩弹簧的螺旋导角 $\gamma=5°\sim9°$。

7.5.2 圆柱螺旋压缩弹簧的规定画法

1. 规定画法

1) 在平行于轴线的投影面的视图中,各圈的轮廓线画成直线,如图 7-40 所示。

2) 螺旋弹簧均可画成右旋,对必须保证旋向要求的应在"技术要求"中注明。

3) 如要求螺旋压缩弹簧两端并紧且磨平时,不论支承圈为多少均按支承圈为 2.5 圈绘制,必要时也可按支承圈的实际结构绘制。

4) 有效圈数在 4 圈以上的弹簧,可以每端只画 1~2 圈有效圈,中间部分省略不画。中间部分省略后,允许适当缩短图形长度。

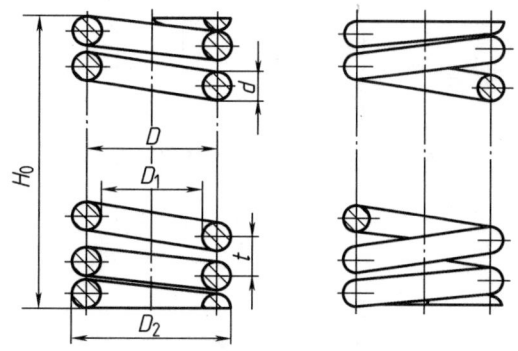

图 7-40 圆柱螺旋压缩弹簧各部分名称及尺寸关系

5) 在装配图中被弹簧挡住的结构一般不画,可见部分应从弹簧的外轮廓线或从弹簧钢丝剖面的中心线画起,如图 7-41a 所示。当弹簧被剖切时,如簧丝剖面直径在图形上等于或小于 2mm 时,可以涂黑表示,如图 7-41b 所示;也可用示意图绘制,如图 7-41c 所示。

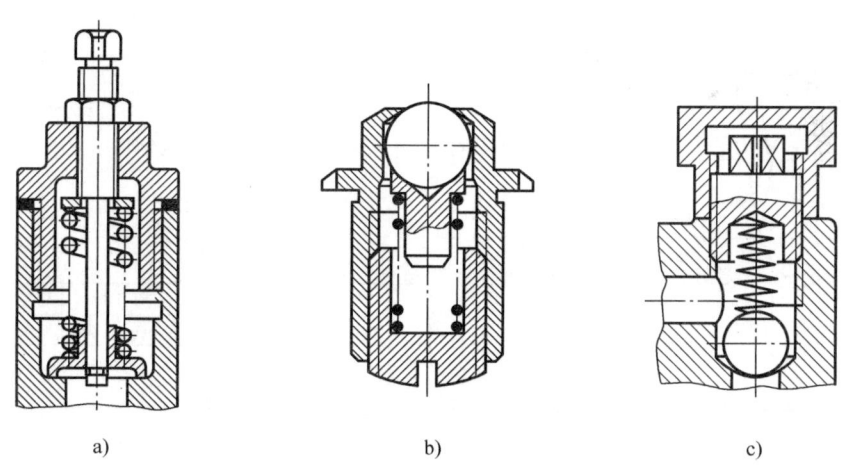

图 7-41 装配图中的弹簧的规定画法

2. 圆柱螺旋压缩弹簧画法举例

已知圆柱螺旋压缩弹簧线径 $d=5$mm,弹簧外径 $D_2=45$mm,节距 $t=12$mm,有效圈数 $n=8$,支承圈数 $n_z=2.5$,右旋,试画出该弹簧。

画图前先计算出弹簧中径 D 及自由高度 H_0,然后再作图。

$$D=D_2-d=45\text{mm}-5\text{mm}=40\text{mm}$$
$$H_0=nt+(n_z-0.5)d=8\times12\text{mm}+(2.5-0.5)\times5\text{mm}=106\text{mm}$$

画图步骤如图 7-42 所示。

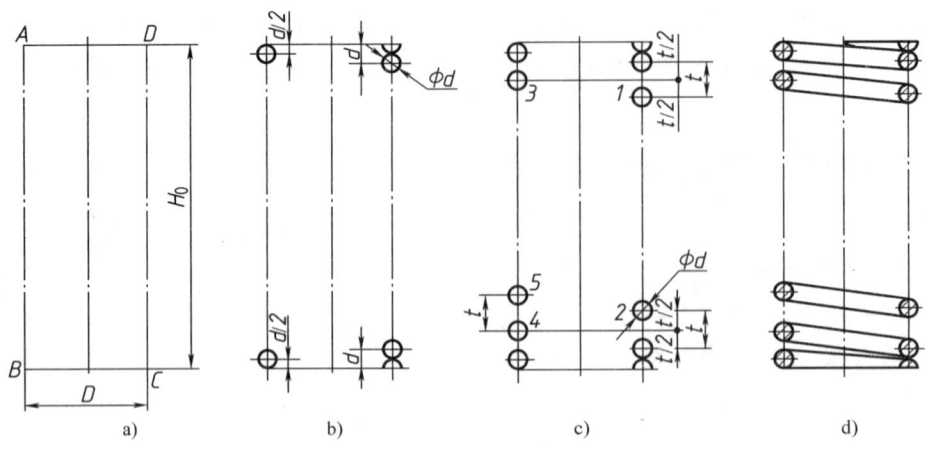

图 7-42 弹簧的画图步骤

图 7-43 为圆柱螺旋压缩弹簧完整的零件图。

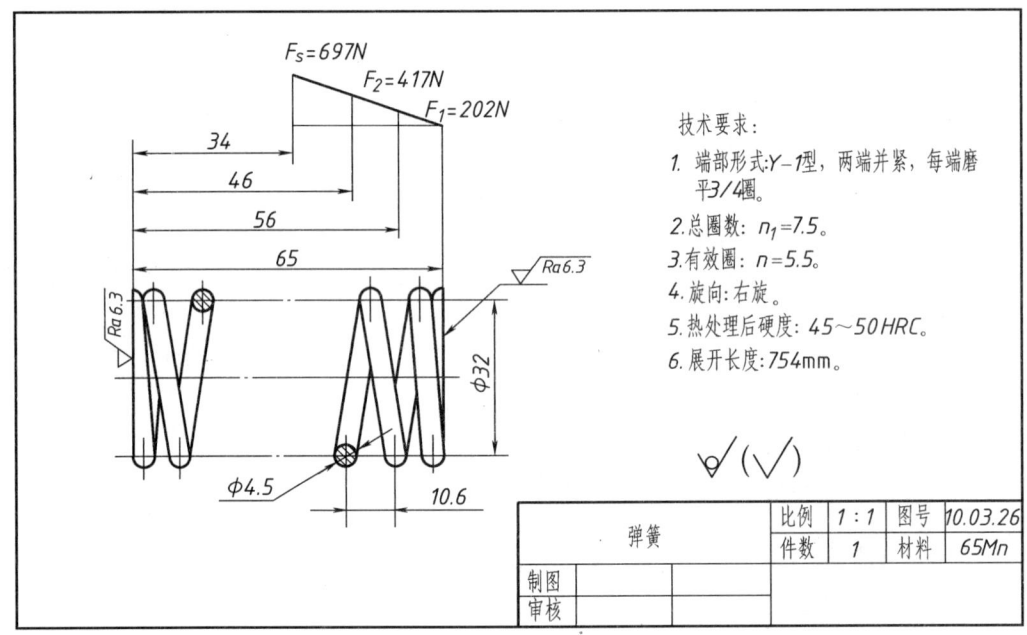

技术要求：
1. 端部形式：Y-1型，两端并紧，每端磨平3/4圈。
2. 总圈数：$n_1=7.5$。
3. 有效圈：$n=5.5$。
4. 旋向：右旋。
5. 热处理后硬度：45～50HRC。
6. 展开长度：754mm。

图 7-43 弹簧零件图

实践与思考

1. 进行齿轮油泵和减速器拆装，从中体会螺栓连接、螺钉连接、销连接、键连接和齿轮啮合的作用与形式。

2. 观察螺栓连接、螺钉连接、销连接、键连接和齿轮啮合在实际中的应用。

第 8 章

零件图

主要内容

1. 零件图的内容。
2. 零件的视图选择。
3. 零件的技术要求。
4. 零件图的尺寸。
5. 零件图的阅读。

每一台机器或部件都是由许多零件按一定的装配关系和技术要求装配起来的，如图 7-1 齿轮泵所示。零件是组成机器的最小的加工单元，任何一个零件质量的好坏都将直接影响该机器或部件的装配性能与使用性能。为了使生产的每个零件都能达到预期的质量，必须依据相应的图样来进行加工和检验。表示零件结构、大小及技术要求的图样称为零件图。零件图是制造、检验零件的依据，是生产过程中重要的技术文件之一。

8.1 零件图的内容

零件图是加工制造、检验零件的依据，零件图中必须包括制造和检验零件所需的全部资料。图 8-1 是生产中的轴承座零件图，可见，一张符合生产要求的零件图，应具有以下几项内容：

1. 图形

用一组图形（可采用视图、剖视图、断面图、局部放大图和简化画法等表达方法），正确、完整、清晰地表达零件的结构形状。

2. 尺寸

用一组尺寸，正确、完整、清晰及合理地标注出零件的结构形状及其相对位置的大小。

3. 技术要求

用一些规定的符号、数字、字母和文字注解等，标注或说明零件在制造、检验和使用时应达到的要求，如表面结构、尺寸公差、几何公差、表面处理和材料热处理的要求等。

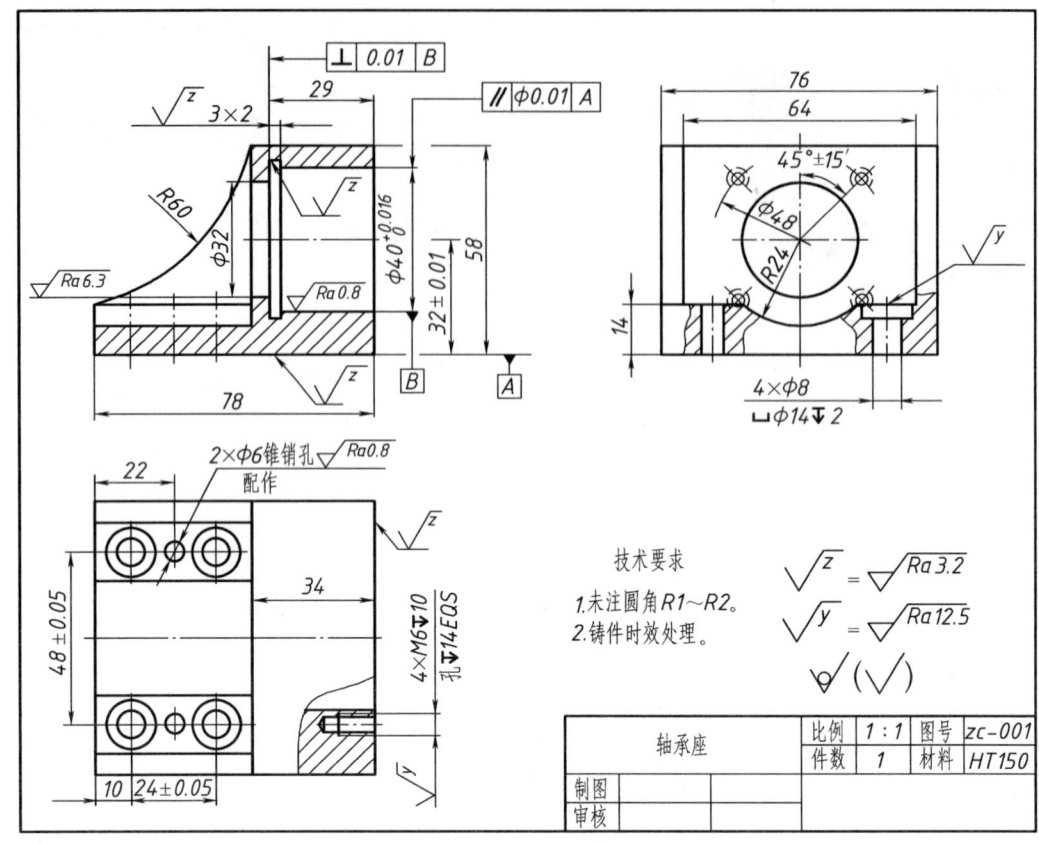

图 8-1 轴承座零件图

4. 标题栏

标题栏中要填写零件的名称、材料、数量、图的编号、比例及有关人员签署的姓名和日期等。

8.2 零件图的视图选择

零件图的视图选择是选用适当的表达方法，在完整、正确、清晰地表达各部分结构形状的前提下，力求画图简单、看图方便。为此，必须分析并了解零件的功用、形体结构特征以及加工方法，才能得到一个较合理的表达方案。零件图表达方案的选择包括主视图的选择、视图数量和表达方法的选择。

8.2.1 零件视图表达方案的确定

零件视图表达方案的确定，首先，应选主视图；之后，再根据具体的结构特点选择视图的数量和表达方法。

1. 主视图的选择

主视图是一组视图的核心，画图和看图应从主视图开始。主视图选择的合理与否直接关系到画图和读图的方便，对整个方案有决定性影响。

选择主视图时，一般先选择零件相对于投影面的放置位置，再考虑主视图投射方向。

（1）零件相对于投影面的放置位置　零件主视图相对于投影面的放置位置，主要考虑符号零件的加工位置原则和零件的工作位置原则。

1）零件的加工位置原则：主视图的放置位置应尽量与零件的加工位置一致。当零件的主要加工位置和工作位置不一致时，一般应首先取加工位置。这样，在整个加工过程中，读图方便，可以减少由于读图的不便所带来的差错。如轴、套、盘、轮等以回转体为主的零件，如图 8-2、图 8-3 所示，其主要的加工工序都是在车床和磨床上完成的，它们的主要加工位置是回转体的轴线水平放置。因此，这类零件的主视图在选择时，通常把轴线水平放置作为主视图的放置位置。

2）零件的工作位置原则：主视图的放置位置应尽量与零件的工作位置一致。当零件需多道工序加工，有不同的加工位置时，宜取工作位置，这样便于读者将零件和整个机器联系起来，想象它的工作情况，分析和了解零件图的各项具体要求。如箱体、壳体、底座和支架等零件，它们工作的时候，工作位置是不变的，因此，这些零件的主视图选择通常按工作位置画出。图 8-1 所示轴承座零件和图 8-5 所示蜗轮箱体零件的共同特点是工作时位置不变，它们的主视图按零件的工作位置画出，这样，读图者可以方便地读取零件的工作情况。

（2）主视图投射方向　主视图投射方向的选择主要考虑零件的特征原则。

零件的特征原则：投射方向要保证主视图最大限度地反映零件的形状特征，即较多地表达出该零件各部分之间的相互位置关系特征以及零件各部分的结构形状特征。如图 8-2 中阶梯轴主视图，按加工位置原则使其轴线水平放置作为主视图的放置位置后，再进一步选择投射方向时，尽可能地反映了各轴段的相对位置并使轴上的键槽等结构尽可能多地放在前面，更多地反映出了轴上结构的形状特征。

对于一些工作位置倾斜放置的零件，或是加工位置及工作位置都不唯一的拨叉、连杆等零件，则先按特征原则选择投射方向，再选择自然安放位置，或者在各种位置中取对画图和读图都有利的位置，作为主视图的放置位置。如图 8-4 所示的脚踏座，脚踏座的加工位置及工作位置都不唯一，则先按零件的特征原则选择投射方向，再选零件的自然安放位置作为主视图的放置位置。主视图投射方向较其他的投射方向所反映的零件特征最多，在这个投射方向的基础上，把脚踏板竖放时的自然安放位置作为主视图的放置位置，有利于在视图中方便地表达零件各部分的形状及各部分之间的相对位置关系，使视图表达简单、清晰，方便画图及读图。

总之，选择零件的主视图投射方向时，应根据零件实际加工、工作位置以及结构形状的特点具体考虑。除此之外，还要考虑视图的布局是否合理等问题，权衡利弊之后再确定。

2. 视图数量和表达方法的选择

因为主视图只能反映长、高两个方向的几何量（即 X 方向和 Z 方向），所以，在主视图初步确定之后，还需根据零件中尚未表达清楚的结构形状及相对位置关系，确定其他视图的数量和表达方法。

除了简单的轴、套等回转零件之外，一般零件都需要两个以上的视图。选定主视图后应首先考虑采用俯（仰）视图或左（右）视图来显示零件宽度方向（Y 方向）的几何尺寸和形状。

理论上，有了这样两个视图，零件的三个坐标方向的量都可以得到表达，其形状基本可以确定。但一些零件比较复杂，既有内部结构又有外部结构，有重叠的部分，又有倾斜的部分。除了以上的基本视图外，有时还需增加另外的视图、剖视、断面、简化画法等加以补充表达，直至把零件各组成部分的结构形状和相对位置关系表达清楚为止。注意应使选择的每个视图都有明确的表达重点和内容。

同一零件可能有几种不同的视图表达方案，通过认真分析、比较，提出一两种比较简明、合理的视图表达方案。

8.2.2 典型零件的视图选择

机器内零件的种类繁多，零件的功能、结构形状、加工方法等各不相同。一般将典型零件分为轴套类、盘盖类、叉架类和箱体类四类，每类零件在表达方法、尺寸标注、技术要求等方面都有共同的特点。

1. 轴套类零件

这类零件主要有轴、套筒和衬套等。轴的作用一般是支承传动零件和传递动力。套是装在轴上或孔上，起轴向定位、支承和保护等作用的零件。轴套类零件的基本形状为同轴回转体，主要在车床和磨床上加工，加工时，一般将轴线水平放置。该类零件上通常带有键槽、退刀槽、倒角、圆角等局部结构。轴套类零件的主视图按加工位置原则将轴线水平放置，并尽量把轴上的键槽等局部结构放在前面，让主视图反映的特征最多。采用主视图这一基本视图加上一系列的直径尺寸，就能表达出轴套类零件的主要形状。对于轴上的局部结构，可以采用剖视图、断面图、局部视图和局部放大图等加以补充表达。

图 8-2 所示的轴零件图，主视图轴线水平放置，非圆视图作为主视图，采用基本视图表

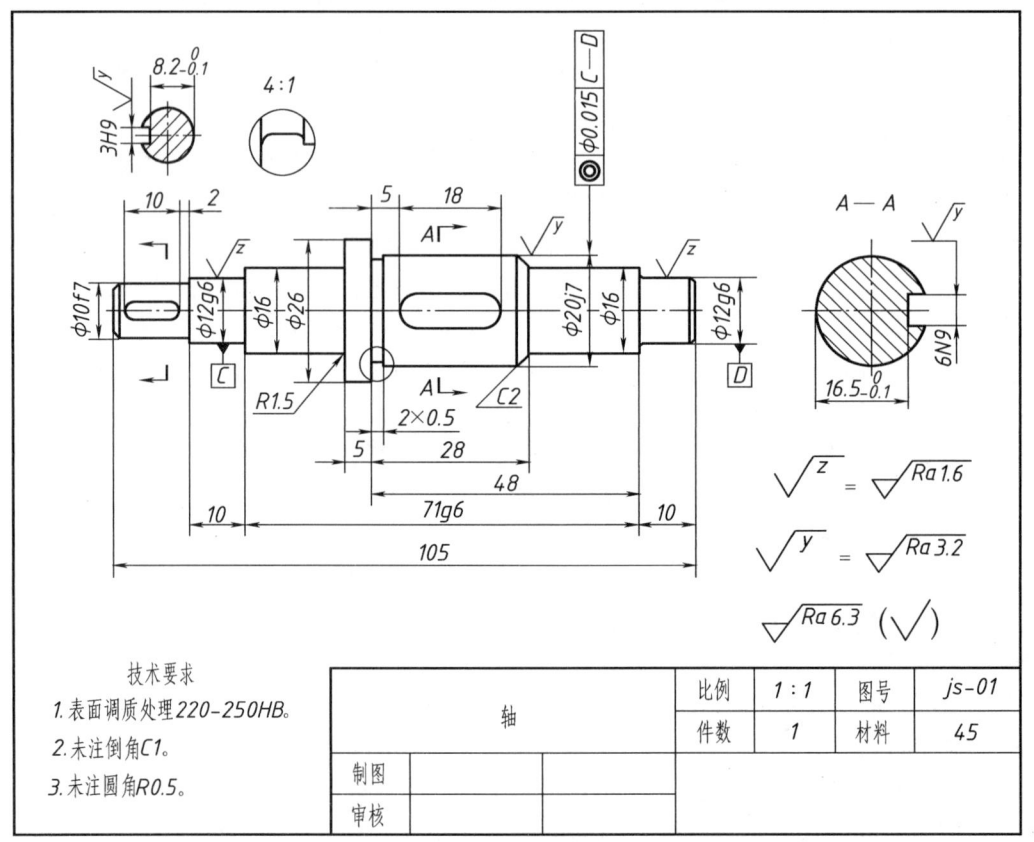

图 8-2 轴零件图

达各部分的相对位置和左右键槽的形状,两个键槽在主视图表达形状的基础上,采用移出断面图补充表达其内部结构;退刀槽则采用局部放大图补充表达;图中未注明的圆角和倒角则在技术要求中加以说明。

2. 盘盖类零件

这类零件主要有齿轮、带轮、手轮、法兰盘以及端盖等。轮一般用来传递动力和转矩,盘主要起支承、定位及密封等作用。其基本形状为扁平的盘状,主要结构为同轴回转体,并带有轴向尺寸小而径向尺寸大的尺寸特征。盘盖类零件主要在车床和磨床上加工,加工时,一般将轴线水平放置。此外,盘盖类零件还经常带有各种形状的凸缘,均匀分布的孔、槽、肋、轮辐等结构。

盘盖类零件一般需要两个以上的主要视图,如图 8-3 法兰盘零件图所示。主视图中,法兰盘的轴线水平放置,符合零件的加工位置原则。由于该零件的外形简单,因此主视图采用全剖视图,用了两个相交的剖切平面剖切,完整、清晰地表达了零件内部结构的形状及位置关系。图中还用左视图补充表达了该零件凸缘的形状以及四个螺栓孔、两个销孔的分布情况,对于砂轮越程槽则用局部放大图补充表达其内部结构。

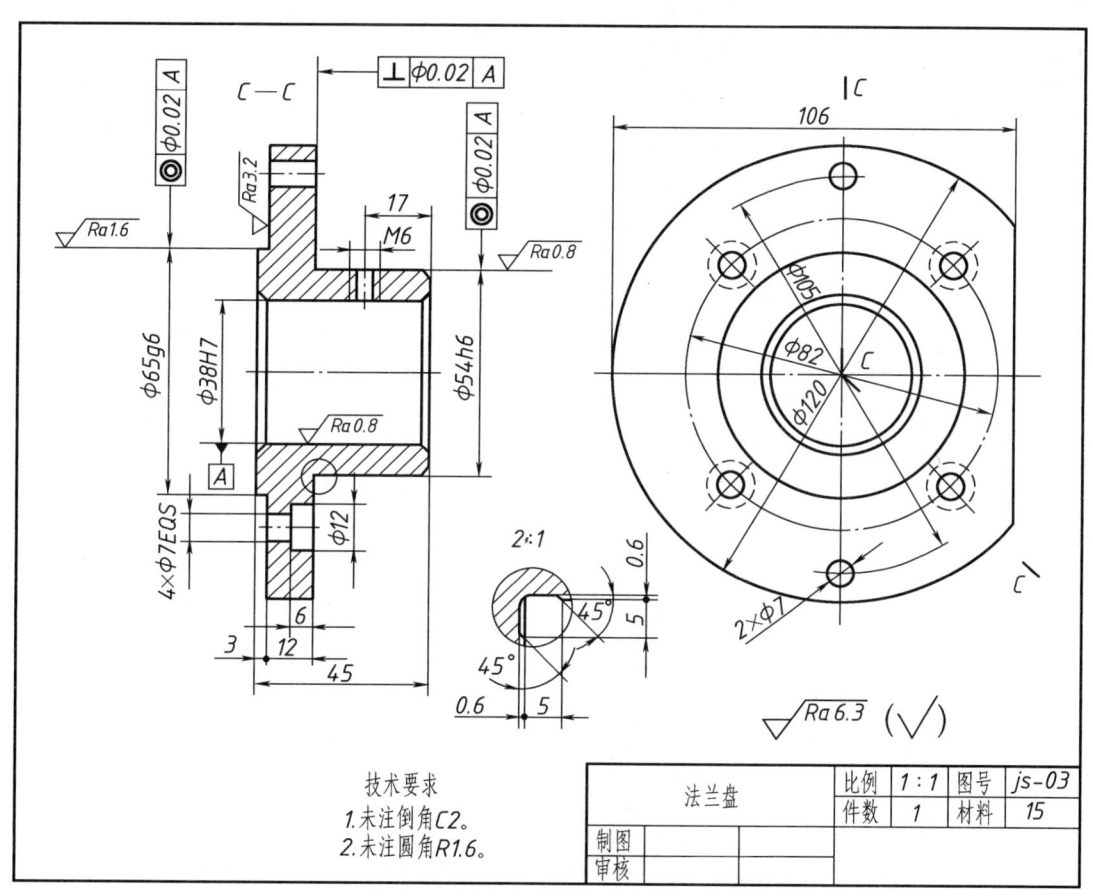

图 8-3 法兰盘零件图

3. 叉架类零件

这类零件包括拨叉、连杆等。拨叉主要用在操纵机构中,实现变速或者控制横向或纵向进给等。连杆连接活塞和曲轴，将活塞的往复运动转变为曲轴的旋转运动。这类零件结构形状比较复杂，常带有倾斜和弯曲的部分。零件毛坯多为铸件或锻件，还常带有铸造圆角、起模斜度、凸台和凹坑等，需经多道工序加工才能完成。表达叉架类零件常需两个以上的视图。首先，按照充分表达零件形状特征的原则，确定主视图的投射方向；然后，按零件的自然安放位置确定主视图的放置位置。除主视图外，还经常需用斜视图、局部视图、局部剖视图、断面图等表达方法加以补充表达。

图 8-4 为踏脚座的零件图。首先，主视图的投射方向充分表达了踏脚座各组成部分的相对位置，并清楚地表达了组成该零件的轴承孔、肋板的形状特征；同时，选择踏脚板竖放的自然安放位置是为了方便画图和看图。俯视图则进一步表达了踏脚板、轴承孔、肋板三部分的宽度以及三者前后方向的位置关系。选用 A 向局部视图补充表达没有表达清楚的脚踏板的

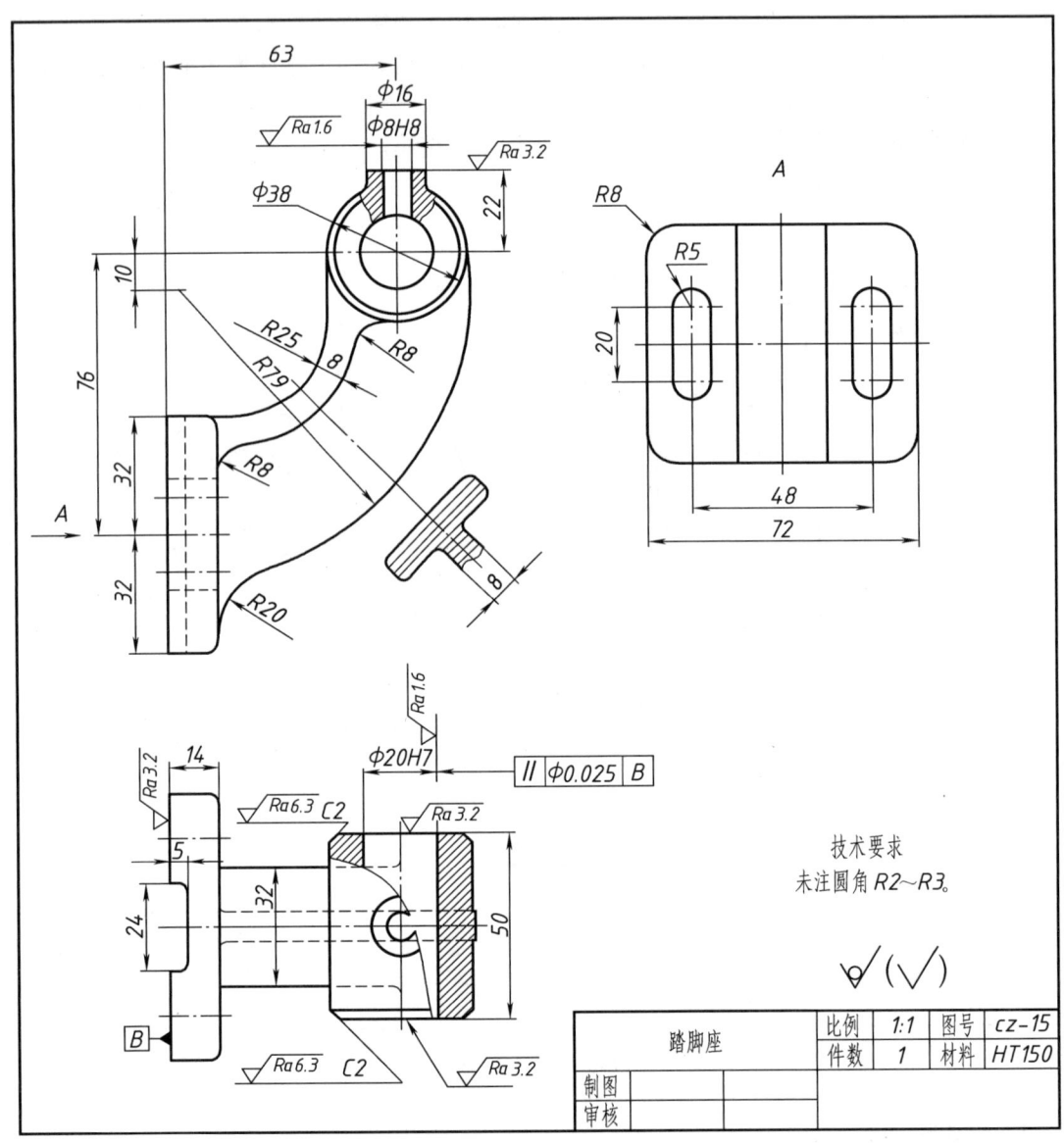

图 8-4 踏脚座零件图

端面形状。同时，采用了移出断面表达筋板的断面形状。轴孔 $\phi 20H7$ 以及上方注油孔 $\phi 8H8$ 的内部结构，分别在主视图和俯视图中用局部剖视进行表达。

4. 箱体类零件

箱体类零件主要有各种泵体、阀体、变速箱箱体、机座等，在机器或部件中，用于支承、容纳、定位和密封等作用。该类零件多为铸件，结构形状比较复杂，常带有起模斜度、筋板、凸台、凹坑、铸造圆角等结构。箱体类零件结构复杂，一般需经多道工序加工而成，加工位置变化较多，而工作位置是不变的。因此，主视图应按照工作位置原则来确定箱体零件主视图的放置位置，然后，在四个投射方向中，选择能最大限度地反映零件形状特征及各组成部分之间相对位置关系的投射方向作为主视图的投射方向。其他视图数量的选择要根据零件具体结构确定，并采用适当的视图、剖视图、断面图等方法来表达其复杂的内、外结构。

图 8-5 为蜗轮箱体的零件图。它采用了主、俯、左三个基本视图和两个局部视图。主视图的放置位置按工作位置画出，并且把蜗轮轴孔的轴线水平放置，采用全剖视图最大限度地

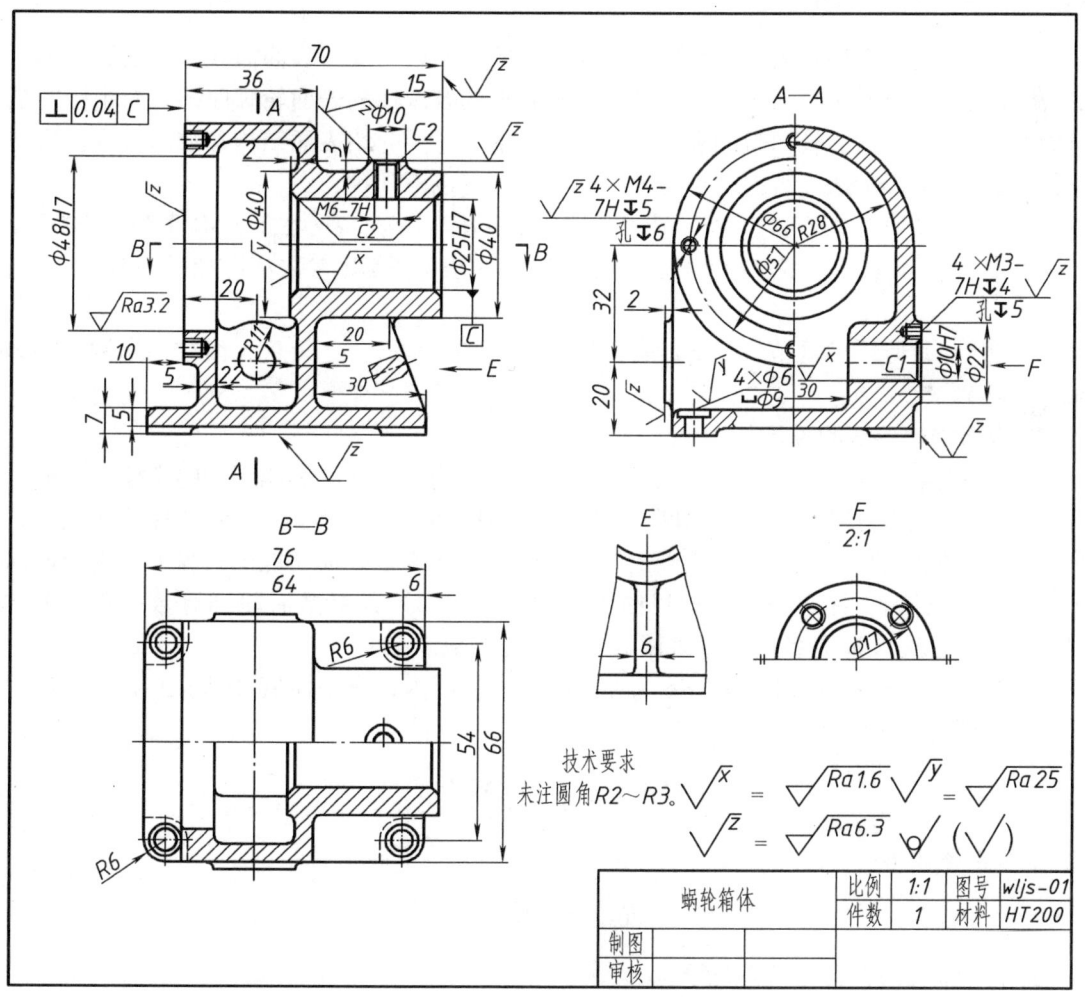

图 8-5 蜗轮箱体零件图

反映了蜗轮箱体内主要的结构形状特征。左视图用了半剖视图，表达了零件左视方向的内外结构形状。左视图中的局部剖视图反映了底板上安装孔的结构形状。俯视图也采用了半剖视图，表达了箱体俯视方向零件各部分之间的相对位置关系及安装底板的形状。E 向局部视图补充表达了肋板的宽度以及肋板、蜗轮轴孔和安装底板三者之间前后的相对位置关系。F 向局部视图则表达了 $\phi 22$ 凸台上螺纹孔的分布情况。肋板的断面结构用重合断面图在主视图中表达。

8.3 零件的技术要求

零件的技术要求包括表面结构、极限与配合、几何公差、材料、材料热处理以及表面处理等。这些技术要求，有的用规定的代号或符号标注在视图中，有的则用文字注写在标题栏附近。本章只介绍表面结构、极限与配合、几何公差的有关规定。

8.3.1 零件的表面结构

表面结构是指零件表面的几何形貌，即零件的表面粗糙度、表面波纹度、表面纹理、表面缺陷和表面几何形状的总称。波纹度是肉眼可见的有规律的表面轮廓曲线，而粗糙度是在显微镜下可以观察到的较细微的表面轮廓曲线。本节主要介绍表面结构参数的符号、粗糙度代号在图样上的表示法。表面结构涉及的国家标准有以下几种：

1）《产品几何技术规范（GPS）技术产品文件中表面结构的表示法》（GB/T 131—2006）。

2）《产品几何技术规范（GPS）表面结构 轮廓法 表面粗糙度参数及其数值》（GB/T 1031—2009）。

3）《产品几何技术规范（GPS）表面结构 轮廓法 术语、定义及表面结构参数》（GB/T 3505—2009）。

1. 表面结构参数的表示

零件的表面结构会对零件的功能产生一系列的影响。例如，影响零件的摩擦和磨损、配合的可靠程度、接触刚度、冲击强度、密封性、耐腐蚀性、疲劳强度以及零件的外观等。零件表面结构的要求越高，其加工成本也越高。因此，在满足表面功能的前提下，应合理选择表面结构参数数值。评定表面结构粗糙度轮廓（R 轮廓）的参数有轮廓算数平均偏差 Ra、轮廓最大高度 Rz。Ra 是各国普遍采用的一个评定参数。

（1）轮廓算术平均偏差 Ra　Ra 为在一个取样长度内，纵坐标值 $Z(X)$ 绝对值的算术平均值，可用算式表示为

$$Ra = \frac{1}{l} \int_0^l |Z(X)| dX$$

或近似表示为

$$Ra = \frac{1}{n} \sum_{i=1}^{n} |Z_i|$$

式中各符号的含义如图 8-6 所示。

轮廓算术平均偏差 Ra 能反映加工表面的微观几何形状特征，所用仪器的测量方法也比较简便，因此是国家标准推荐的首选评定参数，其系列值（单位：μm）为：0.012、0.025、

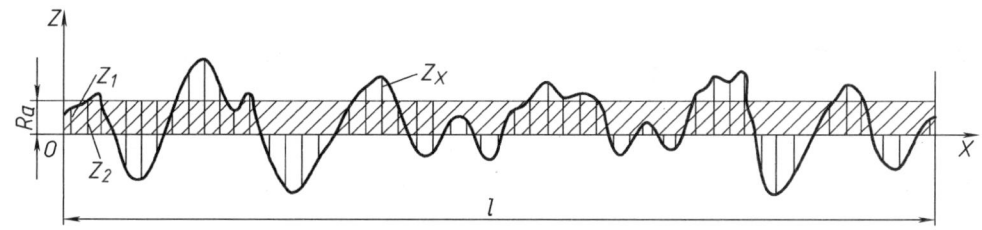

图 8-6　轮廓算术平均偏差 Ra

0.05、0.1、0.2、0.4、0.8、1.6、3.2、6.3、12.5、25、50、100。

（2）轮廓最大高度 Rz　Rz 为在一个取样长度内，最大轮廓峰高和最大轮廓谷深之和，如图 8-7 所示。只能反映表面轮廓的最大高度，不能反映轮廓的微观几何形状特征。轮廓最大高度 Rz 的系列值（单位：μm）为：0.025、0.05、0.1、0.2、0.4、0.8、1.6、3.2、6.3、12.5、25、50、100、200、400、800、1600。

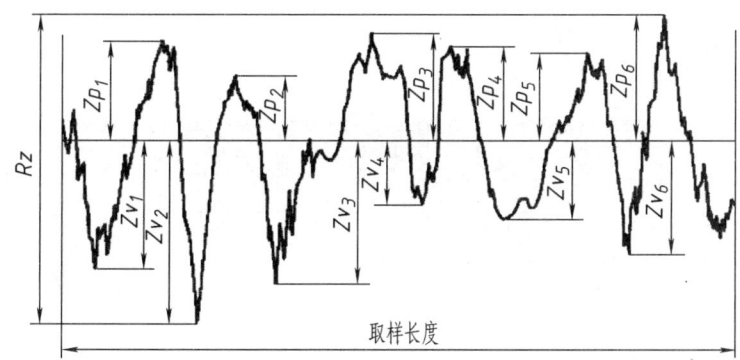

图 8-7　轮廓最大高度 Rz

2. 表面结构在图样上的标注

图样中，表面结构用代号进行标注。表面结构代号由表面结构符号和表面结构参数构成。

（1）表面结构的图形符号　国家标准《产品几何技术规范（GPS）技术产品文件中表面结构的表示法》（GB/T 131—2006）规定，表面结构符号分为基本图形符号、扩展图形符号、完整图形符号等。各种图形符号及其含义见表 8-1。

表 8-1　表面结构符号及含义

符号	分类	图形符号	含义及说明
1	基本图形符号	✓	表示表面未指定工艺方法。当通过一个注释解释时，可单独使用。没有补充说明时，不能单独使用
2	扩展图形符号	▽	表示表面用去除材料的方法获得。如车、铣、刨、磨、钻、剪切、抛光、腐蚀、电火花加工、气割等。仅当其含义是"被加工表面"时，可单独使用
		◯▽	表示表面是用不去除材料的方法获得，如铸、锻、冲压、热轧、冷轧、粉末冶金等或保持上道工序形成的表面

（续）

符号	分类	图形符号	含义及说明
3	完整图形符号		在三个符号的长边上加一横线，用来标注有关参数和补充信息。左图的三个完整图形符号还可分别用文字表达为 APA，MRR 和 NMR，用于报告和合同的文本中
4	工件轮廓各表面的图形符号		视图上，封闭轮廓的各表面有相同的表面结构要求时的符号。如果标注引起歧义时，各表面应分别标注

(2) 表面结构符号比例和尺寸　表面结构的基本符号是两条不等长且与被注表面轮廓线成 60°、左右倾斜的细实线组成，尖端指向被评定的表面，表面结构符号的画法如图 8-8 所示。《产品几何技术规范（GPS）技术产品文件中表面结构的表示方法》（GB/T 131—2006）对表面结构符号的尺寸作了具体的规定，见表 8-2。

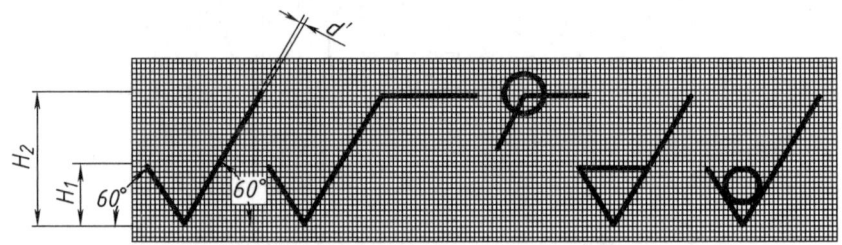

图 8-8　表面结构符号画法

表 8-2　表面结构符号的尺寸　　　　　　　　　　（单位：mm）

数字与字母高度 h	2.5	3.5	5	7	10	14	20
符号的线宽 d'	0.25	0.35	0.5	0.7	1	1.4	2
数字与字母的笔画宽度 d'							
高度 H_1	3.5	5	7	10	14	20	28
高度 H_2（最小值）	8	11	15	21	30	42	60

(3) 表面结构的补充要求　表面结构参数包括结构参数代号和参数极限值，如 Ra 3.2μm，Ra 为表面结构的轮廓算术平均偏差代号，参数极限值为 3.2μm，在代号和数值之间留一个空格。但为了明确表面结构要求，除了标注表面结构参数和数值外，必要时应标注补充要求，补充要求包括传输带、取样长度、加工工艺、表面纹理及方向、加工余量等。为了保证表面的功能特征，应对表面结构参数规定不同要求。表面结构要求的注写位置如图 8-9 所示。

3. 表面结构要求在图样和其他技术产品文件中的标注方法

表面结构要求对每一表面一般只标注一次，并尽可能注在相应的尺寸及其公差的同一视图上。除非另有说明，所标注的表面结构要求是对完工零件表面的要求。

(1) 表面结构代号的标注位置和方向

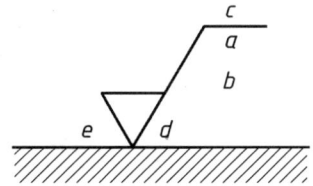

（位置a注写表面结构的单一要求；位置a和b注写两个或多个表面结构要求；
位置c注写加工方法；位置d注写表面纹理和方向；位置e注写加工余量）

图 8-9 表面结构要求的注写位置（a~e）

1）根据制图标准的规定，使表面结构参数值的注写和读取方向与尺寸的注写和读取方向一致，右侧面和底面用箭头线引出标注，如图 8-10 所示。

2）表面结构要求可以注写在轮廓线上，符号应从材料外指向表面并接触表面。必要时，表面结构符号也可用带箭头或黑点的指引线引出标注，如图 8-10、图 8-11 所示。

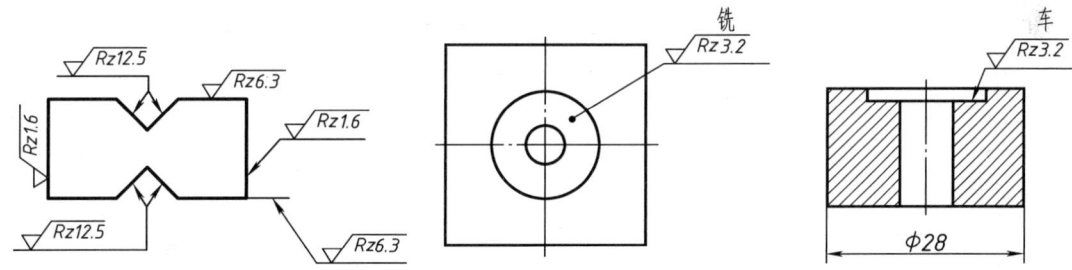

图 8-10 表面结构要求在轮廓线上标注　　图 8-11 用指引线引出标注表面结构要求

3）在不引起误解的情况下，表面结构要求可以标注在给定的尺寸线上，如图 8-12 所示。

4）表面结构要求也可以标注在几何公差框格的上方，如图 8-13 所示。

5）表面结构要求也可以标注在轮廓线延长线上，或用标注在由轮廓线延伸出的尺寸界线上，如图 8-14 所示。

6）圆柱和棱柱表面的表面结构要求只标注一次，如图 8-14 所示。如果每个棱柱有不同的表面结构要求，则应单独标注，如图 8-15 所示。如果同一表面上有不同的表面结构要求时，须用细实线画出其分界线，分别单独标注相应表面的结构要求和尺寸，如图 8-16 所示。

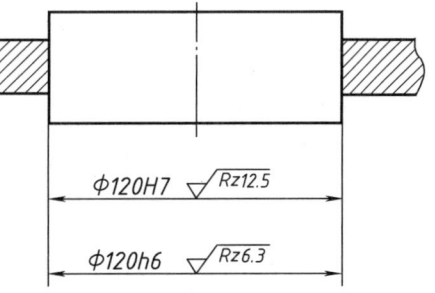

图 8-12 表面结构要求在尺寸线上标注

（2）表面结构要求的简化标注　　有相同表面结构要求的简化注法如下：

1）如果零件的全部表面有相同的表面结构要求时，可将其统一标注在图样的标题栏附近。

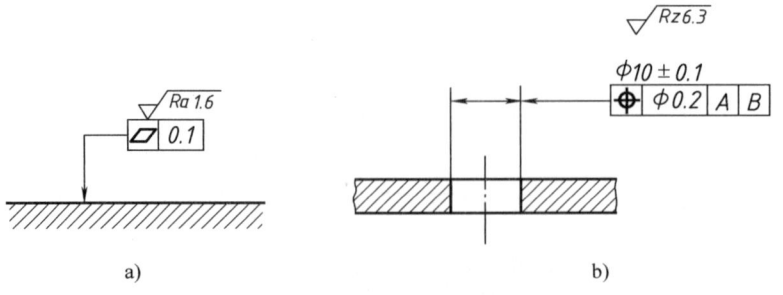

图 8-13 表面结构要求标注在几何公差框格上方

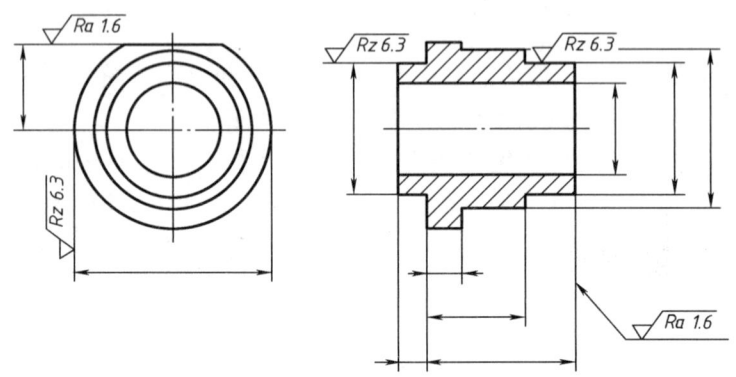

图 8-14 表面结构要求标注在圆柱特征的延长线上

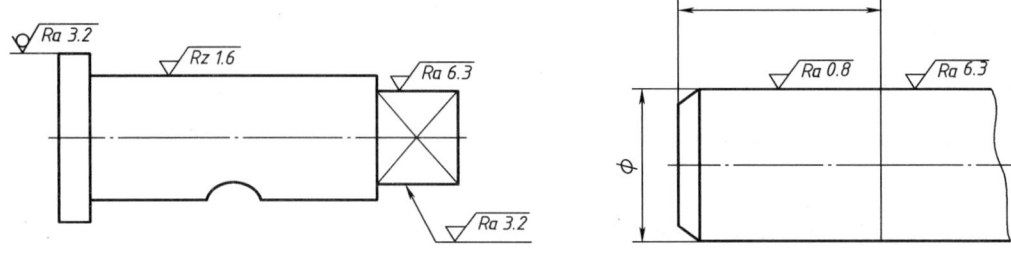

图 8-15 棱柱表面有不同表面结构要求的标注　　图 8-16 圆柱上有不同表面结构要求的标注

2）如果零件的大多数表面有相同的表面结构要求时，可将其他不同的表面结构要求直接标注在图中，如图 8-17 所示；而将其余要求统一标注在图样的标题栏附近，并在表面结构要求的符号后面加圆括号，在圆括号内给出无任何其他标注的基本符号，如图 8-17a 所

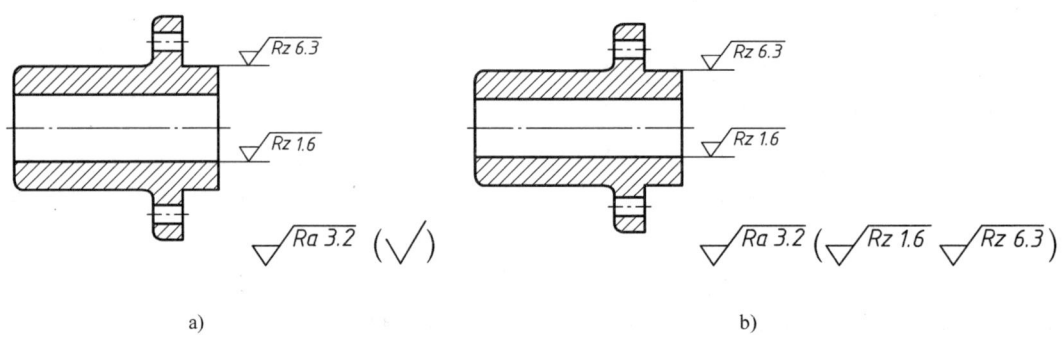

图 8-17 大多数表面有相同表面结构要求的简化注法

示；或在圆括号内给出不同的表面结构要求，如图 8-17b 所示。

3）有多个表面相同的表面结构要求或图纸空间有限时，可采用简化注法。

①可用带字母的完整图形符号，以等式的形式，在图形或标题栏附近，对有相同表面结构要求的表面进行简化标注，如图 8-18 所示。

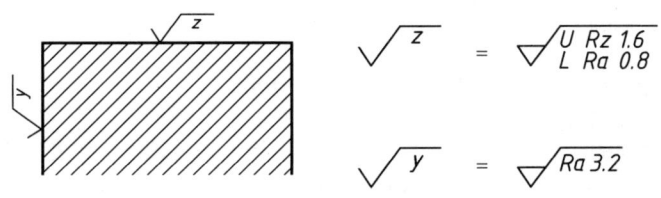

图 8-18　图纸空间有限时的简化注法

②可采用表面结构的基本图形符号和扩展图形符号以等号的形式给出对多个表面共同的表面结构要求，如图 8-19 所示。

a) 未指定工艺方法　　　b) 要求去除材料的方法　　　c) 不去除材料的方法

图 8-19　用基本图形符号和扩展图形符号的简化注法

4）采用多种工艺获得同一表面，当需要明确每种工艺方法的表面结构时，可以同时标注，如图 8-20 所示。

（3）常用零件表面结构要求的注法　零件上连续表面及重复要素（孔、槽、齿……）表面的注法如图 8-21 所示。不连续的同一表面注法如图 8-22 所示（要用细实线连接）。螺纹的工作表面没有画出牙型时，注法如图 8-23 所示。

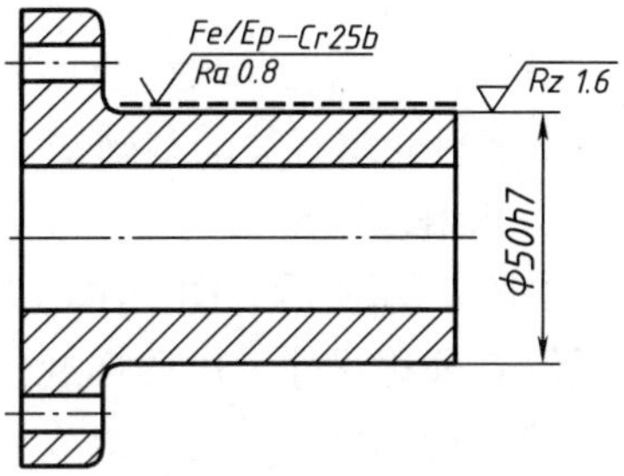

图 8-20　多种工艺方法要求的表面结构注法

8.3.2　极限与配合

在组织大规模的批量生产中，为了便于装配或维修，也利于组织协作生产，有效地提高

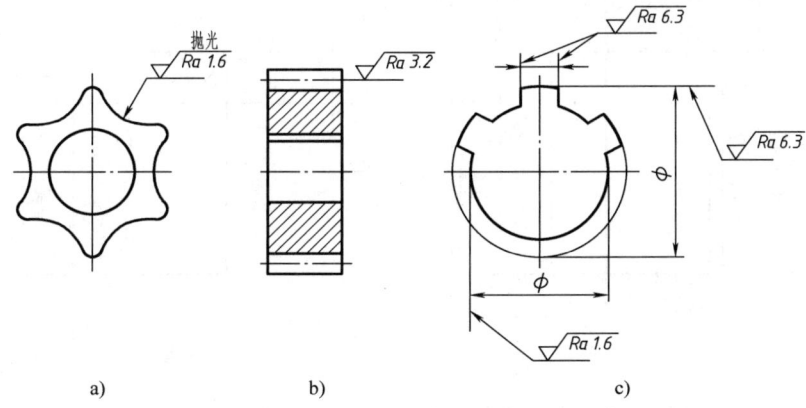

图 8-21　连续表面及重复要素的注法

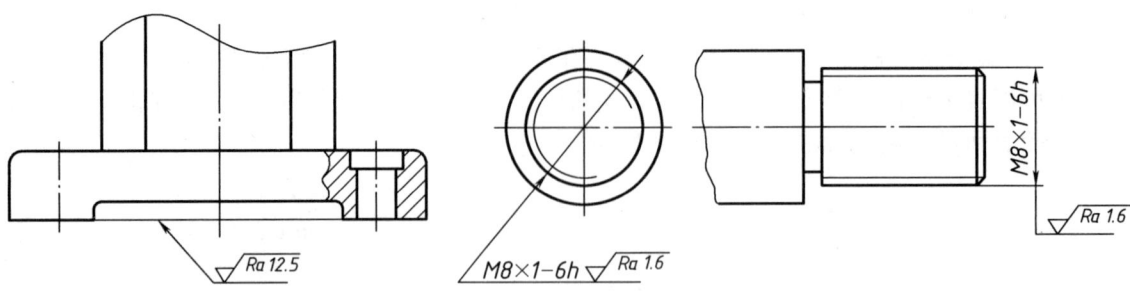

图 8-22 不连续表面的注法　　　　　图 8-23 螺纹工作表面的注法

生产率，零件的设计要满足互换性的要求。零件的互换性取决于尺寸、形状和位置误差的综合因素影响，所以对零件的几何要素（尺寸、几何形状、表面）提出适当要求是保证互换性的前提条件。相关的国家标准有以下几种：

1)《产品几何技术规范（GPS）极限与配合 第 1 部分：公差、偏差和配合的基础》（GB/T 1800.1—2009）。

2)《产品几何技术规范（GPS）极限与配合 第 2 部分：标准公差等级和孔、轴极限偏差表》（GB/T 1800.2—2009）。

3)《产品几何技术规范（GPS）极限与配合 公差带和配合的选择》（GB/T 1801—2009）。

4)《机械制图 尺寸公差和配合的标注》（GB/T 4458.5—2003）。

本节只介绍有关的基础知识。

1. 术语及定义

如图 8-24 所示，图中术语及定义如下：

（1）公称尺寸 由图样规范确定的理想形状要素的尺寸。

（2）局部尺寸 提取组成要素的局部尺寸，是提取组成要素上两对应点之间的距离。

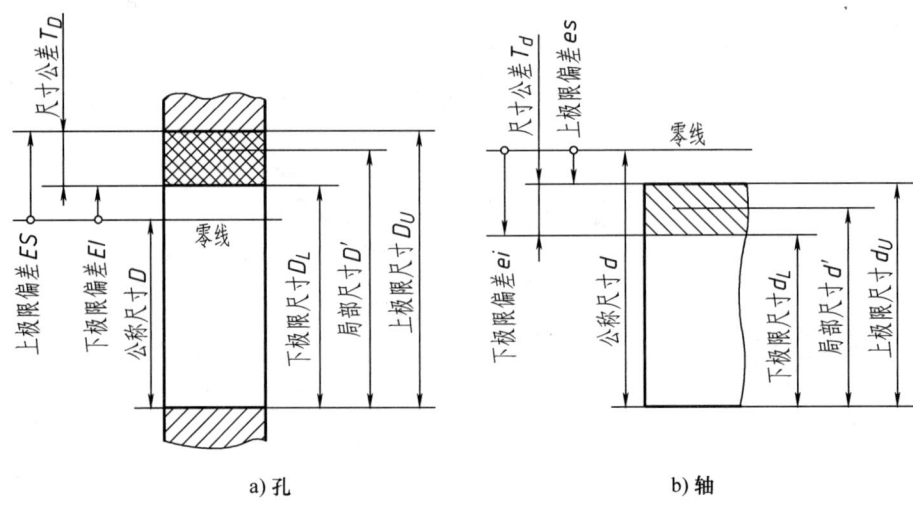

a) 孔　　　　　　　　　b) 轴

图 8-24 公称尺寸与极限尺寸、极限偏差、尺寸公差

(3) 极限尺寸 尺寸要素允许的尺寸的两个极端。尺寸要素允许的最大尺寸称为上极限尺寸,尺寸要素允许的最小尺寸称为下极限尺寸。提取要素局部尺寸的合格条件为:上极限尺寸≥局部尺寸≥下极限尺寸。

(4) 零线 在极限与配合图解中,表示公称尺寸的一条直线,以它为基准确定偏差和公差。

(5) 偏差 某一尺寸减去公称尺寸所得的代数差。极限偏差是极限尺寸减公称尺寸所得的代数差,有上极限偏差和下极限偏差之分。上极限尺寸−公称尺寸=上极限偏差;下极限尺寸−公称尺寸=下极限偏差。上、下极限偏差可以是正值、负值或"零"。

(6) 尺寸公差(简称公差) 尺寸的允许变动量
公差=上极限偏差−下极限偏差=上极限尺寸−下极限尺寸。尺寸公差大于零,不带符号。

(7) 公差带 在公差带图解中,公差带是由代表上极限偏差和下极限偏差或上极限尺寸和下极限尺寸的两条直线所限定的一个区域。图 8-25 为公差带图解的示例,图中,只用放大的方法画出它们的极限偏差。确定偏差的一条基准直线,称为零线,通常以零线表示公称尺寸。零线之上的偏差为正,零线之下的偏差为负。轴、孔公差带既可位于零线的上方,也可位于零线的下方,或是跨在零线上。尺寸公差与零线无关,图中用双箭头表示。尺寸公差带是尺寸允许变动的区域,将尺寸公差带画成平面状区域更方便对尺寸进行分析。

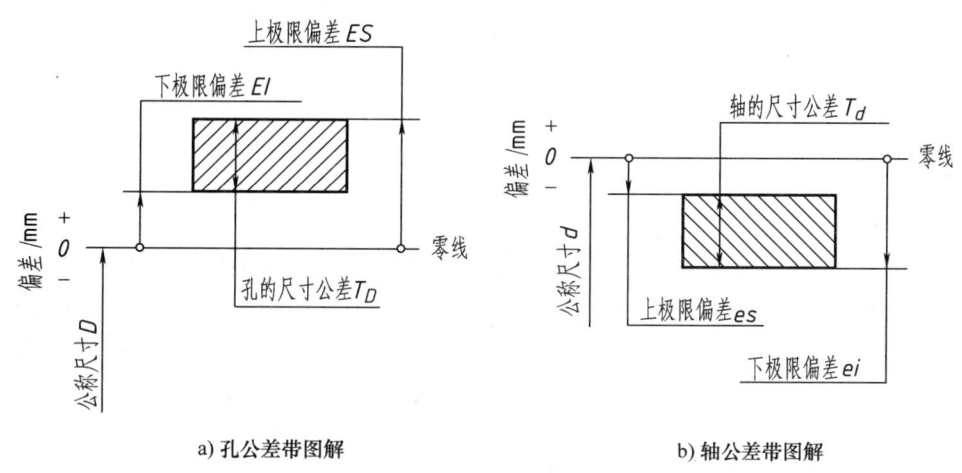

a) 孔公差带图解　　　　　　b) 轴公差带图解

图 8-25 公差带图解

2. 配合的种类

公称尺寸相同并且相互结合的孔和轴的公差带之间的关系,称为配合。通俗地讲,配合就是孔和轴结合时的松紧程度。配合中可能出现间隙或过盈:当孔的尺寸减去相配合的轴的尺寸所得的代数差为正值时,称为间隙,二者形成可动结合;当此差值为负值时,称为过盈,二者形成刚性结合。根据孔、轴公差带的关系,或者说按形成间隙或过盈的情况,配合分为三类:间隙配合、过盈配合和过渡配合。

(1) 间隙配合 具有间隙(包括最小间隙为零)的配合。在公差带图解中,孔的公差带在轴的公差带之上,形成间隙配合,如图 8-26 所示。

表示间隙配合松紧程度的是其最大(极限)间隙 S_{max} 和最小(极限)间隙 S_{min},且有:

$S_{max} = D_U - d_L$，$S_{min} = D_L - d_U$。最大（极限）间隙和最小（极限）间隙可统称为极限间隙。

表示间隙配合松紧程度的允许变动范围的是间隙公差 T_s。间隙公差是最大（极限）间隙与最小（极限）间隙之差，即 $T_s = S_{max} - S_{min} = (D_U - d_L) - (D_L - d_U) = T_D + T_d$。

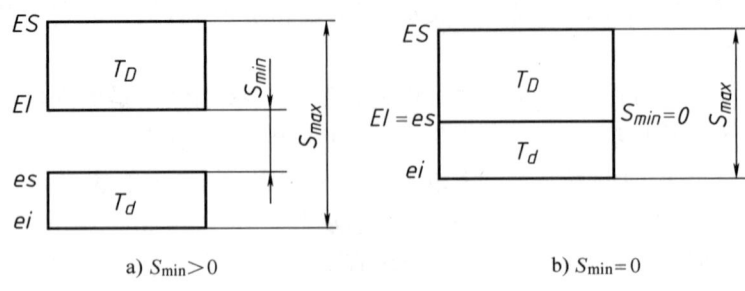

图 8-26 间隙配合

（2）过盈配合 具有过盈（包括最小过盈为零）的配合。在公差带图解中，孔的公差带在轴的公差带之下，就形成过盈配合，如图 8-27 所示。

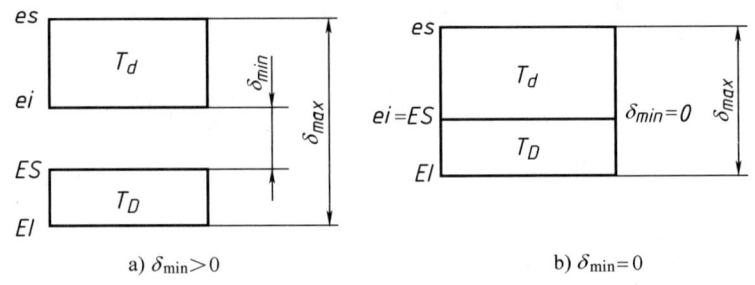

图 8-27 过盈配合

表示过盈配合松紧程度的是其最大（极限）过盈 δ_{max}。和最小（极限）过盈 δ_{min}，且有：$\delta_{max} = d_U - D_L$；$\delta_{min} = d_L - D_U$。最大（极限）过盈和最小（极限）过盈可统称为极限过盈。

表示过盈配合松紧程度的允许变动范围的是过盈公差 T_δ。过盈公差是最大（极限）过盈与最小（极限）过盈之差，即 $T_\delta = \delta_{max} - \delta_{min} = (d_U - D_L) - (d_L - D_U) = T_D + T_d$。

（3）过渡配合 可能具有间隙或过盈的配合。在公差带图解中，孔的公差带与轴的公差带有重叠，就形成过渡配合，如图 8-28 所示。

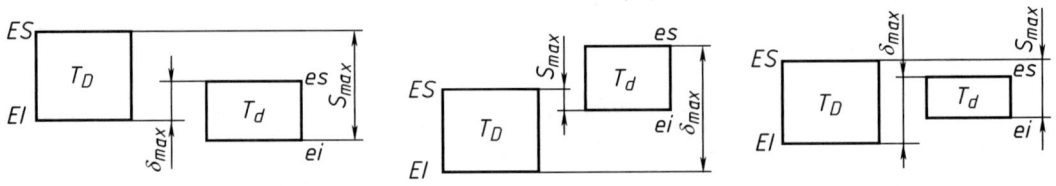

a) 孔、轴公差带部分重叠 $S_{max} > \delta_{max}$ b) 孔、轴公差带部分重叠 $\delta_{max} > S_{max}$ c) 孔、轴公差带完全重叠

图 8-28 过渡配合

表示过渡配合松紧程度的是其最大（极限）过盈 δ_{max} 和最大（极限）间隙 S_{max}；表示过渡配合松紧程度的允许变动的是配合公差 T_f。过渡配合的配合公差是最大（极限）过盈与

最大（极限）间隙之和，即：$T_f = \delta_{max} + S_{max} = (d_U - D_L) + (D_U - d_L) = T_D + T_d$。

由图 8-26~图 8-28 可见，配合的类别只与相互结合的孔、轴公差带的相对位置有关，而与它们对零线（公称尺寸）的位置无关。所以，在以上各图中，不需要标出各零线（公称尺寸）的位置。

3. 极限制

尺寸公差带有两项特征：大小和位置。公差带的大小由尺寸公差确定，公差带的位置由极限偏差（上极限偏差或下极限偏差）确定。国家标准《产品几何技术规范（GPS） 极限与配合 第1部分：公差、偏差和配合的基础》（GB/T 1800.1—2009）对这两个独立要素分别进行了标准化，即规定了一系列标准的公差数值和标准的极限偏差数值。这个经标准化的公差和偏差制度（数值系列）称为极限制。

（1）标准公差系列 标准公差是用来决定公差带大小的，用代号 IT 表示。GB/T 1800.1—2009 规定了 20 个标准公差等级，标准公差等级的代号用符号 IT 和数字组成，依次用 IT01、IT0、IT1、IT2、…、IT18 表示。其中数值 01、0、1、2、…、18 等表示公差等级，从 IT01 至 IT18 等级依次降低，相应的标准公差依次加大。即 IT01 等级最高，公差最小；IT18 等级最低，公差最大。公差越小，说明尺寸精确的程度越高，所以公差等级就是确定尺寸精确程度的等级，标准公差数值见附录中的表 D-3。一般情况，IT01~IT4 用于块规和量规，IT5~IT11 用于配合尺寸，IT12~IT18 用于非配合尺寸。

（2）基本偏差系列 基本偏差是用来确定公差带位置的。所谓基本偏差是指用以确定公差带相对零线位置的上极限偏差或下极限偏差，一般是靠近零线的那个极限偏差。通常当公差带位于零线上方时，基本偏差是下极限偏差；当公差带位于零线下方时，基本偏差是上极限偏差，如图 8-29 所示。

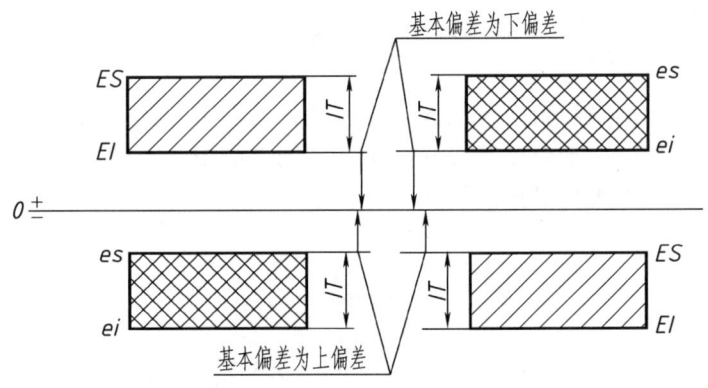

图 8-29 公差带图中的基本偏差

基本偏差共有 28 个，它的代号用拉丁字母及其顺序表示，大写字母表示孔，小写字母表示轴，基本偏差系列如图 8-30 所示。

由图可知，对于轴，a~h 的基本偏差为上极限偏差 es，j~zc 的基本偏差为下极限偏差 ei；对于孔，A~H 的基本偏差为下极限偏差 EI，J~ZC 的基本偏差为上极限偏差 ES。从 a 到 h 或从 A 到 H 基本偏差的绝对值逐渐减小；而从 j~zc 或从 J~ZC 基本偏差的绝对值逐渐增大；h 或 H 基本偏差为零，即与公称尺寸重合。在基本偏差系列图中，只表示了公差带相

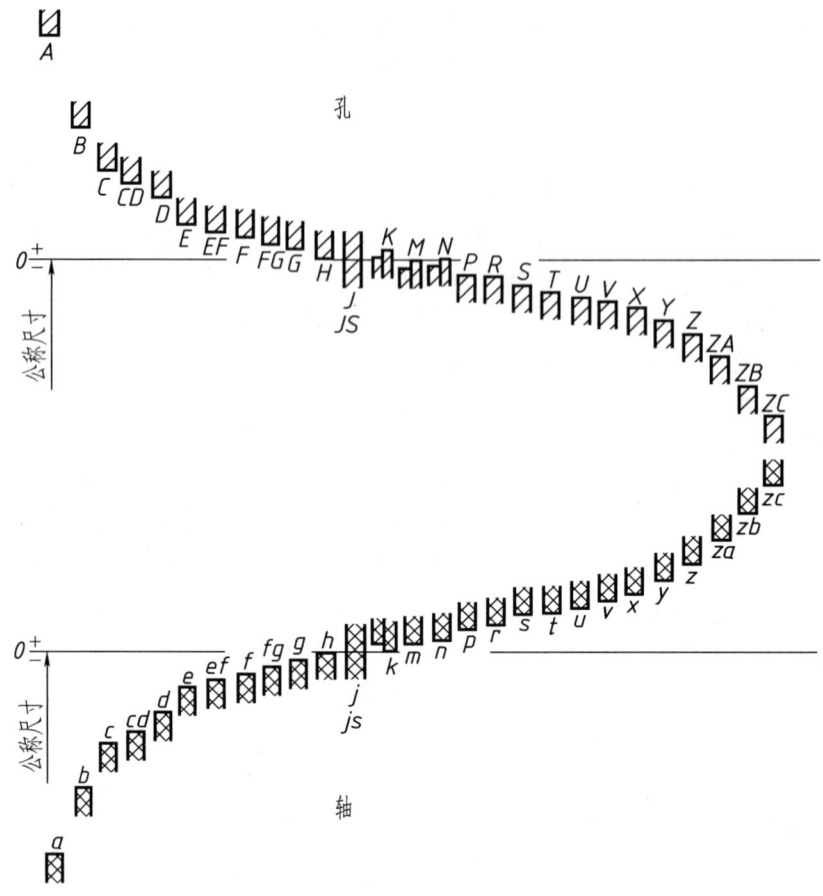

图 8-30 基本偏差系列

对零线的各种位置，而不表示公差带的大小，因此，公差带是开口的。开口的一端表示公差带延伸的方向，公差带取决于公差等级和这个基本偏差的组合，所以，孔、轴的公差带代号由基本偏差代号和公差等级代号组成。例如：

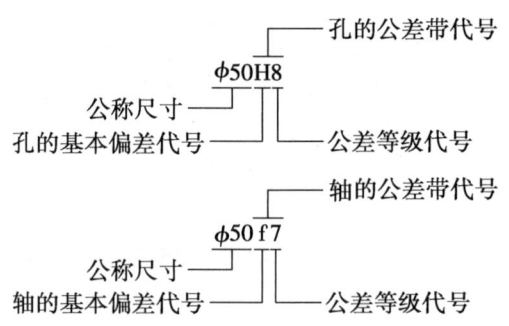

4. 配合制

规定了基本偏差系列和标准公差之后，对给定的公称尺寸就可以形成大量的轴和孔的公差带。任取一对轴、孔的公差带，都能形成一定性质的配合。但如果任意选配则情况变化极多，不便于零件的设计与制造。为此，国标规定了两种基准制度，即基孔制与基轴制。

（1）基孔配合制　基孔配合制简称基孔制。基本偏差为一定值的孔的公差带，与不同基本偏差的轴的公差带形成各种配合的一种制度。基孔制的孔为基准孔，基准孔的下极限偏差为零，基本偏差代号为 H，如图 8-31 所示。图中细虚线表示基准件公差等级不同时公差带变化的范围。

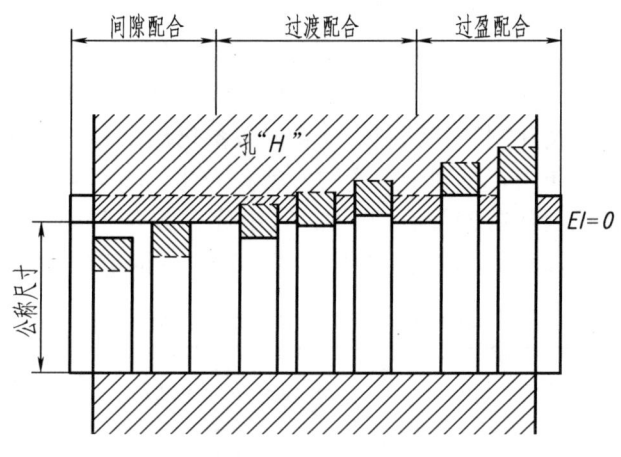

图 8-31　基孔制配合

（2）基轴配合制　基轴配合制简称基轴制。基本偏差为一定值的轴的公差带，与不同基本偏差的孔的公差带形成各种配合的一种制度。基轴制的轴为基准轴，基准轴的上极限偏差为零，基本偏差代号为 h，如图 8-32 所示。在基孔制（基轴制）中，a~h（A~H）用于间隙配合；j~zc（J~ZC）用于过渡配合和过盈配合。

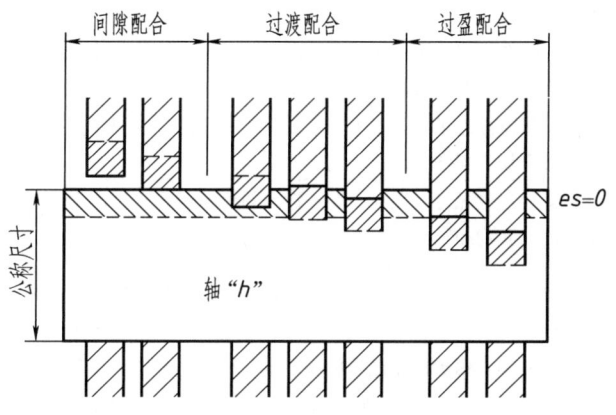

图 8-32　基轴制配合

基孔制和基轴制都各有三种类型的配合，其公差带间的关系如图 8-31 及图 8-32 所示。配合的代号由两个相互结合的孔和轴的公差带代号组成，写成分数形式，分子为孔的公差带代号，分母为轴的公差带代号，例如：$\phi 40 \frac{H8}{f7}$，$\phi 30 \frac{P7}{h6}$。在配合代号中，如果孔的基本偏差代号为 H，则代表基孔制的配合，例如 $\phi 40 \frac{H8}{f7}$ 表示基孔制的间隙配合；如果轴的基本偏差代号为 h，则代表基轴制的配合，例如 $\phi 30 \dfrac{P7}{h6}$ 表示基轴制的过盈配合；如果孔的基本偏差代号为 H，同时，轴的基本偏差代号为 h，则两者皆有可能，需要视具体情况确定，例如 $\phi 50 \dfrac{H7}{h6}$ 可能表示基孔制的间隙配合，亦可能是基轴制的间隙配合。

（3）常用及优先配合　对于公称尺寸不大于 500mm 的轴和孔，标准规定的标准公差有 20 个等级，基本偏差有 28 种，原则上任一公差等级和任一基本偏差可以任意组合，能组成大量的配合。即使采用了基孔制和基轴制，配合的数量仍然太多，不仅经济上难以实现，而且发挥不了标准化应有的作用，不利于生产的发展。为此，国家标准规定了基孔制和基轴制的常用、优先配合。基孔制常用配合有 59 种，其中优先配合 13 种；基轴制常用配合有 47 种，其中优先配合 13 种。表 8-3 为公称尺寸不大于 500mm 的部分优先配合及其选用说明。

表 8-3　优先配合及其选用说明

优先配合		选用说明
基孔制	基轴制	
$\dfrac{H11}{c11}$	$\dfrac{C11}{h11}$	间隙极大。用于转速很高，轴、孔温差很大的滑动轴承；要求大公差、大间隙的外露部分，要求装配极方便的场合
$\dfrac{H9}{d9}$	$\dfrac{D9}{h9}$	间隙很大。用于转速较高，轴颈压力较大，精度要求不高的滑动轴承
$\dfrac{H8}{f7}$	$\dfrac{F8}{h7}$	间隙不大。用于中等转速，中等轴颈压力，有一定精度要求的一般滑动轴承；要求装配方便的中等定位精度的配合
$\dfrac{H7}{g6}$	$\dfrac{G7}{h6}$	间隙很小。用于低速转动或轴向移动的精密定位配合；需要精密定位又经常装拆的不动配合
$\dfrac{H7}{h6}\ \dfrac{H8}{h7}$	$\dfrac{H7}{h6}\ \dfrac{H8}{h7}$	最小间隙为零。用于间隙定位配合，工作时一般无相对运动；也用于高精度低速轴向移动的配合。公差等级由定位精度决定
$\dfrac{H7}{k6}$	$\dfrac{K7}{h6}$	平均间隙接近于零。用于要求装拆的定位配合。用于受不大的冲击载荷处，扭矩和冲击很大时加紧固件
$\dfrac{H7}{n6}$	$\dfrac{N7}{h6}$	较紧的过渡配合，用于一般不拆卸的更精密的定位配合。可承受很大的扭矩、振动及冲击，但也需附加紧固件
$\dfrac{H7}{p6}$	$\dfrac{P7}{h6}$	过盈很小。用于要求定位精度高，配合刚性好的配合，不能只靠过盈传递载荷
$\dfrac{H7}{s6}$	$\dfrac{S7}{h6}$	过盈适中。用于依靠过盈传递中等载荷的配合
$\dfrac{H7}{u6}$	$\dfrac{U7}{h6}$	过盈较大。用于依靠过盈传递较大载荷的配合。装配时需对孔进行加热或对轴进行冷却

5. 极限与配合在图样上的标注

（1）在装配图上的标注　在装配图上标注配合关系有两种形式：

1）标注公差带代号。如图 8-33a 所示，用分数的形式注出，分子为孔的公差带代号，分母为轴的公差带代号。当标注标准件、外购件与零件（轴或孔）的配合关系时，可仅标注相配零件的公差带代号，如图 8-33b 所示。

2）标注极限偏差。如图 8-34a 所示，尺寸线的上方为孔的极限偏差，尺寸线的下方为轴的极限偏差。图 8-34b 明确指出了装配件的代号。

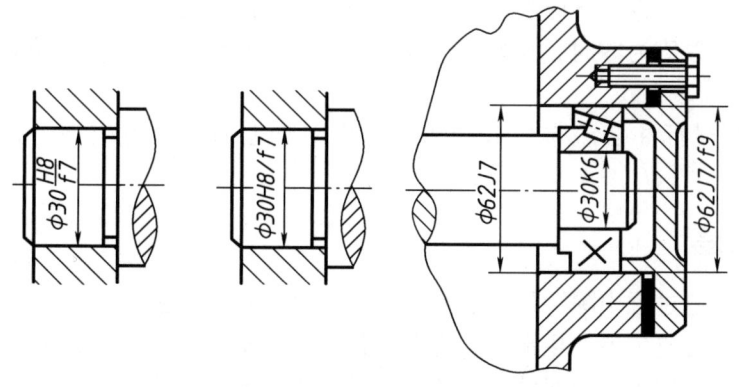

a) 非标准件零件间配合注法　　　　b) 与标准件配合的注法

图 8-33　装配图中配合的标注（一）

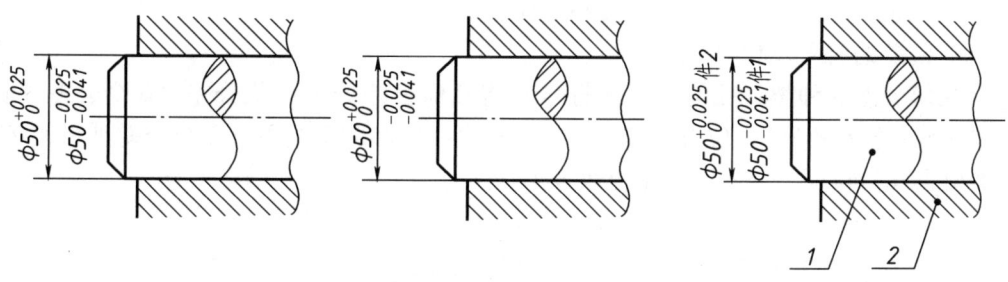

a) 注写孔、轴极限偏差　　　　b) 注写极限偏差及装配件的代号

图 8-34　装配图中配合的标注（二）

（2）在零件图上的标注　在零件图上标注公差，标注的形式有三种：

1）公称尺寸数字的右边注写公差带代号，即基本偏差和公差等级代号，如图 8-35a 所示。

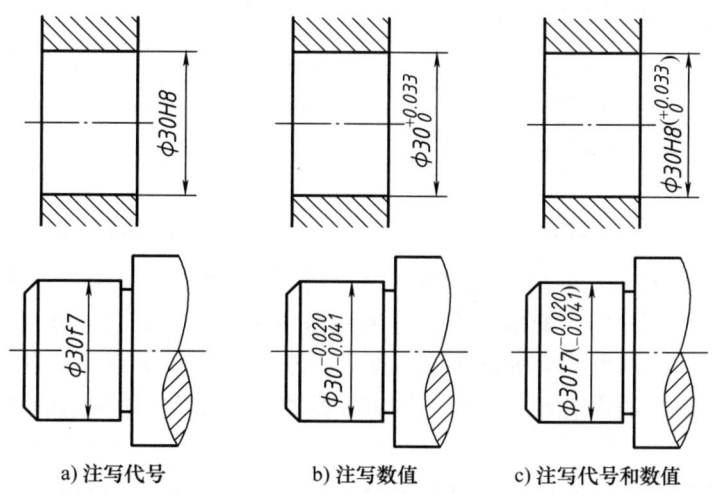

a) 注写代号　　　　b) 注写数值　　　　c) 注写代号和数值

图 8-35　零件图上的尺寸公差注法

2) 在公称尺寸数字的右边注写极限偏差。偏差的数值用小一号的数字书写,上极限偏差注在公称尺寸的右上方,下极限偏差注在与公称尺寸同一底线上,上、下极限偏差的小数点必须对齐,偏差数值为零时,用数字"0"标出,并与另一偏差的个位对齐,如图 8-35b 所示。

3) 当要求同时标注公差带代号和相应的极限偏差时,后者应加上括号,如图 8-35c 所示。

8.3.3 几何公差

零件在加工制造过程中除了尺寸会产生误差,必须用尺寸公差加以限制外,构成零件的各几何要素还会不可避免地产生形状、方向、位置和跳动误差。例如,平面不可能加工得绝对平,圆断面不可能加工得绝对圆,应该平行的两表面或应当垂直的两表面都不可能加工得绝对平行或垂直,等等。对于这类误差,也必须给出一个几何区域,作为允许的误差变动范围,这就是几何公差,本节只介绍相关的基本知识。相关的国家标准为《产品几何技术规范(GPS) 几何公差 形状、方向、位置和跳动公差标注》(GB/T 1182—2018)。

1. 几何公差的符号及代号

(1) 几何公差的种类、几何特征及符号 将几何公差分为形状公差(6 个公差项目)、方向公差(5 个公差项目)、位置公差(6 个公差项目)和跳动公差(2 个公差项目)四类,其公差类型、几何特征、符号等规定见表 8-4。

表 8-4 几何公差的类型、几何特征及符号

公差类型	几何特征	符号	有无基准	公差类型	几何特征	符号	有无基准
形状公差	直线度	—	无	位置公差	位置度	⌖	有或无
	平面度	▱	无		同心度	◎	有
	圆度	○	无		同轴度	◎	有
	圆柱度	⌭	无		对称度	=	有
	线轮廓度	⌒	无		线轮廓度	⌒	有
	面轮廓度	⌓	无		面轮廓度	⌓	有
方向公差	平行度	∥	有	跳动公差	圆跳动	↗	有
	垂直度	⊥	有		全跳动	⌰	有
	倾斜度	∠	有				
	线轮廓度	⌒	有				
	面轮廓度	⌓	有				

(2) 几何公差代号 几何公差代号由几何公差框格及指引线组成,引线端部的箭头指向被测要素。几何公差框格为矩形框格,分为两格或多格,框格可以水平放置或垂直放置。框格从左向右填写,各格的内容如图 8-36a 所示。第一格的宽度等于框格的高度 H,其他各格的宽度根据实际填写的内容长度而定,内容和框格之间留有小的间隙。框格中各部分比例如图 8-36b 所示。

几何公差框格的线宽、框格的高度及字体的高度等的关系见表 8-5(用于 B 字体)。

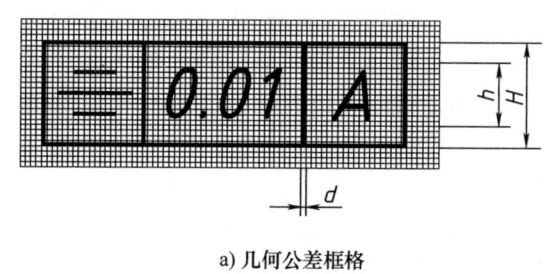

a) 几何公差框格

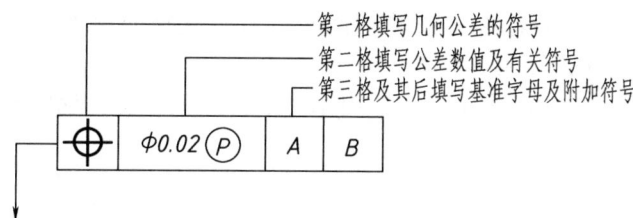

b) 框格比例

图 8-36 几何公差框格及比例

表 8-5 几何公差框格线宽、高度及字体高度的关系　　（单位：mm）

特征	推荐尺寸						
框格高度 H	5	7	10	14	20	28	40
字体高度 h	2.5	3.5	5	7	10	14	20
线条粗细 d	0.25	0.35	0.5	0.7	1.0	1.4	2.0

几何公差如果是无基准的，则公差框格一般为两格，如果是有基准的，则框格为三格或三格以上。如图 8-37 所示，如果公差带形状为圆形或圆柱形，公差前应加注符号"ϕ"；如果公差带为圆球形，公差前应加注符号"$S\phi$"。

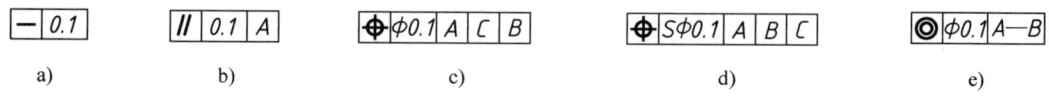

图 8-37 几何公差框格的形式

当某项公差应用于几个相同要素时，应在公差框格的上方被测要素的尺寸之前注明要素的个数，并在两者之间加上符号"×"，如图 8-38 所示。

如果就某个要素给出几种几何特征的公差，可将一个公差框格放在另一个的下面，如图 8-39 所示。

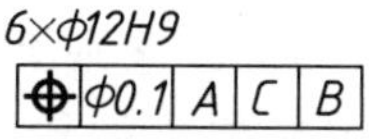

图 8-38 几个相同要素有相同公差要求 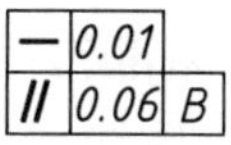　　图 8-39 一个要素有几种几何特征公差要求

（3）基准符号　与被测要素相关的基准用一个大写字母表示。字母标注在基准的方格内，与一个涂黑的或空白的三角形相连以表示基准，如图 8-40 所示。表示基准的字母还应标注在公差框格内，涂黑的或空白的三角形含义相同。

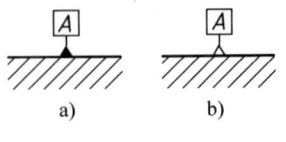

图 8-40　基准符号

2. 几何公差的标注方法

（1）被测要素的标注　被测要素是通过指引线与公差框格相连来表达的。一般情况，指引线可引自框格两端的任意一侧的中间位置，终端带一箭头，指向被测要素。

1）当被测要素为工件的轮廓线或轮廓面时，箭头应指向该要素的轮廓线或其延长线上，应与尺寸线明显错开，如图 8-41 所示。

2）箭头也可指向引出线的水平线，而引出线引自被测要素，如图 8-42 所示。

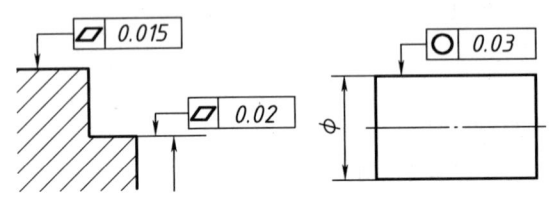 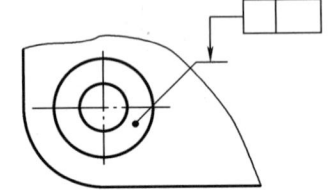

图 8-41　指引线箭头和尺寸线错开　　　图 8-42　箭头也可指向引出线的水平线

3）当被测要素为工件的中心线、中心面或中心点时，箭头应与尺寸线对齐，如图 8-43 所示。

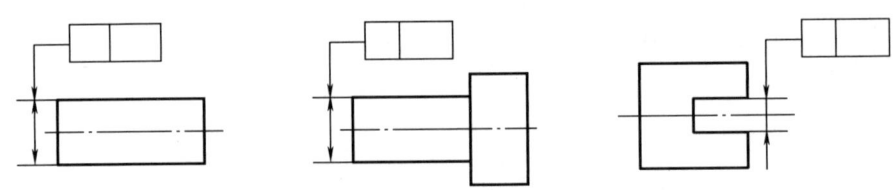

图 8-43　指引线箭头和尺寸线对齐

4）同一要素有多项要求时，或多个要素有相同的几何公差要求时，可以从框格上引出指引线，绘制多个指引箭头并分别与被测要素相连，如图 8-44 所示。

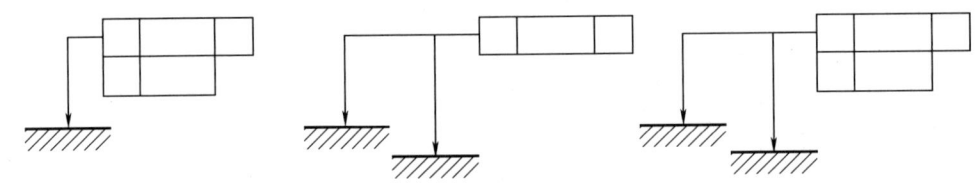

图 8-44　多项要求的标注方法

（2）基准的标注　基准符号的放置规则与被测要素的标注规则类似，即：

1）当基准要素为轮廓线或轮廓面时，基准符号放置在要素的轮廓线或其延长线上，且与尺寸线明显错开，如图 8-45 所示。

2）基准符号也可放置在选作基准的轮廓面引出线的水平线上，如图 8-46 所示。

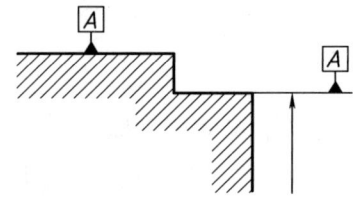
图 8-45 基准符号和尺寸线错开

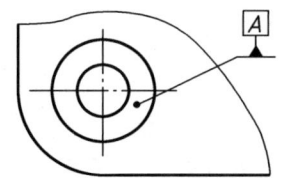
图 8-46 基准符号放置在引出线的水平线上

3）当基准为尺寸要素确定的轴线、中心平面或中心点（导出要素）时，基准三角形应放置在该尺寸线的延长线上，并与尺寸线对齐，如图 8-47 所示。

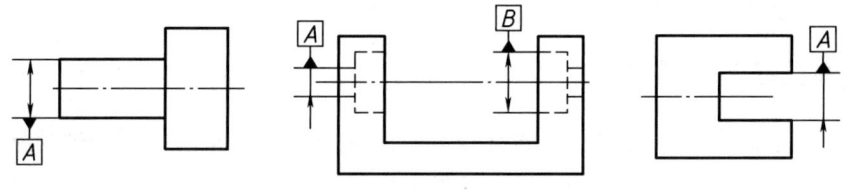
图 8-47 基准符号和尺寸线对齐

3. 几何公差的标注示例

图 8-48 是几何公差代号标注的实例。从图中可以看出，当被测要素为线或表面时，从框格引出的指引线箭头应指在该要素的轮廓线或其延长线上。当被测要素是轴线，应将箭头与该要素的尺寸线对齐，如 M8×1 轴线的同轴度注法。当基准要素是轴线时，应将基准符号与该要素的尺寸线对齐，如基准 A。

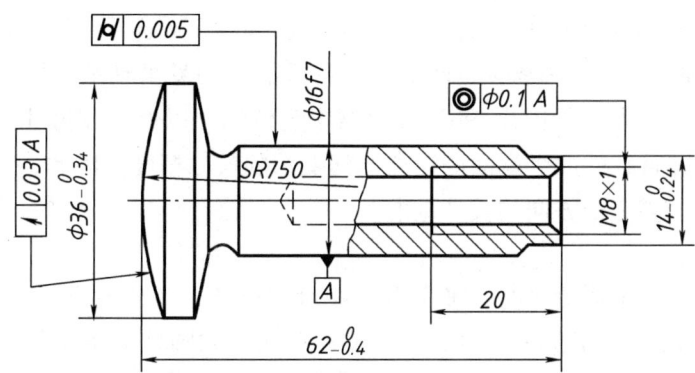
图 8-48 几何公差代号标注示例

8.3.4 零件常用的金属材料及热处理

零件的作用和要求不同，所使用的材料就不同。制造零件常用的材料有各种钢、各种铸铁、各种有色金属和非金属材料，见附录中的表 C-1。热处理是改变金属材料性能的工艺方法，零件需要热处理时，应在图纸的技术要求中说明，常见的热处理和表面处理方法见附录中的表 C-2。

8.4 零件图的尺寸

零件图上的尺寸是零件加工、检测的重要依据。零件图的尺寸要求标注得正确、完整、清晰、合理。关于尺寸的正确、完整、清晰性问题在第4章中已做了阐述，本节仅着重阐述尺寸标注的合理性问题。

所谓标注尺寸的合理性，就是所标注的尺寸既满足设计要求，又满足工艺要求，便于加工和检测。这主要涉及如何正确选择尺寸基准和正确配置尺寸链两方面的问题，这些问题与一系列设计和工艺知识相关，绘图人员必须积累一定的生产实践经验和专业知识。本章只介绍零件图尺寸标注的基本知识。

8.4.1 正确选择尺寸基准

尺寸基准就是标注尺寸的起点，通常分为设计基准和工艺基准。要合理地标注尺寸，必须正确选择基准。选择基准时，若从设计基准出发标注尺寸，能保证所设计的零件在机器中的工作性能；从工艺基准出发标注尺寸，则方便于加工和测量。因此，选择基准时，应尽量使设计基准和工艺基准重合，以减少尺寸误差，便于加工、测量并提高产品质量，此即基准重合原则。当设计基准和工艺基准不重合时，所标注的尺寸应在保证设计要求的前提下，满足工艺要求。

1. 设计基准

设计基准是指在机器或部件中确定零件位置的点、线、面，是为了保证零件设计要求而选定的一些基准，通常是确定零件在机器上位置的接触面、对称面、回转轴线等。例如，图8-49a所示的悬吊轴承，其使用场合是两个固定在机器上的悬吊轴承共同支承一根轴，它是用平面Ⅰ、Ⅲ和对称面Ⅱ（见图8-49b）在机器中定位的，以保证和另外一个悬吊轴承的轴线在同一条线上，并且孔的两个端面的距离达到要求的尺寸精度。因此，上述三个平面分别是悬吊轴承长、宽、高三个方向的设计基准。

2. 工艺基准

工艺基准是指在加工或测量时，确定零件相对于机床、工装或量具位置的点、线、面。例如，图8-50所示的套，在车床上加工时，用其左侧的大圆柱面来定位，卡在自定心卡盘上；而测量有关轴向尺寸 a、b、c 时，则以右端面为起点，所以，这两个面是工艺基准。

3. 主要基准和辅助基准

在零件的长、宽、高三个方向，每个方向都至少有一个基准，当某一方向有几个基准时，其中之一为主要基准，其余为辅助基准。如图8-51中，考虑到测量方便，可选择端面Ⅳ和轴线Ⅴ作为辅助基准，以Ⅳ为辅助基准标注尺寸12和48，以轴线Ⅴ为辅助基准标注尺寸 $\phi 20_{0}^{+0.033}$。

8.4.2 合理配置尺寸链

零件图上的尺寸按照一定次序排列，彼此都是相互关联的。在某一个方向上的尺寸首尾

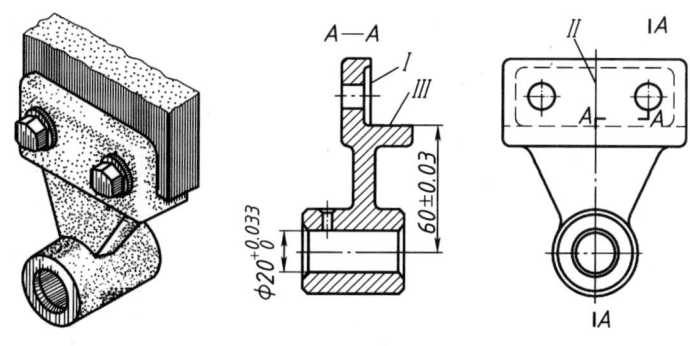

a) 悬吊轴承安装方法　　　　b) 悬吊轴承的设计基准

图 8-49　悬吊轴承

相连，形成一个封闭回路的尺寸组，这种成组尺寸称为尺寸链。其中每个尺寸称为尺寸链中的一个尺寸环，每一个尺寸都受其余尺寸的影响。同样标注每个尺寸都要影响同一方向上它所属的尺寸链，该尺寸标注得是否合理，要根据它所在的尺寸链的配置情况来定。

1. 零件图上不出现封闭的尺寸链

如图 8-52a 中，尺寸 a、b、c 就是一组封闭尺寸链。这样标注尺寸，在加工时难以保证设计要求。假如要保证 a、b 两个尺寸的精度，则尺寸 c 的误差则为 a、b 两个尺寸误差之和，这样尺寸 c 就难以达到精度要求，其

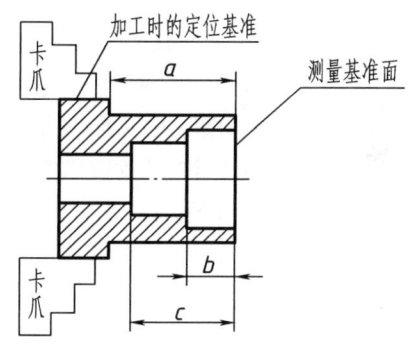

图 8-50　套的工艺基准

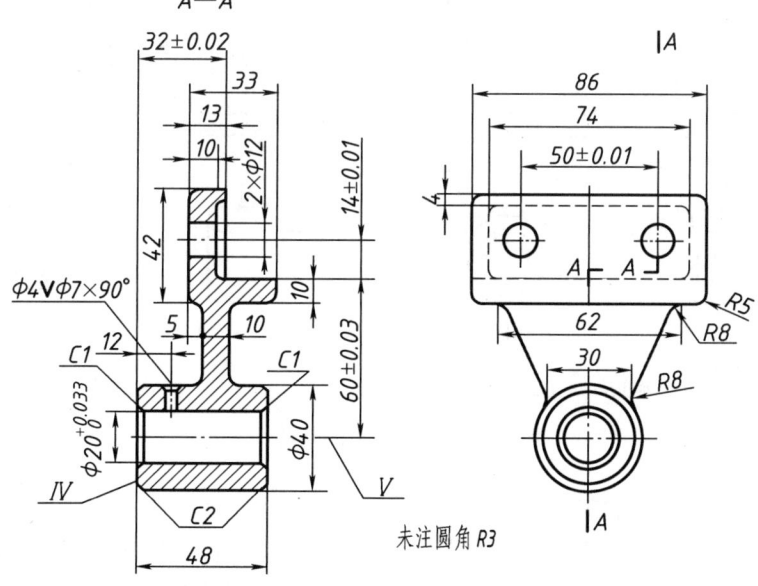

图 8-51　悬吊轴承的尺寸

至造成废品。因此,尺寸一般都注成开口的,如图 8-52b 所示,尺寸链中精度要求最低的一环不注尺寸,称为开口环,这样既保证了设计要求又节约加工费用。在某些情况下,为了作为设计或加工时的参考,也注成封闭尺寸链,只是把开口环的尺寸用圆括号括起来,作为参考尺寸使用,如图 8-52c 所示。

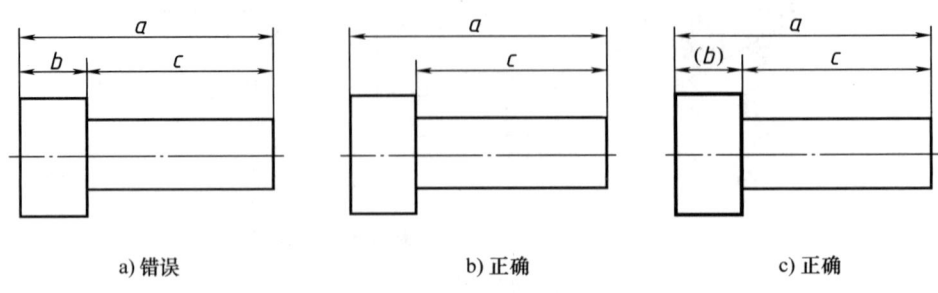

a) 错误　　　　　　b) 正确　　　　　　c) 正确

图 8-52　不注成封闭尺寸链

2. 设计中的重要尺寸直接注出

重要尺寸是指：直接影响零件传动精度的尺寸（如箱体上两齿轮的中心距）；直接影响机械工作性能的尺寸（如轴承底座面到结合面的高度）；两零件相互配合时,与配合相关的尺寸；决定零件安装位置的尺寸。这些设计中的重要尺寸,一定要直接由设计基准注出。如图 8-53a 所示,Ⅰ、Ⅱ、Ⅲ 分别为长、宽、高三个方向的设计基准,图中的定位尺寸是重要尺寸,从设计基准出发进行标注,图 8-53b 中的尺寸标注是错误的。如果不考虑设计和工艺的要求,仅按第 4 章中组合体的尺寸注法来标注零件的尺寸,往往不能达到合理的要求。

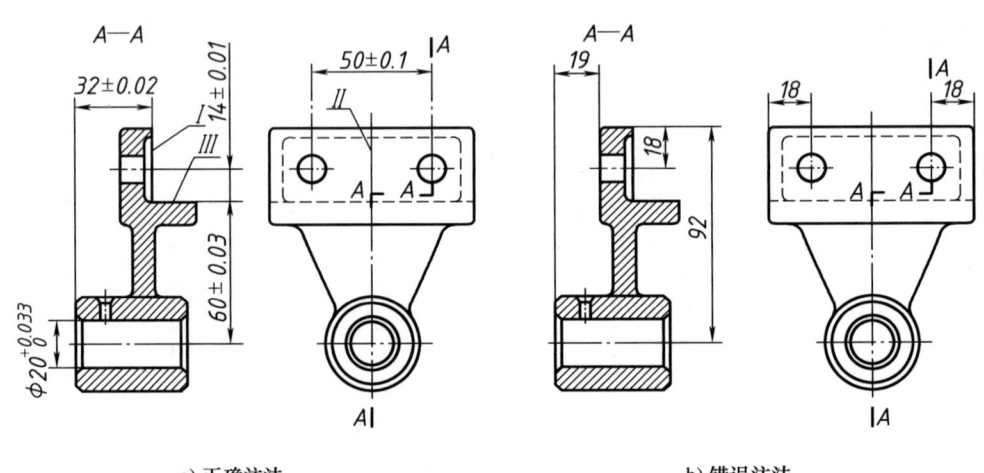

a) 正确注法　　　　　　　　　　　　b) 错误注法

图 8-53　悬吊轴承的功能尺寸

3. 非重要尺寸要符合加工顺序和便于加工

按加工顺序标注尺寸,符合加工过程,便于加工和测量。如图 8-54 所示的阶梯轴,其主要形体轴向尺寸的标注符合加工过程。表 8-6 列出了该轴的加工顺序。对照图和表,查看图 8-54 中的尺寸标注是合理的。

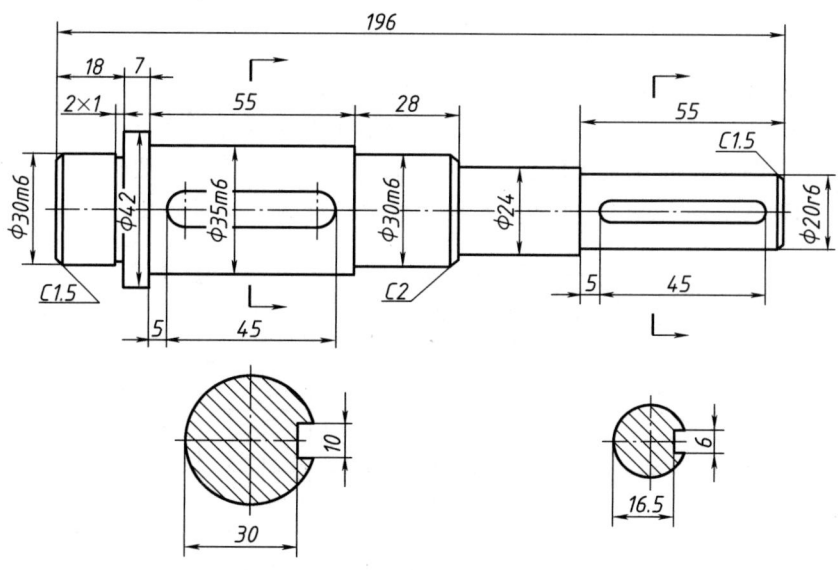

图 8-54 阶梯轴的尺寸标注

表 8-6 按加工顺序标注阶梯轴的尺寸　　　　　　　　　　　（单位：mm）

序号	说　明	图　例
1	取 φ45 圆钢落料，截取长度 200，车两端面保持长度 196，打两端中心孔	
2	车轴右端，先车出直径 φ42，长度 25，再从轴的端面开始车削直径 φ30，长度 18，加工倒角和砂轮越程槽	
3	工件调头，车轴上的其余尺寸，从 A 面向右量 7，然后车削直径 φ35；再从 B 面向右量取 55 后车削直径 φ30；从 C 面向右量取 28 后车削直径 φ24；最后车削直径 φ20，长度 55，加工倒角	
4	在铣床上铣出平键键槽，标出键槽尺寸	

4. 非加工面与加工面的尺寸标注

标注零件图尺寸时，加工面和非加工面（毛面）之间，在同一个方向上，只能有一个尺寸联系（见图 8-55 中 A 尺寸），其余则为加工面和加工面之间（见图 8-55 中 B 尺寸）或毛面和毛面之间联系。图 8-55 中高度方向打"×"号的尺寸是不合理的，改成打"△"号的尺寸。这是因为毛坯的制造误差大，加工面不可能同时保证符合两个及两个以上毛面的尺寸要求。

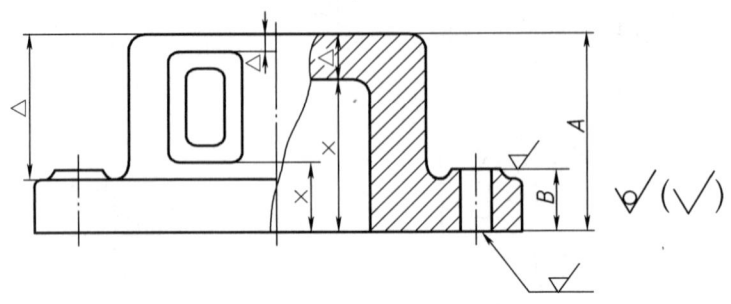

图 8-55 加工面与毛面间的尺寸联系

5. 便于测量的尺寸标注

针对目前现有零件的量具及其测量方法，在标注尺寸时要考虑测量的方便性与可能性。

加工阶梯孔时，如图 8-56 所示，一般先加工小孔，然后依次加工大孔。因此，在标注轴向尺寸时，应从端面标注大孔深度，以便测量。

图 8-57b 所示的一些图例，尺寸是由设计基准注出的，由圆心到某面的尺寸是不易测量的。如果这些尺寸对设计要求影响不大时，应考虑测量方便，按图 8-57a 标注。

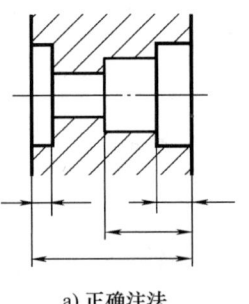 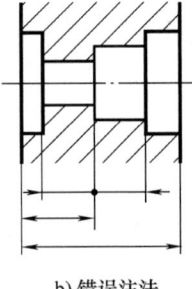

a) 正确注法   b) 错误注法

图 8-56 一般阶梯孔的尺寸注法

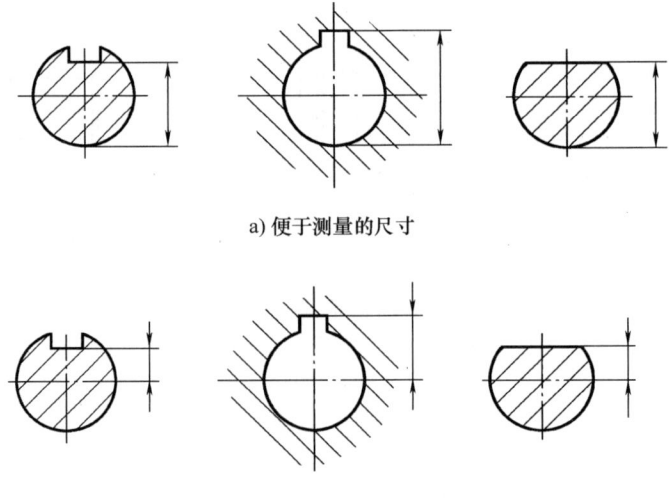

a) 便于测量的尺寸

b) 不便于测量的尺寸

图 8-57 便于测量的尺寸标注

6. 常见工艺结构尺寸标注

（1）倒角　零件经切削加工后，在表面的相交处呈现尖角。为了操作安全和便于装配，常在该处制成倒角，倒角可采用45°，也可采用30°和60°。倒角的尺寸标注如图8-58所示，倒角结构尺寸可查阅附录中的表E-2。

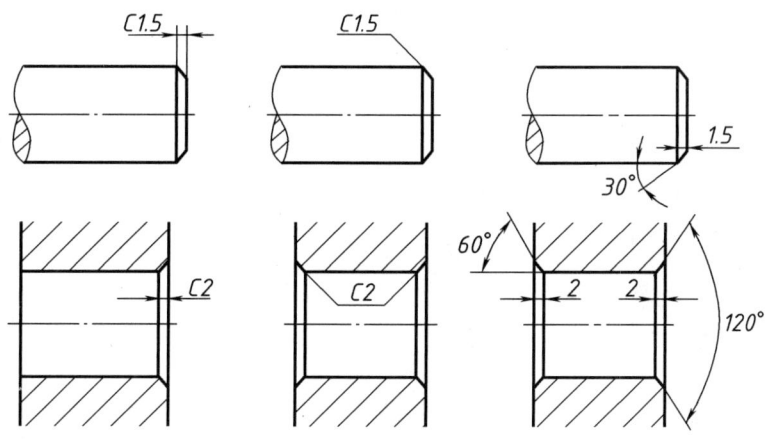

图8-58　倒角的尺寸标注

（2）退刀槽和砂轮越程槽　在切削加工时，特别是在车削螺纹或是磨削轴颈表面及内孔表面时，为了便于退出螺纹车刀或使砂轮的圆角部分越过加工面，常在被加工的零件上预先车出退刀槽和砂轮越程槽。砂轮越程槽和退刀槽结构尺寸查附录中的表E-3和表E-4。其尺寸可按"槽宽×槽深"或"槽宽×直径"的形式标注。当槽的结构比较复杂时，可画出局部放大图标注尺寸，如图8-59所示。

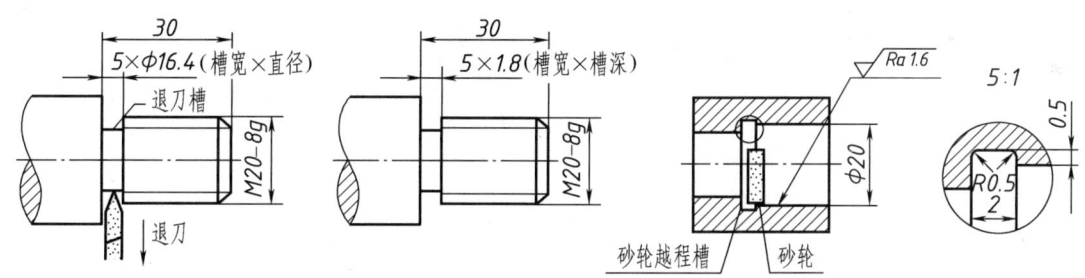

图8-59　退刀槽和砂轮越程槽的尺寸标注

在标注轴或孔中螺纹或磨削结构表面的长度尺寸时，必须把退刀槽（或砂轮越程槽）和倒角这些工艺结构包括在内，才符合工艺要求。常见注法如图8-60所示。

（3）钻孔结构的尺寸注法　用钻头钻孔时，要求钻头轴线尽量垂直于被钻孔的端面。否则钻孔位置容易偏斜，甚至折断钻头。如果遇到孔端面是斜面或曲面的情况，应预先设计出凸台和凹坑，如图8-61所示。

钻头的端部是一个接近120°锥角的圆锥，用它钻盲孔时，末端便出现一个顶角接近120°的锥坑，属于钻孔的工艺结构，在图上对应画出120°的锥坑，不标注角度尺寸，如图8-62a、b所示。对于直径不同的阶梯孔，在直径变化的过渡处也应画出120°的锥坑，如图8-62c、d所示，钻孔深度指的是圆柱部分的深度，不包括锥坑。

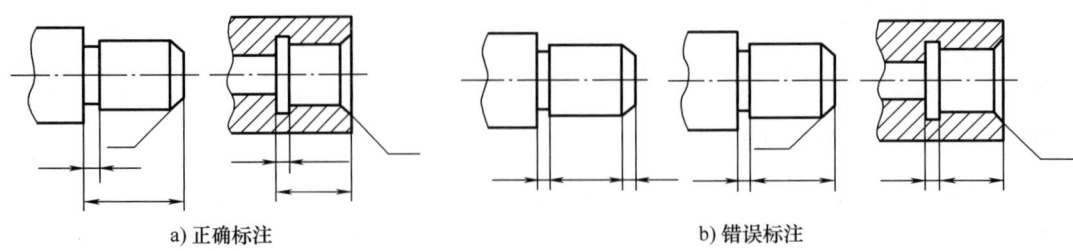

a) 正确标注　　　　　　　　　b) 错误标注

图 8-60　退刀槽和倒角长度尺寸的标注

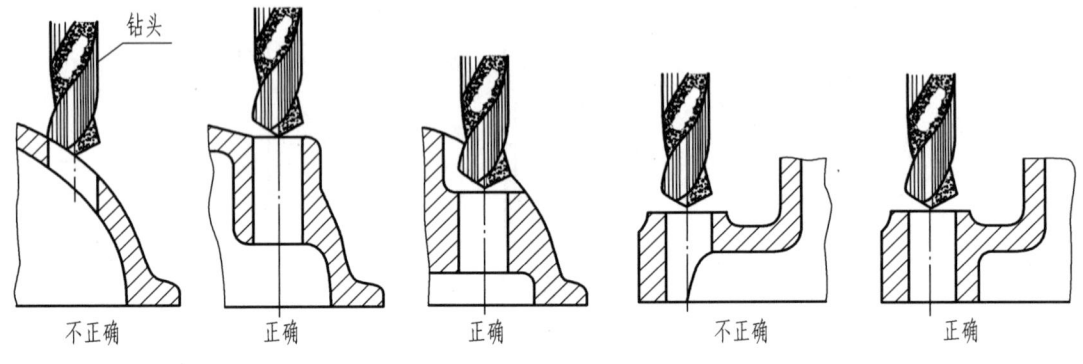

图 8-61　钻孔端面结构

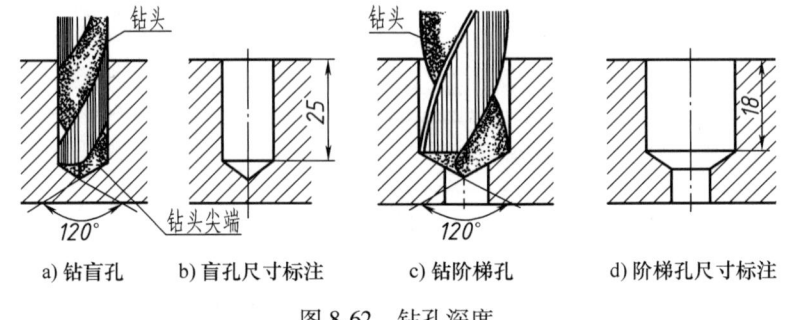

a) 钻盲孔　b) 盲孔尺寸标注　c) 钻阶梯孔　d) 阶梯孔尺寸标注

图 8-62　钻孔深度

（4）螺纹紧固件连接时的沉孔及埋头孔的尺寸注法　注法见表 8-7，其结构尺寸见附录中的表 E-5。

表 8-7　常见沉孔和埋头孔的结构及尺寸标注　　　　　　　　　　（单位：mm）

结构	普通注法	旁注法		说明
	$\phi 35$，12，$6\times\phi 21$	$6\times\phi 21$，$\sqcup\phi 35\downarrow 12$	$6\times\phi 21$，$\sqcup\phi 35\downarrow 12$	圆柱形沉孔的直径 $\phi 35$ 及深度 12 均需标注

(续)

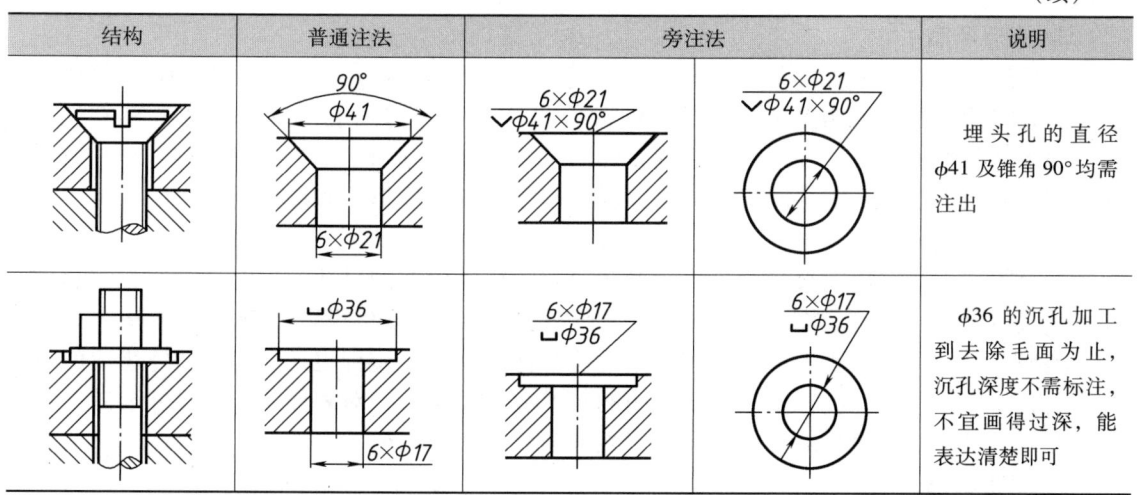

（5）凸台和凹坑　零件上与其他零件的接触面或配合面，为了保证零件表面间的良好接触，一般都要进行机加工。为了合理地减少加工量及加工面积，常在铸件上设计出凸台和凹坑。图 8-63a、b 中的凸台和凹坑是为了获得螺纹连接用的较大的接触面，凹坑尺寸及注法参考表 8-7。图 8-63c、d 是为了减少加工面积而设计的凹槽和凹腔的结构。

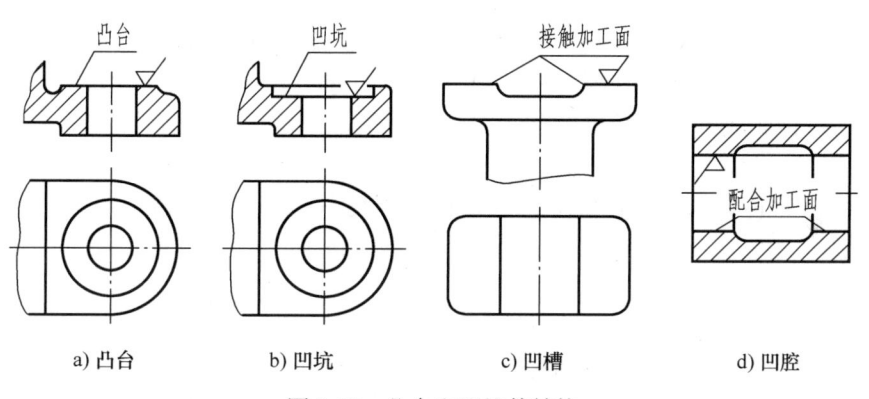

图 8-63　凸台和凹坑等结构

8.5　零件图的阅读

在设计和制造机器时，经常需要读零件图。读零件图的目的，就是要求根据零件图，想象出零件的结构形状，了解零件的尺寸和技术要求等项内容。设计时阅读零件图，应当和装配图对照，审查零件结构的合理性、尺寸标注的合理性和技术要求的准确性；制造时阅读零件图，是为了制定工艺程序，拟定合理的加工制造方法，以保证图样中提出的各项加工质量要求，使其成为合格的产品。

8.5.1　读零件图的方法和步骤

1. 看标题栏

从标题栏了解零件的名称、材料、比例。根据典型零件的分类，可对该零件有一个初步的认识。

2. 分析视图

想象形状。看懂零件内外形状和结构，是读零件图的重点。看视图时，应从主视图入手，结合其他视图，运用形体分析法和线面分析法，综合视图表达所选用的各种剖视、断面，想象零件的内腔及外部形状；阅读零件图是在组合体读图基础上的提高与进步，要结合零件构形的功能要求及零件的工艺结构，弄清该零件的总体形状和局部结构。

3. 分析尺寸和技术要求

结合图样表达零件的形状，分三个方向了解图样中标注的尺寸。按定形、定位、总体三种尺寸找清弄懂，要确定图样中标注尺寸所选用的基准，分析设计基准和工艺基准是否重合。还要看尺寸标注是否齐全、合理，是否符合标准。这一过程也是对零件形体组成的进一步认定和深化的过程。图样中用文字标明的技术要求要明了，对表面结构、尺寸公差、几何公差要给予足够的注意，最好能分清这些表面为什么有这些要求。

4. 综合读图

最后要把读零件图所得零件的结构形状、尺寸、技术要求的印象加以综合，把握住零件的结构特点和工艺要求。有时为了看懂比较复杂的零件图，还需要参阅有关的技术资料，包括文字资料和图纸资料。图纸资料是指该零件所在部件的装配图及与其相关的零件图。

8.5.2 阅读零件图举例

图 8-64 所示为一泵体零件图。从功能要求分析这类零件的构形，一般是由带支承孔结构的箱壳为基体（工作部分），附有安装板（安装部分）及连接板、凸缘和加强肋板等结构（连接部分）组合而成的。其结构形状较为复杂，是加工面较多的铸件。

1. 看标题栏

零件名称为泵体，属于箱体类零件。材料代号是 HT200，是灰铸铁的一个牌号，这个零件是一个铸件。

2. 分析视图

根据视图想象形状。泵体零件图的视图由大小不同的五个图组成：零件按工作位置摆放，主视图采用全剖视图表现出它的内部结构，$\phi 36H7 \binom{+0.025}{0}$ 的孔是它的主要工作表面；俯视图和右视图是另外两个基本视图，右视图采用局部剖视表明两耳板的厚度与位置，同时表明了三角形肋板的厚度与位置；C 是一个斜视图，用来表示倾斜安装板的形状；$B—B$ 断面图表示的是左端加强肋板的厚度与位置。主视图表达了泵体的工作部分（右半部分）、安装部分（左端斜板）和连接部分（加强肋板及其余）之间的关系及其相互位置，同时还表明了倒角、凹坑、凸台这些工艺结构。经对照投影进行形体分析，想象出泵体的形状如图 8-65 所示。

3. 分析尺寸和技术要求

结合对零件形状的分析，看出三个方向的主要基准为：长度方向是 $\phi 36H7$ 孔的轴线；宽度方向是前、后对称面迹线；高度方向是下端面。从这三个基准尺寸出发，再进一步看懂各部分的定形尺寸和定位尺寸，就可完全确定泵体零件的形状和大小。

表面结构的选用：$\phi 36H7$ 工作表面为 MRR 1.6，安装面、下端面、右端面为 MRR 6.3，其余加工面均为 MRR 12.5，非加工面为 NMR。主要工作表面 $\phi 36H7$ 是基准孔，有尺寸公差要求，其余表面的尺寸均无特殊要求。$\phi 36H7$ 孔表面还有圆柱度的形状公差要求。

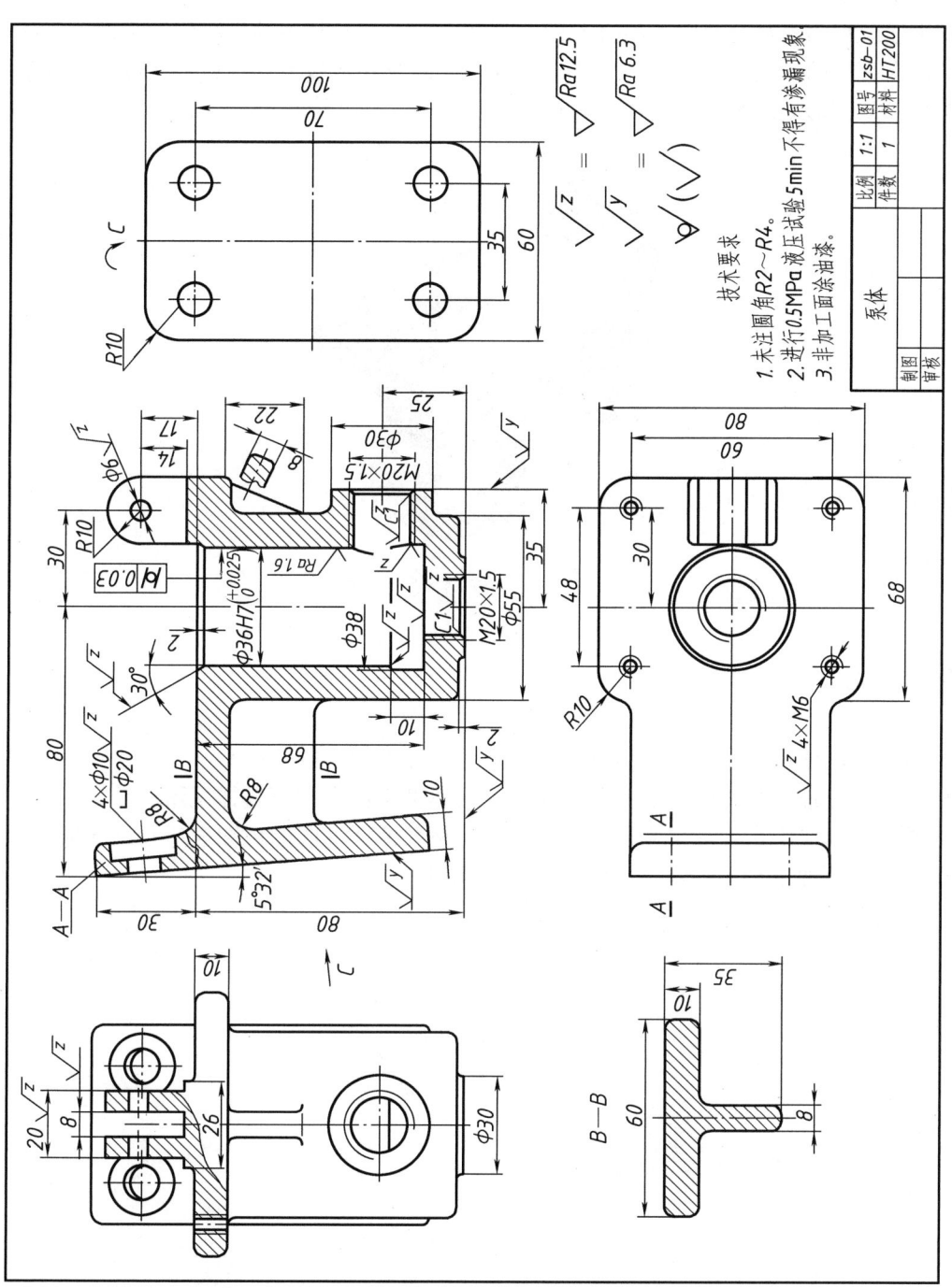

图 8-64 泵体零件图

通过对尺寸和技术要求的分析，泵体零件的主要工作部分就是 $\phi 36H7$ 孔的表面，其余的加工面和非加工面也逐一得到认识，从而加深了对泵体零件形体组成的了解。

4. 综合读图

把上述各项内容综合起来，结合参阅有关的文字资料及相关的装配图和零件图，就会对右上端的两耳板的作用，两个螺孔与哪个零件连接以及安装板为什么设计成倾斜的等泵体结构搞清楚。从而形成对泵体零件的总体概念。

图 8-65　泵体立体图

实践与思考

1. 拆装齿轮油泵，了解每个零件的结构形状及在部件中的作用。
2. 分析齿轮油泵部件中的零件分别属于哪类典型零件，如何选择视图。
3. 结合习题册中齿轮油泵泵体的零件图，分析泵体零件图的视图表达及尺寸标注。
4. 体会齿轮油泵泵体零件工艺结构的尺寸标注。
5. 阅读教材中所有零件图，巩固读图能力。

第 9 章

装配图

主要内容

1. 装配图的作用和内容。
2. 装配图的规定画法和特殊画法。
3. 装配图的视图选择、尺寸标注、零件编号、明细栏填写方法。
4. 装配图的画图步骤。
5. 装配图的读图方法。

机器或部件都是由若干零件按一定的装配关系和技术要求装配而成的，用来完成特定的功能。如图 7-1 所示齿轮泵，动力从传动齿轮通过键传递到传动齿轮轴，带动一对齿轮互相啮合，从而实现吸油和排油的功能，供给其他设备所需的润滑油。表达机器或部件的图样称为装配图。机器或部件在设计过程中，首先要画出装配图，用于反映设计者的意图，表达机器或部件的工作原理和性能，确定各个零件的主要结构形状及其之间的连接方式和装配关系，然后再根据对零件的要求绘制出零件图。在生产过程中，加工制造及检测零件过程中需要零件图，而制定装配工艺规程，进行装配、安装、检验及维修要以装配图为依据。装配图和零件图都是生产中重要的技术文件，也是引进技术、进行互相交流的重要工具。

学习装配图过程中要从机器的整体出发对装配图加以分析和认识，学会装配图的画法和装配图的阅读。

9.1 装配图的内容

图 9-1 是滑动轴承的装配图，从图中可以看出装配图应具有下列内容：

（1）一组图形　以适当数量的图形正确、完整、清晰地表达机器或部件的工作原理、零件之间的装配关系、连接方式、传动路线以及各零件的主要结构形状。

（2）必要的尺寸　在装配图中必须标注几类尺寸：反映机器或部件性能、规格的尺寸，在装配、检验、安装时所需要的尺寸，表示零件间相对位置和配合要求的尺寸等。

（3）技术要求　用文字或规定的符号按一定格式注写出机器或部件关于装配、检验、使用等方面的要求。

（4）标题栏、零件序号和明细栏　标题栏的格式与零件图基本相同，填写机器或部件的名称、重量及比例和图号等。装配图中对各零件要进行编号，并按顺序填入明细栏内，如图 1-4b 所示。

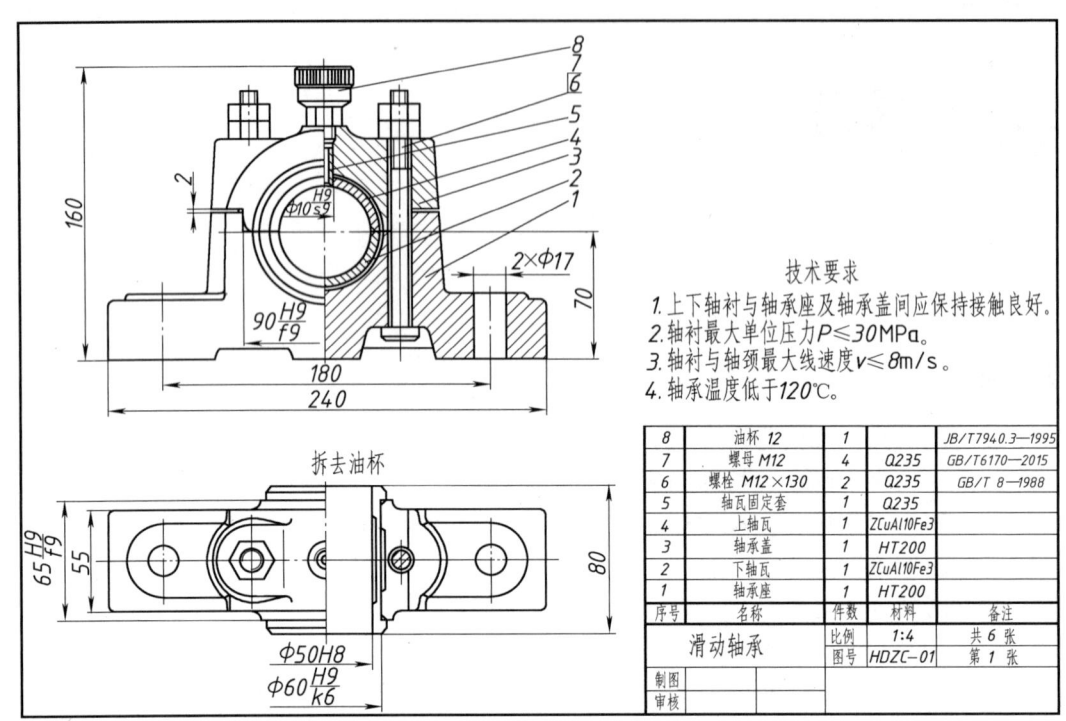

图 9-1　滑动轴承装配图

9.2　装配图的画法及装配结构合理性

本书第 6 章介绍的机件的表达方法，如视图、剖视图、断面图等同样适用于机器或部件的表达。但零件图表达的是单个零件，而装配图表达的则是由若干个零件组成的部件或机器，两种图样内容各有侧重。装配图以表达机器或部件的工作原理和装配关系为中心，同时可将其内部和外部结构的主要形状表达清楚。因此，国家标准《机械制图》制定了画装配图的方法，即规定画法和特殊画法。

9.2.1　装配图的规定画法

1. 两零件的接触面和配合面只画一条线

如图 9-1 中的主视图，轴承座 1 和轴承盖 3 的接触面、俯视图中下轴瓦 2 和轴承座 1 的配合面等都只画一条线；而螺栓杆的外表面与螺栓孔的内表面不接触，为非配合表面，必须画成两条线。图 9-2 中，两零件相接触的表面均为一条线。

2. 剖面线分零件

相互邻接的金属零件，其剖面线倾斜方向相反，或方向一致而间隔不等并相互错开。而在同一图样各视图中，同一零件剖面线的倾斜方向和间隔均应保持一致。对于宽度小于

2mm 的剖面，允许将断面涂黑以代替剖面线，如图 9-2 中的垫片。

3. 顺轴不剖标准件和实心件

对于一些标准件（如螺栓、螺母、键、销等）及实心件（如轴、手柄、拉杆等），当剖切平面通过其轴线或对称面时，则这些零件均按不剖绘制。如图 9-1 主视图中的螺栓和螺母，图 9-2 中的转轴、螺钉、键、垫圈和螺母等零件。如需表达其上的销孔、凹槽或键槽时可做局部剖，如图 7-37a 圆柱销连接中轴上的销孔，图 9-2 中转轴上的键槽，图 9-12 球阀中的扳手 13。

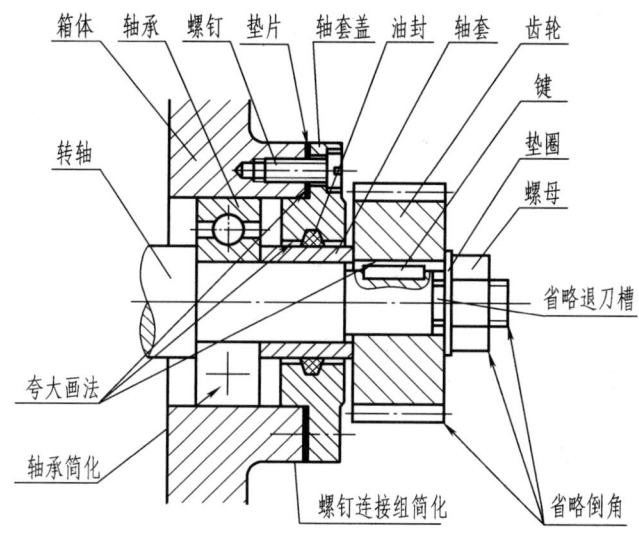

图 9-2　规定画法、夸大画法、简化画法

9.2.2　装配图的特殊画法

1. 拆卸画法

当一个或几个零件在装配图的某一视图中遮挡了大部分装配关系或影响所要表达的内容时，可假想将这些零件拆去后绘制，这种画法称为拆卸画法，如图 9-1 俯视图及图 9-12 左视图所示。为便于看图而需要说明时，可在视图上方标注"拆去××"。

2. 沿零件的结合面剖切画法

为了表达部件的内部结构，可假想沿某些零件的结合面剖切。如图 9-1 中俯视图是沿轴承盖和轴承座的结合面剖切后画出的半剖视图。注意：在结合面上不画剖面线，但被剖切的螺栓断面需画出剖面线。

3. 夸大画法

在画装配图时，对薄片类零件、细丝弹簧、微小间隙和较小锥度等，难以其实际尺寸画出时，均可不按比例而采用夸大画法。如图 9-2 中垫片的厚度、轴上键的顶面与齿轮轮毂键槽顶面的间隙、轴承盖与轴套之间的间隙均采用了夸大画法。

4. 假想画法

假想的轮廓用细双点画线画出。为了表示本装配体和相邻零、部件的相互关系，可将其相邻零、部件的轮廓用细双点画线画出，如图 9-3 中与车床尾座相邻的床身导轨。另外，有的运动零件,当需要表示其运动范围或极限位置时,可在一个极限位置上画出该零件,而在另一个极限位置用细双点画线画出其轮廓,如图 9-3 中车床尾座的锁紧手柄以及图 9-12 中球阀俯视图中的扳手。

5. 简化画法

在装配图中,某些零件的结构允许不按真实投影画出或作必要的简化。

1) 零件的工艺结构,如圆角、倒角、退刀槽等,允许不画,如图 9-2 所示。

2) 对螺纹连接件等相同的零件组,可仅详细地画出一组,其余用细点画线表示装配位置,如图 9-2 所示。

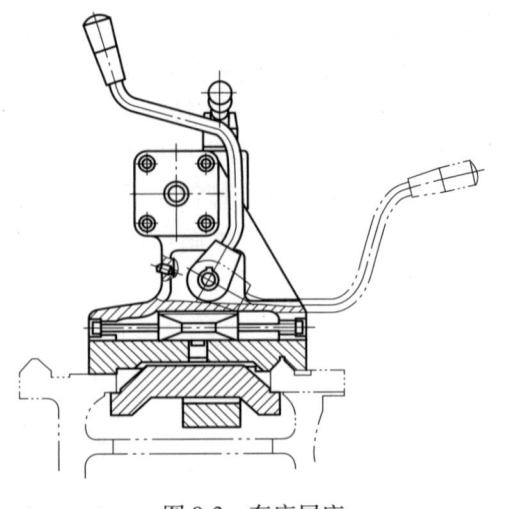

图 9-3 车床尾座

3) 在剖视图中,滚动轴承允许简化,可采用规定画法、通用画法或特征画法,如图 9-2 所示。

4) 当剖切平面通过的某些组合件为标准件或该组合件已由其他图形表示清楚时,可按不剖画出,如图 9-1 中滑动轴承中的油杯。

6. 单独表示某个零件

在装配图中,当某个零件的结构形状未表达清楚而又对理解装配关系有影响时,可单独画出该零件的某一视图,但需注明视图名称。

9.2.3 装配图结构合理性

为了保证机器或部件的性能要求以及零件在加工和装拆时的方便,在设计过程中和绘制装配图时,必须考虑装配结构的合理性,下面仅就常见装配结构的画法加以讨论。

(1) 接触面与配合面 两个零件接触时,在同一方向上接触面应只有一组,配合面也应只有一组,如图 9-4 所示。

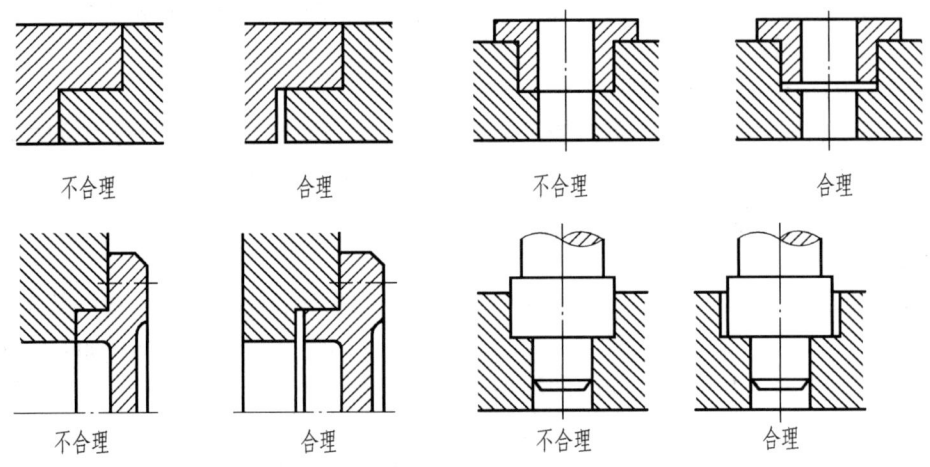

图 9-4 两零件接触面的对比

（2）轴与孔结合拐角处结构　当轴肩与孔端面接触时，应在孔的接触端面上制成倒角或在轴肩根部切槽，以保证轴肩与孔的端面紧密接触，从而实现可靠的轴向定位，如图 9-5 所示。

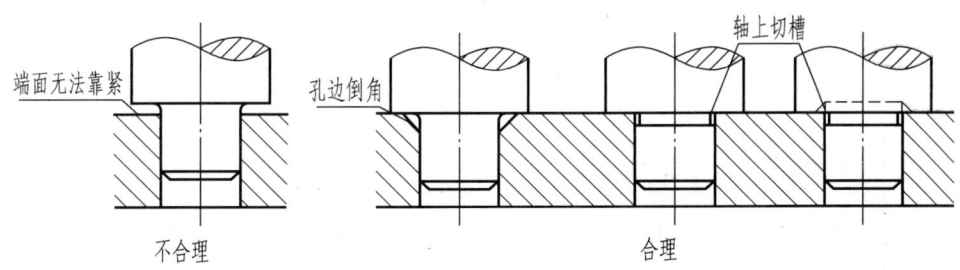

图 9-5　轴与孔结合拐角处结构

（3）零件轴向定位结构　装在轴上的滚动轴承及齿轮等，一般都要有轴向定位结构，以保证其不发生轴向移动从而能够正常工作。图 9-6 所示轴上的滚动轴承左侧靠轴肩定位，右侧靠轴承端盖定位；齿轮左侧靠轴肩定位，右侧定位靠螺母、垫圈压紧轴承端盖。垫圈与轴肩的台阶面间应留有间隙，即齿轮所在轴段的长度略小于齿轮宽度，以便压紧齿轮。

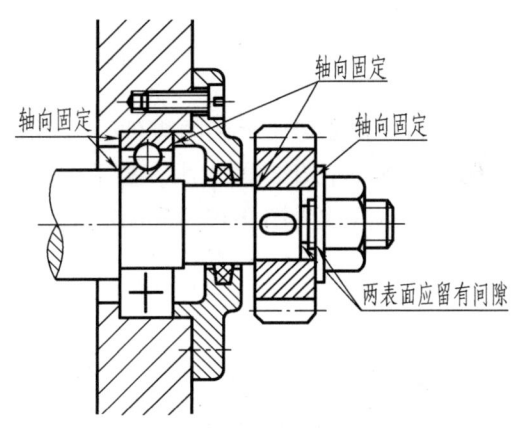

图 9-6　轴向定位结构

（4）密封结构　机器或部件的某些部位需要密封装置，以防止液体外流或灰尘进入。图 9-7a 所示为齿轮泵密封装置的画法。通常用油浸的石棉绳或胶作为填料，拧紧压盖螺母，通过填料压盖即可将填料压紧，起到密封的作用。但填料压盖与泵体端面之间必须留有一定的间隙，以保证将填料压紧。另外，填料压盖、压盖螺母以及泵体的内孔应略大于轴径，以免轴转动时产生摩擦，图 9-7b 的画法是不合理的。

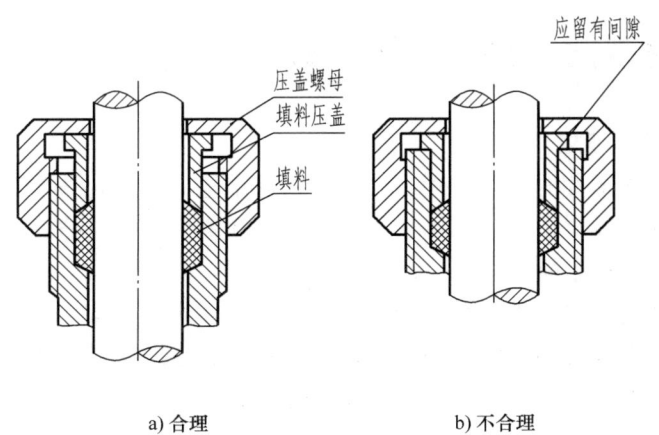

图 9-7　密封结构的画法

部件中的滚动轴承，也常需要密封装置，各种密封方法所用的零件有的已经标准化，可查阅有关资料。

（5）考虑安装、拆卸的方便　如图 9-8 所示，滚动轴承装在箱体的轴承孔或轴上时，若设计成图 9-8a、c 那样，将无法拆卸（参考图 9-8e），而图 9-8b、d 所示的情形是合理的。

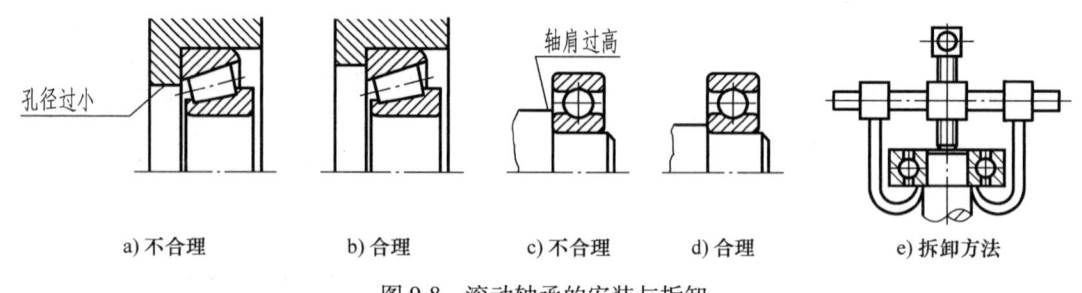

图 9-8　滚动轴承的安装与拆卸

对部件中需要经常拆卸的零件，应留有装拆工具的活动范围，如图 9-9a 所示；而图 9-9b 所示的结构，由于空间太小，扳手无法使用，是不合理的设计。图 9-10b 所示结构，螺钉无法放入，而应改为图 9-10a 所示结构，留出放入螺钉的空间。

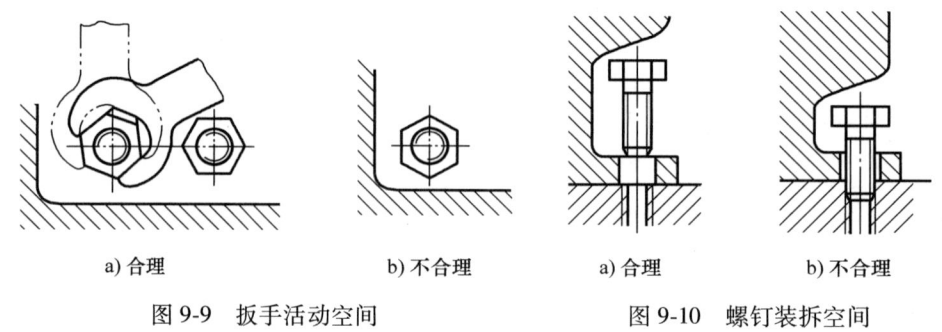

图 9-9　扳手活动空间　　　　　图 9-10　螺钉装拆空间

9.3　装配图的视图选择及画图步骤

1. 视图选择的基本要求

装配图应对机器或部件的工作原理、性能、内外结构、传动路线和装配关系等内容表达得完全、清晰。表达手段要正确，选用的视图、剖视图等各种表达方法要符合国家标准的规定。还应使画图简便、便于阅读。

要使装配图达到这样的要求，首要问题是恰当地选择表达方案。其一般思路是：首先分析部件的工作原理，零件之间的装拆顺序、连接关系等，在对部件的组成及工作情况分析清楚的基础上，以部件的功用为线索，从装配干线入手，优先考虑与部件功用有直接联系的主要装配干线；然后是次要装配干线及操纵系统和其他辅助装置；最后考虑连接、定位等细节结构的表达。下面以图 9-11 所示的球阀为例，讨论视图方案的选择方法。

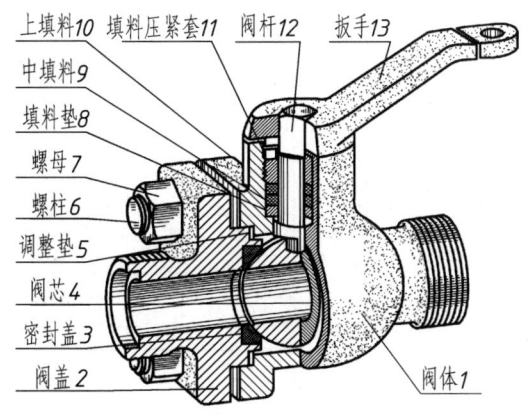

图 9-11　球阀轴测图

2. 主视图的选择

装配图的主视图同样是一组视图中最主要的视图，应首先选定。主视图应与机器或部件的工作位置相一致，以表达其工作原理和传动关系为中心，沿主要传动干线作全剖或大面积的局部剖，这样能给设计、装配、使用等过程带来方便。当部件在机器中的工作位置多变时，一般将该部件的安装面或主要传动干线按水平位置放置。图 9-12 是球阀的装配图，其主视图是沿阀体轴线剖开的，符合沿装配干线剖切的原则。从图中可以看出，当转动扳手 13 时，球阀通道逐渐变小，可达到控制流量的目的，球阀的工作原理一目了然，各零件间的装配关系也基本表达清楚。

3. 其他视图的选择

主视图确定之后，机器或部件的工作原理和主要装配关系一般能表达清楚，但只靠一个主视图，往往还不能把机器或部件的工作原理和所有装配关系及零件的主要结构表示完全。因此，需要确定其他视图用来表达主视图未能表达清楚的内容。球阀的装配图中，还选用了半剖的左视图，后半部分未剖开用于表达阀盖的外形以及用来连接阀盖、阀体的四个螺柱的相对位置。而剖开的前半部分用于表达阀体的壁厚以及阀芯和阀体的装配情况。俯视图较完整地表达了球阀的外形，$B-B$ 局部剖视图表达了手柄与阀体上定位凸块的关系，该凸块为限制扳手的旋转角度而设置。另外，还通过扳手的剖面和假想轮廓，清楚地表达了扳手的旋转范围。

4. 方案比较

确定几种表达方案后，进行比较，从中选择最优方案，用最简单的视图表达装配关系。

5. 装配图的画图步骤

恰当地选择视图方案是保证装配图表达效果的环节，而遵循正确的画图步骤是画好装配图，保证图样质量的关键。

1）选比例、定图幅。根据机器或部件的实际尺寸及其结构的复杂程度，选择恰当的画图比例，并确定图纸幅面的大小。

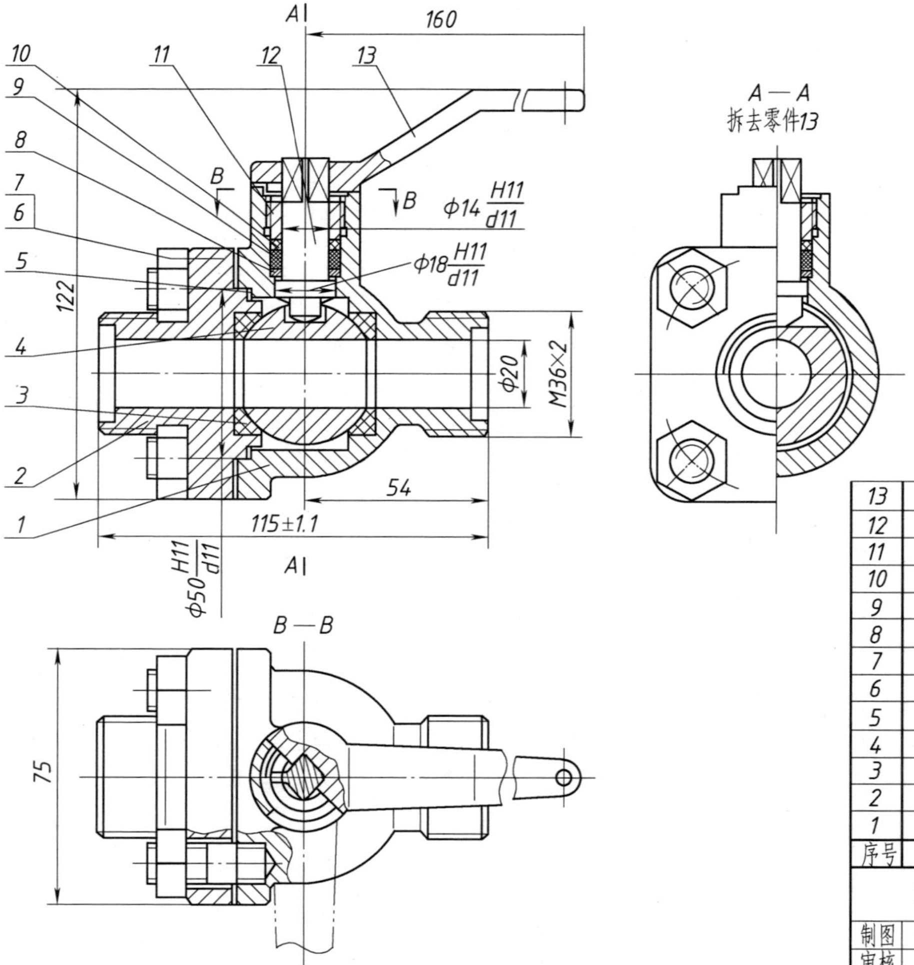

技术要求

1. 装配后进行压力检验5.5MPa；

2. 关闭阀门时不得有泄漏。

13	扳手	1	ZG25	
12	阀杆	1	40Cr	
11	填料压紧套	1	35	
10	上填料	1	聚四氯乙烯	
9	中填料	2	聚四氯乙烯	
8	填料垫	1	40Cr	
7	螺母M12	4	Q235	GB/T 6170—2015
6	螺柱AM12×30	4	Q235	GB/T 897—1988
5	调整垫	1	聚四氯乙烯	
4	阀芯	1	40Cr	
3	密封圈	1	聚四氯乙烯	
2	阀盖	1	ZG25	
1	阀体	1	ZG25	
序号	名称	件数	材料	备注
球阀		比例	3:1	共1张
		图号	QF-01	第1张
制图				
审核				

图 9-12　球阀装配图

2）合理布局。在图纸上安排各视图的位置，同时要留出标题栏、明细栏、零件编号、尺寸和技术要求的位置。用细实线和细点画线画出各视图作图基线、对称线、中心线和轴线等，如图9-13a所示。

3）画部件主要结构。一般先从主视图开始，几个视图配合进行，都应从主要装配干线画起，对剖视图应先画内部结构，然后逐渐向外扩展。有时为了确定各视图的范围或为了表示主要零件的主要结构也可先画出外部轮廓线，如图9-13b所示。

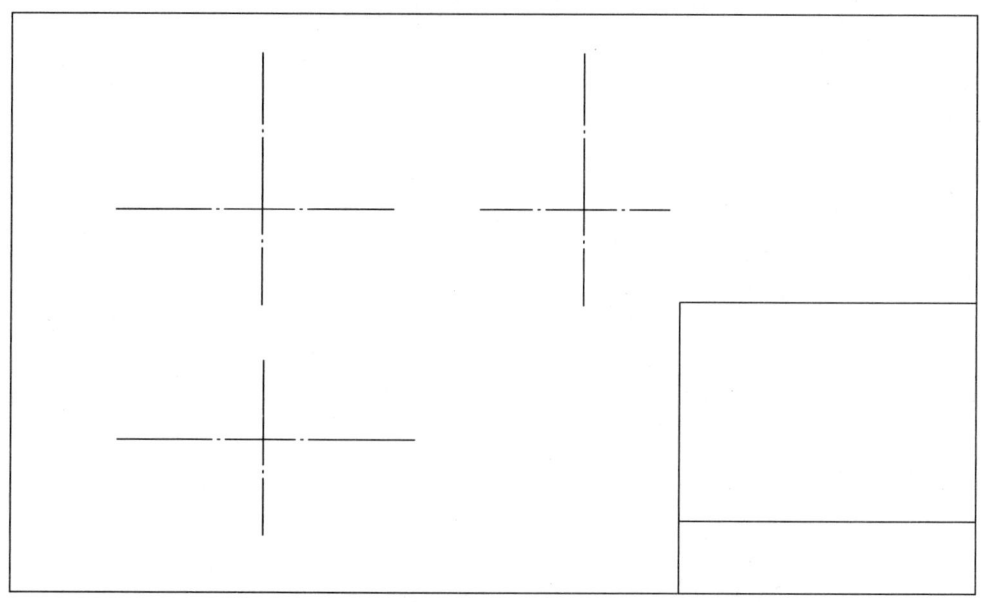

a)

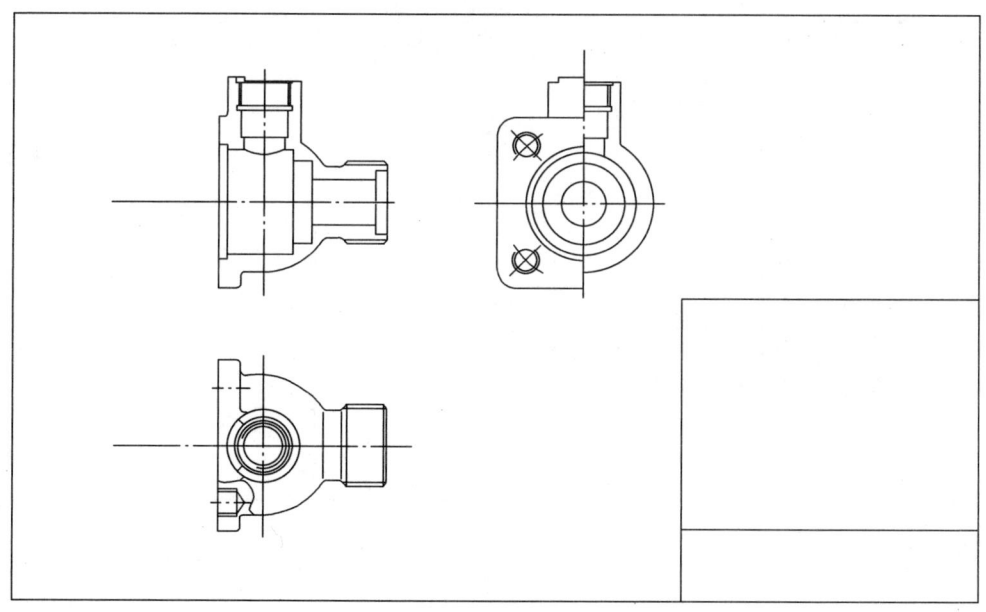

b)

图9-13　画装配图的步骤

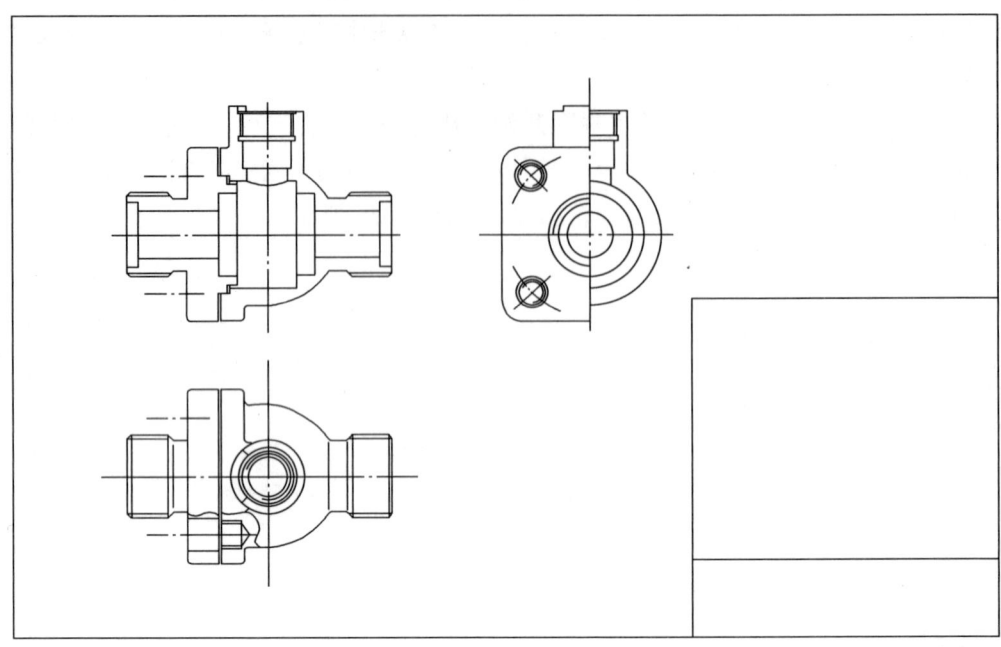

c)

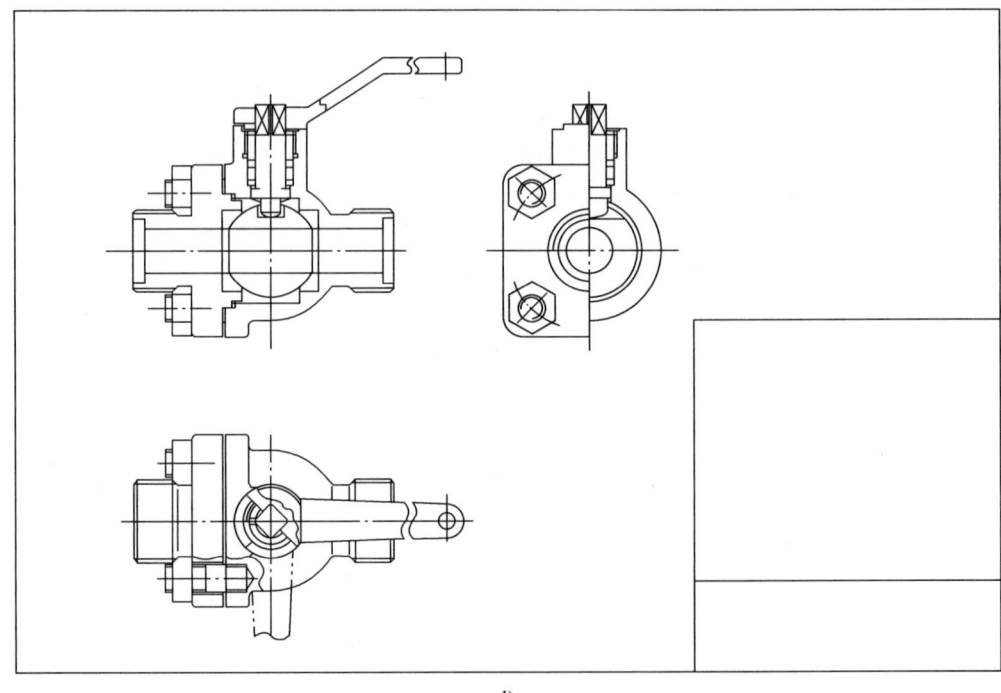

d)

图 9-13 画装配图的步骤（续）

4）画部件次要结构。仍从主视图开始，按各零件间的相对位置，逐个画出每个零件，完成各视图。要注意保持各视图之间的投影关系正确，完成底图，如图 9-13c、d 所示。

5) 检查校核。先从主视图中的主要传动干线入手按传动路线检查所涉及的各零件的主要结构是否表达完全，其中的装配关系是否合理，再延展到各个视图，最后要注意检查视图上的细部结构是否有遗漏，各视图之间的投影关系是否正确等。

6) 画尺寸线、剖面符号、编写零件序号、加深图线。

7) 填写尺寸数字、技术要求、明细栏和标题栏，完成装配图，如图 9-12 所示。

9.4 装配图的尺寸标注

装配图上标注尺寸的出发点与零件图完全不同。因为零件图是加工零件的依据，所以，应注出制造时所需要的全部尺寸。而装配图主要用于设计、装配等过程，因此，只需标注与其功用有关的尺寸。装配图中一般只标注下列几类尺寸：

（1）性能（规格）尺寸　标注表明机器或部件的性能特征或规格的尺寸，以反映其工作能力。如图 9-1 中轴孔尺寸 $\phi50H8$，是滑动轴承的规格尺寸；图 9-12 中阀芯的公称直径 $\phi20$ 是决定球阀流量的尺寸，因而是它的性能特征尺寸。

（2）装配尺寸　表示零件间装配关系的尺寸，一般可分成配合尺寸和相对位置尺寸两种。

1) 配合尺寸：表示零件间配合性质的尺寸。如图 9-1 中轴承盖与轴承座的配合尺寸 $90\frac{H9}{f9}$；图 9-12 中阀盖和阀体的配合尺寸 $\phi50\frac{H11}{d11}$。

2) 相对位置尺寸：零件间有些较重要的距离和间隙等，如图 9-1 所示，主视图中轴承座与轴承盖之间的间隙尺寸 2 是装配后要保证的；又如图 9-12 中的尺寸 54，保证装配后阀体与阀芯的相对位置。

（3）安装尺寸　表示机器或部件安装在基础或其他设备上，或其他零部件安装到该装配体上所需要的尺寸。如图 9-1 中滑动轴承的安装孔 $\phi17$ 及其定位尺寸 180，图 9-12 中 M36×2。

（4）外形尺寸　表示机器或部件外形轮廓的尺寸，即总长、总宽和总高，这类尺寸在机器的包装、运输和厂房设计中是不可缺少的。如图 9-1 中尺寸 240、80 和 160。

（5）其他重要尺寸　在设计中经过计算确定或选定的尺寸，但又未包括在上述四类尺寸之中，如运动零件的极限位置尺寸，主体零件很重要的尺寸等。如图 9-12 主视图中扳手的尺寸 160。

必须指出，并不是每张装配图都必须全部标注上述尺寸，并且有时装配图上同一尺寸往往有几种含义。所以，装配图上究竟要标注哪些尺寸，要根据具体情况进行具体分析。

9.5 装配图的技术要求、零件序号、明细栏及标题栏

9.5.1 装配图的技术要求

根据装配图的功用，其技术要求一般包括以下几方面的内容：

（1）装配要求　如：基本性能的检验方法和条件，需要在装配时加工的说明，指定的

装配方法，安装时应满足的运动要求、密封要求、噪声或环保要求等。

（2）检验要求　　如：检验操作指示、检验工具的规定，检验结果的判定条件等。

（3）使用要求　　如：对产品基本性能的维护、保养的要求，使用操作时的注意事项，大、中、小修的规范等。

9.5.2　装配图中零件（部件）序号

为了便于读图和图样管理以及做好生产准备工作，必须对装配图中所有零件编写序号。

1. 编号形式

编写序号的形式有下列三种：

1）序号写在指引线一端的水平基准（细实线）上方，序号数字比视图中的尺寸数字大一号或两号，如图9-14a所示。

2）序号写在指引线一端的细实线圆内，序号数字可比视图中的尺寸数字大一号或两号，如图9-14b所示。

3）序号写在指引线一端附近，序号数字要比图中尺寸数字大一号或两号，如图9-14c所示。

2. 编写序号的有关规定

装配图中编写序号应按下述规定进行：

1）在一张装配图中编号形式应一致。

2）每一种零件在视图上只编一个序号，对同一种标准部件（如油杯、轴承、电机等）在装配图上也可只编一个序号。

3）指引线和与其相连的水平基准或圆一律用细实线绘制。水平基准或圆一般画在图形外的适当位置。

4）指引线应自所指零件的可见轮廓内引出，并在末端画一小圆点，如图9-15b、c所示。若所指零件很薄或是涂黑的剖面不宜画圆点时，可在指引线末端画出指向该零件轮廓的箭头，如图9-15a所示。

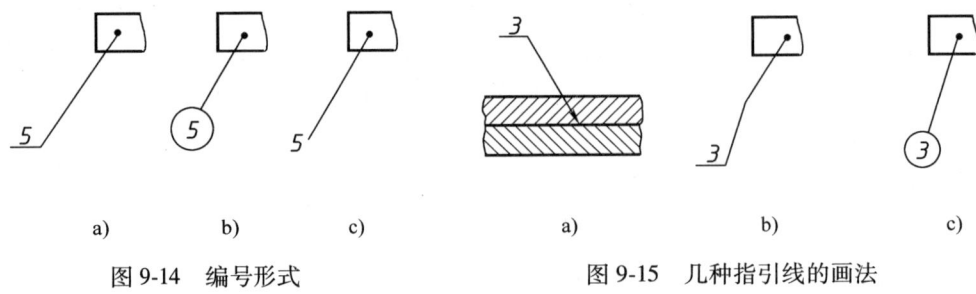

图9-14　编号形式　　　　　　　　图9-15　几种指引线的画法

5）指引线不能相交，一般画成与水平方向倾斜一定角度。

6）指引线不应与剖面线平行，必要时可画成折线，但只允许曲折一次，如图9-15b所示。

7）指引线末端为圆时，直线部分的延长线应通过圆心，如图9-15c所示。

8)一组紧固件及装配关系清楚的零件组,可以采用公共指引线,如图9-16所示公共指引线的画法。

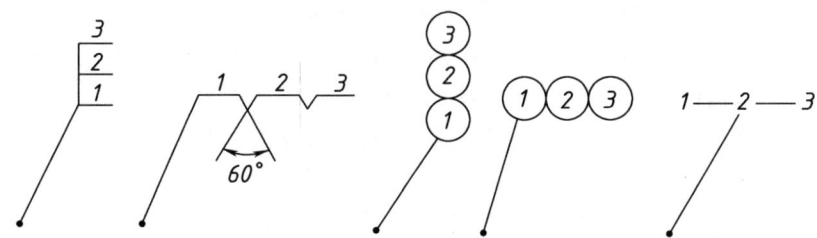

图9-16 公共指引线画法

9)为了保持图样清晰和便于查找零件,序号在整张图纸内应按顺时针或逆时针顺序,沿水平以及竖直方向整齐顺次排列。若无法在整张图内顺次排列时,可在每个水平方向和竖直方向顺次整齐排列,如图9-1和图9-12所示。

9.5.3 装配图的明细栏和标题栏

明细栏是装配图中全部零件的详细目录,装配图的所有零件均按顺序填入明细栏内,作业用明细栏的格式如图1-4所示,画在标题栏的上方,若位置不够可接续画在标题栏的左方,明细栏用细实线封顶。零件序号由下往上依次排列并与图中零件相对应,如图9-1和图9-12中的明细栏。

装配图作业用标题栏的格式见图1-4。

9.6 装配图的阅读

在设计、装配、使用和维修机器和设备时,以及在进行技术交流的过程中,都需要读装配图。工程技术人员必须具备熟练阅读装配图的能力。

9.6.1 读装配图的目的和要求

1)了解机器或部件的性能、功用和工作原理。
2)了解零件间的相对位置、装配关系及各零件的装拆顺序。
3)弄清每个零件的主要结构、形状和作用。
4)读懂润滑、密封等系统的构造和工作原理。

9.6.2 读装配图的步骤

(1)概括了解 首先对整张装配图内容进行概略地分析和了解,可按下述三步进行:

1)读标题栏,了解装配图所表达部件的名称、图样的比例,联系实际略知部件的大小和用途。

2)读明细栏,按序号了解零件的名称、数量,并在图中找到各零件的位置。

3)分析视图,首先看共有几个视图,然后逐个分析每个视图的投影方向、视图名称,采用的什么表达方法,找到剖视图、断面图的剖切位置,分析各视图的表达重点。

(2) 分析工作原理及传动关系　这是读装配图的重要环节,要对各视图进行详细分析,根据其表达手段进一步理解各视图的表达意图。先从主视图入手,沿各条传动干线按投影关系找到各个零件的轮廓,确定它们的准确位置及与相邻零件的连接、安装、装配关系。要搞清楚部件的运动情况,哪些是运动件?运动形式如何?运动是怎样传递的?对固定不动的零件(主要零件),搞清固定和连接方式,继而分析清楚与其相关的零件在部件中的地位和作用。还要对其他零件间的连接和固定情况进行分析,找出其固定方式和连接关系,从而弄清设备的工作原理。

(3) 搞清每个零件的结构和形状　在分析部件工作原理和传动关系的过程中,对各零件的轮廓及其在部件中所起的作用已有了基本了解,此时应对各零件的结构形状准确地加以分析判断,这样也有助于更深入地理解部件的工作原理和性能。分析判断零件结构形状的依据是零件在部件中的地位、作用,该零件的轮廓和剖面线的方向、间隔等。一般先从主要零件开始,然后再看其他零件。

(4) 分析密封和润滑系统　分析部件的密封装置应了解部件的工作介质,搞清装置的结构形式和密封原理。部件中高速旋转零件一般均需润滑系统保证其正常工作,应了解清楚润滑的方式和结构,润滑剂的加入和排出方法以及保证其润滑性能良好的措施等。

(5) 综合归纳　对装配图进行了上述分析了解后,一般对该部件的性能和结构等主要方面就已基本清楚。但为了完整、全面地读懂装配图,应对前面已掌握的情况进行综合归纳,再认真地思考下述问题:

1) 结合对技术要求和装配尺寸的分析,考虑对部件的性能、工作原理是否完全理解;部件中各种运动形式及其联系是否已经清楚;连接方式共有几种,是否均已找到。

2) 各零件的装拆方法和顺序如何?

3) 为何采用此种表达方案?可设想其他表达方案与其进行比较,从中得出此种表达方案的优越性。如这些问题都已解决,说明该装配图已经读懂。上述读装配图的方法和步骤,只说明读图的一般规律,并非读每一张装配图步骤都得分那么清楚,要根据装配图的特点作具体分析、全面考虑。有时几个步骤往往需要交替进行。只有通过不断实践,才能掌握读图规律,提高读装配图的能力。

9.6.3　读装配图举例

以图 9-12 球阀装配图为例,说明读装配图的步骤如下:

(1) 概括了解　由标题栏可知该部件是球阀,是一种用来控制流量的部件。由比例、尺寸可知其实际大小。看明细栏可知它有 13 种零件,对照图中的零件编号找到各零件在球阀中的位置。接着,分析视图。该球阀共由三个视图表达,主视图是沿阀体轴线剖开的全剖视图,比较全面、明显地表达了各零件之间的装配关系和工作原理。半剖的左视图 A—A 是沿阀杆的轴线剖开的,它补充表达了阀杆与球芯、球芯与阀体之间的连接关系。俯视图比较完整地表达了球阀的外形,其中用局部剖视图 B—B 表达扳手的运动范围。沿螺柱轴线剖开的局部剖视图,则表达了用螺柱连接阀体和阀盖的装配关系。

(2) 分析工作原理及传动关系　工作原理和传动关系二者紧密相关,在分析工作原理时,应从主动件入手。通过读图和经验可知,扳手 13 为主动件,顺时针转动扳手,将带动阀杆 12 转动,阀杆同时带动阀芯 4 转动,在主视图所示位置,阀芯的通孔与阀体 1、阀盖 2

的通孔同轴，此时流量最大。随着阀芯的转动，阀芯上的孔与阀体、阀盖的孔通道逐渐变小，流量减小。俯视图的 $B—B$ 局部剖视图及假想画法显示，阀杆的运动范围为 90 度，当阀杆转至正前方时，阀芯上的孔与两侧阀体、阀盖的孔截断，球阀关闭，流量为零。再逆时针转动扳手，打开球阀。

（3）分析判断每个零件的结构形状　分析零件的结构形状时要按照零件编号在视图中找到零件的准确位置，利用各视图的投影关系分出每个零件的范围，并借助于形体分析和线面分析的方法以及机械常识来确定。

（4）零件间的连接方法、配合关系与装拆顺序　球阀中的连接方式包括三种：一是螺柱连接，如阀体 1 和阀盖 2 的连接；二是螺纹连接，如填料压紧套 11 和阀体 1 的连接；其余均是通过形状和尺寸协调连接在一起，如阀杆 12 与扳手 13、阀杆 12 与阀体 1、阀芯 4 与阀体 1 等等。配合关系：阀杆与阀体的配合 $\phi 18 \frac{H11}{d11}$ 是间隙配合，以方便阀杆装配并保证阀杆在阀体内能灵活转动；阀杆与填料压紧套的配合 $\phi 14 \frac{H11}{d11}$ 也是间隙配合，目的同上。装拆顺序：首先分析主装配线，将密封圈 3 装入阀体内，再装入阀芯，把另外一个密封圈装入阀盖，并在阀盖的止口处装上调整垫，将阀盖和阀体用四组螺柱进行连接，完成主装配线。然后分析次要装配线，将阀杆装入阀体，并将其下端嵌入阀芯的方槽中，再往阀体内装入填料垫 8，以及中填料 9 和上填料 10，将填料压紧套旋入阀体的螺孔中将填料压紧，起到密封的作用；最后在阀杆上套上扳手 13，完成次要装配线。拆卸顺序反之，请读者自行分析。

（5）分析润滑和密封系统　球阀的工作介质就是液体，液体本身对运动件就有润滑作用，因此不需要特殊的润滑方式。调整垫 5 和填料垫 8 均起到密封的作用。

实践与思考

1. 装拆齿轮油泵模型并完成以下分析：
1) 观察齿轮油泵，分析其零件组成，注意零件间的相对位置。
2) 分析零件间的连接方式，包括泵体与泵盖、齿轮与轴、泵体与齿轮等。
3) 分析配合关系，包括齿轮与轴、泵体与轴、泵体与齿轮等。
4) 分析零件的装拆顺序，按顺序将齿轮油泵拆卸。
5) 观察零件的形状，掌握轴套类、盘盖类、箱体类零件的结构特点，并能将所有零件按正确位置装配。
6) 分析齿轮油泵的润滑方法和密封原理。
2. 阅读教材和习题集中所有装配图，夯实读图能力。

第 10 章

焊接图、钣金制件工作图及表面展开图

主要内容

1. 常见焊缝的表示法及焊接图。
2. 钣金制件图的内容。
3. 钣金件表面展开图的画法。

在冶金、化工、造船、航空、建筑、机械、电子等各部门，经常用金属板制作各种零部件，常称为钣金制件，如图 10-1 所示的分离器、吸尘罩。钣金制件工作图简称钣金制件图，是构成制件的各种型材和板料的拼装图。制造时，一般是先根据制件工作图按照 1∶1 画出展开图，再放样、划线、落料，之后经过弯、卷或拼接等过程成形，最后经焊、铆等工序得到成品。焊接是一种不可拆连接，在造船、机械、电子、化工、建筑等工业部门中都得到了广泛的应用。因此，正确表达焊缝，绘制和阅读焊接图、钣金图并绘制展开图对制造钣金制件有重要意义。

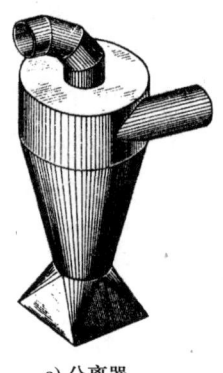
a) 分离器

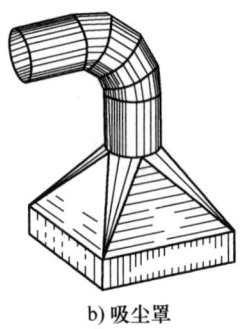
b) 吸尘罩

图 10-1　钣金制件实例

10.1　焊缝的表示方法及焊接图

10.1.1　焊接接头的形式

1. 焊接方法

焊接是一种不可拆连接，是在两个金属零件连接处利用局部加热或加压，或两者并用的方法，借助原子间的扩散和结合，使彼此分离的金属实现永久性连接的工艺方法。焊接方法种类很多，按焊接过程金属所处的状态可分为熔焊、压焊和钎焊三大类。熔焊即熔化焊，是利用热源将焊件接头熔化并加入填充金属，凝固后接头焊合为一体的方法，如气焊、电弧焊；压焊即压力焊，是利用摩擦、扩散和加压等物理作用使焊接接头产生塑性变形，连接表面上的原子产生结合力，在固态条件下实现接头连接的方法，如电阻焊、摩擦焊；钎焊是采用比焊件（母材）熔点低的金属材料作钎料，将焊件和钎料加热至高于钎料熔点但低于母材熔点的温度，利用液态钎料润湿母材，填充接头间隙并与母材相互扩散，实现接头连接的方法，如锡焊。

焊接方法采用三位数字代号表示法，第一位数字表示焊接方法大类，第二位数字表示工艺方法分类，第三位数字表示某种工艺方法，详见《焊接及相关工艺方法代号》（GB/T 5185—2005）。

2. 焊接接头和焊缝的形式

零件焊接时，常见的接头形式有对接接头、搭接接头、角接接头和T形接头。两焊件端面相对平行的接头为对接接头，如图10-2a所示；两焊件搭接放置或两焊件表面之间的夹角不超过30°的端部接头为搭接接头，如图10-2b所示；两焊件端面间构成大于30°并小于135°的接头为角接接头，如图10-2c所示；一焊件端面与另一焊件表面成直角或近似直角的接头为T形接头，如图10-2d所示。

焊接后，两零件熔接处称为焊缝。常见的焊缝形式主要有对接焊缝（见图10-2a）、点焊缝（见图10-2b）、角焊缝（见图10-2c、d），等等。

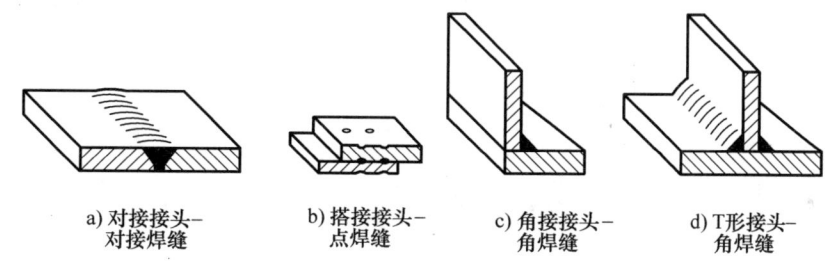

a) 对接接头－对接焊缝　　b) 搭接接头－点焊缝　　c) 角接接头－角焊缝　　d) T形接头－角焊缝

图 10-2　常见接头形式及焊缝形式

10.1.2　焊缝的表示法

在技术图样或文件中，需要表示焊缝或接头时，推荐采用焊缝符号表示法，必要时也可用图示法表示焊缝并同时标注焊缝符号。

1. 焊缝的焊缝符号表示法（GB/T 324—2008）

完整的焊缝符号包括基本符号、指引线、补充符号、尺寸符号及数据等。在图样上简化标注焊缝时，通常只采用基本符号和指引线，其他内容一般在有关文件（如焊接工艺规程等）中明确，必要时可以注出。焊缝基本符号、指引线的线宽与字体的笔画宽度相同（约为字体高度的1/10）。

（1）基本符号　基本符号表示焊缝横断面的基本形状和特征。常见焊缝的基本符号及标注示例见表10-1。

（2）指引线　指引线由箭头线和基准线（一条为实线，另一条为细虚线）组成，箭头线与实线基准线均用细实线绘制，其画法如图10-3所示。

1) 箭头线。用来将整个焊缝符号指引到图样上有关的焊缝处，必要时允许弯折一次。

2) 基准线。基准线的上面和下面用来标注各种符号和尺寸，基准线的细虚线可以画在基准线的实线上侧或下侧。基准线一般与图样的底边相平行，但在特殊情况下也可以与底边相垂直。当焊缝在箭头所指的一侧时，应将基本符号标注在细实线基准线一侧，当焊缝不在箭头所指的一侧时，应将基本符号标注在细虚线基准线一侧，如图 10-4a 所示焊缝的标注。当焊缝对称时可省略细虚线，如图 10-5 所示。

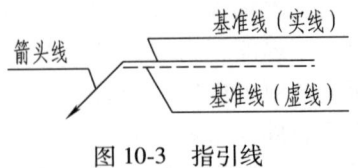

图 10-3　指引线

表 10-1　常见焊缝的基本符号及标注示例

名称	焊缝示意图	符号	标注示例
I 形焊缝		‖	
V 形焊缝		V	
单边 V 形焊缝		V	
带钝边 V 形焊缝		Y	
带钝边单边 V 形焊缝		Y	
角焊缝		△	
点焊缝		○	

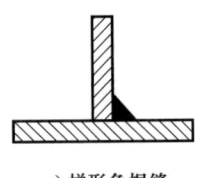

a) 梯形角焊缝

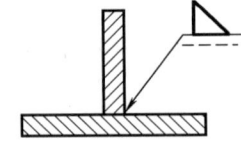

b) 在焊缝侧标注焊缝符号

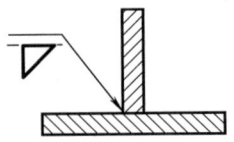

c) 在焊缝另一侧标注焊缝符号

图 10-4　不对称焊缝的基准线

（3）补充符号　补充符号用来补充说明有关焊缝或接头的某些特征（如表面形状、衬

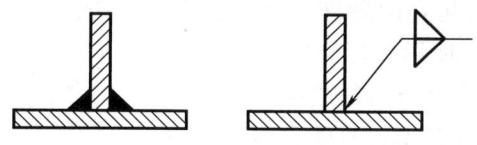

图 10-5 对称焊缝的基准线

垫、焊缝分布、施焊地点等）。常用的补充符号及标注示例见表 10-2。

表 10-2 常见补充符号及标注示例

名称	符号	形式及标注示例	说明
平面符号	—		表示 I 形对接焊缝表面齐平（一般通过加工）
凸面符号	⌢		表示 V 形对接焊缝表面凸起
凹面符号	⌣		表示角焊缝表面凹陷
三面焊缝符号	⊐		表示工件三面角焊缝施焊，开口方向与实际方向一致
周围焊缝符号	○		表示在现场沿工件周围角焊缝施焊
现场符号	▸		
尾部符号	<		表示相同的焊缝有 5 条

（4）尺寸符号　必要时可在焊缝符号中标注尺寸，常见尺寸符号及标注示例见表10-3。尺寸标注示例如图10-6所示，标注规则为：

1）焊缝横向尺寸标注在基本符号的左侧。

2）焊缝纵向尺寸标注在基本符号的右侧。

3）坡口角度、根部间隙标注在基本符号的上侧或下侧。

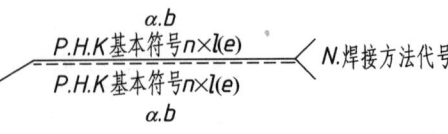

图10-6　焊缝尺寸标注

4）相同焊缝的数量及焊接方法代号标注在尾部。

5）当尺寸较多不易分辨时，可在尺寸数据前标注相应的尺寸符号。

表10-3　常见尺寸符号及标注示例

名称	符号	示意图	标注示例
工件厚度	δ		
坡口角度	α		
根部间隙	b		
钝边高度	p		
坡口深度	H		
焊缝段数	n		
焊缝间距	e		
焊缝长度	l		
焊脚尺寸	K		
相同焊缝数量符号	N		

2. 焊缝的图示表示法（GB/T 12212—2012）

标注焊缝符号的情况下，如果有必要，焊缝可以用视图、剖视图或断面图、局部放大图等表示，也可以用轴测图示意地表示。

1）在视图中，焊缝可用与焊缝垂直的细实线段（栅线）表示，如图10-7所示，也可用加粗线（粗实线宽度 d 的 2~3 倍）表示，如图10-8所示。但在同一图样中，只允许采用一种画法。

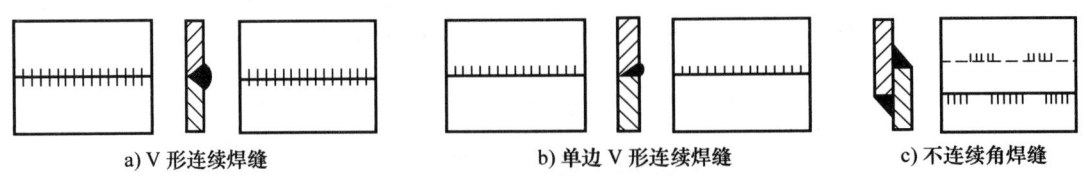

a) V形连续焊缝　　　b) 单边V形连续焊缝　　　c) 不连续角焊缝

图10-7　焊缝细实线段图示法

2）当标注焊缝符号不能充分表达设计要求，并需保证某些尺寸时，可将焊缝部位用局部放大图表示并标注尺寸,如图 10-9 所示。

3)在剖视图中,焊缝的金属熔焊区通常应涂黑表示,如图 10-7 和图 10-9 所示。

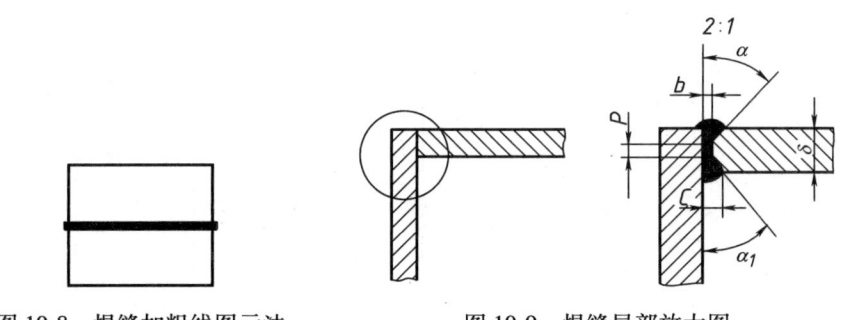

图 10-8 焊缝加粗线图示法　　　图 10-9 焊缝局部放大图

10.1.3 焊接图

1. 焊接图的画法

金属焊接图是焊接加工所依据的图样。按照焊接件结构的复杂程度,焊接图有两种画法。

1)对于结构比较简单的焊接件,焊接图中除了要清晰地表示出与焊接有关的内容,还要将其他加工所需的全部内容表达清楚。这种焊接图除了要清楚地表达各焊接构件之间的相对位置、焊接要求以及焊缝尺寸等内容,还要将各构件的结构形状、尺寸、数量及技术要求等全部表达完整。

2)对于结构比较复杂的焊接件,焊接图中只包含与焊接有关的内容,而其中的每一个构件需要另画零件图。

2. 焊接图的阅读

图 10-10 为支架焊接图。

由图中标题栏和明细栏可见,该支架由三块钢板、两根槽钢、两根角钢构成。结合各构件在图中的位置及焊缝标注可知,该支架为焊接件,结构比较简单,各零件的规格大小直接标注在图中或注写在明细栏内。

该支架由主视图和向视图 A 表达,最上面两块钢板、最下面一块钢板与中间由左右对称的两根直立槽钢相接,靠近槽钢高度中间部位,由前后两根水平角钢加固,结构上前后对称、左右也对称。主视图采用局部剖视,不仅表达了各构件的相对位置关系,剖开部分还表达出上下钢板的孔均为通孔。向视图 A 也采用了局部剖视,不仅反映了这几块钢板的形状特征(最上面的构件 1 为圆形钢板,构件 2 和构件 5 均为方形钢板)和它们上面孔的分布情况及孔的形状特征,还通过局部剖视表达了槽钢的厚度。

主视图上共标注有三条焊缝。最上面一条表示构件 1(圆形钢板)和构件 2(方形钢板)之间用角焊缝沿构件 1 周围施焊,焊脚尺寸为 5mm;下面两条焊缝均表示构件 4(角钢)和构件 3(槽钢)之间采用角焊缝现场施焊。向视图 A 上共标注有两条焊缝,表示槽钢(构件 3)与方形钢板(构件 2 和构件 5)之间采用角焊缝三面焊接。由尺寸标注可见,尺寸精度要求不高;由粗糙度等技术要求可知对表面质量及焊接质量的具体要求。

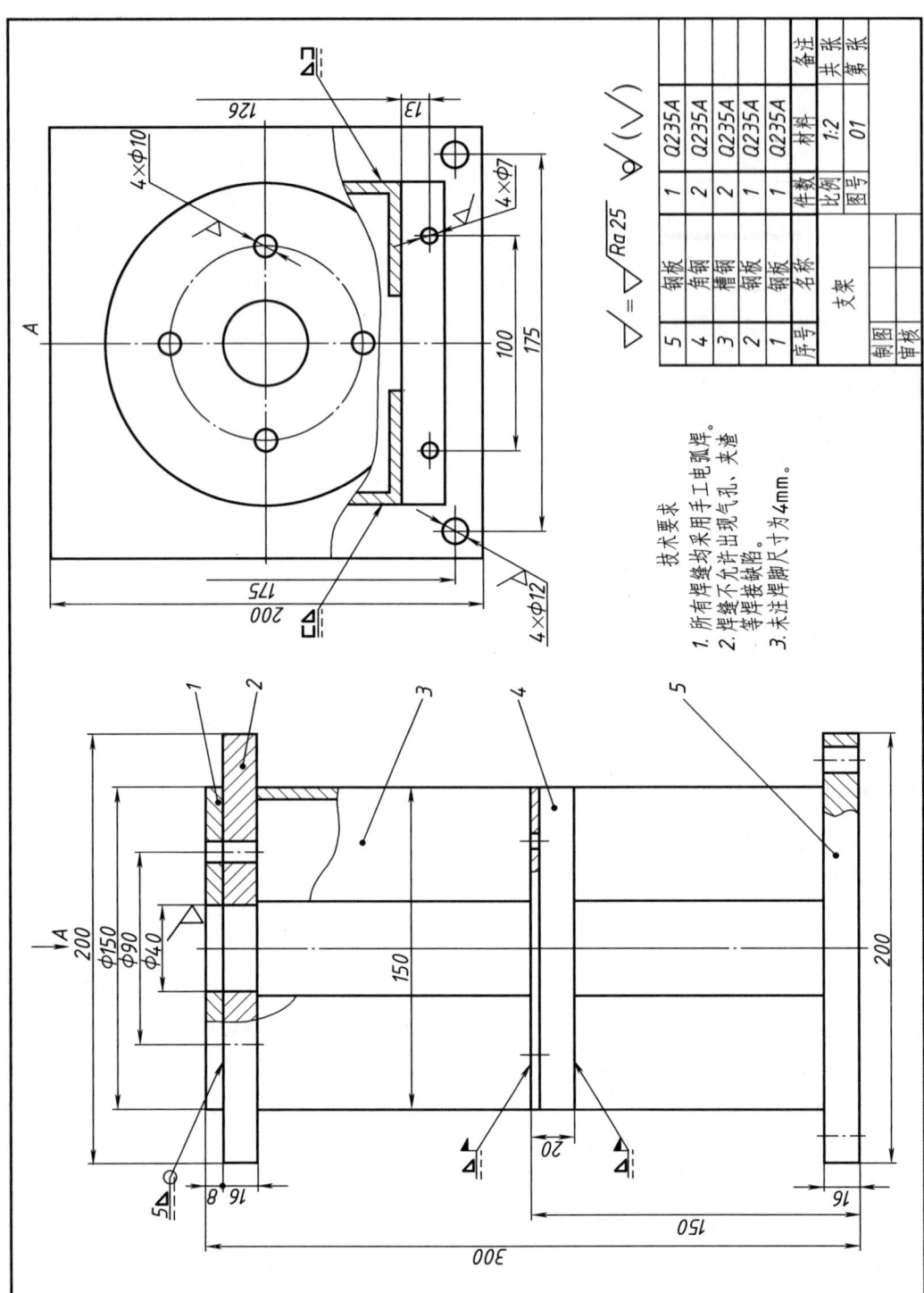

图 10-10 支架焊接图

10.2 钣金制件工作图

钣金制件工作图（简称钣金制件图）是构成制件的各种型材和板料的拼装图，如图10-11所示为旋风分离器的工作图。

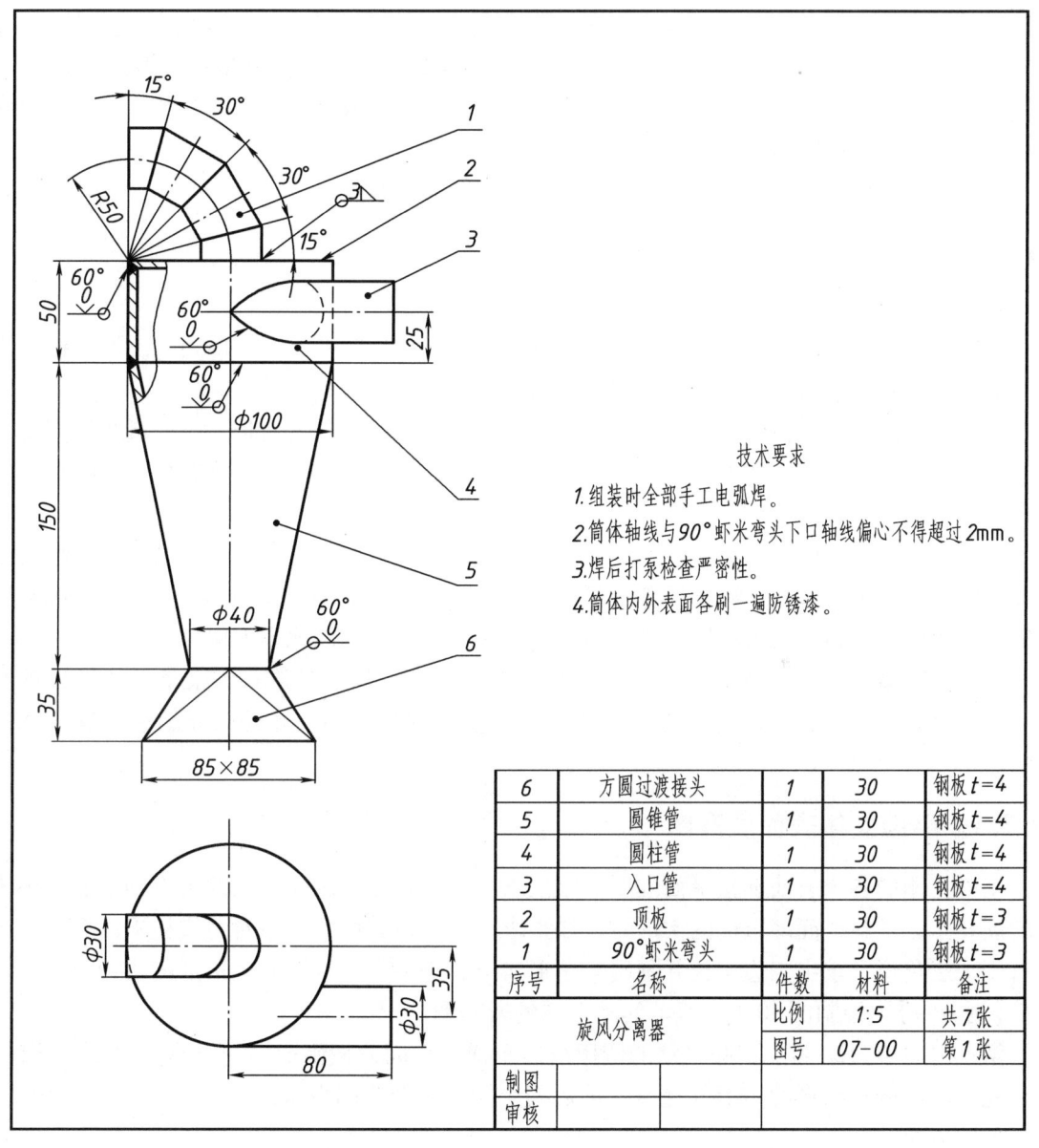

图10-11 旋风分离器工作图

钣金制件图包括以下内容：
（1）一组图形 用视图、剖视图、断面图、局部放大图等一组图形，完整、清晰地表达出制件的整体及各部分结构的形状。

（2）尺寸　标注出总体尺寸、各部分的定位尺寸和定形尺寸、安装尺寸及型材板材的尺寸，以满足展开、下料、制作及安装等方面的要求。

（3）焊缝表示　用符号和数字在焊接图上表示出焊接方法、焊缝的位置和类型以及焊缝尺寸。

（4）技术要求　注明对加工、装配、焊接（或铆接）等方面的技术要求。

（5）标题栏、明细栏、板料或型材的序号　标题栏标注出钣金件的名称、绘图比例等主要信息。明细栏与一般装配图的规定相同，标明构成制件的各部分板料、型材的规格尺寸、数量及材料，是关于钣金件中板料、型材的详细目录。板料和型材编写序号的方法和规定同一般装配图中零件编写序号的规定相同。

可见，钣金制件工作图具有装配图的形式和零件图的内容。

10.3　表面展开图

将立体各表面按照实际形状和大小依次连续地摊平在一个平面上所得到的图形，称为该立体的表面展开图，简称表面展开图或展开图。

立体表面按性质的不同，可分为可展表面和不可展表面。凡表面是平面或素线为直线且任意两素线共面的曲面（如圆柱面、圆锥面）都是可展面，否则为不可展面。不可展面曲面只能用近似方法展开。

表面展开图广泛应用于钣金制件（钣金制件金属板的厚度通常在6mm左右）。绘制表面展开图的方法主要有图解法和计算法两种。图解法精度低但简便，中小钣金制品一般常用图解法求表面展开图，较大的钣金制品则以计算法求表面展开图比较方便。

生产实践中，还要考虑板材性能、厚度、制造工艺（如接口形式、余量、从何处剪开等）和经济效益等问题，从而由表面展开图进一步得到放样图。此处只介绍表面展开图的画法。

10.3.1　平面立体表面展开图

平面立体的各个表面都是平面图形，顺次求出立体各表面的实形，即可得到平面立体表面的展开图。求解平面多边形的实形时，如果求解实形不方便，可用对角线把平面多边形分为若干个三角形，求出三边实长并画出三角形实形，进一步得到平面多边形的实形。

【例10-1】　绘制图10-12a所示的吸气罩的展开图。

解：由图10-12a可见，吸气罩的侧面由四个梯形平面薄板围成，为求出其表面展开图，需要先求出这四个梯形的实形（注意，前后两个梯形为全等的直角梯形）。

作图步骤：

1）命名顶点。将吸气罩上端口四个顶点顺次标记为A、B、C、D，下端口对应的四个顶点顺次标记为A_1、B_1、C_1、D_1，各点投影如图10-12a所示。

2）将顶点不易确定的多边形平面分为三角形平面。在图10-12a中，前后两个梯形平面为直角梯形，梯形上下底边均为侧垂线，主俯视图中能反映实长，由于梯形上下底边垂直于

AA_1,求出梯形的 AA_1 边实长,结合垂直关系可求出梯形实形及 BB_1 边。连接 cb_1、$c'b_1'$、a_1d、$a_1'd'$,直线段 CB_1 可将梯形 BB_1C_1C 分为 $\triangle BB_1C$ 和 $\triangle B_1CC_1$,直线段 A_1D 将梯形 AA_1D_1D 分为 $\triangle AA_1D$ 和 $\triangle A_1DD_1$,左右两个梯形被划分为四个三角形。

3)求各边实长。由图 10-12a 可见,四个侧面的上下底边在俯视图中反映实长,BB_1 与 CC_1 长度相等,为一般位置直线段,但可以由直角梯形实形得出。而 AA_1、DD_1(DD_1 与 AA_1 长度相等)、A_1D 均为侧平线,CB_1 为一般位置直线段,需要求出实长,可采用直角三角形法求出。由于 AA_1、A_1D、CB_1 这几条线段两个端点的高度差 $\triangle z$ 相同,取各线段水平投影长度与 $\triangle z$ 构成直角三角形的两条直角边,斜边为各线段的实长,如图 10-12b 所示。

4)求各表面实形。如图 10-12c 所示,量取 a_1b_1、AA_1、ab,根据垂直关系求得梯形 ABB_1A_1;以点 B 为圆心,bc 为半径画弧,再以点 B_1 为圆心,B_1C 为半径画弧,求出两弧交点得到顶点 C;过顶点 C 以 BB_1 为半径画弧,再以点 B_1 为圆心,b_1c_1 为半径画弧,求出两弧交点得到顶点 C_1,求得梯形 BCC_1B_1;过顶点 C 以 AB 为半径画弧,再以点 C_1 为圆心,AB_1 为半径画弧,求出两弧交点得到顶点 D;过点 D 作 CD 的垂线段 DD_1(长度与 AA_1 相等),得到点 D_1,连接 C_1D_1,求得梯形 CDD_1C_1;过点 D_1 以 a_1d_1 为半径画弧,再以点 D 为圆心 A_1D 为半径画弧,求出两弧交点得到顶点 A_1;分别以 A_1、D 为圆心,AA_1 及 ad 为半径画弧并求出弧交点 A,求得梯形 ADD_1A_1。

5)整理图线,得到展开图如图 10-12d 所示。

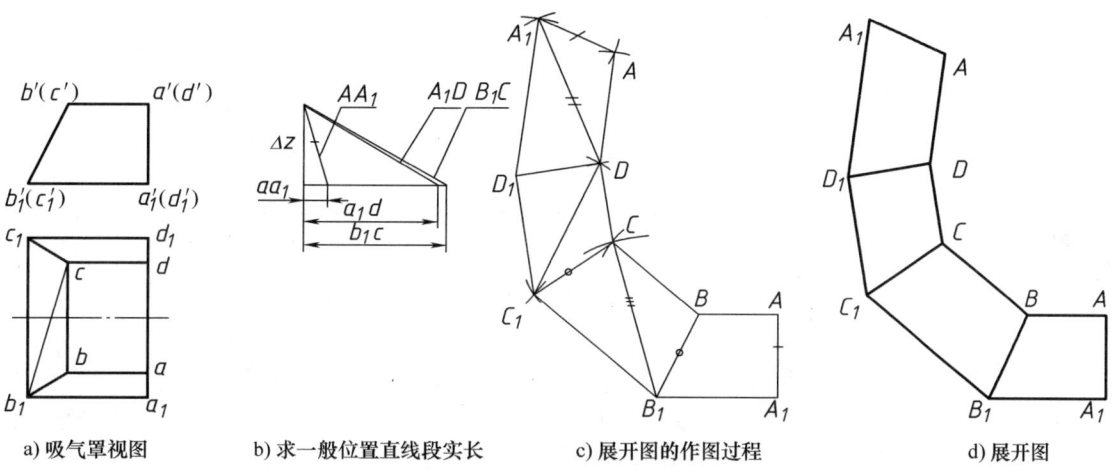

a)吸气罩视图　　b)求一般位置直线段实长　　c)展开图的作图过程　　d)展开图

图 10-12　吸气罩展开图的画法

提示:该吸气罩左右两个表面也都是特殊位置平面,左表面为正垂面,右表面为侧平面,水平投影能够反映两个等腰梯形上下底边的边长,主视图能够反映这两个等腰梯形各自的高,不将这两个梯形细分为三角形,也可以作出梯形实形!请读者开动脑筋试一试。

10.3.2　曲面立体的展开图

1. 圆柱面的展开

(1)正圆柱面的展开　若已知正圆柱面的底面圆直径 d 及高度 H,则底面圆周长为 πd,正圆柱面的展开图是长为 πd,高为 H 的矩形,如图 10-13 所示。

(2) 斜切圆柱面的展开 图 10-13a 为底面圆直径为 d 的正圆柱被斜切的情况。圆柱面被斜切,切口为椭圆,作斜切圆柱的表面展开图时,可先在其表面上取若干条相互平行的素线,再依次将各素线摊平,将各素线的端点顺次光滑连线。

作图步骤:

1) 在图 10-13a 的俯视图中将圆分为 12 等份（份数越多,精度越高）,过各分点找到主视图中相应素线的正面投影。

2) 将底面圆周（周长 πd）展成直线段并分成 12 等份,得到对应的 12 个等分点如图 10-13b 所示,过 12 个等分点作直线段的垂线。

3) 在图 10-13a 主视图中量取各分点相应的素线长度,得到展开图 10-13b 上各点对应素线的上端点。

4) 将所有上端点顺次光滑连线,得到斜切圆柱的展开图如图 10-13b 所示。

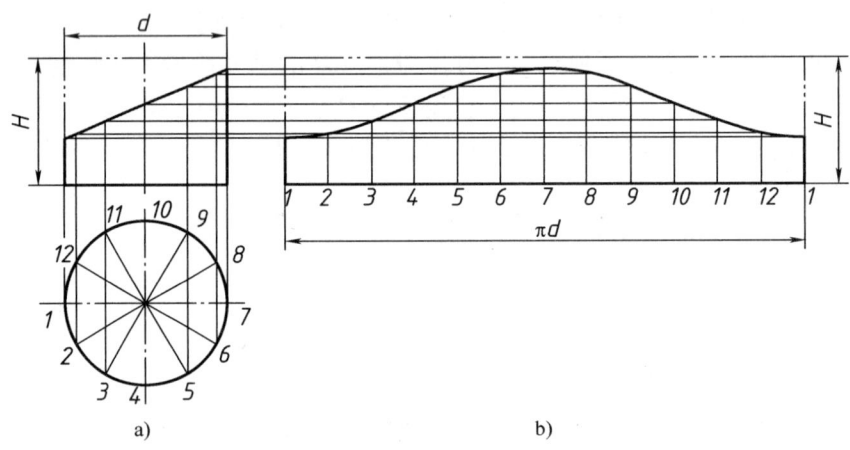

图 10-13 正圆柱面展开图及斜切圆柱面展开图的画法

【例 10-2】 图 10-14a 为用于连接两相互垂直的圆管的四节等径 90°虾米弯头,求各节的表面展开图。

解: 图中四节等径 90°虾米弯头由中间的两个相同的全节和两端的两个半节接合而成,每节都是圆柱筒,两个半节的圆口均放在两端,方便连接法兰或焊接管道。由于弯头各节斜口的形状和大小都相同,如果将不相邻的两节（如 Ⅱ 和 Ⅳ）绕自身轴线旋转 180°,弯管恰好构成一个圆管,则各节的展开图拼成一个矩形。由于两个相同的全节和两端的两个相同的半节相当于六个完全相同的半节,只要按照斜切圆柱面展开图的画法画出一个半节的展开图,再以它为样板,可以得到其余各节的展开图。按这种方法展开,画图简单,排料合理,下料方便。

作图步骤:

1) 根据图 10-14a 四节等径 90°虾米弯头的立体图画出主视图如图 10-14b 所示。

2) 画出辅助视图 10-15a,将圆周分成若干等份（12 等份）,在主视图中最下端的半节上确定出各等分点对应的素线。画出辅助视图所表示的直立圆柱面的展开图（矩形）,按照斜切圆柱面展开图的画法画出下半节的展开图,并以之为样板画出上面各节的展开图如图 10-15b 所示。按照展开曲线将各节切割分开,卷制成斜口圆管,将 Ⅱ、Ⅳ 两节绕自身轴线旋转180°后如图10-15c所示。各节按顺序连接即可。

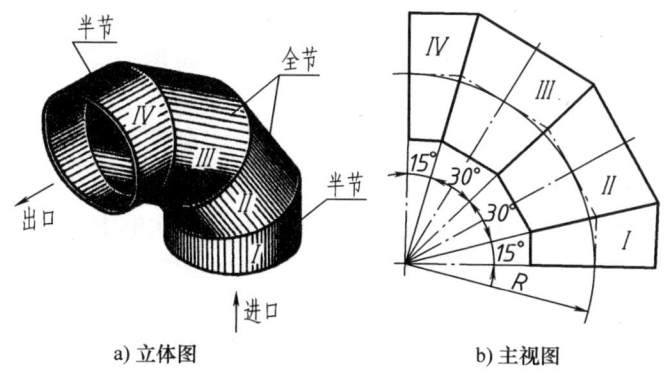

a) 立体图　　　　　　b) 主视图

图10-14　四节等径90°虾米弯头

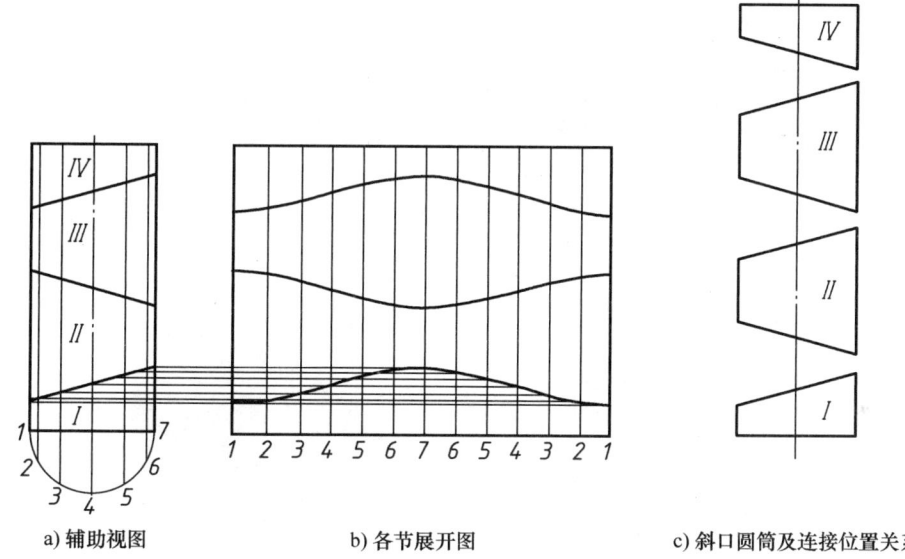

a) 辅助视图　　　b) 各节展开图　　　c) 斜口圆筒及连接位置关系

图10-15　四节等径90°虾米弯头展开图的画法

由于与半节相邻的两个全节绕自身轴线旋转180°，弯管恰好构成一个圆管，生产中也常常选用合适的钢管直接划线并切割成段，再焊接成弯管。

（3）相贯圆柱面的展开　两圆柱相贯，相贯线是两圆柱面的分界线，也是两个圆柱面焊接的位置，在视图中必须准确画出（不能采用近似画法），以精确确定两个圆柱面的范围，保证展开图的精度。分别将两个圆柱面展开，在各展开图上确定相贯线上各点的位置并依次光滑连线，即得到两相贯圆柱面的展开图。

【例10-3】　图10-16b为两正交圆柱面等直径相贯，相贯线前后对称，左右也对称，求相贯圆柱面的展开图。

解：画相贯圆柱面展开图的作图步骤如下：

1）画直立圆柱面 A 的展开图。由于直立圆柱轴线平行于正立投影面，主视图中直立圆柱各素线反映实长，采用平行素线法展开。画出直立圆柱面的俯视图（实际放样时，为了简化作图，常将小圆柱面端面的前半个圆绕其直径旋转到平行于正面的位置，画在主视图上，代替小圆柱面的俯视图，如图 10-16a 所示）。将直立圆柱面在俯视图中的积聚性圆前半部分分为 6 等份，在主视图中确定出各分点对应的素线，将该圆展成一条水平直线段并将其前半部分分为 6 等份，过各等分点作直线段的垂线，在各垂线上依次量取各素线的实长，垂线段端点为相贯线上的点。从而得到前半部分上 7 个点。根据对称性，可求得后半部分对应的点。顺次光滑连接垂线段端点，得到直立圆柱面 A 的展开图，如图 10-16a 所示。

2）画水平圆柱面 B 的展开图。相贯线刚好在水平圆柱面的上半圆柱面上。首先画出整个水平圆柱面的展开图。然后在展开图中确定出点 Ⅰ 所在的水平圆柱面的最高素线 $Ⅰ_0$，再从左视图上分别量取 1″2″、2″3″、3″4″对应的弧长，确定出点 Ⅱ、Ⅲ、Ⅳ 所在的水平圆柱面的相应素线 $Ⅱ_0$、$Ⅲ_0$、$Ⅳ_0$。分别将主视图中各点对应到展开图中各条相应素线上，从而确定出相贯线前部分上各点在展开图中的位置。根据对称性，可求得后半部分对应的点。顺次光滑连点成线，得到水平圆柱面 B 的展开图，如图 10-16a 所示。

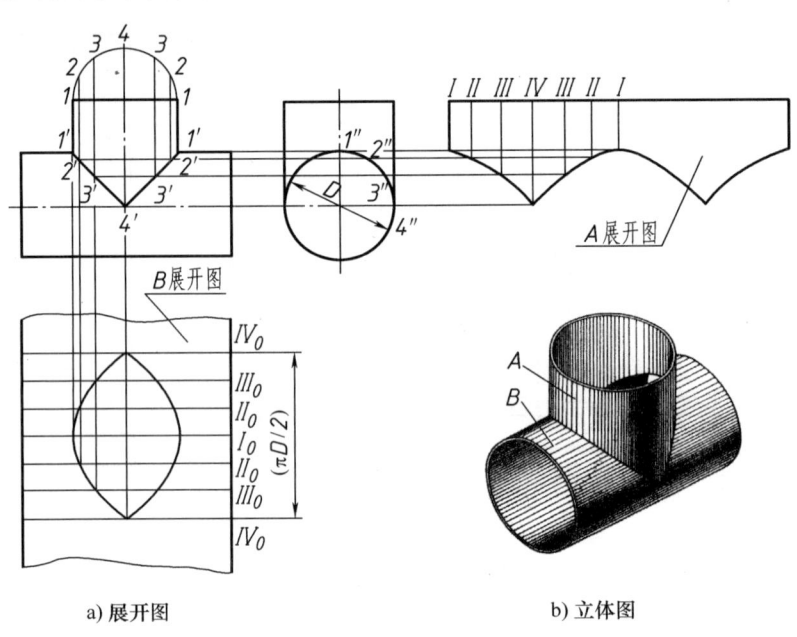

a) 展开图　　　　　　　　　　b) 立体图

图 10-16　等直径两圆柱面正交相贯时圆柱面展开图的画法

采用同样的方法可以绘制出直径不相等的两圆柱面正交相贯时圆柱面的展开图，如图 10-17 所示，具体过程请读者自行分析。

【例 10-4】　偏交异径管如图 10-18 所示，直立圆柱管外径 D，水平小圆柱管外径 d，两管轴线交叉垂直，求两圆柱管的展开图。

解：作图过程如下：

1）作水平小圆柱管的展开图。画出完整水平圆柱管的展开图；在所给视图中作辅助半圆并等分；在展开图中找到相应等分点并画出相应素线；在视图中量取各素线实长，在展开图中相应素线上确定出相贯线上的点；根据对称性求出其余各点，顺次光滑连线，得到如图 10-18 中 A 所示的展开图。

2）作直立圆柱管的展开图。同样要画出完整直立圆柱管的展开图；在俯视图中分别量

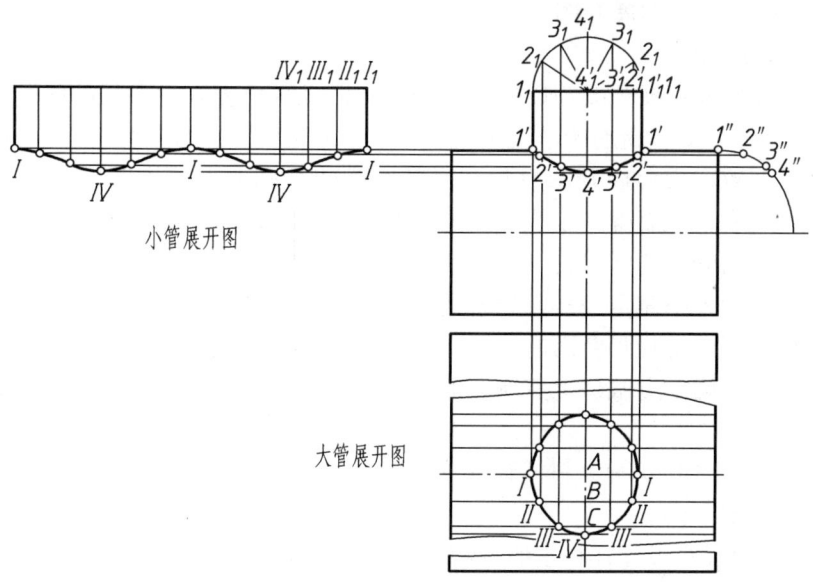

图 10-17 不等直径两圆柱面正交相贯圆柱面展开图的画法

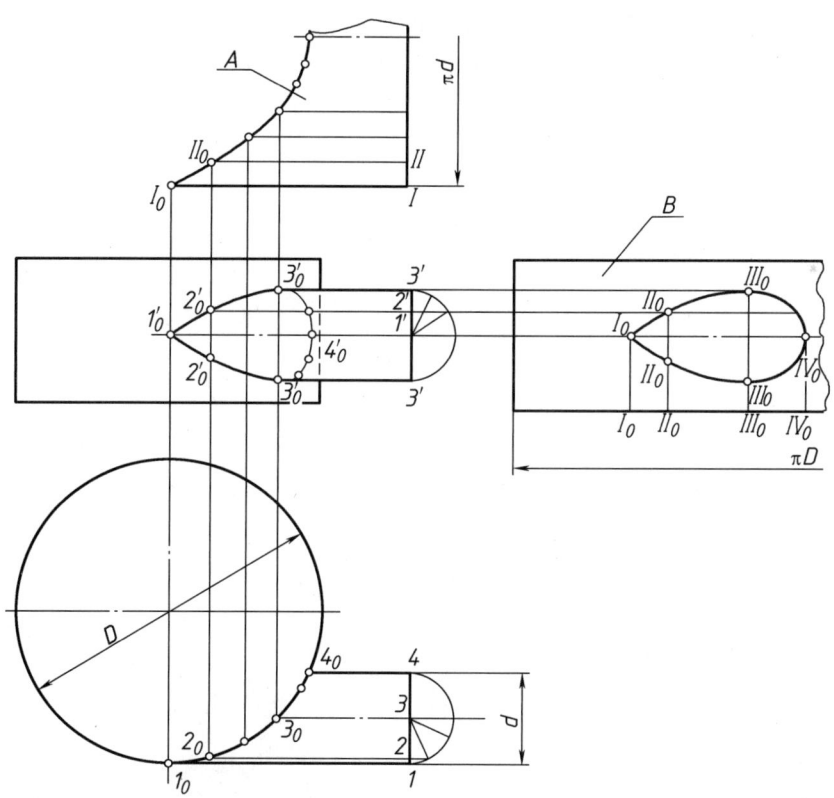

图 10-18 偏交异径管的展开图

取 1_02_0、2_03_0、3_04_0 弧长，在展开图中确定出对应的 I_0、II_0、III_0、IV_0 所在的位置并画出相应素线；根据主视图中各点高度确定出展开图中相应素线上各点位置；各点顺次光滑连线，得到如图 10-18 中 B 所示的展开图。

2. 正圆锥面的展开

完整正圆锥面的表面展开图为以锥顶为圆心，以母线长度 L 为半径的扇形，扇形弧长为正圆锥底面圆的周长 πD，扇形中心角 $\alpha = D \times 180°/L$。如果为正圆台，如图 10-19 所示，各条素线长度仍然一致，表面展开图只是在完整圆锥的基础上去掉小圆锥。若锥顶离底面较近，可先画出两扇形，从而得到正圆台面的展开图；若锥顶离底面较远，在图纸上不方便找锥顶，可将圆台表面分为若干等份（图中分为 12 等份），把每个等份近似看作平面等腰梯形，由于各梯形形状大小完全一样，只求出一个等腰梯形的实际形状，以它作为样板，按等分数量拼成扇形平面，得到圆台面的展开图。如果圆锥被斜截，截口与底面不平行，则各条素线长短不同，需要确定出截口上点所在的素线的实长，从而在展开图中准确确定出截口上的点，画出截口形状。

【例 10-5】 求图 10-20 所示斜截圆锥管的展开图。

解：作图过程如下。

1）将圆锥底面圆八等分并在主俯视图上画出对应的素线（由于前后对称，图中只标出了前半部分）。

2）绘制完整圆锥的展开图：直线段 $s'1'$、$s'5'$ 为正平线，反映完整圆锥各条素线实长，以锥顶为圆心，直线段 $s'1'$ 为半径，绘制弧长为圆锥底面圆周长的扇形。

3）求截切后各素线实长，确定截口上各素线上的点在展开图上的位置。利用直角三角形法求出 SⅡ、SⅢ、SⅣ 截切后素线长度（求解过程图中未画出），在展开图中确定出点 B、C、D；在 SⅠ 上量取 AⅠ = $a'1'$，在 SⅤ 上量取 EⅤ = $e'5'$，得到 SⅠ 和 SⅤ 上的 A、E 两点。根据对称性，找到后面素线上的点。

4）顺次光滑连接曲线，得到斜截圆锥管的展开图如图 10-20 所示。

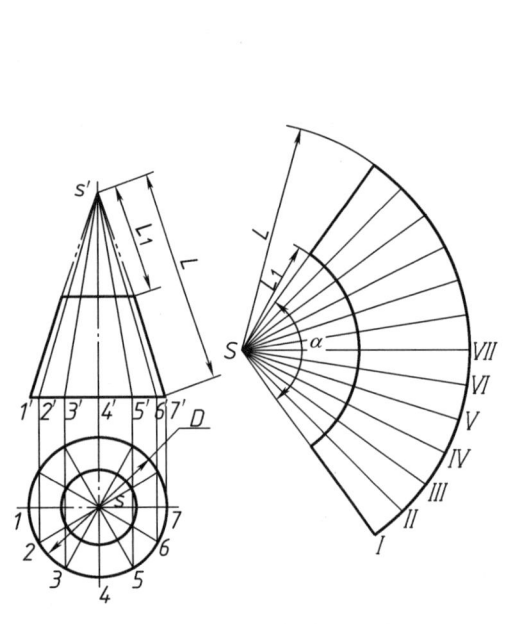

图 10-19 正圆台的展开图

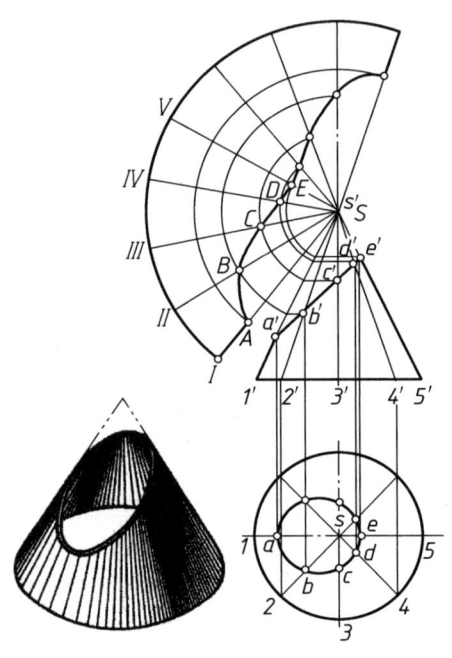

图 10-20 斜截圆锥管的展开图

3. 球面的展开

球面为不可展曲面，只能将其分为若干比较小的部分，使每一小部分接近于可展面，采用近似画法求展开图。

球面如图 10-21a 所示，在球面的不同纬度上作水平纬圆，图中为上下对称的六个纬圆，把球面由上到下分为七个部分。如图 10-21b 所示，把第 I 部分作为球的内接圆柱展开，II、III、IV 部分作为球的内接圆锥展开（锥顶分别为 S_{II}、S_{III}、S_{IV}）。各部分展开图拼在一起得到球面的近似展开图如图 10-21c 所示。由于受到材料面积的限制，在根据展开图下料时，可把展开图比较大的部分细分为若干部分，经弯曲后再焊接为一体。

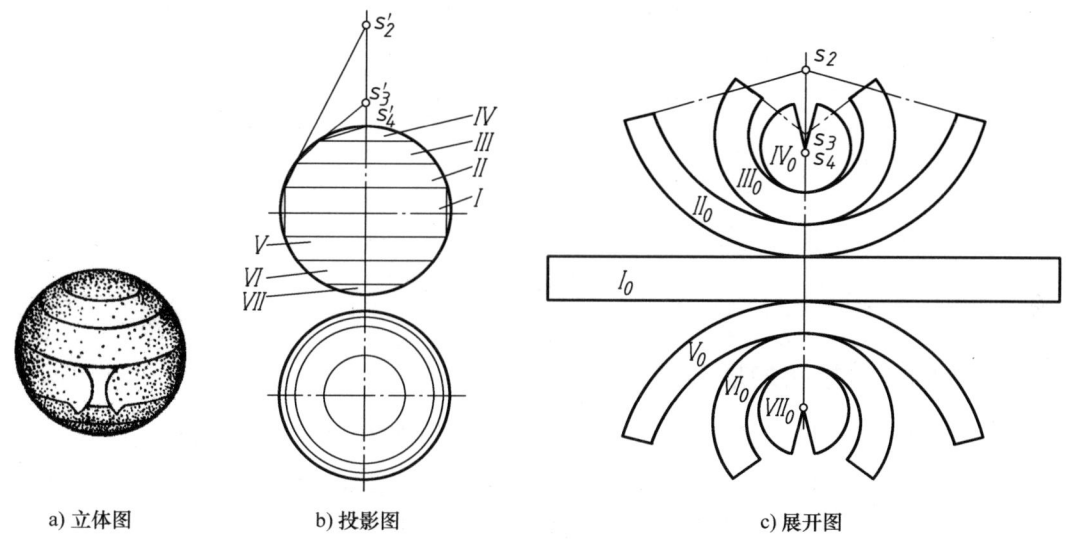

a) 立体图　　b) 投影图　　c) 展开图

图 10-21　球面的近似展开图

在球面的不同经度上也可做出若干经度圆，把球面分为相等的多个部分，求出其中一部分的展开图作样本，下料并焊接成球面。

【例 10-6】　热风炉由钢板制造，其球形顶如图 10-22a 所示。求球形顶的展开图。

解：用钢板制造容器的球形部分时，一般要将下料所得到的钢板通过加热弯压产生塑性变形后再进行焊接，故可将半球面分解为一块顶板和若干相同的侧板（侧板数量依球面大小而定），求出顶板和一块侧板的展开图即可。这里将半球面分解为一块顶板和八块侧板，如图 10-22a、图 10-22b 所示。

作图过程：

1) 顶板展开。顶板的展开图可由半径为 r 的圆近似代替，r 为 0'1'弧长，如图 10-22b、图 10-22c 所示。

2) 侧板展开。将其中一块侧板 $AEEA$ 的对称弧线分为四等份，得到 I～V 五个等分点，过各分点作水平纬圆弧，如图 10-22b 所示。将圆弧 0'5'展成直线段 $0_0 5_0$，并根据主视图中各弧段实长在直线段上找到相应的 2_0、3_0、4_0 分点；以 0_0 为圆心，过 1_0～5_0 五个分点作同心圆；在俯视图中分别过 1～5 分点对称量取各水平纬圆弧到过 1_0～5_0 五个分点的同心圆弧上，得到 a_0、b_0、c_0、d_0、e_0；光滑连接各点如图 10-22c 所示。

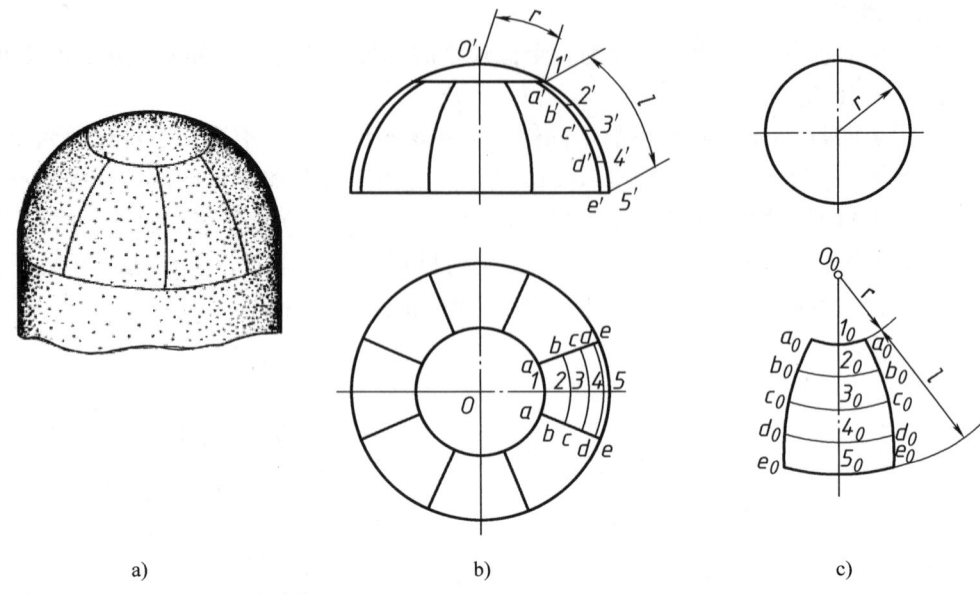

图 10-22 球形顶的近似展开图

10.3.3 方圆过渡接头的展开图

方圆过渡接头是由圆管过渡到方管的变形接头。由图 10-23a 所示，天圆地方接头立体图可见，它由四个全等的等腰三角形和四个相同的局部斜锥面组成，展开图可按平面和锥面展开。将这些组成部分的实形顺次画在同一平面上即为展开图。接头的上口和下口在图 10-23b 水平投影中反映实形，三角形的腰及锥面的所有素线为一般位置直线，需要求出实长。

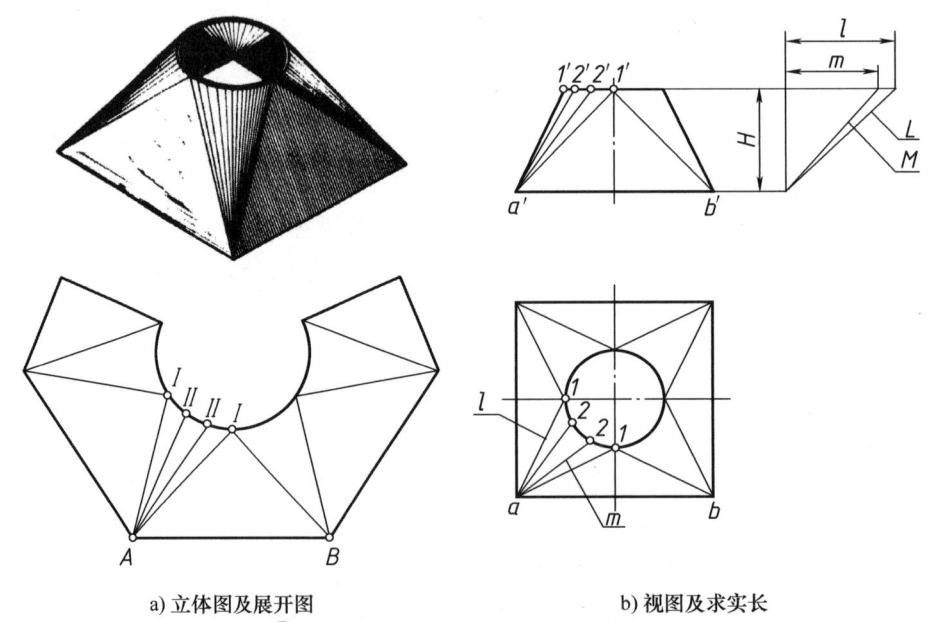

a) 立体图及展开图 b) 视图及求实长

图 10-23 方圆过渡接头的展开图

作图过程：

（1）锥面分解　每个斜圆锥面上端轮廓线为1/4圆弧，俯视图反映实形。俯视图中将1/4圆弧三等分得到1、2、2、1四个等分点，将等分点与锥顶连线得到斜锥面上四条素线的水平投影。根据投影规律求出四条素线的正面投影。四条素线将锥面分解成三个小三角形。

（2）求一般位置直线实长　各素线高度均为 H，分别量取水平投影长度 m 和 l，利用直角三角形法求实长 M、L，如图10-23b所示。素线 AⅠ的长度 L 也是四个三角形表面的腰长。

（3）画展开图　量取 $AB=ab$，分别以点 A、B 为圆心，L 为半径作圆，交于点Ⅰ，连接 AⅠ、BⅠ得到△ABⅠ的实形。再分别以点 A 为圆心、M 为半径，以点Ⅰ为圆心、12弧长为半径画弧，交于点Ⅱ，得到△AⅠⅡ的实形。同样的方法可以得到△AⅡⅡ、△AⅡⅠ的实形。光滑连接Ⅰ、Ⅱ、Ⅱ、Ⅰ四点及ⅠA、AB、BⅠ直线段，得到整个展开图的1/4，可按照同样的方法求出展开图的其余部分或以这1/4部分为样本直接画出其余部分，展开图如图10-23b所示。

实践与思考

1. 观察生活中各种金属制品，分析焊缝的类型及焊接在生产生活中的应用。

2. 如何判断表面是否为可展表面？哪些常见表面为可展表面？哪些常见表面为不可展表面？

3. 如果用经度线将圆球 n 等分，将圆球分解成多个相等的柳叶形局部球面，是否能用圆柱面近似代替柳叶形局部球面求解球的展开图？

4. 你还见过哪些常见的变形接头？如何画展开图？

第 11 章

计算机绘图基础

主要内容

1. 用 AutoCAD 应用软件绘图的基本操作方法。
2. 按照工程图样的要求，使用 AutoCAD 绘制二维图形。
3. 三维立体模型的创建。

计算机辅助设计（Computer Aided Design，CAD）是计算机技术的一个重要应用领域，是二维及三维设计的工具。工程技术人员可以用它绘制、管理工程图，可以建立三维模型，可以打印输出图样及进行二次开发等。目前国内外的 CAD 软件很多，如 AutoCAD、Creo、CAXA、UG、SOLIDWORKS、CATIA 等都各有特色，由于这些软件具有友好的人机交流界面，均得到广泛应用。二维工程图样是工程界的语言，而计算机绘图的优点在于绘图的高质量和快速。AutoCAD 是应用广泛的绘图软件，本章将以 AutoCAD 2014 为例，介绍 CAD 的基本概念、基本绘图方法和平面图形绘制。AutoCAD 2014 绘图软件中所提供的精确绘图方法，是实现高质量和快速绘图的有力工具，绘图时应熟练掌握并灵活应用。创建物体的三维模型能使设计过程及结果很直观，用形体分析法分析复杂机器零部件，可以提高三维建模效率和正确性。因此，本章还将介绍使用 AutoCAD 2014 绘图软件绘制三维立体模型的基本知识。

11.1 AutoCAD 的工作环境

11.1.1 AutoCAD 界面

AutoCAD 2014 的用户界面如图 11-1 所示，由标题、菜单项、工具条菜单、状态行和命令及提示文本窗口等部分组成，中间为绘图区。

1. 标题

同其他标准的 Windows 应用程序界面一样，标题包括控制图标以及窗口的最大化、最小化和关闭按钮，并显示应用程序名和当前图形的名称。

2. 菜单项

菜单是调用命令的一种方式。菜单选项卡以级联的层次结构来组织各个菜单项，并以切

第11章 计算机绘图基础

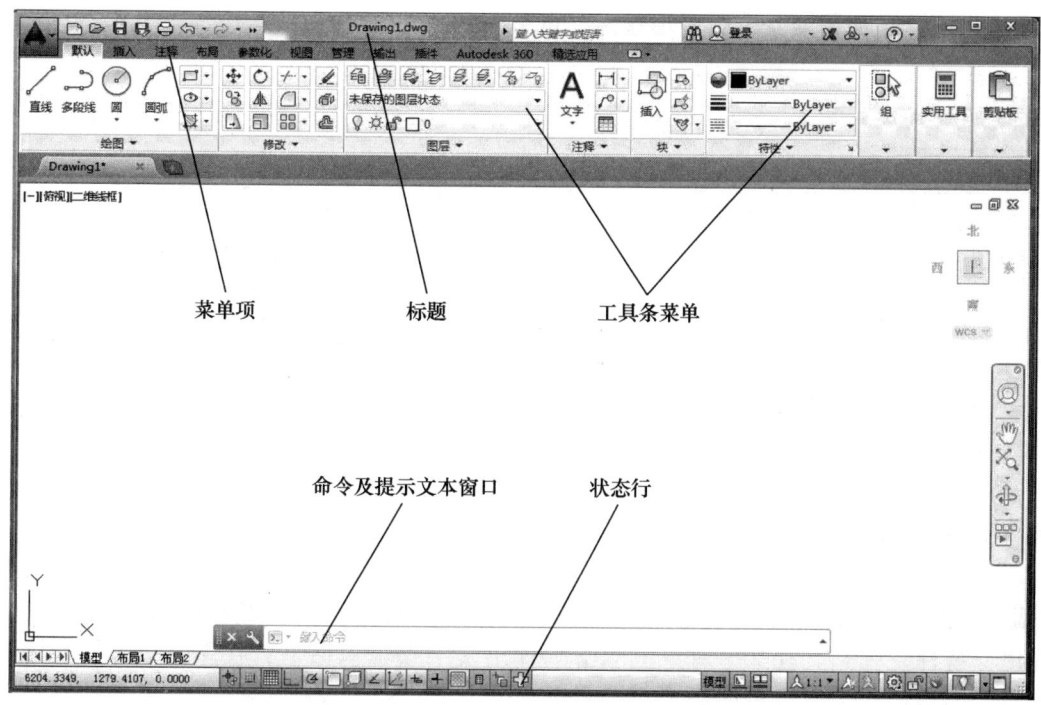

图 11-1　AutoCAD 用户界面

换的形式逐级显示。

3. 工具条菜单

工具条菜单也是调用命令的一种方式，通过工具栏可以直观、快捷地执行一些常用的命令。将光标放在工具条上，根据停顿时间长短，出现及时帮助与详细帮助信息。

4. 系统状态

用于显示坐标和一系列的控制按钮，包括"捕捉""栅格""正交""极轴""对象捕捉""对象追踪""线宽""模型/图纸"等。

5. 绘图窗口

中间空白区域为绘图窗口，它是 AutoCAD 中显示、绘制和编辑图形的主要场所。

在 AutoCAD 中创建新图形文件或打开已有的图形文件时，都会产生相应的绘图窗口来显示和编辑其内容。

6. 命令及提示文本窗口

提供了调用命令的另外一种方式，可用键盘直接输入命令。文本窗口还显示 AutoCAD 命令的提示及有关信息。

11.1.2　AutoCAD 基本操作

用户在 AutoCAD 系统中工作时，最主要的输入设备是键盘和鼠标。

1. 键盘操作

<Enter>键，确认参数输入以及结束命令，也用来重复执行上一命令。在非文本输入状

态下，<Space>键及鼠标右键有相同功能；<Esc>键，取消任何一项操作；功能键<F1>~<F12>，可以方便地转换系统的各项状态，见表11-1。

表 11-1　AutoCAD 键盘功能键定义

功能键	说　明	功能键	说　明
<F1>	AutoCAD 在线帮助	<F7>	栅格开/关
<F2>	切换文本/图形窗口	<F8>	正交模式开/关
<F3>	对象捕捉开/关	<F9>	（栅格）捕捉开/关
<F4>	数字化仪开/关	<F10>	极轴开/关
<F5>	轴测图切换	<F11>	对象追踪开/关
<F6>	系统坐标显示开/关	<F12>	动态输入方式开/关

2. 鼠标操作

鼠标是 AutoCAD 中最主要的输入设备，一般使用三键鼠标。用鼠标执行不同的操作，光标有不同的形式，在作图过程中要细心体会。

1）鼠标左键的功能主要是选择对象和定位，比如，单击鼠标左键可以选择菜单栏中的菜单项，选择工具栏中的图标按钮，在绘图区选择图形对象等。在被选中的对象上双击鼠标将弹出"特性"窗口，在文字对象上双击则弹出文字编辑对话框，在图案填充对象上双击将弹出"图案填充编辑"对话框等。下文中"单击"指单击鼠标左键。

2）鼠标右键的功能主要是弹出快捷菜单，快捷菜单的内容将根据光标所处的位置和系统状态的不同而变化。此外，单击右键的另一个功能等同于<Enter>键，即用户在命令行输入命令后可按鼠标右键确定。

3）鼠标滚轮，主要用于缩放和平移视图。向上滚动滚轮，放大显示当前窗口中对象的外观尺寸；向下滚动滚轮，缩小显示当前窗口中对象的外观尺寸；按下滚轮时移动鼠标，实时平移当前窗口中的视图。

4）拾取：包括拾取命令和拾取对象。拾取命令是用鼠标左键单击菜单命令使命令执行。拾取对象指选取点、线等对象，一个命令中出现"选择对象"提示时，都可以鼠标左键单击图形对象来选中。但这样选择，每次只能选中一个对象，若要同时选择多个对象，常用方法是开"窗口"和"交叉窗口"：在屏幕图形区空白处，单击鼠标拾取一个点，此点是定义矩形区域的第一个角点，从左到右拖动光标后单击鼠标拾取第二个角点创建封闭的窗口选择，拖动光标时，窗口为蓝色实线矩形，它仅选择完全包含在矩形窗口中的对象，这种开窗口选择形式称为"窗口"；从右到左拖动光标后单击鼠标拾取第二个角点创建交叉窗口选择，拖动光标时，窗口为绿色细虚线矩形，选择包含于窗口以及与矩形窗口交叉的对象，这种开窗口选择形式称为"交叉窗口"。

5）拖动：将光标移到目标对象上，按住鼠标左键或者中间滚轮，同时移动鼠标。

11.2　AutoCAD 常用二维绘图及编辑命令

AutoCAD 常用二维绘图命令包括图层设置和常用几何绘图命令，如直线、构造线、正多边形、矩形、圆及圆弧、椭圆及椭圆弧、样条曲线（波浪线）、图块、填充（剖面线）及文本等，如图 11-2~图 11-7 所示。

11.2.1 图层

AutoCAD 中的图层就相当于完全重合在一起的透明纸，用户可以任意选择其中一个图层绘制图形，而不会受到其他层上图形的影响。每个图层都有一个名称，并具有颜色、线型、线宽等各种特性和开、关、冻结等不同的状态。图 11-2 为图层菜单，名称为"0"的层，是系统定义的图层，其名称不能修改，只可以修改属性。

图 11-2 打开图层管理器

键盘输入"LAYER"命令或拾取如图 11-2 所示工具条菜单"图层特性管理器"，即可执行图层操作。在 AutoCAD 图层特性管理器中（见图 11-3），可以新建图层并设置其属性。根据工程图样的需要，以创建"中心线"层的属性为例：名称，中心线；颜色，绿色；线型，CENTER（细点画线）；线宽，0.35。

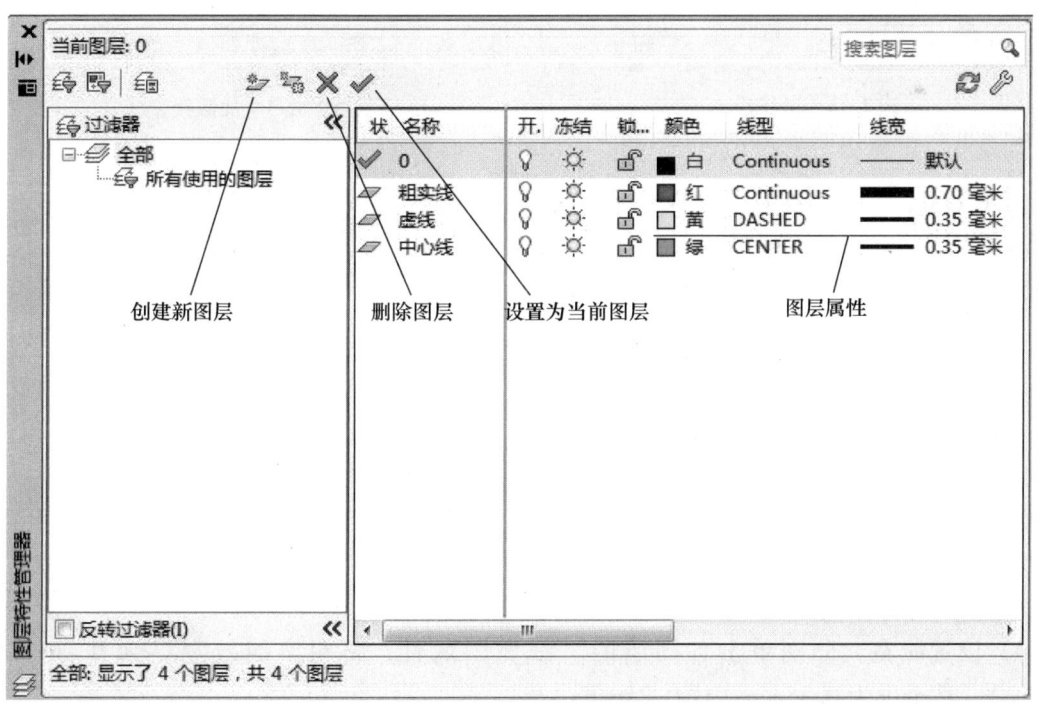

图 11-3 图层管理器

1. 创建新图层

1）打开图层特性管理器。

2）单击图 11-3 中的"创建新图层",生成名称为"图层 1"的新图层,鼠标单击该图层名,使该层被选中,再用鼠标单击该图层名使该名称变为可编辑状态,将名称"图层 1"改为"中心线"。

2. 修改图层属性

1）单击"颜色"属性,将"白色"修改成需要的颜色。

2）单击"线型"属性名称"Continuous",弹出如图 11-4 所示的对话框,选择已经加载的线型。在没有加载线型之前,系统中只有一种"Continuous",它是连续线,所以,必须加载所需线型。

3）单击图 11-4 中"加载"按钮,弹出如图 11-5 所示的"加载或重载线型"对话框。

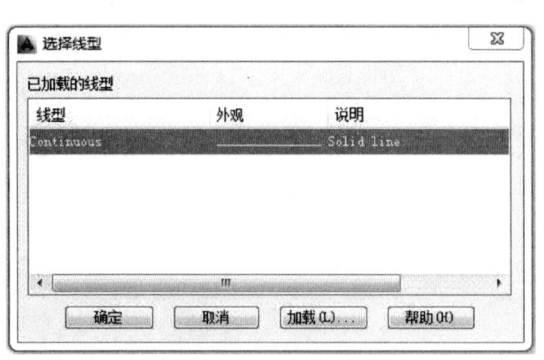

图 11-4 选择线型

图 11-5 加载线型

分别选择"CENTER""DASHED"和"PHANTOM",然后单击"确定"按钮,即分别加载了"点画线""虚线"和"双点画线",如图 11-6 所示。双击"CENTER",即可为"中心线"图层确定线型。

按照上述方法,可分别建立图层"粗实线""细实线""点画线""虚线"和"双点画线"等所需要的图层。具体加载和选择哪种线型需要根据图线显示的效果来做尝试性选择。

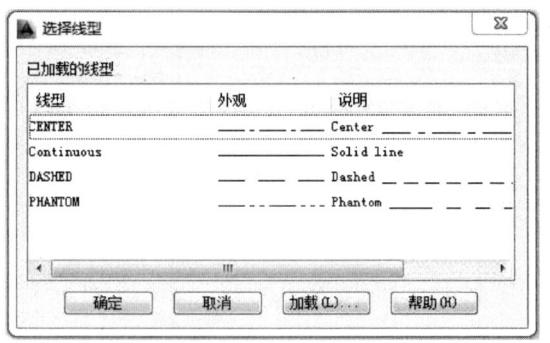

图 11-6 已加载线型

4）设置线宽。分别单击各图层的"线宽"属性,将粗实线线宽设为 0.7mm（或 0.5mm）,其余设为 0.35mm（或 0.25mm）。

完成创建和设置,就为绘图做好了准备。应注意及时保存文件来保存所做的设置。

图 11-7 默认二维绘图命令工具条

11.2.2 常用绘图命令

图 11-7 和图 11-8 是基本绘图命令工具条菜单和展开绘图菜单，在菜单中拾取命令即可执行，需结束命令时，按下<Enter>键，常用绘图命令简要说明见表 11-2。

一般情况下，命令中都有可选项，需要时，输入相应字母，然后按<Enter>键确认，注意在英文状态下输入。命令执行过程中，要时时关注命令提示区，确保人机对话顺畅进行。

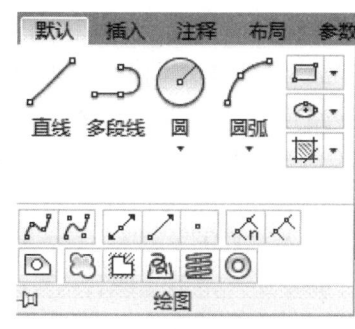

图 11-8 展开绘图菜单

表 11-2 常用绘图命令简要说明

图标	命令名	说 明	备注及注意事项
	Line	绘制直线段。连续绘制直线，直到命令结束	—
	XLine	绘制无限长的直线。用于绘制水平、垂直、角度、偏移等直线	—
	Polygon	绘制正多边形，边数从 3 到 1024	
	Rectang	绘制矩形	
	Arc	绘制圆弧。根据已知条件，确定不同的选项，有 11 种常用选项类型	可使用下拉式菜单直接选取
	Circle	绘制圆。根据已知条件，确定不同的选项，有 6 种常用选项	可使用下拉式菜单直接选取选项
	SPline	样条曲线。在指定的公差范围内把光滑曲线拟合成一系列的点	机械图样中，一般用于波浪线
	Ellipse	椭圆及椭圆弧。根据已知条件，确定不同的选项，有 3 种常用选项	椭圆弧是椭圆命令的扩展
	Block	根据选定对象创建块定义	常用于创建符号，如粗糙度符号等
	Insert	将图形或命名块插入到当前图形中	—
	BHatch	用填充图案或渐变填充来填充封闭区域或选定对象	机械图样中，一般用于画剖面线
	MText	将文字段落创建为单个多线（多行文字）文字对象	用于书写文本

下面介绍几个常用命令。

1. 直线

画直线段可通过执行"直线"命令实现。用直线命令绘制直线有几种常用方法：

1）画直线的默认方式是在绘图区任意拾取两个点来绘制一条由这两个点确定的直线段，按照命令提示区提示连续指定下一点，可画出若干连续直线段，直至按<Enter>键或按<ESC>键结束命令。

2）用鼠标确定直线方向，然后输入直线段长度。例如，画一个边长为150mm的正方形，过程如下（注：下划线部分为系统提示，括号内为说明，斜体为输入选项或值，以下同）：

单击"直线"按钮/，命令_ line 指定第一点：（在绘图区任意拾取一点）

指定下一点或［放弃（U）］：<正交 开>*150*（在状态行将"正交"状态打开，强制鼠标在水平或竖直状态，向右水平移动鼠标，在水平拖动线的状态下输入"150"，按<Enter>键）

指定下一点或［放弃（U）］：*150*（向上竖直移动鼠标，在竖直拖动线的状态下输入"150"，按<Enter>键）

指定下一点或［闭合（C）/放弃（U）］：*150*（向左水平移动鼠标，在水平拖动线的状态下输入"150"，按<Enter>键）

指定下一点或［闭合（C）/放弃（U）］：*c*（输入字母"c"并按<Enter>键，图形自动封闭并结束直线命令）

以上操作绘制了一个边长为150mm的正方形。操作中，注意输入后要按<Enter>键确认，并且在英文状态下输入字母或数字。

3）使用相对坐标输入点的坐标值。相对坐标就是用前一个点的坐标作为下一点的坐标原点，其形式为"@x，y"或使用极坐标"@长度<角度"。如果不使用"@"关键字，则表示使用系统绝对坐标。相对坐标比绝对坐标更方便实用。例如，要绘制一个斜边50mm，角度为30°的直角三角形，过程如下：

_ line 指定第一点：（在绘图区任意拾取一点）

指定下一点或［放弃（U）］：*@50<30*（线段长度为50mm，角度为30°，按<Entert>键）

指定下一点或［放弃（U）］：*@0，-25*（相对坐标 $x=0$，$y=-25$，按<Entert>键）

指定下一点或［闭合（C）/放弃（U）］：*c*（输入字母"c"并按<Enter>键，图形自动封闭并结束直线命令）

2. 圆

画圆命令"⊙"一般比较简单，拾取圆心，再给定半径即可。若要输入直径，则必须先输入选项"d"，按<Enter>键确认后输入直径。

更多的画圆选项，在子菜单里列出，如图11-9所示。其中，"相切、相切、半径"是画一个已知半径并同时与两个图形对象相切的圆，"相切、相切、相切"是画一个与三个图形对象相切的圆。与之相切的对象可以是直线、圆或圆弧。

3. 矩形

任意拾取两个点作为矩形的两个对角点，即可画出矩形。

若要绘制已知尺寸的矩形，可以选取以下方式：

矩形命令"▭"，命令：_ rectang

指定第一个角点或［倒角（C）/标高（E）/圆角（F）/厚度（T）/宽度（W）］：（任意拾取一点，作为矩形的第一个角点）

指定另一个角点或［面积（A）/尺寸（D）/旋转（R）］：*d*（选择"尺寸"选项"d"，按<Enter>键确认输入）

指定矩形的长度<420.0000>：*420* （输入长度"420"按<Entert>键）

指定矩形的宽度<297.0000>：*297* （输入宽度"297"按<Entert>键）

指定另一个角点或［面积（A）/尺寸（D）/旋转（R）］：（矩形大小已经确定，单击鼠标，确定矩形上、下、左、右的方位）

读者可通过以上操作自行绘制一个 A3 幅面图纸边框。

4. 正多边形

要画一个正六边形，过程如下：

执行正多边形命令" "，命令：_ polygon 输入边的数目 <4>：*6* （输入正多边形边数 6，按<Enter>键）

指定正多边形的中心点或［边（E）］：（拾取点或输入坐标，确定正多边形中心点）

输入选项［内接于圆（I）/外切于圆（C）］<I>：*I* （必须选择内接于圆或外切于圆，按<Enter>键）

指定圆的半径：*100* （输入内接圆或外切圆的半径并按<Enter>键即可）

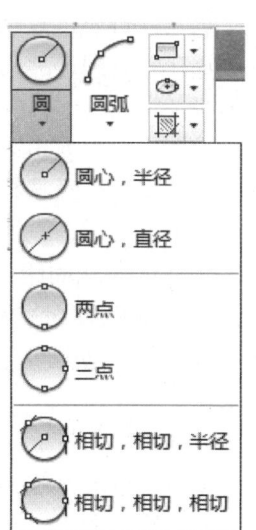

图 11-9　圆的下拉式菜单

5. 图案填充（剖面线）

在机械图样中，图案填充命令一般用来画剖面线。执行"图案填充"命令" "，弹出如图 11-10 所示图案填充"创建"菜单栏。

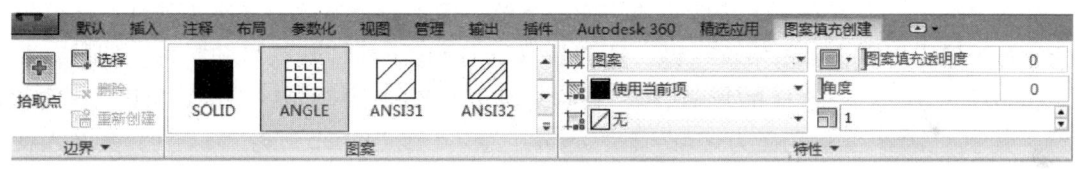

图 11-10　图案填充管理器

要创建剖面线，必须定义图案填充的边界。

选择剖面线边界的方法是：可以指定对象封闭的区域中的点" "，或者选择封闭区域的对象" "。一般使用指定对象封闭的区域中的点，这种方法简单易行，但是一定要注意，被指定的区域图形一定要封闭！如果画剖面线失败，一般都是因为图形不封闭造成的。因此，在绘图过程中一定要使用坐标输入和对象捕捉工具。

如果剖面线填充遇到对象（例如文本、属性）或实体填充对象，并且该对象被选为边界集的一部分，则剖面线将填充该对象的四周。

选择填充图案，如果是金属材料，选择"ANSI31"，如果是非金属材料，选择"ANSI37"作为剖面线图案。

选择"边界"，确定剖面线区域，单击按钮" "，出现如下提示：命令：_ hatch

拾取内部点或［选择对象（S）/放弃（U）/设置（T）］： 正在选择所有对象...（如图 11-11a 所示，在需要画剖面线的区域内单击）

正在选择所有可见对象...

正在分析所选数据…

正在分析内部孤岛…（经过计算分析，如果区域有效，则以虚化提示，否则出现错误提示）

拾取内部点或［选择对象（S）/放弃（U）/设置（T）］：（继续提示下一处需要画剖面线的区域，如果已经选择完成，则按<Enter>键）

确定区域后，返回到管理器，确定剖面线的角度和比例（剖面线间距比例），如果角度为0，剖面线的方向与样例方向一致，如图11-10中的"样例"。比例大小要根据图形情况而确定，结果如图11-11b所示。

6. 文字

AutoCAD 文字输入分为两种方法，一种是单行文字，使用比较简单，只要给出文字的起始点，确定字高和旋转角度，就可以直接输入文字。另一种是多行文字，可调用文字编辑器，可以方便地修改字体、字高等属性，方便插入一些工程图样中常见符号，使用方法如下：

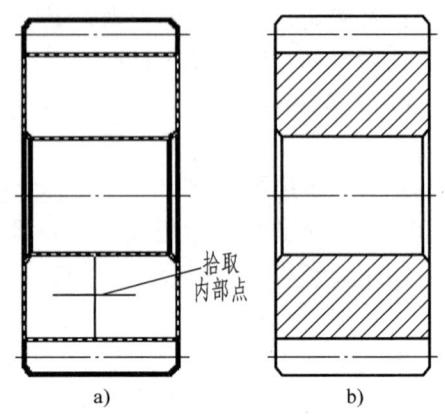

图 11-11 选择填充区域

单击"默认"菜单选项卡中的按钮**A**或"注释"菜单选项卡中"多行文字"，系统要求指定一个矩形文字编辑框，通过拾取对角两点确定矩形框的大小。

在文字编辑框上方有文字特性选项管理器菜单，用来设置字体、字高等特性，还可以将鼠标放置于编辑框内，单击鼠标右键，选"符号"，输入一些特殊符号和字母。例如，要书写"$\phi 28H7 \left(^{+0.021}_{0}\right)$"这样的形式，在文字编辑框里输入要写成"%%c28H7（+0.021^0）"，其中"%%c"被定义为"Φ"（"%%d"为"°"，"%%p"为"±"）。要输入特殊符号，也可以单击鼠标右键，在弹出的菜单中选择"符号"，其中有常用工程、数学符号及说明。若要书写上下偏差，则需要先将偏差值书写为"+0.021^0"的形式，再将其选中，如图11-12所示。选中后，单击右键，选择"堆叠"，编辑器菜单中的"堆叠"命令由不可用的灰色变为可用（见图11-13），点击此菜单即可。如果要在0偏差前空出符号位而使上下偏差符号位对齐，则需要在0前面加空格后再选中并堆叠。

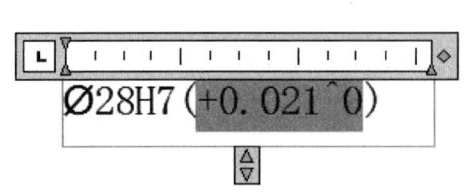

图 11-12 选中偏差值

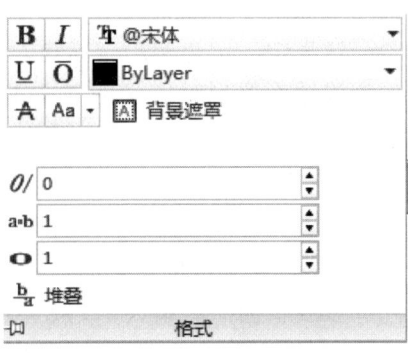

图 11-13 堆叠命令

图 11-14　标准菜单中的缩放菜单

7. 图形缩放

绘图区域中显示的图形并不一定同图形实际大小相同，它可以根据需要缩小或放大。除了前述使用鼠标滚轮操作以外，还可以用命令方式进行缩放。

AutoCAD "视图"选项卡中包含缩放命令，如图 11-14 所示。

注意菜单 " 范围"，其右侧的小三角，这是有子菜单的标记。使用方法是在小三角上单击鼠标左键，子菜单即可弹出。移动鼠标，当光标移至所需要的子菜单项时，再次单击，相对应的命令便立刻执行。

按照上述操作过程，选取弹出的子菜单（见图 11-15）中的菜单" 范围"，可将全部图形对象显示在绘图区内。

若直接通过键盘输入 "Z"（即缩放命令 "ZOOM"）并按<Enter>键，再输入字母 "E" 并按<Enter>键，可得到相同缩放结果。

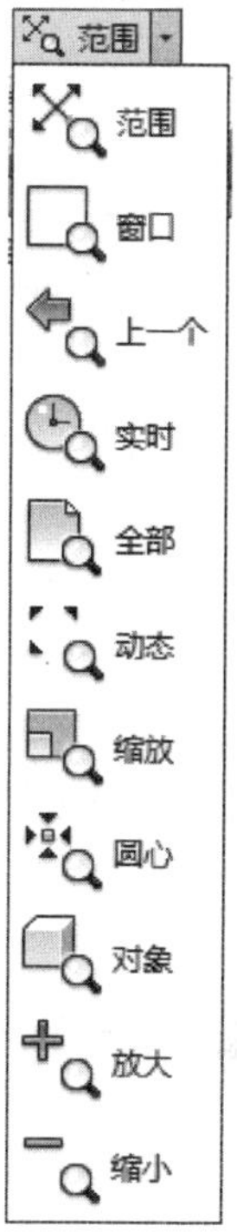

图 11-15　缩放子菜单

另一个常用的功能是窗口放大命令 " "，即用两个角点确定一个窗口，将窗口范围内的图形放大到整个图形区。

11.2.3　常用修改命令

AutoCAD 二维图形修改命令是在已绘制图形的基础上，对图形进行编辑修改的手段，表 11-3 列出了常用命令及简要说明。

表 11-3　常用命令及简要说明

图标	命令名	说　　　　明	备注及注意事项
	Erase	从图形中删除对象	—
	Copy	在指定方向上按指定距离复制对象	—
	Mirror	创建对象的镜像图像副本	—
	Offset	创建同心圆、平行线和平行曲线	—
	Array	创建按指定方式排列的多个对象副本	—
	Move	在指定方向上按指定距离移动对象	—
	Rotate	围绕基点旋转对象	—

269

（续）

图标	命令名	说　　明	备注及注意事项
	Scale	在 X、Y 和 Z 方向按比例放大或缩小对象	—
	Stretch	移动或拉伸对象	—
	Trim	按其他对象定义的剪切边修剪对象	—
	Extend	将对象延伸到另一对象	—
	Break	在一点打断选定对象 在两点之间打断选定对象	一点打断是两点之间打断命令的扩展
	Join	将对象合并以形成一个完整的对象	—
	Chamfer	给对象加倒角	—
	Fillet	给对象加圆角	—
	Explode	将合成对象分解为其部件对象	分解矩形、正多边形、剖面线、尺寸、图块等

在某些修改图形命令操作过程中，会对图形对象进行选择，将需要修改的图形对象加入选择集。任何一个命令中出现"选择对象"提示时，都可以单击图形对象来选中或通过窗口选取。使用单击的方式选择图形时，每次只能选中一个对象；使用窗口或交叉窗口的方式选取时，可同时选择多个对象（见 11.1.2 的鼠标操作部分）。

"窗口"和"交叉窗口"，是选择对象的常用方法，适用于选择集为许多选取对象的场合，如常用修改命令中的"删除""复制对象""镜像""阵列""移动""旋转""缩放""分解"等。

11.2.4　尺寸标注

尺寸标注有多种形式，图 11-16 中所示为 AutoCAD 标注菜单中常用的几种标注方法，主要包括常用的线性、角度、直径、半径等标注。标注过程很简单，但标注样式不一定符合国标要求，因此，要建立不同标注样式来满足不同类型的标注。所谓

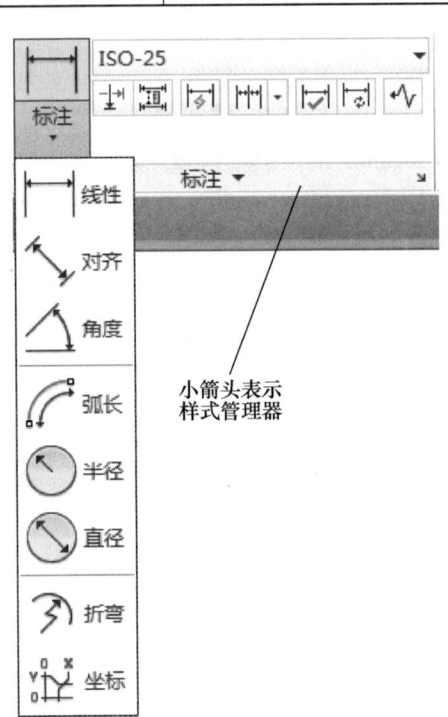

图 11-16　尺寸标注菜单

标注样式，就是用户自己定义的尺寸标注形式，以适应不同标注形式的需要。样式中包括的特性有：尺寸线、尺寸界线、尺寸箭头、尺寸文本、以及它们之间的距离大小和方向等。下面简单介绍设置标注样式的方法。

由于标注样式需要设置的内容较多，这里只给出几个例子。

【例 11-1】 设置线性标注样式。

在图 11-1 的"默认"菜单中，单击"注释"右侧的黑色小三角显示隐藏的命令按钮，单击其中的 按钮执行"标注样式"命令，弹出"标注样式管理器"对话框，如图 11-17a 所示。其中 ISO-25 是系统默认的尺寸基础样式。对于机械零部件来说，默认的尺寸样式有不妥之处，可以在 ISO-25 样式的基础上新建适合于自己的尺寸样式。

单击"新建"按钮，弹出如图 11-17b 所示的"创建新标注样式"对话框，将系统默认新样式名"副本 ISO-25"更名，如改成"线性标注"（用于标注线性尺寸），单击"继续"按钮，进入尺寸样式设置界面，如图 11-18 所示。设置"线"选项卡中的尺寸线和尺寸界线（注意：尺寸界线起点偏移量置0）。

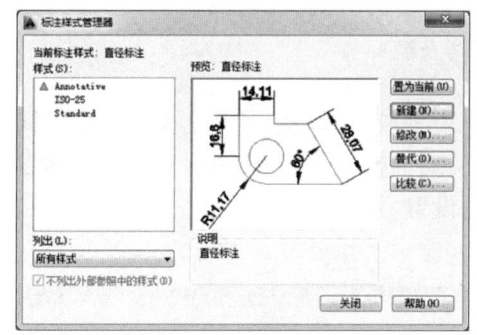

a) 标注样式管理器

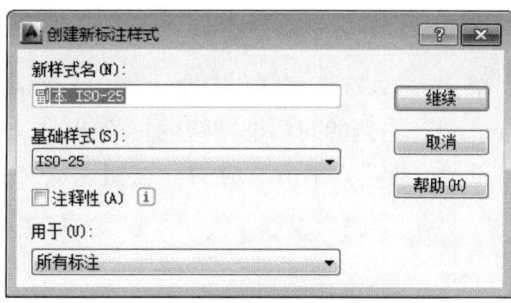

b) 创建新标注样式

图 11-17 标注样式管理器及创建新标注样式对话框

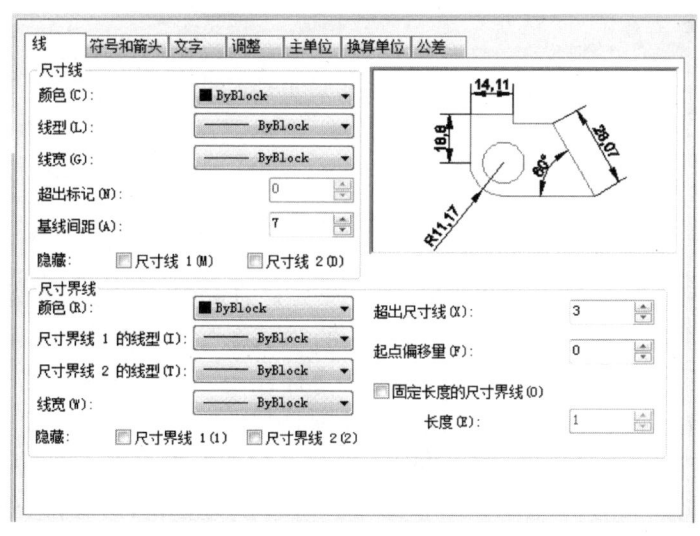

图 11-18 尺寸样式中尺寸线及尺寸界线

单击"符号和箭头"选项卡,进行符号和箭头的设置,如图 11-19 所示。

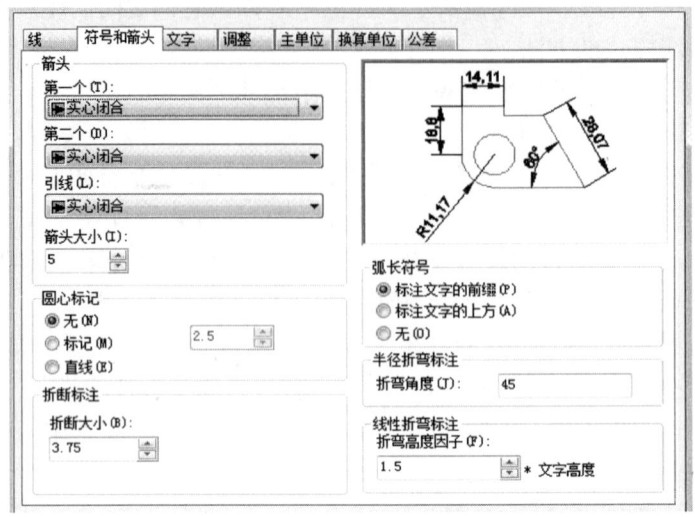

图 11-19　尺寸样式中符号及箭头

单击"文字"选项卡进入图 11-20a 所示的文字样式设置窗口。单击文字样式"Standard"右侧的对话框按钮，弹出"文字样式"对话框,如图 11-20b 所示,设置字体为"gbeitc.shx",单击"应用"按钮完成文字样式的设置。

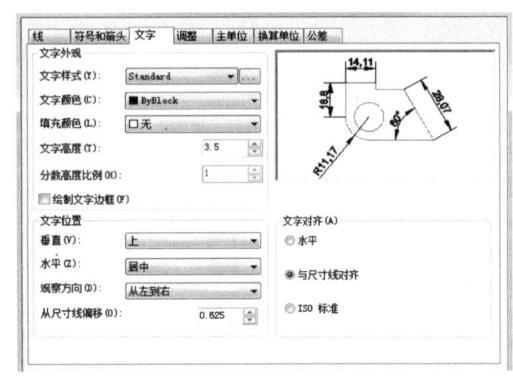
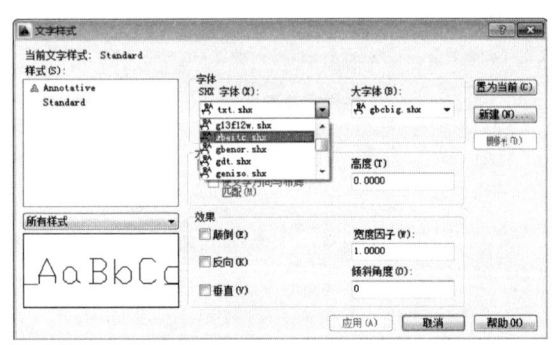

a) 文字选项卡　　　　　　　　　　　　　　b) 文字样式设置

图 11-20　尺寸样式中文字选项卡及文字样式

类似地,可进行"调整"及"主单位"选项卡的设置。注意,"调整"选项卡中的"优化"内容最好全部选中,"主单位"选项卡的"精度"取整数即可。设置完成后,单击"应用按钮"退出设置对话框,在工具条菜单"标注"→"标注样式"中选中"线性标注",使其成为当前样式,其后标注的线性尺寸即是与设置相对应的样式。如果发现已经定义的样式有不符合要求之处,可打开"标注样式管理器"对话框,选中已创建样式名称,然后单击"修改"按钮,进入图 11-18 所示的尺寸样式设置窗口,对已经定义的样式进行修改。

【例 11-2】　设置角度标注样式。

单击"新建"按钮，创建新的标注样式，将新样式名命名为"角度标注"后单击"修改"按钮。

"角度标注"的设置与"线性标注"的设置基本相同，只需要按图 11-21 所示将"文字"选项卡中的"文字对齐"单选框设置为"水平"即可。

单击"确定"按钮后，退出设置对话框，返回"标注样式管理器"，在"样式"中选中"角度标注"，然后可以进行角度尺寸标注。

【例 11-3】 设置直径标注样式。

单击"新建"按钮，创建新的标注样式，将"新样式名"命名为"直径标注"后单击"修改"按钮。

"直径标注"的设置与"线性标注"的设置基本相同，只需要按图 11-22 所示将"调整"选项卡中的"调整选项"单选框设置为"文字和箭头"即可。

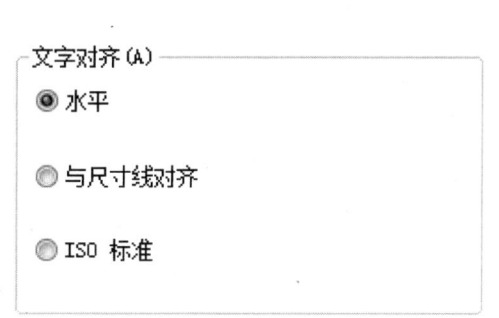

图 11-21　设置角度尺寸的文字　　图 11-22　设置直径标注

单击"确定"按钮后，退出设置对话框，返回"标注样式管理器"，在"样式"中选中"直径标注"，然后可以进行直径尺寸标注。

一般情况下，线性标注时，拾取两点，作为线性标注的距离确认点；角度标注时，拾取确定角度的两条直线；直径或半径标注时拾取圆或圆弧。

标注时可以使用系统自动测量的数值作为尺寸值，也可以另行输入文本，作为尺寸数值。对于特殊字符，如"ϕ""°""±"，与前述文字书写相同。

下面以线性标注为例，介绍输入文本的方法：

命令：_ dimlinear（线性标注）

指定第一条尺寸界线原点或 <选择对象>：（拾取第一点）

指定第二条尺寸界线原点：指定尺寸线位置或（拾取第二点）

[多行文字（M）/文字（T）/角度（A）/水平（H）/垂直（V）/旋转（R）]：t（键入"t"并按<Enter>键）

输入标注文字 <35.73>：%%c35（输入"%%c35"并按<Enter>键，等同于"ϕ35"）

指定尺寸线位置或 [多行文字（M）/文字（T）/角度（A）/水平（H）/垂直（V）/旋转（R）]：（指定标注位置）

标注文字=ϕ35

11.2.5 块定义及应用

机械图样中会经常出现一些符号，加表面粗糙度符号，而 AutoCAD 不提供这些符号，就需要自行建立块作为符号。下面介绍如何用"块"和"属性"功能，自定义常见的符号。

1. 创建块

使用"创建块 "和"插入块 "命令，按照国家标准相关的规定创建去除材料粗糙度符号块，如图 11-23 所示。

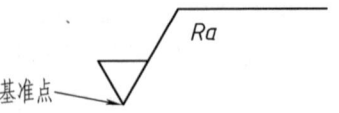

图 11-23　粗糙度符号的基准点

在图 11-1 的"默认"菜单的"块"工具条菜单中，单击 按钮或在命令行输入"B"并按<Enter>键，都可执行"创建块"命令，弹出"块定义"对话框，如图 11-24 所示，下面介绍定义方法：

命名：本例创建的块以"B1"为名称。

基点：要用"拾取点"的方式在屏幕上直接拾取，单击"拾取点"按钮 后对话框会暂时关闭，等待确定基点。基点应该是插入块时的基准点，本例应该拾取粗糙度的"尖点"，如图 11-23 所示。确定基点后系统返回到"块定义"对话框。

选取对象：与前述各命令一样，单击"选择对象"按钮 ，将需要定义为块的对象加入"选择集"。

单击"确定"完成图块的定义。

图 11-24　块定义

2. 插入块

建立图块以后，我们可以随时在图样中插入图块。单击"插入块"按钮" "，弹出如图 11-25 所示的"插入"对话框。在"名称"中选"B1"（除了我们自己定义的图块，保存在磁盘中的 AutoCAD 图形文件也可以作为块来插入，可单击"浏览"按钮后查找），然后完成对话框其他内容：

"插入点"：设置插入块的基准，一般在屏幕上直接拾取。与创建块时"基点"的设置方法相同。

"缩放比例"：设置插入图块的比例，可以分别设置 x、y、z 三个方向的比例，也可以选择"统一比例"。在对话框中设置"比例"的方式有两种，一种是在对话框内输入比例值，另一种方式是在屏幕上动态拖动确定比例。

"旋转"：除了比例可以改变，还可在图块插入时给出旋转角度，同样也是分为通过对话框或直接通过屏幕指定两种方式进行设置。

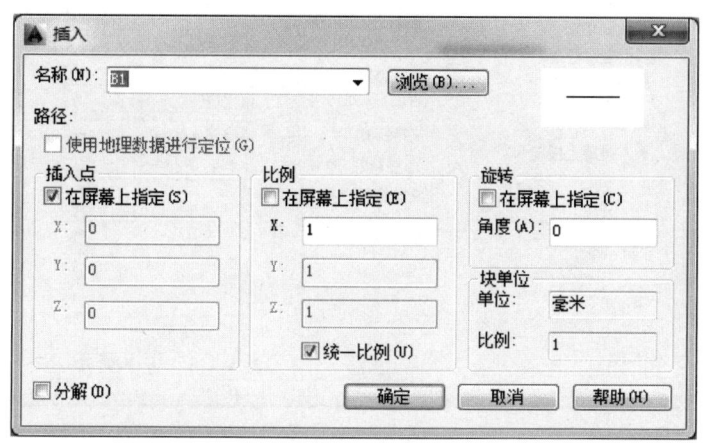

图 11-25　插入块

单击"确定"按钮，系统提示选取一个插入点，即在图样中插入了一个如图 11-23 所示的粗糙度符号。

3. 定义块属性

上述操作仅插入了粗糙度符号，还没有粗糙度值 Ra。若能将粗糙度值一起加入到图块中，会使绘图过程更方便。通过使用"定义属性"可以达到此目的。

"属性"就是定义文字格式，该命令一般不在工具条菜单中，要选取"默认"选项卡中"块"的下拉菜单，单击"定义属性"，弹出"属性定义"对话框，如图 11-26 所示。

1）在"属性"中的"标记"文本框中输入块名称"B1"，如图 11-26 所示。

2）在"属性"中的"提示"文本框中输入设置粗糙度值时的提示。本例提示文本为"粗糙度值＝"。

3）在"属性"中的"值"文本框中定义一个默认值，本例以常用粗糙度值"6.3"为默认值。

4）指定"插入点"：注意，此插入点并不是图块的基点，而是属性文本的基准点，可以将其设置为如图 11-27a 所示的位置。

5）将"文字设置"中的下拉列表"对正"设为"右对齐"。

6）将"文字设置"中的下拉列表"文字样式"设为默认系统样式"Standard"。

7）在"文字设置"中的"高度"文本框中设置字体高度，输入"3.5"。

8）在"文字设置"中的"旋转"文本框中设置字体角度，输入"0"。

9）单击"确定"按钮后对话框退出，在图形中拾取属性值文本"插入点"。完成属性定义，得到图 11-27b。

至此，用 4 条直线画出了粗糙度符号及"Ra"，用"属性定义"定义了属性"B1"，在此基础上，用上述定义图块的方法，将 4 条直线、"Ra"和"B1"一同作为图块的对象，

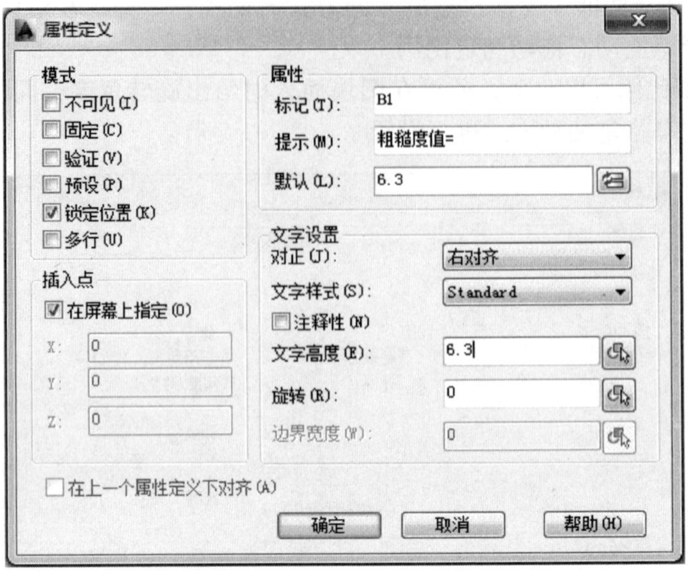

图 11-26 属性定义

创建另一个图块"B2"。

块"B2"的插入过程有如下变化：

命令：_ insert

指定插入点或 [比例（S）/X/Y/Z/旋转（R）/预览比例（PS）/PX/PY/PZ/预览旋转（PR）]：（拾取块插入点）

输入属性值

粗糙度值=<6.3>：（插入过程增加了此项，可以直接确定，默认"6.3"的粗糙度值，也可以另行输入，如可以输入"12.5"，结果如图 11-28 所示）

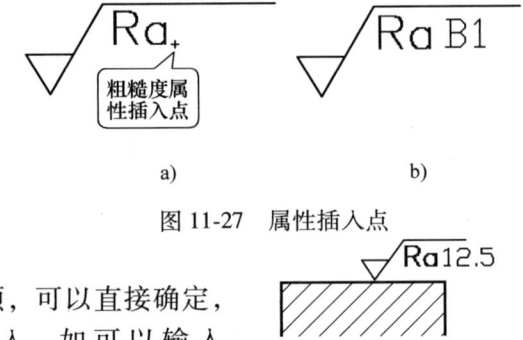

图 11-27 属性插入点

图 11-28 插入的粗糙度

11.3 精确绘图方法

计算机绘图与手工绘图不同，绘图必须精确，如线段的端点连接、圆或圆弧的圆心位置、相切点、垂直关系等。如果没有做到精确绘图，则绘图过程中可能会出现问题，导致图样错误。

11.3.1 相对坐标

前面介绍直线命令时已经介绍了相对坐标的使用方法，而相对坐标可以应用到任何一个有坐标点输入的情况。

例如，要绘制一个竖放的图纸，方法之一就是先用相对坐标绘制一个图纸边框，再使用相对坐标绘制图纸的图框。

【例 11-4】 如图 11-29 所示，绘制竖放的 A4 图纸边框。

绘制过程分两步：

第一步，绘制边框。

设置当前层为"细实线"。

单击"绘制矩形"按钮 。

命令：_ Rectang

指定第一个角点或 [倒角（C）/标高（E）/圆角（F）/厚度（T）/宽度（W）]：（在绘图区任意拾取一点）

指定另一个角点或 [面积（A）/尺寸（D）/旋转（R）]：@ 210，297（按<Enter>键，绘制矩形结束）

如果矩形没有显示在绘图区域内，使用前述"图形缩放"调整至充满绘图区。

第二步，绘制图框。

将当前图层设置为"粗实线"，然后，再次单击"绘制矩形"按钮 ，并做如下操作：

命令：_ Rectang

指定第一个角点或 [倒角（C）/标高（E）/圆角（F）/厚度（T）/宽度（W）]：（选取对象捕捉" "）

_ from 基点：（选取对象捕捉" "，然后拾取矩形边框的左下角点，此操作确定了矩形左下角为相对坐标的坐标原点，如图11-29所示）

<偏移>：@ 25，5（按<Enter>键后，画出矩形的左下角点）

指定另一个角点或 [面积（A）/尺寸（D）/旋转（R）]：（选取对象捕捉" "）_ from 基点：（激活对象捕捉" "，然后拾取矩形边框的右上角点，作为相对坐标的坐标原点）

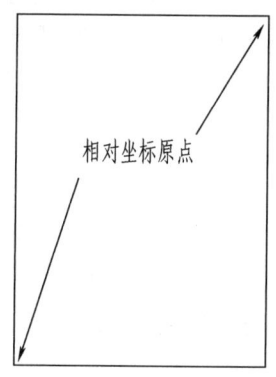

图 11-29　相对坐标原点

<偏移>：@ -5，-5（按<Enter>键，画出图框，命令结束）

此例中首先利用"对象捕捉"命令" "，它是捕捉自某点的意思，紧接着用"端点捕捉"命令" "，以捕捉到的端点为相对坐标原点。

【例 11-5】 如图 11-30a 所示，将图形中的正五边形复制到其右方 20mm 的位置处。

命令：_ copy（执行复制命令）

选择对象：单击鼠标左键选择正五边形的任意一条边：找到 1 个（可以窗口选择要复制的正五边形，系统提示找到1个对象）

选择对象：（选择后，按<Enter>键进入下步操作）

当前设置：复制模式=多个（系统提示，复制模式为连续复制模式）

指定基点或 [位移（D）/模式（O）]<位移>：（为了精确确定复制位置，需要一个基准点，本例中任意拾取一点即可）

指定第二个点或 <使用第一个点作为位移>：@ 20，0（按<Enter>键，即用相对坐标向

右复制一个正五边形）

指定第二个点或［退出（E)/放弃（U)］<退出>：（因为是多个复制模式复制，系统提示继续复制的位置，按<Enter>键即可结束命，结果如图 11-30b 所示）

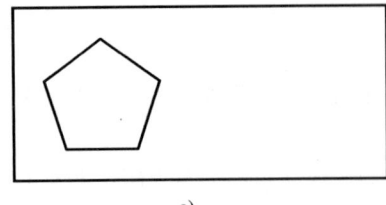
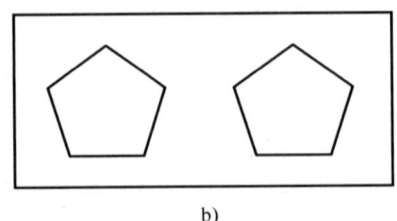

a)　　　　　　　　　　　　　b)

图 11-30　复制图形

11.3.2　对象捕捉

对象捕捉是帮助绘图过程中确保捕捉到对象上关键点的工具，它能保证绘图的正确性，熟练掌握捕捉工具，还能提高绘图效率，避免出现错误。

使用中，首先应检查界面中是否有"对象捕捉"工具条，它不在 AutoCAD 缺省界面中。如果没有，则按下述方法调出：将光标放置在状态行"对象捕捉"按钮上单击鼠标右键，弹出工具条选项菜单，或者选择"设置"，调出"草图设置"对话框。选择"对象捕捉"选项卡，即出现如图 11-31 所示对象捕捉界面。

使用对象捕捉有两种方式，一是指定对象捕捉（强制捕捉），一种是自动对象捕捉。

1. 指定对象捕捉

使用对象捕捉可指定对象上的精确位置。不论何时提示输入点，都可以指定对象捕捉。选择捕捉点类型后，当光标移到对象的捕捉位置时，将有标记提示。

要在提示输入点时指定对象捕捉，可以：

1）按住<Shift>键并单击鼠标右键以显示"对象捕捉"快捷菜单。

2）单击"对象捕捉"工具栏上的对象捕捉按钮。

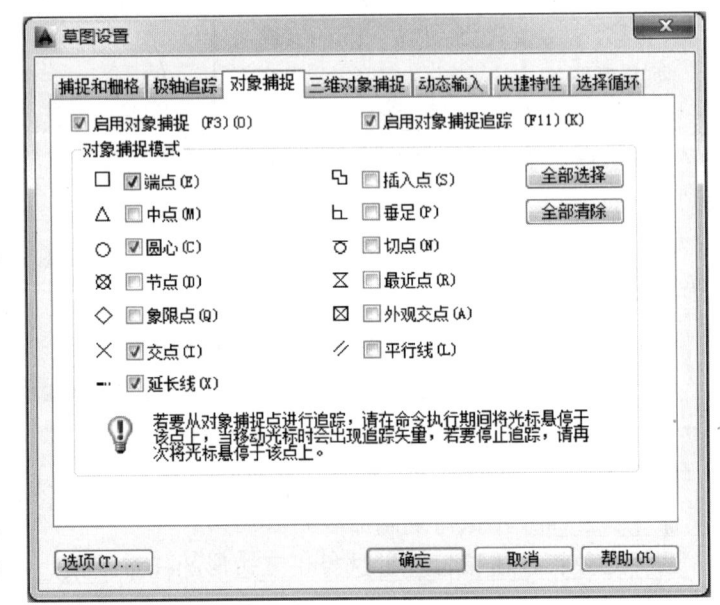

图 11-31　对象捕捉界面

3）在命令行上输入对象捕捉的名称。

注意：仅当提示输入点时，对象捕捉才生效，如果尝试在命令提示下直接使用对象捕捉，将显示错误信息。

2. 自动对象捕捉

如果需要重复使用一个或多个对象捕捉，可以使用自动对象捕捉功能。例如，需要用直线连接一系列圆的圆心，可以将"圆心"设置为自动捕捉的对象。

按照前面介绍的方法打开"草图设置"对话框，选择"对象捕捉"选项卡，选中需要的捕捉类型。如果启用多个自动对象捕捉类型，在所操作的图形元素上可能有多个对象捕捉符合条件，可以按键盘的<Tab>键游览各种可选类型。

尽量不要选择过多的自动捕捉类型，以免出现混乱而选中错误的捕捉点。系统缺省设置的自动捕捉类型有端点、交点、延长线、圆心，这些设置基本可以满足图形一般的绘制。

单击状态栏上的"对象捕捉"按钮或按下<F3>功能键来打开和关闭"自动对象捕捉"功能。

在自动捕捉不能满足需要的时候再使用指定对象捕捉功能。指定对象捕捉优先于自动捕捉功能，但它具有单次有效性，一般在自动捕捉不能满足需要时再使用指定对象捕捉功能实现精确拾取点。

11.3.3 其他绘图工具

除上述相对坐标和对象捕捉外，AutoCAD还提供了另外一些方便快速、准确绘图的辅助手段，主要包括极轴追踪、对象追踪、栅格、正交模式等，这些工具的开/关及设置都在状态行，与设置自动对象捕捉相同。下面主要介绍极轴追踪和对象追踪的用法。

1. 极轴追踪

所谓极轴追踪就是在绘图过程中确定下一点坐标时，出现的一条动态追踪角度线，通过这条线的指引画出一条一定角度的线。

追踪角度的方法与自动对象捕捉方法基本相同，不同的是极轴追踪通过"极轴追踪"选项卡进行设置。

注意，"正交"模式和"极轴追踪"不能同时打开，打开"极轴追踪"将关闭"正交"模式。同样，"极轴"捕捉和"栅格"捕捉不能同时打开，打开"极轴"捕捉将关闭"栅格"捕捉。

2. 对象追踪

对象追踪是将已有图形的特征点为基准，为下一图形提供对齐的功能，它可以与极轴追踪一起使用，用于追踪角度及竖直和水平方向，为画图提供方便。

11.4 二维绘图实例及技巧

综合而巧妙地利用以上命令和工具，才可以快速、准确地绘制工程图样。下面介绍一些常用命令和工具的综合用法。

11.4.1 倒角与圆角

倒角与圆角也是机械零件中的常见结构，操作步骤如下：

1. 画倒角

使用"倒角"命令"⌐"，首先检查命令提示中的倒角距离。如图11-33所示，倒角操作会产生两个"倒角距离",第一个拾取的倒角边为"倒角距离 1",第二个拾取的倒角边为"倒角距离 2"。通常,机械零件的倒角是 45°,所以,两个距离相等时,倒角边的拾取顺序不重要。如果是不同的倒角距离(非 45°的倒角),则一定要按顺序拾取。

命令:_ chamfer

("修剪"模式)当前倒角距离 1=0.0000,倒角距离 2=0.0000(提示上一次使用过的倒角距离)

选择第一条直线或[多段线(P)/距离(D)/角度(A)/修剪(T)/方式(M)/多个(U)]:d(倒角距离不符合要求,输入选项"d"并按<Enter>键)

指定第一个倒角距离 <0.0000>:3(输入距离"3"并按<Enter>键)

指定第二个倒角距离 <3.0000>:(按<Enter>键。系统提示输入"倒角距离 1"的值,如果"倒角距离 1"="倒角距离 2",则可以直接按<Enter>键,否则输入其他值)

选择第一条直线或[多段线(P)/距离(D)/角度(A)/修剪(T)/方式(M)/多个(U)]:(拾取第一个倒角边)

选择第二条直线:(拾取第二个倒角边)

重复上述过程,对另一个角进行操作,得到结果如图 11-32b 所示,再连接直线,完成倒角图形如图 11-32c 所示。读者自行分析:如果采用不修剪模式,如何完成从图 11-32a 到图 11-32c,体会修剪和不修剪各适合哪种情况。

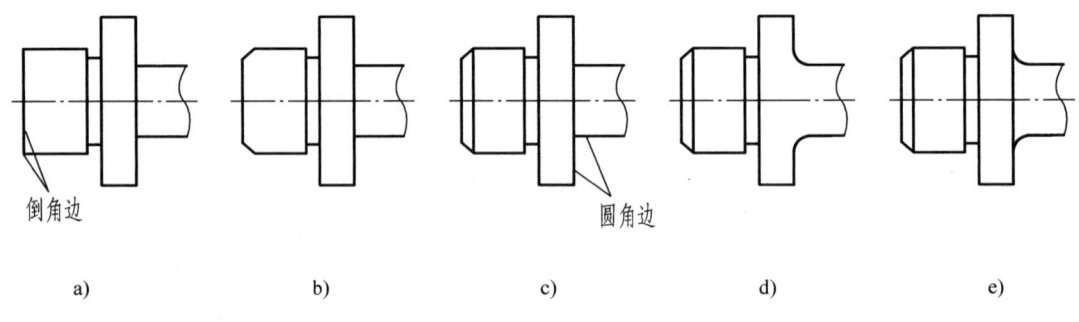

图 11-32 倒角与圆角

2. 画圆角

对图 11-32c 进行圆角操作,与倒角命令类似,使用"圆角"命令"⌒"时,要先检查圆角半径是否符合要求,它也会将上次使用的半径值加以提示。

命令:_ fillet

当前设置:模式=修剪,半径=0.5000(提示上一次使用过的圆角半径)

选择第一个对象或[多段线(P)/半径(R)/修剪(T)/多个(U)]:r(圆角半径不符合要求,输入选项"r"并按<Enter>键)

指定圆角半径 <0.5000>:3(输入本例需要的圆角半径"3"并按<Enter>键,如图 11-34 所示)

选择第一个对象或[多段线(P)/半径(R)/修剪(T)/多个(U)]:(拾取第一个对象为圆角的第一个边。与倒角不同的是,它可以是直线或圆弧,而倒角只能是直线)

选择第二个对象:(拾取第二个对象为圆角的第二个边)

第11章 计算机绘图基础

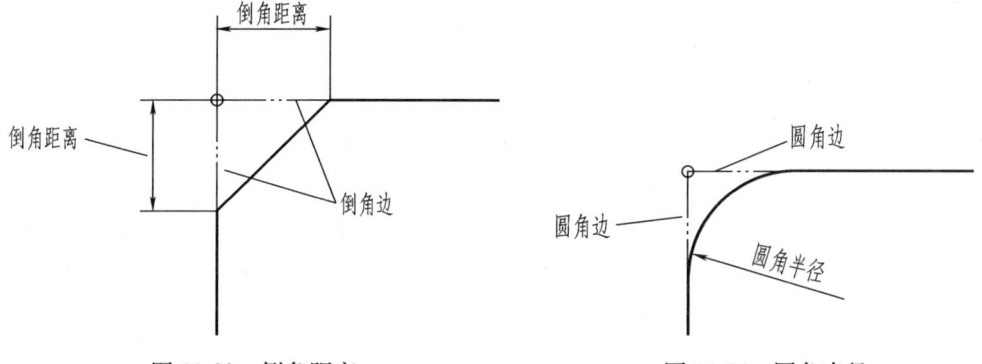

图 11-33 倒角距离　　　　　图 11-34 圆角半径

命令结束，但并没有得到如图 11-32d 的结果，这里需要注意以下问题：如果图 11-35a 中的直线 L 是一条从上到下完整的直线，那么，在需要重复进行另外一个圆角操作时，发现已经没有直线可以作为圆角边了，如图 11-35b 所示。这时需要补画一条直线，作为第二个圆角的边。

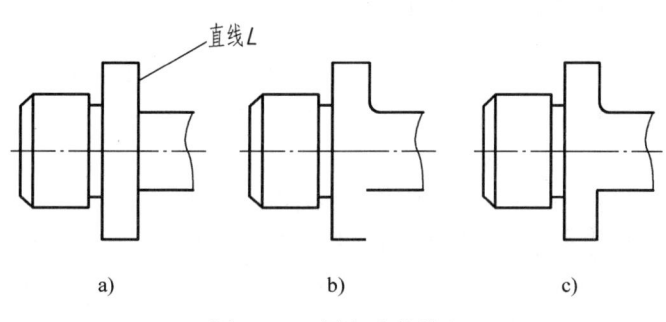

图 11-35 圆角边的处理

如果 L 是关于中心线对称的两条直线，那么不会有此问题出现。

经过上述操作，可以得到如图 11-32e 所示的完整图形。读者自行分析：如果采用不修剪模式，如何完成从图 11-35a 到图 11-32e，体会不修剪和修剪两种模式的应用场合。

11.4.2 对称分布要素

机械图样中的对称图形很多，所以，我们非常希望只画出其中的一半甚至是四分之一便完成整个图形。因此，要完成如图 11-36a 这样的图形，我们可以将其分为左右对称的两部分（剖面线除外），图 11-36b 是对称图形的左半边。可利用 AutoCAD "镜像" 命令 " △|△ " 快速完成全图。

命令：_ mirror
选择对象：指定对角点（选择中心线左侧图形，不包括中心线）找到 24 个
选择对象：（按<Enter>键。
注意：选择对象时可以根据提示选择多个实体对象，选择完成时，一定要按<Enter>键来结束选择过程）
指定镜像线的第一点：（镜像，需要有对称线，AutoCAD 是用两点来确定对称线的，此两点不一定是图形对象上的点，

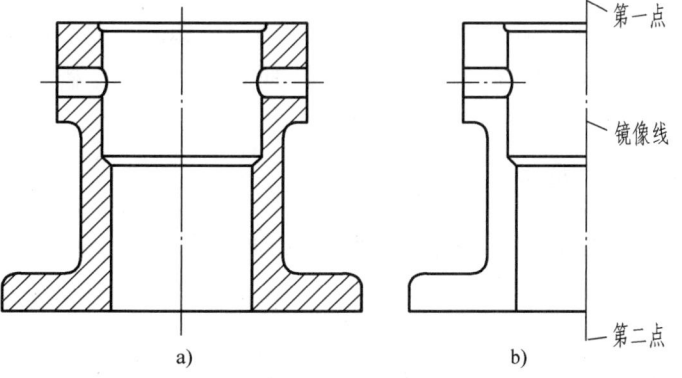

图 11-36 对称结构

281

它们可以是直线上的两点,也可以是任意指定的两点。镜像线上的点必须选择准确,可以利用捕捉功能和正交模式,拾取直线上的端点做为第一点,如图 11-36b 所示)

指定镜像线的第二点:(同样的方法,拾取第二点)

是否删除源对象?[是(Y)/否(N)]<N>:(按<Enter>键,默认为"No",即不删除源对象。如果需要得到对称图形,那么直接按<Enter>键)

注意: 现在得到了没有剖面线的对称图形,剖面线需要单独处理。通常,剖面线最好不做对称操作,因为对称得到的剖面线方向是相反的,文字的对称结果也是反方向的。如果剖面线做对称操作,还需要对剖面线进行编辑,改正剖面线方向。

用前述画剖面线的方法进行处理,完成图形,得到图 11-36a。

11.4.3 移动与复制对象

如果需要将图 11-37a 中的小圆移动到大圆的圆心位置,形成同心圆,可以使用"移动"命令" ",方法如下:

命令:_ move

选择对象:(选取要移动的小圆) 找到 1 个

选择对象:(按<Enter>键,结束选择)

指定基点或位移:(因为我们的目的是要使大、小圆成为同心圆,所以"基点"应该使用捕捉功能拾取小圆的圆心)

指定位移的第二点或 <用第一点作位移>:(再使用捕捉功能拾取大圆的圆心)

完成移动命令,得到图 11-37b。

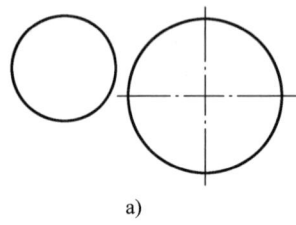
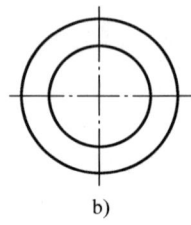
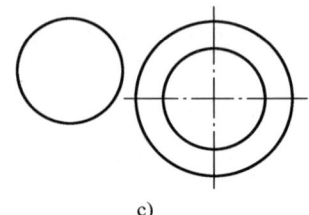

图 11-37 图形移动

"复制"命令" "的操作方法与移动命令基本相同,不同的是,复制命令在将小圆移动后,源图形还存在,如图 11-37c 所示。另外,复制是连续多次地进行复制,直到按<Enter>键或者中断命令。

11.4.4 修剪

绘制如图 11-38e、f 所示的正五角星。

先绘制一个正五边形,单击"正多边形"按钮 ,然后按提示操作即可。

命令:_ polygon 输入边的数目 <4>:5(输入正多边形的边数并按<Enter>键,边数可以是 3~1024 之间的整数)

指定正多边形的中心点或 [边(E)]:(拾取任意一点作为正多边形的中心)

输入选项 [内接于圆(I)/外切于圆(C)] <I>:(按<Enter>键,选用缺省选项"内接于圆（I）"）

指定圆的半径：（任意拾取一点或输入数值为内接圆半径，既五边形的中心点到顶点的距离）

至此完成正五边形的绘制，如图11-38a所示。用直线连接正五边形的顶点，得图11-38b，再删除正五边形即可得到五角星的基本形状，如图11-38c所示。

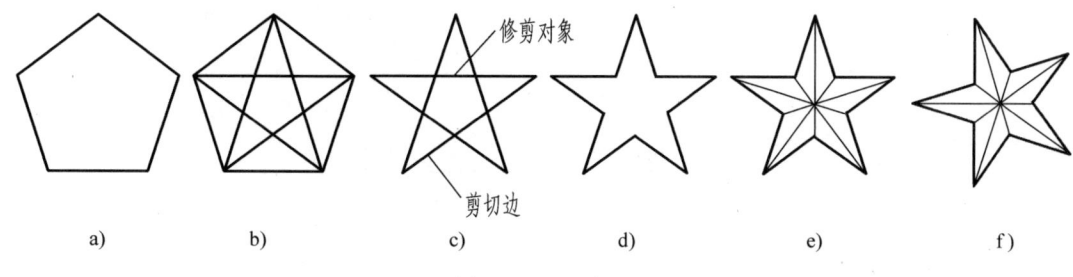

图 11-38　五角星

下面介绍"修剪 -/---"命令的用法，将图11-38c修改为图11-38d。

修剪命令可以修剪的对象包括圆弧、圆、椭圆弧、直线、开放的二维和三维多段线、射线、样条曲线和构造线。

执行命令时，首先选择剪切边，或者按<Enter>键选择所有对象作为可能的剪切边。有效的剪切边对象包括二维和三维多段线、圆弧、圆、椭圆、布局视口、直线、射线、面域、样条曲线、文字和构造线。具体过程如下：

命令：_ trim

当前设置：投影=UCS，边=无（本例使用默认选项）

选择剪切边...（直接按<Enter>键，以正五边形的五个边为剪切边）

选择对象：（按<Enter>键结束剪切边的选择）

选择要修剪的对象，或按住<Shift>键选择要延伸的对象，或［投影（P）/边（E）/放弃（U）］：（分别拾取正五边形内不需要的各段，如图11-38c所示，按<Enter>键确认修剪）

选择要修剪的对象，或按住<Shift>键选择要延伸的对象，或［投影（P）/边（E）/放弃（U）］：（按<Enter>键结束修剪对象的选择）

将全部需要修剪的对象剪切后按<Enter>键，结束命令，得到图11-38d。

用"直线"命令连接五角星的对角点并将这些对角线置于细实线图层，得到图11-38e。再应用"修改"工具条中的"旋转"命令，可得到图11-38f。

对于某些情形，需要明确剪切边，以便更准确、更快捷地修剪对象。如图11-39所示，需要保留的只是矩形中间的直线段，如果还如上述操作，当提示"选择剪切边..."时直接按<Enter>键，那么可能会得到图11-39b这样的结果，而不是直接得到我们需要的图11-39c。

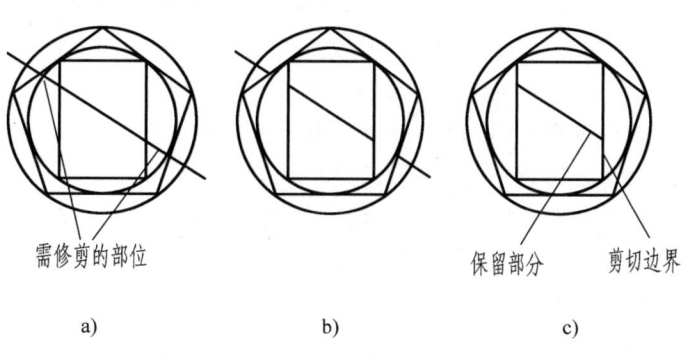

图 11-39　修剪边界

因此应该明确剪切边界,以减少操作步骤,在提示"选择剪切边..."时,仅拾取矩形边作为剪切边界(边界可以是多个对象),并注意,确定边界后一定按<Enter>键确认,然后再选取需修剪部位。

11.4.5 局部放大图

机械图样中的局部放大图是将零件的狭小部位按国标放大表示,下面做一个局部放大图,如图11-40d所示。

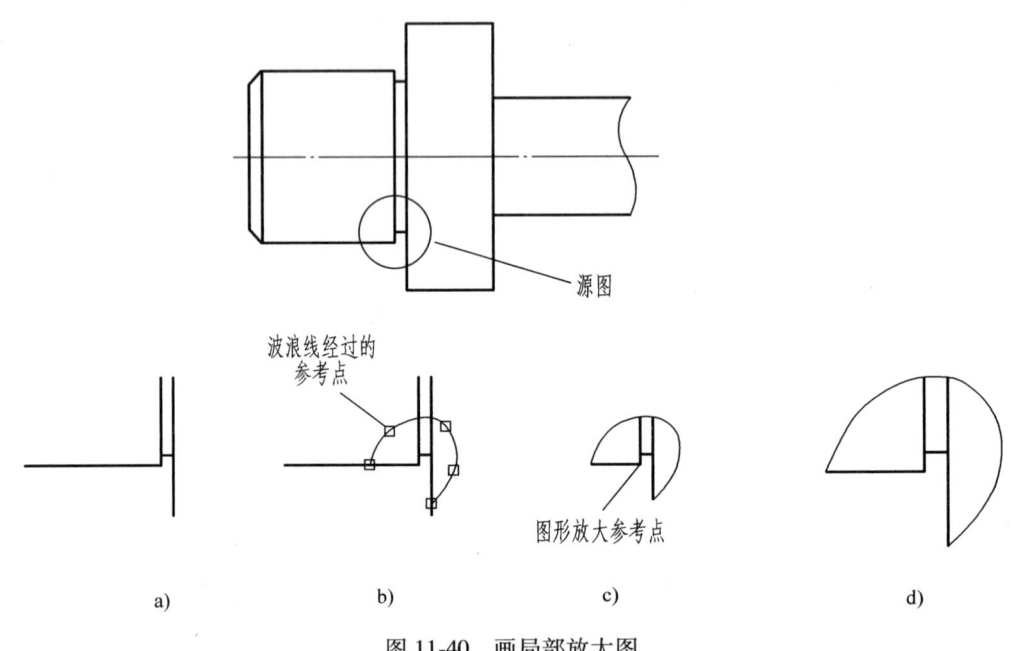

图11-40 画局部放大图

第一步,从源图中复制对象,得到图11-40a。

第二步,将图层设置为"细实线,用使用"样条曲线"命令"〜"作波浪线。单击"样条曲线"按钮〜,按照提示拾取若干个波浪线经过的点(见图11-40b)。注意,第一个和最后一个点一定要使用捕捉功能中的"最近点",以保证拾取的点在对象上。然后,按三次<Enter>键,均选用系统默认选项即可。

第三步,以波浪线为剪切边界,修剪掉多余对象,如图11-40c所示。

第四步,利用缩放命令得到最后结果。过程如下:

命令:_ scale

选择对象:(窗口第一点,窗口选择放大对象)

指定对角点:(窗口第二点)找到5个

选择对象:(按<Enter>键结束对象选择)

指定基点:(拾取一点,作为缩放基准)

指定比例因子或[参照(R)]:2(要得到2:1的局部放大图,输入"2"为比例因子,使原图放大,按<Enter>键确认)

结果如图11-40d所示,得到局部放大图。

11.4.6 齿轮画法

绘制齿轮零件图，轮齿部分要按照国家标准规定绘制。

【例 11-6】 已知模数 $m=4$mm，齿数 $z=21$，齿轮宽度 $B=40$mm，齿轮孔为直径 30mm 的光孔，绘制齿轮的主、左视图。

（1）绘制全剖视的齿轮主视图（见图 11-11b）

1）首先绘制 A4 幅面图纸图框。

2）绘制齿轮主视图。在图框内画一条 40mm 长的水平中心线：设置当前层为"中心线"，打开"正交模式"，单击"直线"按钮 ╱ 后，在图框内拾取一点，然后向右拖动鼠标，形成一条拖动直线，此时直接输入"40"，按两次<Enter>键即可。

单击"偏移"按钮，命令：_ offset

当前设置：删除源=否　图层=源　OFFSETGAPTYPE=0

指定偏移距离或［通过（T）/删除（E）/图层（L）］<通过>：*42*（输入 42 并按<Enter>键）（根据已知条件：齿轮的模数 $m=4$mm，齿数 $z=21$，由分度圆直径计算公式 $d=mz=84$mm，可知齿轮分度圆半径为 42mm）

选择要偏移的对象，或［退出（E）/放弃（U）］<退出>：（拾取水平中心线）

指定要偏移的那一侧上的点，或［退出（E）/多个（M）/放弃（U）］<退出>：（在水平中心线上方任意位置单击，得到中心线的第一个拷贝）

选择要偏移的对象，或［退出（E）/放弃（U）］<退出>：（再次拾取水平中心线）

指定要偏移的那一侧上的点，或［退出（E）/多个（M）/放弃（U）］<退出>：（在水平中心线下方任意位置单击，得到中心线的第二个拷贝）

选择要偏移的对象，或［退出（E）/放弃（U）］<退出>：（按<Enter>键，结束命令）

至此，画出了中心线和分度线，如图 11-41 所示。

有了分度线，我们就可以根据齿顶线=分度线+m、齿根线=分度线-1.25m 得到齿顶线、齿根线的数据，所以用同样的方法画出齿轮的齿顶线、齿根线。方法：使用偏移命令，分别以分度线为偏移对象，以模数值 4 和（1.25×4）=5 为偏移距离，分别画出齿顶线、齿根线（见图 11-42a）。将当前图层设置为"粗实线"，打开"自动对象捕捉"功能，用画直线命令，连接两侧齿顶线的端点（见图 11-42b），进一步完善视图（见图 11-42c）。

注意： 偏移是拷贝出来的结果，得到的直线的属性完全是偏移对象的属性。为了将偏移的点画线变为轮廓线，必须对其进行修改。方法：选择需要修改的齿顶线、齿根线（可以多选），然后选取所需要的图层即可改变被选对象的图层属性，单击"状态行"的"线宽"按钮，使其变为激活状态，结果如图 11-43 所示。

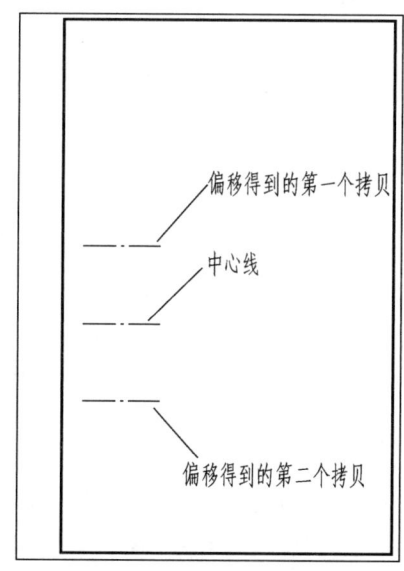

图 11-41　齿轮分度线

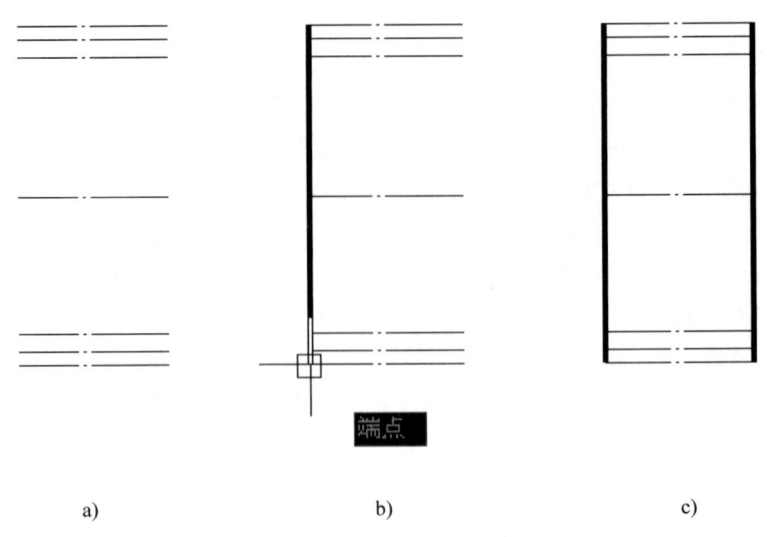

图 11-42　画齿顶线和齿根线

根据国家标准规定：细点画线必须超出轮廓线 2~5mm，因此，我们要对图 11-43 中的三条细点画线进行修改。方法："修改▼"下拉式菜单，选择"拉长"命令" "。

命令：_lengthen

选择对象或［增量（DE）/百分数（P）/全部（T）/动态（DY）］：de（输入"de"并按<Enter>键，表示使线段延长一个增量）

输入长度增量或［角度（A）］<0.0000>：3（按<Enter>键）（输入的"3"是增量值）

选择要修改的对象或［放弃（U）］：（点击线段左侧）

选择要修改的对象或［放弃（U）］：（点击线段右侧）

选择要修改的对象或［放弃（U）］：（按<Enter>键，结束命令，结果见图 11-44）

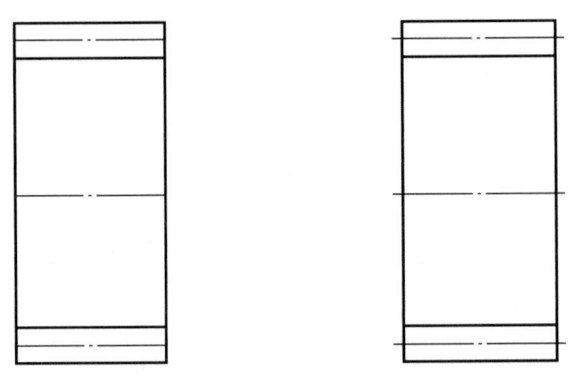

图 11-43　修改线型图　　　　图 11-44　延长中心线

按照已知孔的直径 30mm，我们再次使用偏移命令，以中心线为偏移对象，偏移距离为 15mm，中心线上下各偏移一条，如图 11-45a 所示。

很显然，图 11-45a 是不符合要求的，所以，先去掉超出轮廓线的部分。

拾取修剪命令" "，它的作用是：用其他对象作为剪切边修剪对象，选择要作为修

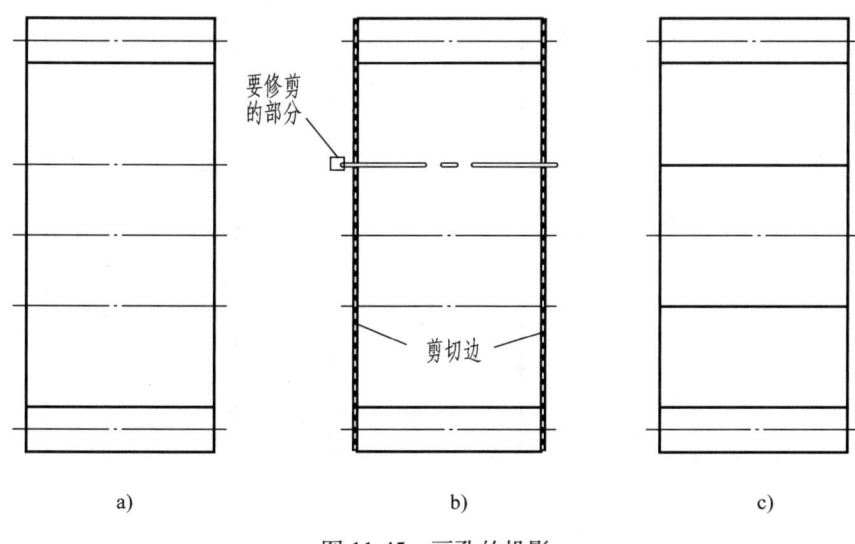

图 11-45　画孔的投影

剪对象的剪切边的对象，或者按<Enter>键选择所有显示的对象作为潜在的剪切边。

命令：_trim

当前设置：投影=UCS，边=无

选择剪切边…

选择对象或 <全部选择>：（选择左侧直线为剪切边，如图 11-45b 所示）找到 1 个

选择对象：（再选择右侧直线为剪切边，如图 11-45b 所示）找到 1 个，总计 2 个

选择对象：（按<Enter>键，结束剪切边的选择）

选择要修剪的对象，或按住<Shift>键选择要延伸的对象，或 ［栏选（F）/窗交（C）/投影（P）/边（E）/删除（R）/放弃（U）］：（分别选择要修剪的部分，重复四次）

选择要修剪的对象，或按住<Shift>键选择要延伸的对象，或 ［栏选（F）/窗交（C）/投影（P）/边（E）/删除（R）/放弃（U）］：（按<Enter>键，结束命令）

按照前述方法，将孔的投影线修改为"粗实线"，得到结果如图 11-45c 所示。

进一步增加结构，将轮齿和孔加倒角。为了给孔加倒角，应使用修剪命令先断开投影线，如图 11-46a 所示。

单击"倒角"按钮

命令：_chamfer

（"修剪"模式）当前倒角距离 1=0.0000，距离 2=0.0000

选择第一条直线或 ［放弃（U）/多段线（P）/距离（D）/角度（A）/修剪（T）/方式（E）/多个（M）］：d（输入"D"，按<Enter>键，修改倒角距离，当前倒角距离 1 和距离 2 都是 0）

指定第一个倒角距离 <0.0000>：2（输入"2"，按<Enter>键，第一个倒角距离设置为 2）

指定第二个倒角距离 <2.0000>：（直接按<Enter>键，使距离 2=距离 1，也就是 C2 倒角）

选择第一条直线或 ［放弃（U）/多段线（P）/距离（D）/角度（A）/修剪（T）/方式

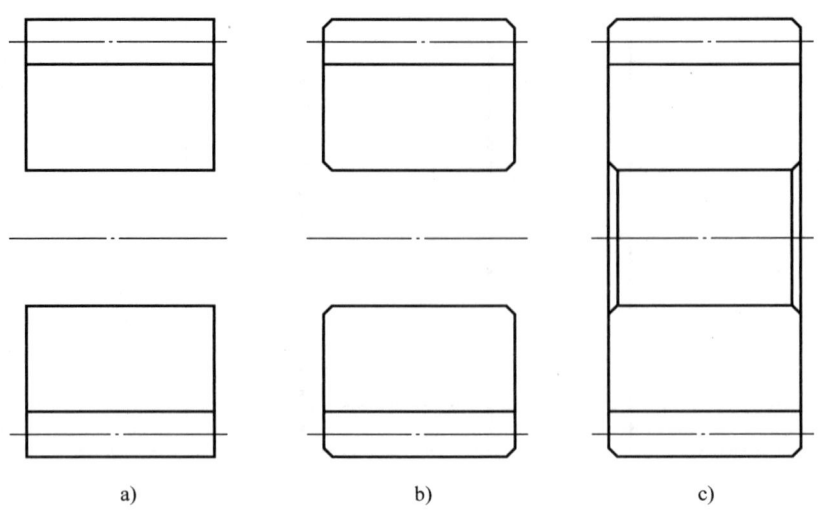

图 11-46 画倒角

(E)/多个（M）]：（选取要倒角的第一条线，它对应的是倒角距离 1）

选择第二条直线，或按住<Shift>键选择要应用角点的直线：（选取要倒角的另一条线，它对应的是倒角距离 2）

第一个倒角完成，在"命令："提示符下，直接按<Enter>键。

命令：_ chamfer

（"修剪"模式）当前倒角距离 1 = 2.0000，距离 2 = 2.0000

选择第一条直线或［放弃（U）/多段线（P）/距离（D）/角度（A）/修剪（T）/方式(E)/多个（M）]：（注意两个当前倒角距离是"2"，继承了上次命令的参数，如果需要修改，在此处输入"D"并按<Enter>键，直接选取要倒角的第一条线，重复操作）

选择第二条直线，或按住<Shift>键选择要应用角点的直线：（选取要倒角的另一条线）

重复操作，将所需要倒角的部分全部完成，如图 11-46b 所示。完成倒角后，再用直线命令补全孔的投影，如图 11-46c 所示。

用图案填充命令，画齿轮剖面线，操作如下：

设置当前层为"细实线"，单击"填充"按钮，选择剖面线类型，对于金属材料齿轮，选择"ANSI31"，如果是非金属材料，选择"ANSI37"作为剖面线图案，完成剖面线绘制。

至此，齿轮主视图完成，如图 11-11b 所示。

（2）绘制齿轮左视图 设置当前层为"中心线"，激活"状态行"中的"对象追踪"和"正交模式"功能，单击"直线"按钮，将光标移到主视图的中心线端点，注意不需要单击，就会出现追踪提示辅助线，按照辅助线，画出十字相交的中心线，与主视图高平齐，如图 11-47a 所示。

单击"创建圆"按钮。

命令：_ circle

指定圆的圆心或［三点（3P）/两点（2P）/相切、相切、半径（T）]：（选择或自动捕捉

第11章 计算机绘图基础

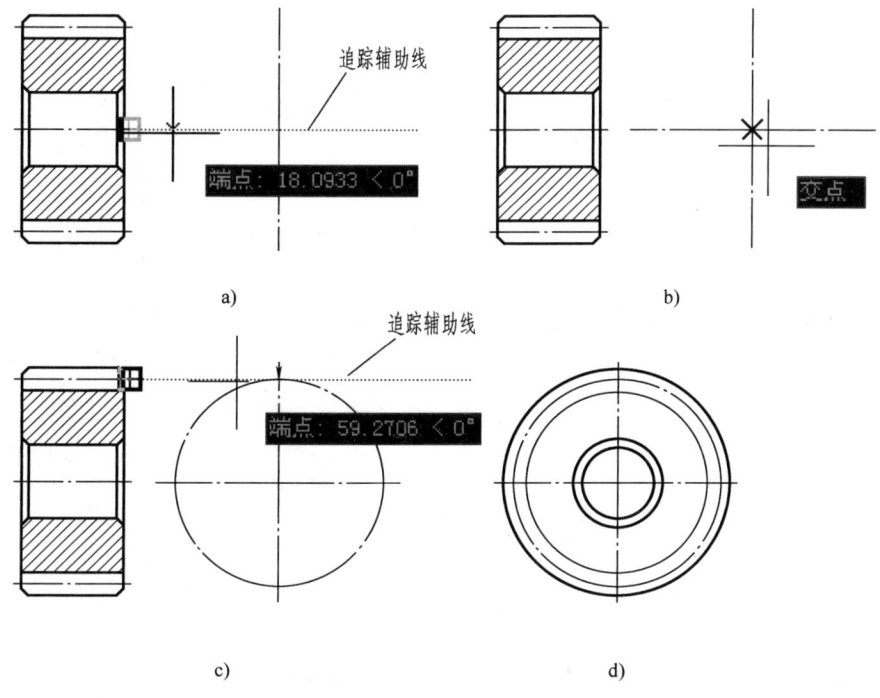

图 11-47 利用对象捕捉和追踪画圆

到交点，然后将光标移动到十字中心线交点处，出现提示后拾取点，如图 11-47b 所示）。

指定圆的半径或[直径（D）]<27.4393>：（将光标移到主视图的分度线端点处，如图 11-47c 所示，不需要单击，就会出现追踪提示辅助线，按照辅助线指引，确定分度圆半径。命令提示中的"<27.4393>"是上一次画圆时的半径，如果直接按<Enter>键，则继续以此尺寸作为圆的半径）。

按照这样的方法，选择所需的图层，画出其他各圆，如图 11-47d 所示。

11.4.7 规律分布图形的绘制——阵列

1. 矩形阵列

对于按行和列均匀分布的相同要素，可以使用"阵列 ▦"命令中的矩形阵列来实现。如图 11-48 所示相同结构，用 2 行 5 列的阵列画出，过程如下：

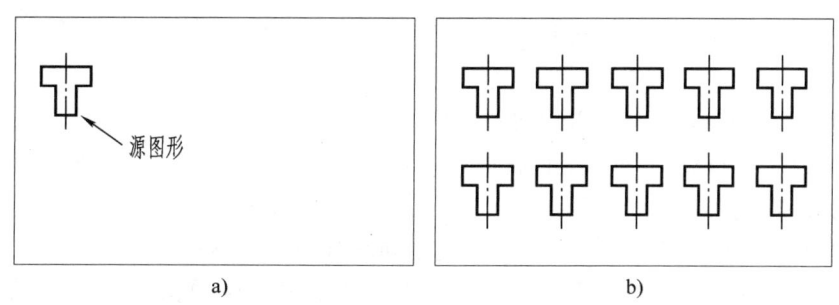

图 11-48 源图形及阵列结果

首先按尺寸创建源图形，绘制相同结构中位于边界位置的结构图形，如图 11-48a 和图 11-49 所示。

在"默认"选项卡中单击"阵列"按钮，按下述过程操作：

1）选取"矩形阵列"选项。

2）选取对象确定后，"阵列创建"选项卡弹出，如图 11-50 所示。

将"行"填入"2"，"列"填入"5"；将"行偏移"填入"-45"，"列偏移"填入"28"。

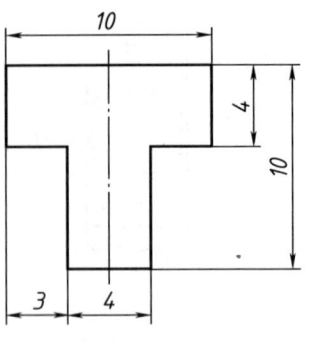

图 11-49 阵列用源图

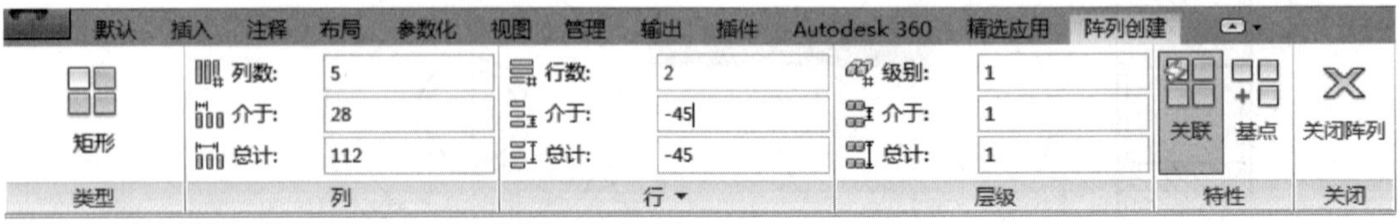

图 11-50 阵列对话框

完成各项对话后，可观察画布上的阵列结果。如不需要修改，则单击"关闭阵列"按钮即可，完成阵列操作，结果如图 11-48b 所示。

2. 环形阵列

首先，在圆周上绘制源图形，如图 11-51 所示。

在"默认"选项卡中单击"环形阵列"按钮，选取对象并单击"确定"，然后选择基点或旋转轴，弹出"阵列创建"选项卡，如图 11-52 所示。

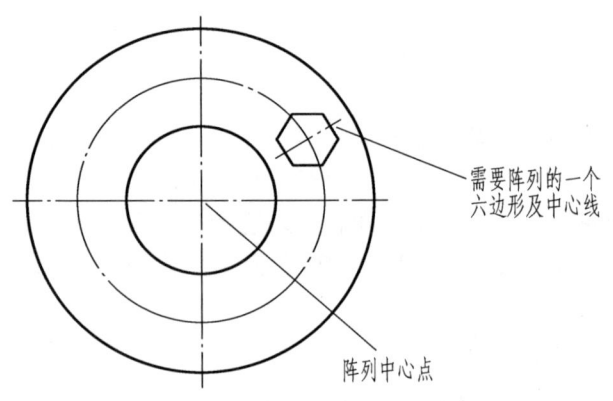

图 11-51 环形阵列源图形及中心

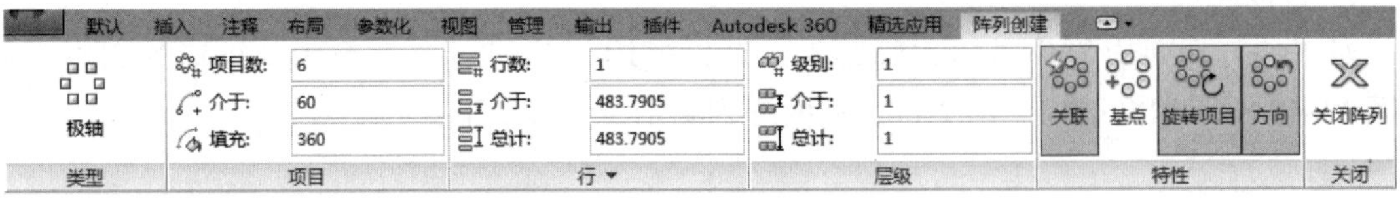

图 11-52 环形阵列对话框

选取"基点"，它是环形阵列的旋转中心。

对话框中的"项目数"是指总的数量，包括源图形；"介于"是分布的范围，可以是 360 度内任意角度。输入正值，按逆时针方向旋转阵列；输入负值，则按顺时针方向旋转阵列；"旋转项目"是指在阵列图形时，图形是否同时绕中心点旋转。

完成以上各选项后，可先预览观察结果，若不需修改，则单击"关闭阵列"按钮，完成阵列，结果如图 11-53 所示。

【例 11-7】 绘制如图 11-54 所示回转体的主、右视图。

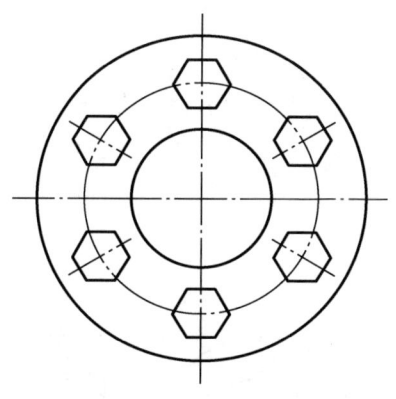

图 11-53　环形阵列结果　　　　　图 11-54　回转体结构

（1）绘制回转体的右视图　在图框内画一条 60mm 长的水平中心线：设置当前层为"中心线"，激活"正交模式"，单击"直线"按钮 ／ 后，在图框内拾取一点，然后向右拖动鼠标，形成一条直线，此时直接输入"60"，按两次<Enter>键即可。用同样的方法画一条 60mm 长的垂直中心线，如图 11-55a 所示。

将当前图层设置为"粗实线"，以中心线交点为圆心，绘制直径分别为 20mm、30mm 和 56mm 的同心圆，如图 11-55b 所示。

将当前图层设置为"中心线"，通过捕捉中心线交点，向上绘制 21mm 长的直线段，确定上面小圆的圆心并绘制 12mm 长的水平中心线。将当前图层设置为"粗实线"，以这条中心线与垂直中心线的交点为圆心绘制直径为 9mm 的圆，删除 21mm 长的竖直直线段，结果如图 11-55c 所示。

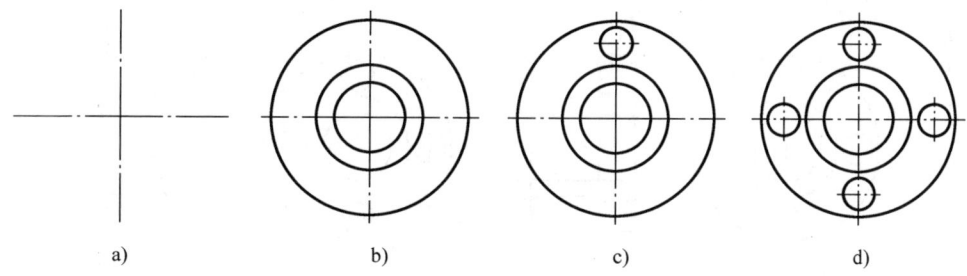

图 11-55　绘制回转体右视图

在"默认"选项卡中单击"环形阵列"按钮 ，选取直径为 9mm 的圆并按<Enter>键确定，选取"基点"，它是环形阵列的旋转中心。"项目数"设置为 4，单击"关闭阵列"按钮，完成阵列，结果如图 11-55d 所示。

（2）绘制回转体的全剖主视图　设置当前层为"中心线"，捕捉右视图的水平中心线，绘制一条长 31mm 的水平中心线，如图 11-56a 所示。单击"偏移"按钮，通过右视图中的点偏移对象，如图 11-56b 所示。除三条中心线外其他偏移线段的图层都修改为"粗实线"，如图 11-56c 所示。将当前图层设置为"粗实线"，用直线命令，连接最上边和最下边线段的左端点。单击"偏移"按钮，将刚绘制的直线向右偏移 11mm 和 31mm，如图 11-56d 所示。

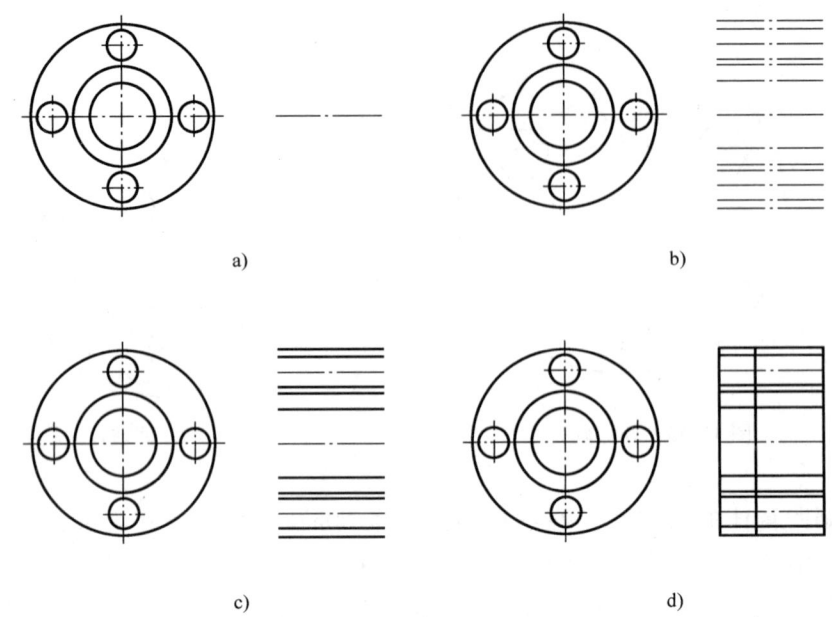

图 11-56 绘制回转体主视图（一）

单击"修剪"按钮 ，选择中间的竖直线作为修剪对象，修剪后如图 11-57a 所示。选择右侧最靠上和靠下的两条水平线作为修剪对象，修剪后如图 11-57b 所示。单击"拉长"按钮 ，设定增量（DE）方式并输入 3mm 的长度增量，分别点击中心线的左侧和右侧，以延长中心线，如图 11-57c 所示。最后，设置当前层为"细实线"，单击"填充"按钮 ，选择"ANSI31"作为剖面线图案，完成剖面线绘制。完成回转体的全剖主视图如图 11-57d 所示。

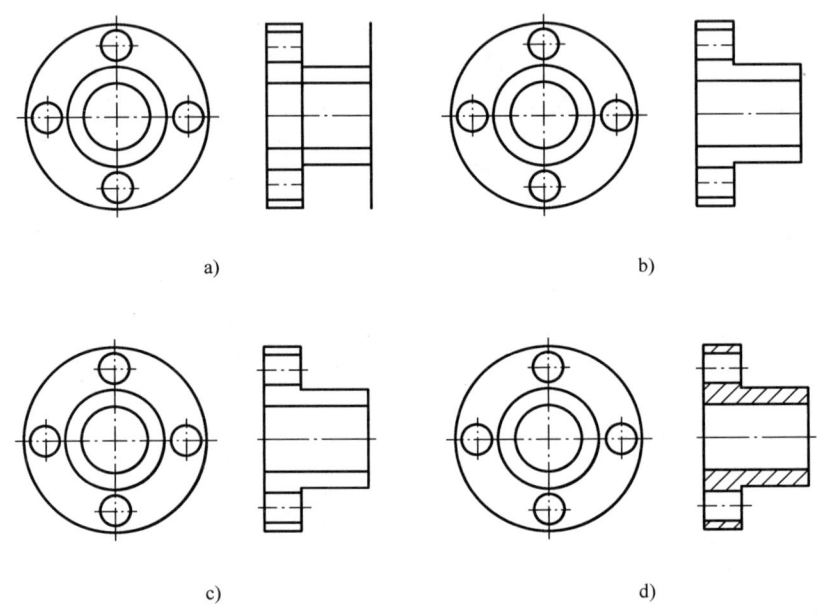

图 11-57 绘制回转体主视图（二）

11.5 AutoCAD 三维绘图简介

AutoCAD 可以方便地进行工程图绘制，也可以进行三维设计，其方法简单、实用，既能满足工程设计要求，也能帮助理解画法几何课程中的"从实体到平面，从平面到实体"的概念，是工程设计和课程学习的有力工具。

11.5.1 基本操作

AutoCAD 三维设计环境界面与二维环境基本一样，不同的是，增加了三维常用工具菜单，如图 11-58 所示。

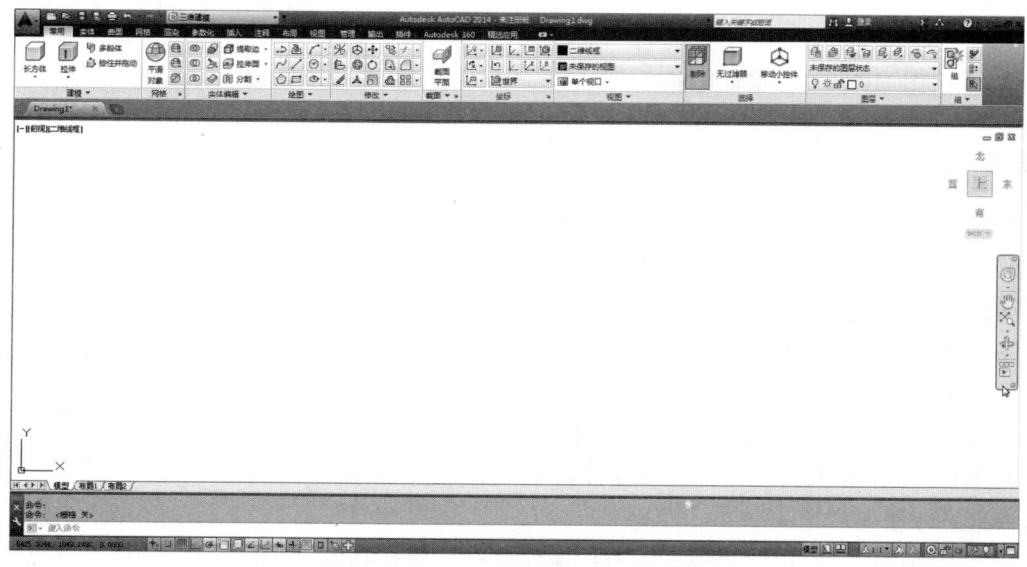

图 11-58　三维建模工作界面

1. 菜单

调用三维菜单的方法是：单击界面右下角状态栏中的"工作空间"按钮 弹出图标菜单，单击"三维建模"，调出三维绘图工作界面。三维建模的"常用"选项卡包括"建模""绘图""修改""视图""图层"等菜单（见图 11-58）。如果要回到二维绘图，再选择下拉式菜单"三维建模"→"二维草绘与注释"或"AutoCAD 经典"。

三维菜单工具有以下几项：

"三维建模"包括常用基本立体制作，如圆柱、圆锥、圆球、圆环、长方体、棱锥等，如图 11-59 所示。"三维建模"还包括三维运算如并集、差集和交集，拉伸、剖切等实体编辑工具，如图 11-60 所示。

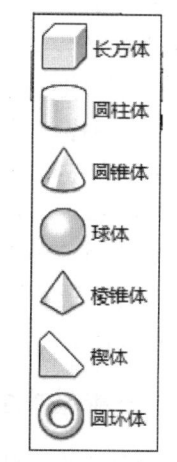

图 11-59　三维建模菜单

"视图"里的"视觉样式"菜单包括立体的表现形式，如二维线框、隐藏、灰度、概念和真实几种形式。"导航"菜单主要提供三维图的缩放、平移、动态观察等。

除三维绘图菜单外，根据需要，还应该调出常用二维菜单如绘图、修改、对象捕捉等。

2. 三维导航

三维导航中的平移和缩放与二维类似，用于调整视图显示的大小和位置。

动态观察是三维建模中常用的功能，分为"动态观察"、"自由动态观察"和"连续动态观察"。此项菜单包含子菜单，如图11-61所示。

图 11-60　三维编辑菜单

图 11-61　三维导航菜单

11.5.2　坐标系

AutoCAD有两个坐标系：一个是被称为世界坐标系（WCS）的固定坐标系，另一个是被称为用户坐标系（UCS）的可移动坐标系，菜单如图11-62所示。默认情况下，这两个坐标系在新图形中是重合的。

通常在二维视图中，WCS的X轴水平，Y轴垂直。WCS的原点为X轴和Y轴的交点（0，0）。图形文件中的所有对象均由其WCS坐标定义。但是，使用可移动的UCS创建和编辑对象通常更方便。

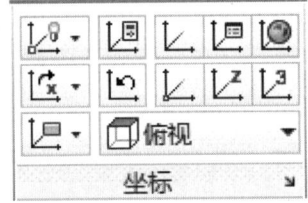

图 11-62　用户坐标菜单

在三维环境中，对用户坐标系的常用操作包括：保存和恢复用户坐标系方向，通过定义用户坐标系（UCS）来更改原点（0，0，0）的位置、XY平面的位置和旋转角度以及XY平面或Z轴的方向，可以在三维空间的任意位置定位和定向UCS，并且可以根据需要定义、保存和调用任意数量的已保存UCS的位置。

可以按照以下几种方式定义UCS位置：

1) 指定新原点（一个点）、新X轴（两个点）或新XY平面（三个点）。
2) 通过在三维实体对象上选择面来对齐UCS。可以选择实体的一个面或一条边。
3) 将新UCS与现有的对象对齐。UCS的原点位于距离选定对象的位置最近的顶点。
4) 将新UCS与当前观察方向对齐。
5) 绕当前UCS三条主轴的任意一条旋转当前UCS。
6) 通过指定新Z轴来重新定向XY平面。

11.5.3　三维基本立体

AutoCAD三维设计过程与组合体分析方法中的形体分析法相同，即将零件分解成简单立体，然后组合起来。系统提供的基本立体包括平面立体、回转体、扫描立体等（见图11-59）。下面介绍常用立体的创建方法。

1. 长方体

创建任何一个立体，都必须先确定坐标位置，并且从 XY 坐标面开始。绘制图 11-63 所示长方体的方法如下。

图 11-63　制作长方体

方法一：

命令：_ box（执行"长方体"命令"▢"）

指定第一个角点或［中心（C）］：（在 XY 面内拾取长方体的一个角点）

指定其他角点或［立方体（C）/长度（L）］：l（选取长度选项"L"）

指定长度<300.0000>：300（立方体长度为 300mm）

指定宽度<200.0000>：200（立方体宽度为 200mm）

指定高度或［两点（2P）］<300.0000>：50（立方体高度为 50mm）

方法二：

命令：_ box（执行"长方体"命令"▢"）

指定第一个角点或［中心（C）］：c（选项"c"，表示要确定立方体中心点）

指定中心：（拾取中心点）

指定角点或［立方体（C）/长度（L）］：l（选取长度选项"L"）

指定长度<300.0000>：300（立方体长度为 300mm）

指定宽度<200.0000>：200（立方体宽度为 200mm）

指定高度或［两点（2P）］<37.0181>：50（立方体高度为 50mm）

2. 圆柱与圆锥体

命令：_ cylinder（执行"圆柱体"命令"▢"）

指定底面的中心点或［三点（3P）/两点（2P）/相切、相切、半径（T）/椭圆（E）］：（拾取底面圆心）

指定底面半径或［直径（D）］<673.9759>：200　（底面半径为 200mm）

指定高度或［两点（2P）/轴端点（A）］<818.2123>：300　（圆柱高度为 300mm）

圆锥与圆柱操作方法一样，先确定底面圆心，再给出底面圆半径以及高度。

3. 拉伸立体

许多立体都是由一个截面形状拉伸一定的高度形成的，图 11-64 是平面与立体对比图。这种创建立体的方法也比较简单，一般只要先绘制二维平面图形，再用"拉伸"命令"▢"给出高度即可。

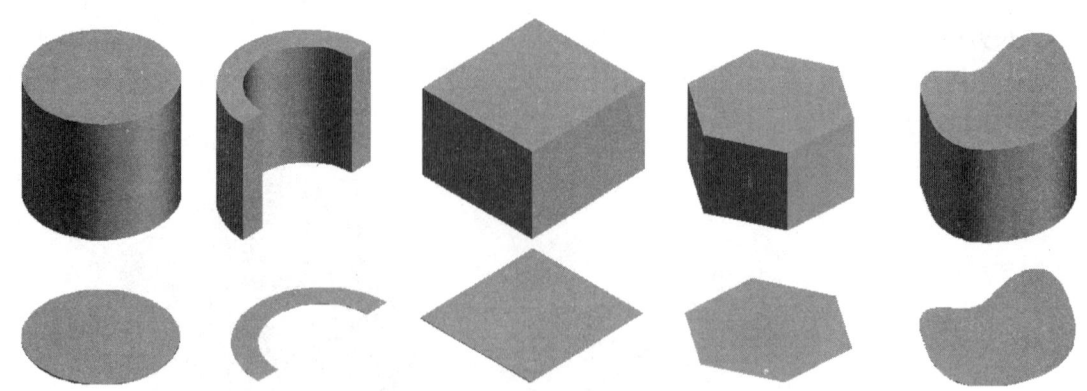

图 11-64 拉伸立体及其截面

4. 旋转创建立体

对于母线较复杂的回转体，通过旋转的方法创建立体较方便。要创建一个如图 11-65d 所示的立体，方法如下：

第一步，设置合适的坐标系，并在 XY 面内画出平面图形，如图 11-65a 所示；执行绘图菜单中的"面域"命令，选择平面图形，建立面域如图 11-65b、c 所示。

第二步，单击三维制作菜单中的"旋转"按钮，创建旋转体，过程如下：

命令：_revolve （执行旋转命令）

选择要旋转的对象：找到 1 个（选取要旋转的面域对象）

选择要旋转的对象：（按<Enter>键，结束选择对象）

指定轴起点或根据以下选项之一定义轴 [对象（O）/X/Y/Z] <对象>：（拾取旋转轴上第一个点）

指定轴端点：（拾取旋转轴上另一个点）

指定旋转角度或 [起点角度（ST）反转（R）表达式（EX）] <360>：（确定旋转角度，或直接按<Enter>键，旋转360°）

结果如图 11-65d 所示。

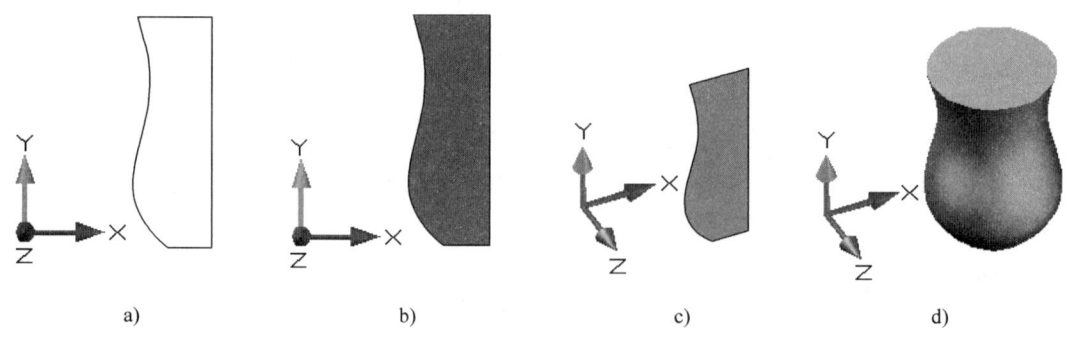

a)　　　　　　　　b)　　　　　　　　c)　　　　　　　　d)

图 11-65 旋转立体

5. 扫掠立体

扫掠是将草图沿着某一路径生成实体，路径可以是曲线，所以扫掠可以生成比较复杂的实体，如图 11-66 所示。

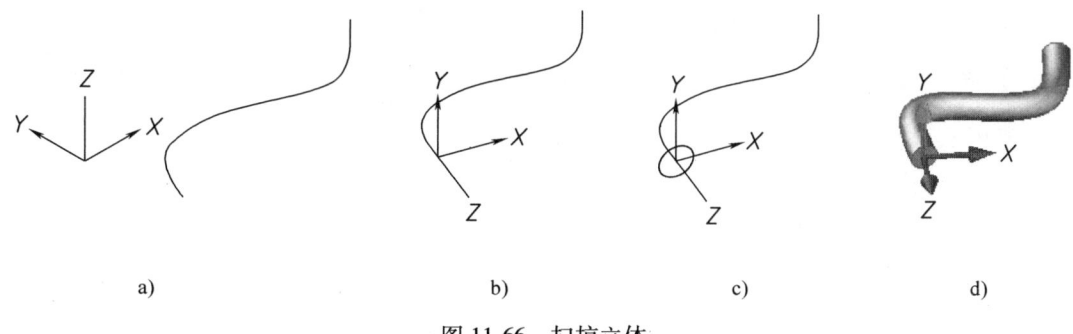

图 11-66　扫掠立体

6. 放样

使用"放样"命令"⬚"，可以通过指定一系列横截面来创建新的实体或曲面。横截面定义了结果实体或曲面的轮廓（形状）。横截面（通常为曲线或直线）可以是开放的（例如圆弧），也可以是闭合的（例如圆）。需要注意，使用放样命令时，至少必须指定两个横截面。

创建如图 11-67 所示立体，先在 XY 面内绘制六边形和圆，再用移动命令改变圆的 Z 坐标，使六边形与圆不在同一个面内。执行放样命令，选取六边形和圆，即可生成立体。

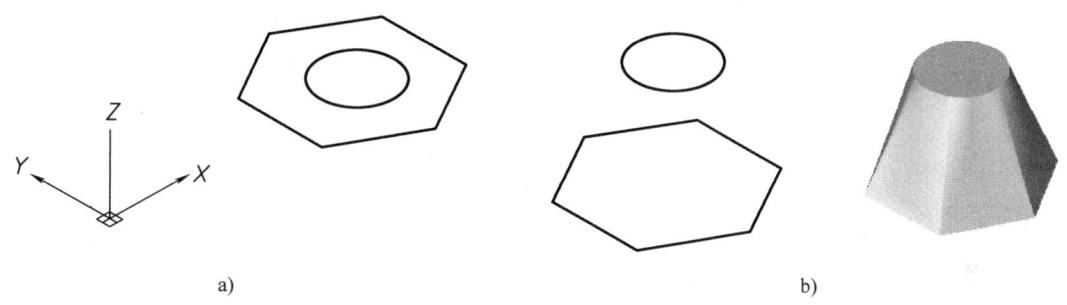

图 11-67　放样立体

11.5.4　实体编辑

常用的实体编辑命令有布尔运算（并集、差集、交集）和剖切等，如图 11-60 所示。

1. 布尔运算

"并集"命令"⬚"，可以合并两个或两个以上实体（或面域）的总体积（或总面积），成为一个复合对象，如图 11-68b 所示。操作方法简单，选择需要合并的实体即可。

"差集"命令"⬚"，可以从一组实体中删除与另一组实体的公共区域。例如，可以使用差集命令从对象中减去圆柱体，从而在机械零件中添加孔。如图 11-68c 所示为从小圆柱中减去大圆柱部分。操作方法为先选择被减实体，按<Enter>键确认后再选择减掉的实体。

"交集"命令"⬚"，可以从两个或两个以上重叠实体的公共部分创建复合实体，并删除非重叠部分。如图 11-68d 所示。操作方法同样简单，只选择需要进行交集运算的实体即可。

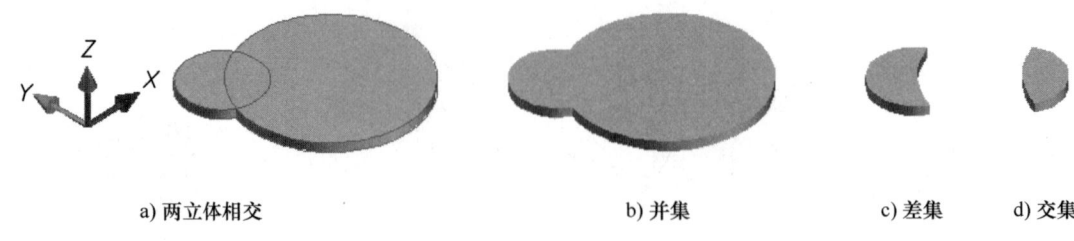

a) 两立体相交　　　　　　　b) 并集　　　　c) 差集　　d) 交集

图 11-68　立体布尔运算

2. 剖切

一般情况下，使用剖切命令中的默认方式就能满足常见的剖切需要，需注意的是，由两点确定的剖切平面必须垂直于 XY 面，如图 11-69 所示。此外：

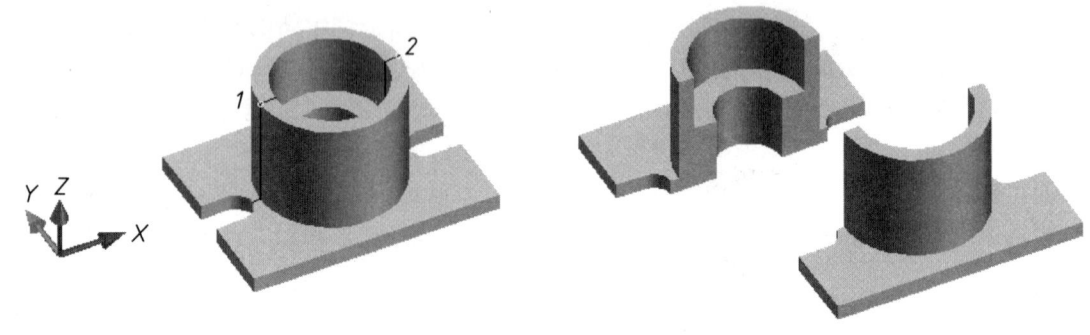

图 11-69　剖切立体

另一种常用方式为剖切面平行于 XY/YZ/ZX 平面，方法是：

命令：_ slice

选择要剖切的对象：找到 1 个（选择被剖切的立体）

选择要剖切的对象：（按<Enter>键，结束选择）

指定 切面 的起点或 [平面对象（O)/曲面（S)/Z 轴（Z)/视图（V)/XY（XY)/YZ（YZ)/ZX（ZX)/三点（3)] <三点>：XY（输入"XY"选项，确定剖切面，按<Enter>键）

指定 XY 平面上的点 <0，0，0>：（拾取剖切面通过的点，本例为圆心，如图 11-70a 所示）

在所需的侧面上指定点或 [保留两个侧面（B)] <保留两个侧面>：（按<Enter>键，保留剖切两侧立体，如图 11-70b 所示）

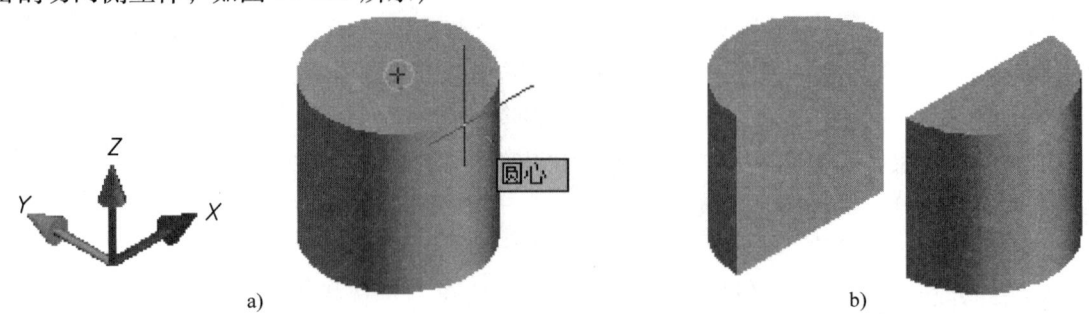

图 11-70　XY 面剖切立体

11.5.5 三维应用举例

创建三维组合立体，首先进行基本形体分析，之后通过合适的方法，分别创建各形体，最后通过布尔运算等编辑实体的方法完成实体创建。

【例 11-8】 创建图 11-71 所示轴承座的三维模型。

图 11-71 组合体

解：对于图 11-71 所示组合体，可以分成 4 个主要部分：底板、圆柱、支撑板、肋板，而每一部分都有自己的结构特点，底板可以直接用立方体生成，需要确定立方体的长、宽、高；圆柱部分可以用圆柱体生成，而支撑板和肋板则应该先绘制其截面形状，然后使用拉伸来生成立体。

具体过程分析如下：

先确定坐标系，再在 XY 坐标面确定长方体的长和宽，确定 Z 方向的高度，如图 11-72a 所示。

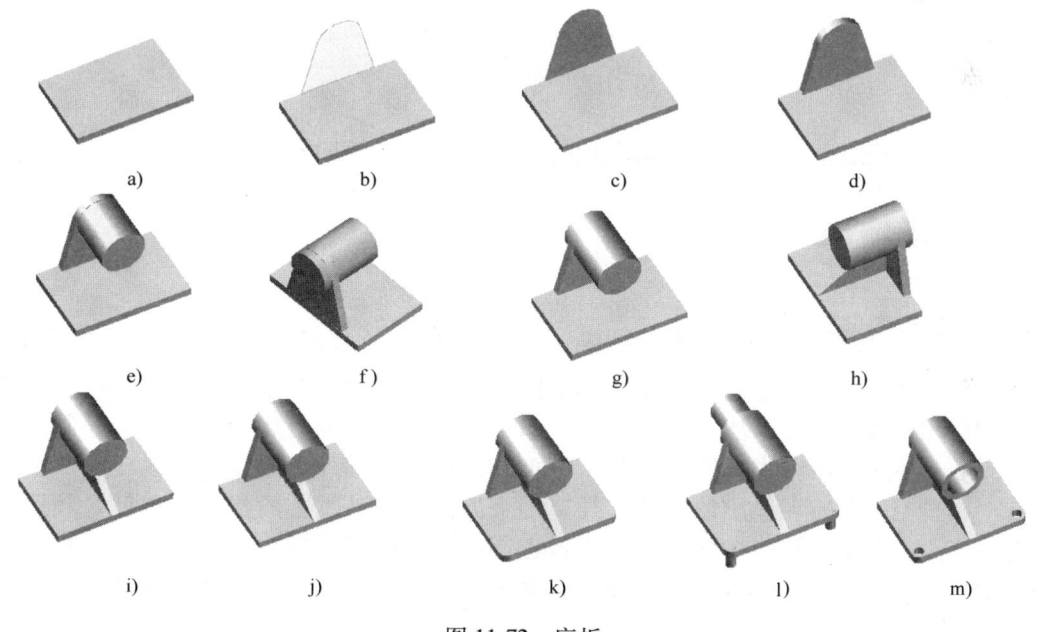

图 11-72 底板

改变用户坐标，将坐标原点移动至长方体长度边的中点上，并绕 X 轴旋转 90°。在此坐标平面内，绘制如图 11-72b 所示的草图，使其成为封闭图形。

使用面域命令，将上图封闭图形生成平面，如图 11-72c 所示。

拉伸面域生成的平面，输入拉伸长度，得到图 11-72d 所示的支撑板。

以支撑板前表面为基准，创建前端圆柱，如图 11-72e 所示。

以支撑板后表面为基准，创建后面圆柱，如图 11-72f 所示。

用并集将上述基本立体合并为一个立体，如图 11-72g 所示。

改变用户坐标，绕 Y 轴旋转 90°，使其处于组合体对称面上，绘制肋板截面并使用面域命令生成平面，如图 11-72h 所示。

向一侧拉伸肋板，并以组合体对称面镜像肋板，如图11-72i所示。

将肋板与组合体合并，如图11-72j所示。

用"圆角"命令为底板前边加圆角，方法是：执行"圆角"命令，然后拾取需要圆角的边，之后，系统提示圆角半径，输入半径按<Enter>键即可，如图11-72k所示。

分别以底板端面及圆柱端面为基准，创建圆柱。创建圆柱时，可以使用临时用户坐标。将状态行"DUCS"打开，然后直接将光标置于希望成为基准面的表面上，系统会自动亮显此面，作为临时用户坐标，过程如图11-73所示。用这种方法，创建圆柱如图11-72的l图所示。

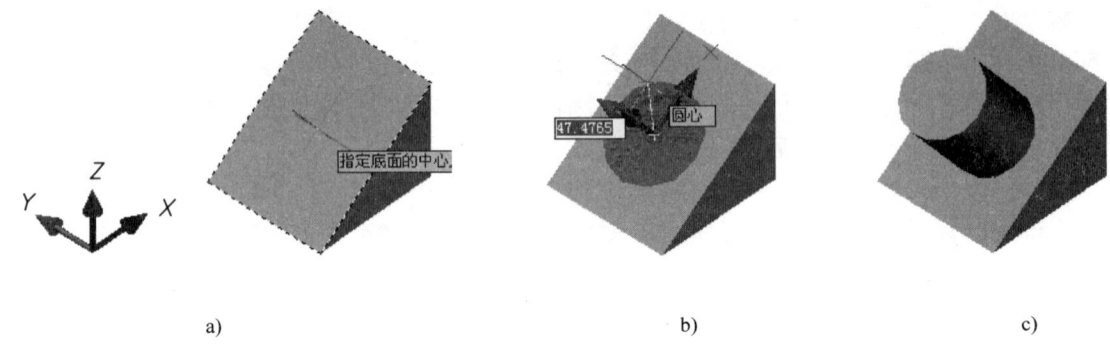

a)　　　　　　　　　　　　b)　　　　　　　　　　　　c)

图11-73　临时用户坐标

利用差集，从组合体中减掉上述圆柱，即可得到孔，如图11-72m所示。

11.6　图纸输出

11.6.1　模型空间和图纸空间

工程上应用的图样都是通过打印机或绘图仪打印输出的，AutoCAD既可以从"模型空间"打印输出图样，也可以从"图纸空间"打印输出，最终的打印输出决定着绘制图形的步骤和图形、标注等比例的设置。因此，下面将分别讲解如何输出图样。

从"模型空间"打印输出适用于单视口的平面图形，其基本的指导思想就是利用所见即所得的特性，将所要打印在图纸上的内容也都显示在模型空间中，比如图形、标注、文字、图框、标题栏等，再打印出图。对于平面制图，在模型空间绘图并在模型空间打印出图，这种方法基本可以满足要求。

从"图纸空间"利用布局内创建视口的打印输出方法适用于三维视图以及复杂平面图形的处理。一般做法是：在模型空间完成图形的创建，尺寸标注和文字注释可以在模型空间中进行，也可以在图纸空间中进行；在图纸空间下插入图框和标题栏，之后完成多个视口的创建，排布好图纸，进行页面设置，配置打印机，打印出图。对于复杂的平面图，在图纸空间使用布局创建多个不同比例的视口，就会比模型空间下多次缩放图形，再排好位置之后打印出图便利快速得多。

11.6.2　布局设置

在"模型空间"中完成图形创建后，就可以通过选择布局选项卡进入"图纸空间"（见图11-74）开始编辑要打印的布局或者新建需要的布局。在AutoCAD中，可以创建多种布局，每个布局代表一张单独打印输出的图纸，创建新布局后，还可以在布局中创建浮动视口，视口中的各个视图可以用不同的比例打印。在布局设置时，一般有以下途径，但其最终效果是一样的：

在模型与布局区域单击鼠标右键，可以在弹出的快捷菜单中选定布局方式，包括新建布局、使用来自

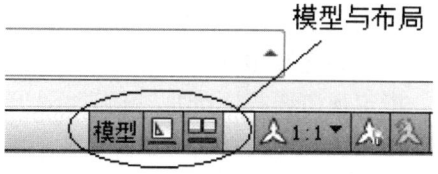

图 11-74　模型与布局空间

样板的布局等。操作人员可以利用创建布局向导新建布局，操作步骤包括配置打印机、确定图纸尺寸，图纸方向、插入标题栏、定义视口、确定图纸插入时的拾取位置等。在向导中所做的设置，如果有不满意的地方可以通过调出"页面设置"对话框再加以修改。

一般情况下，直接点击"布局"选项卡，即可弹出"页面设置"对话框，从中可以根据需要指定布局和设置打印设备的参数。而且，指定的设置与布局可以一起存储为页面设置。创建布局后，还可以修改这些设置。

11.6.3　生成视图

在完成模型后，点击"布局1"自动进入布局。然后进行如下操作：

命令：_ solview

输入选项 [UCS（U）/正交（O）/辅助（A）/截面（S）]：*U*（选择坐标系选项，按<Enter>键确定）

输入选项 [命名（N）/世界（W）/？/当前（C）] <当前>：*W*（选择世界坐标系，按<Enter>确定）

输入视图比例 <1>：*1*（按<Enter>确定所输入的比例）

指定视图中心：（选择视图中心，可以试选不同点，到合适为止）

指定视图中心 <指定视口>：（选定视图中心后按<Enter>键确认）

指定视口的第一个角点：（给出视口矩形框的第一个角点）

指定视口的对角点：（给出视口矩形框的另一个角点）

输入视图名：*shitu-1*（输入视图名称并按<Enter>确定）

输入选项 [UCS（U）/正交（O）/辅助（A）/截面（S）]：（此时可以按<Enter>键结束命令或继续创建其他视图）

命令结束后生成如图 11-75 所示视图，双击视图窗口内部，视图框变成粗线，此视图变成可编辑状态，可进行任何编辑修改。双击视图窗口外部，视图回到不

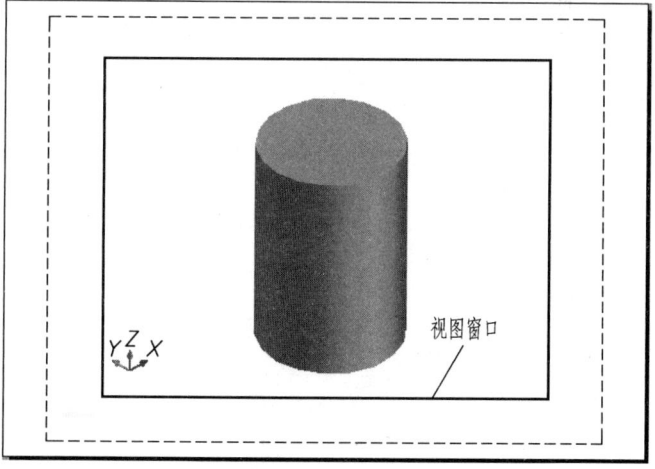

图 11-75　视图窗口

可编辑状态，此时，视图窗口矩形框可以被编辑，如移动、改变大小等。

继续用视图命令，并选择正交（O）选项，进行如下操作：

命令：_ solview

输入选项 [UCS（U）/正交（O）/辅助（A）/截面（S）]：O（选择选项 "O"，正交生成视图，如已知主视图，可生成俯视图、左视图等，按<Enter>确定）

指定视口要投影的那一侧：（选择源视图的一个边作为投影方向，如图 11-76 所示）

指定视图中心：（确定生成视图的方向和位置，如图 11-77 所示）

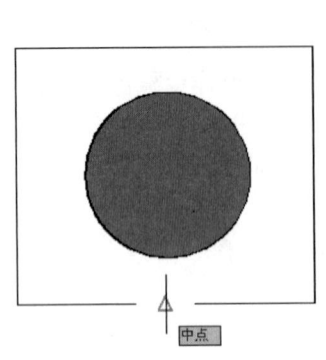
图 11-76 正交视图源图

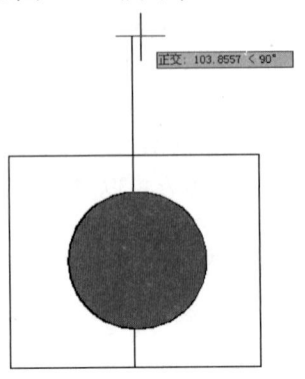
图 11-77 视图方向和位置

指定视图中心 <指定视口>：（按<Enter>键，结束方向和位置确定）

指定视口的第一个角点：

指定视口的对角点：

输入视图名：zhushi（输入视图名称，并按<Enter>确定）

输入选项 [UCS（U）/正交（O）/辅助（A）/截面（S）]：（继续创建新视图或按<Enter>键结束命令）

命令结束，生成主视图，同样方法可生成左视图或其他视图，如图 11-78 所示。

创建视图窗口后，再执行下拉式菜单 "绘图" → "建模" → "设置" → "图形" 命令生成二维图形，方法如下：

执行 "图形" 命令后直接选取视图窗口边框，按<Enter>键即可生成图形，如图 11-79 所示。

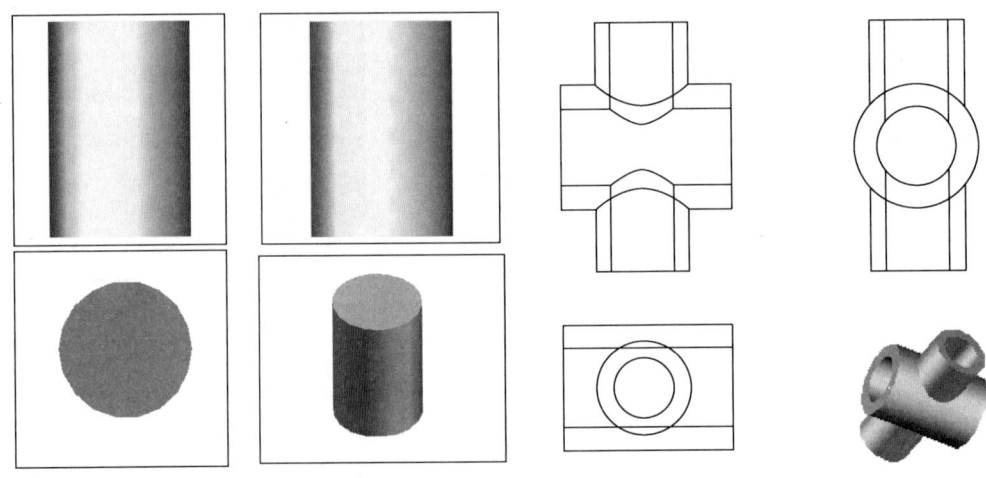

图 11-78 三视图窗口　　　　　图 11-79 设置图形

图形的图层由系统自动设置，以视图名称命名，并分为可见（VIS）和不可见线（HID），图层中的"VPORTS"层是窗口矩形框，不需要时可将其关闭。分别重新设置图层属性，可得到符合要求的图形，如图 11-80 所示。

11.6.4 图纸输出

AutoCAD 图纸输出设备有绘图机或打印机，打印之前，应先安装绘图设备的驱动程序，然后按下述方法设置打印选项。

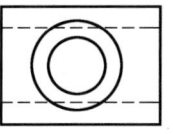
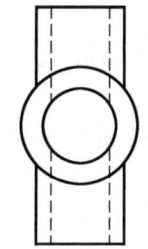
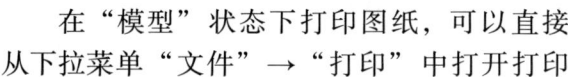

图 11-80 更改图层

在"模型"状态下打印图纸，可以直接从下拉菜单"文件"→"打印"中打开打印管理器，首先选择已经安装的绘图机或打印机，然后选择合适的、符合绘图设备要求的图纸大小，再选取出图范围及打印位置，一般设置为居中。对于工程图，图纸输出应该符合国家标准要求的图形比例，因此，可以设置图形比例为 1∶1。如果是没有比例要求的图纸，还可以选择"充满图纸"，系统计算能打印全图的比例输出。

在"布局"中可以更灵活地输出图纸，如图 11-81 所示。将布局中不同视图的图纸按需要输出打印，可以得到不同投影方向的视图。

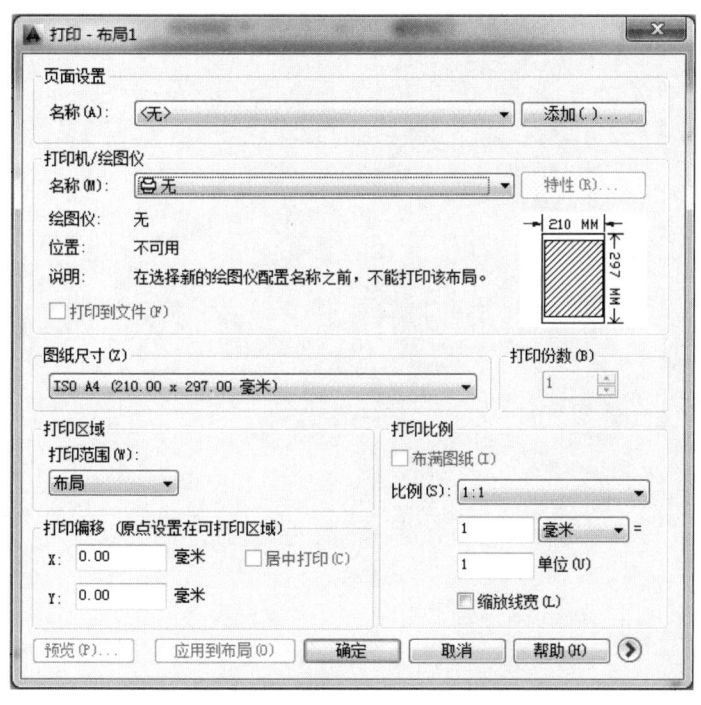

图 11-81 打印设置

实践与思考

1. 参观模型室模型，分析复杂模型结构，应用二维绘图的基本知识快速准确地徒手绘制多面视图，灵活运用计算机二维绘图功能，绘制工程图样。

2. 分析模型结构，理解三维实体造型的本质，用三维建模功能绘制三维实体并了解由三维设计到二维出图的设计过程。

附　　录

附录 A　螺　　纹

表 A-1　普通螺纹的基本尺寸（摘自 GB/T 193—2003 和 GB/T 196—2003）

（单位：mm）

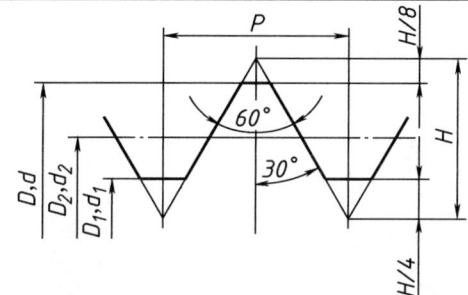

$H = 0.866025404P$

代号示例：

公称直径 24mm，螺距为 1.5mm，右旋的细牙普通螺纹：M24×1.5

公称直径 D, d		螺距 P		粗牙小径 D_1, d_1	公称直径 D, d		螺距 P		粗牙小径 D_1, d_1
第一系列	第二系列	粗牙	细牙		第一系列	第二系列	粗牙	细牙	
3		0.5	0.35	2.459		22	2.5	2, 1.5, 1, (0.75), (0.5)	19.294
	3.5	(0.6)		2.850	24		3	2, 1.5, 1, (0.75)	20.752
4		0.7	0.5	3.242		27	3	2, 1.5, 1, (0.75)	23.752
	4.5	(0.75)		3.688					
5		0.8		4.134	30		3.5	(3), 2, 1.5, 1, (0.75)	26.211
6		1	0.75, (0.5)	4.917		33	3.5	(3), 2, 1.5, (1), (0.75)	29.211
8		1.25	1, 0.75, (0.5)	6.647	36		4	3, 2, 1.5, (1)	31.670
10		1.5	1.25, 1, 0.75, (0.5)	8.376		39	4		34.670
12		1.75	1.5, 1.25, 1, (0.75), (0.5)	10.106	42		4.5	(4), 3, 2, 1.5, (1)	37.129
	14	2	1.5, (1.25)*, 1, (0.75), (0.5)	11.835		45	4.5		40.129
16		2	1.5, 1, (0.75), (0.5)	13.835	48		5		42.587
	18	2.5	2, 1.5, 1, (0.75), (0.5)	15.294		52	5		46.587
20		2.5		17.294	56		5.5	4, 3, 2, 1.5, (1)	50.046

注：1. 优先选用第一系列，括号内尺寸尽可能不用。
　　2. 公称直径 D、d 第三系列未列入。
　　3. * M14×1.25 仅用于火花塞。
　　4. 中径 D_2、d_2 未列入。

表 A-2　细牙普通螺纹螺距与小径的关系（摘自 GB/T 196—2003）　（单位：mm）

螺距 P	小径 D_1, d_1	螺距 P	小径 D_1, d_1	螺距 P	小径 D_1, d_1
0.35	$d-1+0.621$	1	$d-2+0.917$	2	$d-3+0.835$
0.5	$d-1+0.459$	1.25	$d-2+0.647$	3	$d-4+0.752$
0.75	$d-1+0.188$	1.5	$d-2+0.376$	4	$d-5+0.670$

注：表中的小径按 $D_1 = d_1 = d - 2 \times \dfrac{5}{8}H$、$H = \dfrac{\sqrt{3}}{2}P$ 计算得出。

表 A-3　梯形螺纹的基本尺寸（摘自 GB/T 5796.2—2005，GB/T 5796.3—2005）

（单位：mm）

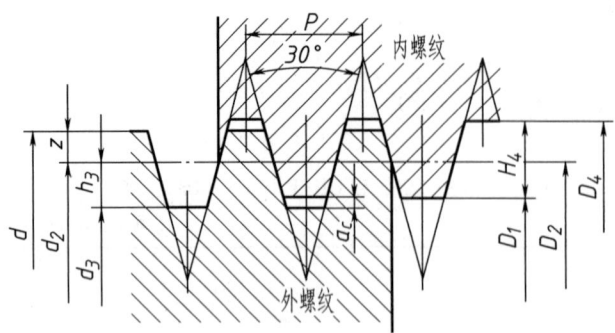

代号示例：

公称直径 40mm，导程 14mm，螺距为 7mm 的双线左旋梯形螺纹：

Tr40×14（P7）LH

公称直径 d		螺距 P	中径 $d_2=D_2$	大径 D_4	小径		公称直径 d		螺距 P	中径 $d_2=D_2$	大径 D_4	小径	
第一系列	第二系列				d_3	D_1	第一系列	第二系列				d_3	D_1
8		1.5	7.25	8.30	6.20	6.50		26	3	24.50	26.50	22.50	23.00
	9	1.5	8.25	9.30	7.20	7.50			5	23.50	26.50	20.50	21.00
		2	8.00	9.50	6.50	7.00			8	22.00	27.00	17.00	18.00
10		1.5	9.25	10.30	8.20	8.50	28		3	26.50	28.50	24.50	25.00
		2	9.00	10.50	7.50	8.00			5	25.50	28.50	22.50	23.00
	11	2	10.00	11.50	8.50	9.00			8	24.00	29.00	19.00	20.00
		3	9.50	11.50	7.50	8.00			3	28.50	30.50	26.50	27.00
12		2	11.00	12.50	9.50	10.00	30		6	27.00	31.00	23.00	24.00
		3	10.50	12.50	8.50	9.00			10	25.00	31.00	19.00	20.00
	14	2	13.00	14.50	11.50	12.00			3	30.50	32.50	28.50	29.00
		3	12.50	14.50	10.50	11.00	32		6	29.00	33.00	25.00	26.00
16		2	15.00	16.50	13.50	14.00			10	27.00	33.00	21.00	22.00
		4	14.00	16.50	11.50	12.00			3	32.50	34.50	30.50	31.00
	18	2	17.00	18.50	15.50	16.00		34	6	31.00	35.00	27.00	28.00
		4	16.00	18.50	13.50	14.00			10	29.00	35.00	23.00	24.00
20		2	19.00	20.50	17.50	18.00			3	34.50	36.50	32.50	33.00
		4	18.00	20.50	15.50	16.00	36		6	33.00	37.00	29.00	30.00
	22	3	20.50	22.50	18.50	19.00			10	31.00	37.00	25.00	26.00
		5	19.50	22.50	16.50	17.00			3	36.50	38.50	34.50	35.00
		8	18.00	23.00	13.00	14.00		38	7	34.50	39.00	30.00	31.00
24		3	22.50	24.50	20.50	21.00			10	33.00	39.00	27.00	28.00
		5	21.50	24.50	18.50	19.00			3	38.50	40.50	36.50	37.00
		8	20.00	25.00	15.00	16.00	40		7	36.50	41.00	32.00	33.00
									10	35.00	41.00	29.00	30.00

表 A-4　55°非密封管螺纹的基本尺寸（摘自 GB/T 7307—2001）　　（单位：mm）

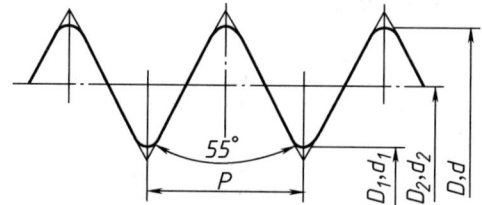

标记示例：
尺寸代号为 3/4 的右旋圆柱内螺纹：G3/4

尺寸代号	每 25.4mm 中的螺纹牙数 n	螺距 P	螺纹直径 大径 D, d	小径 D_1, d_1
1/8	28	0.907	9.728	8.566
1/4	19	1.337	13.157	11.445
3/8	19	1.337	16.662	14.950
1/2	14	1.814	20.955	18.631
5/8	14	1.814	22.911	20.587
3/4	14	1.814	26.441	24.117
7/8	14	1.814	30.201	27.877
1	11	2.039	33.249	30.291
$1^1/_8$	11	2.039	37.897	34.939
$1^1/_4$	11	2.039	41.910	39.952
$1^1/_2$	11	2.039	47.803	44.845
$1^3/_4$	11	2.039	53.746	50.788
2	11	2.039	59.614	56.656
$2^1/_4$	11	2.039	65.710	62.752
$2^1/_2$	11	2.039	75.184	72.226
$2^3/_4$	11	2.039	81.534	78.576
3	11	2.039	87.884	84.926

附录 B 常用标准件

表 B-1 六角头螺栓（摘自 GB/T 5780—2016，GB/T 5781—2016）　　　　（单位：mm）

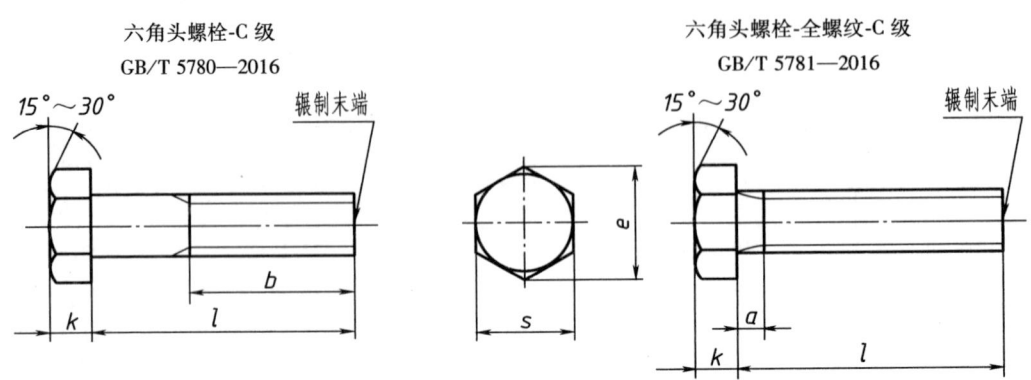

标记示例：

螺纹规格 d=M12，公称长度 l=80mm，性能等级为 4.8 级，不经表面处理，C 级的六角头螺栓：螺栓 GB/T 5780 M12×80

全螺纹时：螺栓 GB/T 5781 M12×80

螺纹规格 d		M5	M6	M8	M10	M12	M16	M20	M24	M30	M36
b 参考	l≤125	16	18	22	26	30	38	46	54	66	78
	125<l≤200	22	24	28	32	36	44	52	60	72	84
	l>200	35	37	41	45	49	57	65	73	85	97
a（max）		2.4	3	4	4.5	5.3	6	7.5	9	10.5	12
e（min）		8.63	10.89	14.2	17.59	19.85	26.17	32.95	39.55	50.85	60.79
k（公称）		3.5	4	5.3	6.4	7.5	10	12.5	15	18.7	22.5
s（max）		8	10	13	16	18	24	30	36	46	55
l 范围	GB/T 5780—2016	25~50	30~60	40~80	45~100	45~120	55~160	65~200	80~240	90~300	110~300
	GB/T 5781—2016	10~50	12~60	16~80	20~100	25~120	35~160	40~200	50~240	60~300	70~360
l 系列		10、12、16、20~50（5 进位）、（55）、60、（65）、70~160（10 进位）、180、220、240、260、280、300、320、340、360、380、400、420、440、460、480、500									
每 100mm 长的质量（单位：kg）		0.017	0.025	0.047	0.072	0.103	0.185	0.304	0.459	0.765	1.166
技术条件		材料		大学性能等级		螺纹公差		公差产品等级		表面处理	
		钢		d<39；4.6、4.8；d>39 按协议		8g		C		不经处理；镀锌钝化	

注：1. 尽量不采用括号内规格；

　　2. GB/T 5781—2016 螺纹公差为 6g。

表 B-2　双头螺柱（摘自 GB/T 897—1988，GB/T 898—1988）　　　（单位：mm）

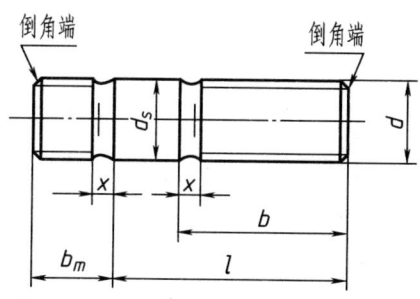
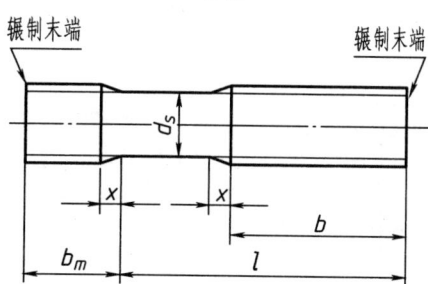

标记示例：

两端均为粗牙普通螺纹，$d=10$mm，$l=50$mm，性能等级为 4.8 级，不经热处理及表面处理，B 型，$b_m=1d$ 的双头螺柱：螺柱 GB/T 897 M10×50

旋入机体一端为粗牙普通螺纹，旋螺母一端为螺距 $P=1$mm 的细牙螺纹，$d=10$mm，$l=50$mm，性能等级为 4.8 级，不经表面处理，A 型，$b_m=1d$ 的双头螺柱：螺柱 GB/T 897 AM10-M10×1×50

两端均为粗牙普通螺纹，$d=10$mm，$l=50$mm，性能等级为 4.8 级，不经表面处理，B 型、$b_m=1.25d$ 的双头螺柱：螺柱 GB/T 898 M10×50

螺纹规格 d	b_m 公称		d_s		X_{max}	b	l 公称
	GB/T 897—1988	GB/T 898—1988	max	min			
M5	5	6	5	4.7	2.5P	10	16～(22)
						16	25～50
M6	6	8	6	5.7		10	20，(22)
						14	25，(28)，30
						18	(32)～(75)
M8	8	10	8	7.64		12	20，(22)
						16	25，(28)，30
						22	(32)～90
M10	10	12	10	9.64		14	25，(28)
						16	30～(38)
						26	40～120
						32	130
M12	12	15	12	11.57		16	25～30
						20	(32)～40
						30	45～120
						36	130～180
M16	16	20	16	15.57		20	30～(38)
						30	40～(55)
						38	60～120
						44	130～200
M20	20	25	20	19.4		25	35～40
						35	45～(65)
						46	70～120
						52	130～200

注：1. P 表示螺距。

2. l 的长度系列：16，(18)，20，(22)，25，(28)，30，(32)，35，(38)，40，45，50，(55)，60，(65)，70，(75)，80，(85)，90，(95)，100～200（10 进位）。括号内的数值尽可能不用。

表 B-3　螺钉（摘自 GB/T 65—2016，GB/T 67—2016，GB/T 68—2016）（单位：mm）

开槽圆柱头螺钉（GB/T 65—2016）：　　　　　　　开槽盘头螺钉（GB/T 67—2016）

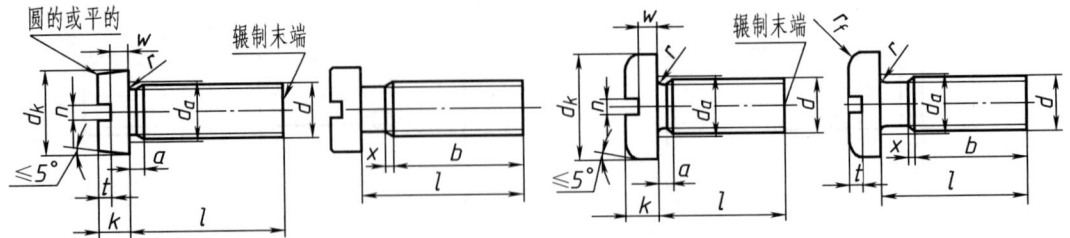

开槽沉头螺钉（GB/T 68—2016）：

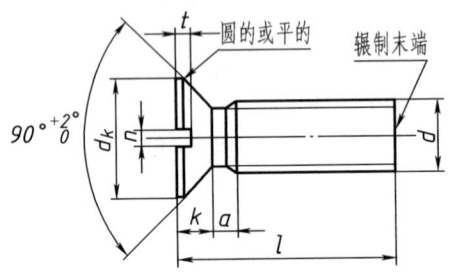
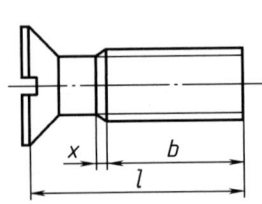

标记示例：

螺纹规格 d=M5，公称长度 l=20mm，性能等级为 4.8 级，不经表面处理的开槽圆柱头螺钉：螺钉 GB/T 65 M5×20

螺纹规格 d			M3	M4	M5	M6	M8	M10
a（max）			1	1.4	1.6	2	2.5	3
b（min）			25	38	38	38	38	38
x（max）			1.25	1.75	2	2.5	3.2	3.8
n		公称	0.8	1.2	1.2	1.6	2	2.5
		max	1.00	1.51	1.51	1.91	2.31	2.81
		min	0.86	1.26	1.26	1.66	2.06	2.56
GB/T 65—2016	d_k	公称=max	5.5	7	8.5	10	13	16
		min	5.32	6.78	8.28	9.78	12.73	15.73
	k	公称=max	2	2.6	3.3	3.9	5	6
		min	1.86	2.46	3.12	3.6	4.7	5.7
	t（min）		0.85	1.10	1.30	1.6	2	2.4
	w（min）		0.75	1.10	1.30	1.60	2.00	2.40
GB/T 67—2016	d_k	公称=max	5.6	8	9.5	12	16	20
		min	5.3	7.64	9.14	11.57	15.57	19.48
	k	公称=max	1.8	2.4	3	3.6	4.8	6
		min	1.66	2.26	2.86	3.3	4.5	5.7
	t（min）		0.7	1	1.2	1.4	1.9	2.4
	w（min）		0.7	1	1.2	1.4	1.9	2.4

（续）

螺纹规格 d			M3	M4	M5	M6	M8	M10
GB/T 65—2016 GB/T 67—2016	r（min）		0.1	0.2	0.2	0.25	0.4	0.4
	d_a（max）		3.6	4.7	5.7	6.8	9.2	11.2
	l（商品规格范围公称长度）		4~30	5~40	6~50	8~60	10~80	12~80
GB/T 68—2016	d_k	理论值 max	6.3	9.4	10.4	12.6	17.3	20
	实际值	公称=max	5.5	8.4	9.3	11.3	15.8	18.3
		min	5.2	8.04	8.94	10.87	15.37	17.78
	k（公称=max）		1.65	2.7	2.7	3.3	4.65	5
	r（max）		0.8	1	1.3	1.5	2	2.5
	t	max	0.85	1.3	1.4	1.6	2.3	2.6
		min	0.6	1	1.1	1.2	1.8	2
	l（商品规格范围公称长度）		5~30	6~40	8~50	8~60	10~80	12~80

注：1. P 为螺距。

2. 螺钉的长度系列 l 为：4，5，6，8，10，12，(14)，16，20，25，30，35，40，45，50，(55)，60，(65)，70，(75)，80，尽可能不采用括号内的规格。

3. GB/T 65—2016 和 GB/T 67—2016 中的螺纹规格 d=M1.6~M3，公称长度 l≤30mm 的螺钉，应制出全螺纹；公称长度 l≤40mm 的螺钉，而螺纹规格 d=M4~M10 也应制出全螺纹（$b=l-a$）。GB/T 68—2016 中的螺纹规格 d= M1.6~M3，公称长度 l≤30mm 的螺钉，应制出全螺纹；公称长度 l≤45mm，而螺纹规格 d=M4~M10 的螺钉也应制出全螺纹 [$b = l - (k + a)$]。

4. d_a 表示过渡圆直径。

5. 无螺纹部分杆径约等于中径或等于螺纹大径。

表 B-4 内六角圆柱头螺钉（摘自 GB/T 70.1—2008） （单位：mm）

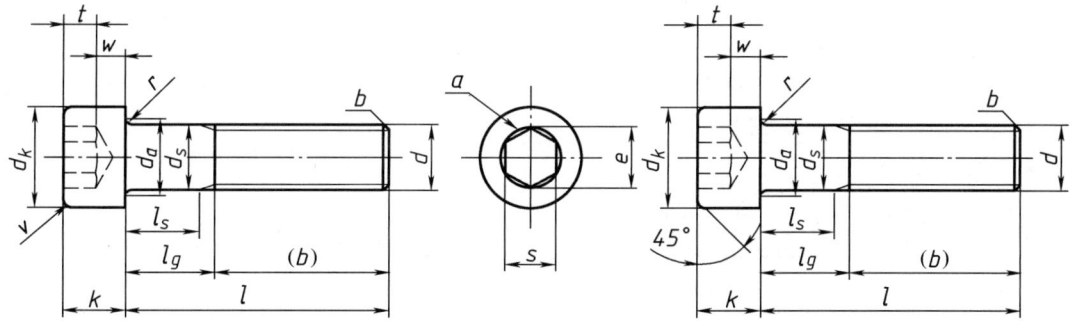

标记示例：

螺纹规格 d=M5，公称长度 l=20mm，性能等级为 8.8 级，表面氧化的 A 级内六角圆柱头螺钉：螺钉 GB/T 70 M5×20

螺纹规格 d		M4	M5	M6	M8	M10	M12	(M14)	M16	M20	M24
P		0.7	0.8	1	1.25	1.5	1.75	2	2	2.5	3
b（参考）		20	22	24	28	32	36	40	44	52	60
d_k	max*	7	8.5	10	13	16	18	21	24	30	36
	max**	7.22	8.72	10.22	13.27	16.27	18.27	21.33	24.33	30.33	36.39
	min	6.78	8.28	9.78	12.73	15.73	17.73	20.67	23.67	29.67	35.61

（续）

螺纹规格 d		M4	M5	M6	M8	M10	M12	(M14)	M16	M20	M24
d_a	max	4.7	5.7	6.8	9.2	11.2	13.7	15.7	17.7	22.4	26.4
d_s	max	4	5	6	8	10	12	14	16	20	24
	min	3.82	4.82	5.82	7.78	9.78	11.73	13.73	15.73	19.67	23.67
k	max	4	5	6	8	10	12	14	16	20	24
	min	3.82	4.82	5.70	7.64	9.64	11.57	13.57	15.57	19.48	23.48
t（min）		2	2.5	3	4	5	6	7	8	10	12
s	公称	3	4	5	6	8	10	12	14	17	19
	max	3.08	4.10	5.14	6.14	8.18	10.18	12.21	14.21	17.23	19.28
	min	3.02	4.02	5.02	6.02	8.03	10.03	12.03	14.03	17.05	19.07
e（min）		3.44	4.58	5.72	6.68	9.15	11.43	13.72	16.00	19.44	21.73
W（min）		1.4	1.9	2.3	3.3	4	4.8	5.8	6.8	8.6	10.4
r（min）		0.2		0.25		0.4		0.6		0.8	
l（商品规格范围公称长度）		6~40	8~50	10~60	12~80	16~100	20~120	25~140	25~160	30~200	35~200
l 的长度系列		6, 8, 10, 12, (14), (16), 20, 25, 30, 35, 40, 45, 50, (55), 60, (65), 70, 80, 90, 100, 110, 120, 130, 140, 150, 160, 180, 200									

注：1. 尽可能不采用括号内的规格。

2. P 为螺距。

3. *：光滑头部。

4. **：滚花头部。

表 B-5 紧定螺钉（摘自 GB/T 71—2018，GB/T 73—2017，GB/T 75—2018）

（单位：mm）

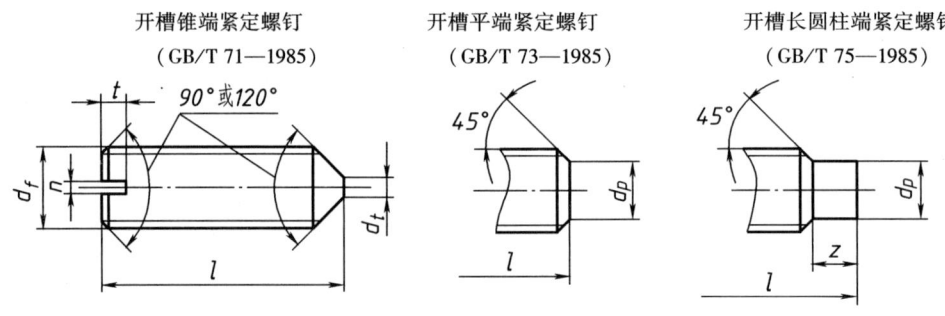

标记示例：

螺纹规格 d = M5，公称长度 l = 12mm，性能等级为 12H 级，表面氧化的开槽锥端紧定螺钉：螺钉 GB/T 71 M5×12

螺纹规格 d		M2	M2.5	M3	M4	M5	M6	M8	M10	M12
d_f ≈（或 max）		螺纹小径								
n（公称）		0.25	0.4	0.4	0.6	0.8	1	1.2	1.6	2
t	min	0.64	0.72	0.8	1.12	1.28	1.6	2	2.4	2.8
	max	0.84	0.95	1.05	1.42	1.63	2	2.5	3	3.6

（续）

螺纹规格 d			M2	M2.5	M3	M4	M5	M6	M8	M10	M12
GB/T 71—1985	d_t	min	—	—	—	—	—	—	—	—	—
		max	0.2	0.25	0.3	0.4	0.5	1.5	2	2.5	3
	l		3~10	3~12	4~16	6~20	8~25	8~30	10~40	12~50	(14)~60
GB/T 73—1985 GB/T 75—1985	d_p	min	0.75	1.25	1.75	2.25	3.2	4	5.2	7	8.5
		max	1	1.5	2	2.5	3.5	4	5.5	7	8.5
GB/T73—1985	l	120°	2~2.5	2.5~3	3	4	5	6	—	—	—
		90°	3~10	4~12	4~16	5~20	6~25	8~30	8~40	10~50	12~60
GB/T 75—1985	z	min	1	1.25	1.5	2	2.5	3	4	5	6
		max	1.25	1.5	1.75	2.25	2.75	3.25	4.3	5.3	6.3
	l	120°	3	4	5	6	8	8~10	10~(14)	12~16	(14)~20
		90°	4~10	5~12	6~16	8~20	10~25	12~30	16~40	20~50	25~60

注：1. 在 GB/T 71—1985 中，当 d=M2.5，l=3mm 时，螺钉两端的倒角均为 120°。
2. 尽可能不采用括号中的规格。

表 B-6　螺母（摘自 GB/T 6170—2015、GB/T 6175—2016、GB/T 6172.1—2016）

（单位：mm）

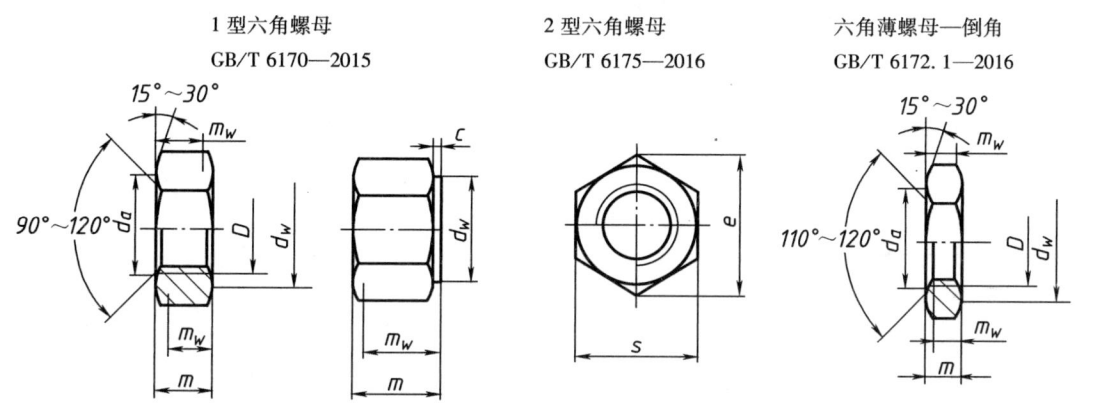

标记示例：

螺纹规格为 M12，性能等级为 8 级，表面不经处理，产品等级为 A 级的六角螺母：螺母 GB/T 6170　M12

螺纹规格 D			M3	M4	M5	M6	M8	M10	M12	M16	M20	M24	M30	M36
e（min）			6.01	7.66	8.79	11.05	14.38	17.77	20.03	26.75	32.95	39.55	50.85	60.79
s	max		5.5	7	8	10	13	16	18	24	30	36	46	55
	min		5.32	6.78	7.78	9.78	12.73	15.73	17.73	23.67	29.16	35	45	53.8
d_w（min）			4.6	5.9	6.9	8.9	11.6	14.6	16.6	22.5	27.7	33.2	42.8	51.1
d_a（max）			3.45	4.6	5.75	6.75	8.75	10.8	13	17.3	21.6	25.9	32.4	38.9
GB/T 6170 —2015	m	max	2.4	3.2	4.7	5.2	6.8	8.4	10.8	14.8	18	21.5	25.6	31
		min	2.15	2.9	4.4	4.9	6.44	8.04	10.37	14.1	16.9	20.2	24.3	29.4
	m_w（min）		1.7	2.3	3.5	3.9	5.2	6.4	8.3	11.3	13.5	16.2	19.4	23.5
	c（max）		0.4	0.4	0.5	0.5	0.6	0.6	0.6	0.6	0.8	0.8	0.8	0.8

（续）

螺纹规格 D			M3	M4	M5	M6	M8	M10	M12	M16	M20	M24	M30	M36
GB/T 6172.1—2016	m	max	1.8	2.2	2.7	3.2	4	5	6	8	10	12	15	18
		min	1.55	1.95	2.45	2.9	3.7	4.7	5.7	7.42	9.10	10.9	13.9	16.9
	m_w(min)		1.2	1.6	2.0	2.3	3	3.8	4.6	5.9	7.3	8.7	11.1	13.5
GB/T 6175—2016	m	max	—	—	5.1	5.7	7.5	9.3	12	16.4	20.3	23.9	28.6	34.7
		min	—	—	4.8	5.4	7.14	8.94	11.57	15.7	19	22.6	27.3	33.1
	m_w(min)		—	—	3.84	4.32	5.71	7.15	9.26	12.6	15.2	18.1	21.8	26.5
	c	max	—	—	0.5	0.5	0.6	0.6	0.8	0.8	0.8	0.8	0.8	0.8

注：螺母（GB/T 6172.1—2016）的最小螺母为 M5。

表 B-7 垫圈（摘自 GB/T 848—2016，GB/T 97.1—2002，GB/T 97.2—2002，GB/T 95—2016）

（单位：mm）

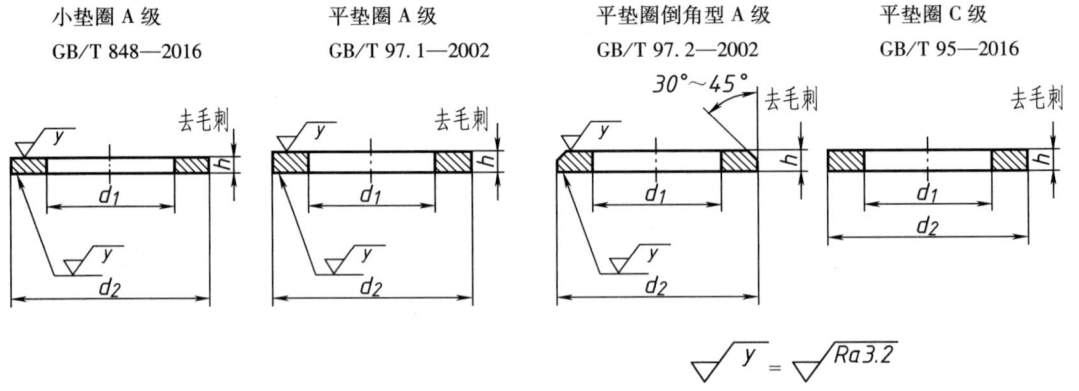

标记示例：

公称尺寸 d=8mm，不钢硬度等级 200HV，倒角型，不经表面处理的 A 级平垫圈：垫圈 GB/T 97.2　8　A2

其余标记相似

公称尺寸（螺纹规格 d）			3	4	5	6	8	10	12	14	16	20	24	30	36
内径 d_1	产品等级	A	3.2	4.3	5.3	6.4	8.4	10.5	13	15	17	21	25	31	37
		C	3.4	4.5	5.5	6.6	9	11	13.5	15.5	17.5	22	26	33	39
GB/T 848—2016	外径 d_2		6	8	9	11	15	18	20	24	28	34	39	50	60
	厚度 h		0.5	0.5	1	1.6	1.6	1.6	2	2.5	2.5	3	4	4	5
GB/T 97.1—2002 GB/T 97.2-2002* GB/T 95—2016	外径 d_2		7	9	10	12	16	20	24	28	30	37	44	56	66
	厚度 h		0.5	0.8	1	1.6	1.6	2	2.5	2.5	3	3	4	4	5

注：1. *：主要用于规格为 M5~M36 的标准六角螺栓、螺钉和螺母。

2. 性能等级 140HV 表示材料钢的硬度，HV 表示维氏硬度，140 为硬度值。有 140HV、200HV 和 300HV 等 3 种。

表 B-8　标准型弹簧垫圈（摘自 GB/T 93—1987） （单位：mm）

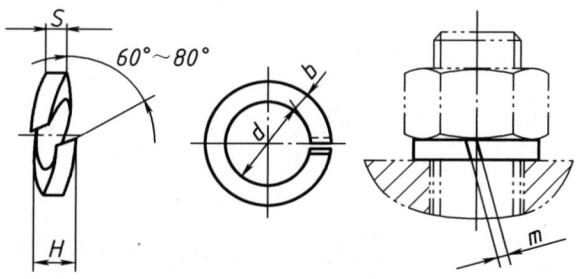

标记示例：

规格 16mm、材料为 65Mn、表面氧化的标准型弹簧垫圈：垫圈 GB/T 93 16

公称尺寸（螺纹规格 d）		4	5	6	8	10	12	16	20	24	30
d	min	4.1	5.1	6.1	8.1	10.2	12.2	16.2	20.2	24.5	30.5
	max	4.4	5.4	6.68	8.68	10.9	12.9	16.9	21.04	25.5	31.5
S（b）	公称	1.1	1.3	1.6	2.1	2.6	3.1	4.1	5	6	7.5
	min	1	1.2	1.5	2	2.45	2.95	3.9	4.8	5.8	7.2
	max	1.2	1.4	1.7	2.2	2.25	3.25	4.3	5.2	6.2	7.8
H	min	2.2	2.6	3.2	4.2	5.2	6.2	8.2	10	12	15
	max	2.75	3.25	4	5.25	6.5	7.75	10.25	12.5	15	18.5
$m \leqslant$		—	0.55	0.65	0.8	1.05	1.3	1.55	2.05	2.5	3	3.75

表 B-9　键（摘自 GB/T 1096—2003，GB/T 1095—2003） （单位：mm）

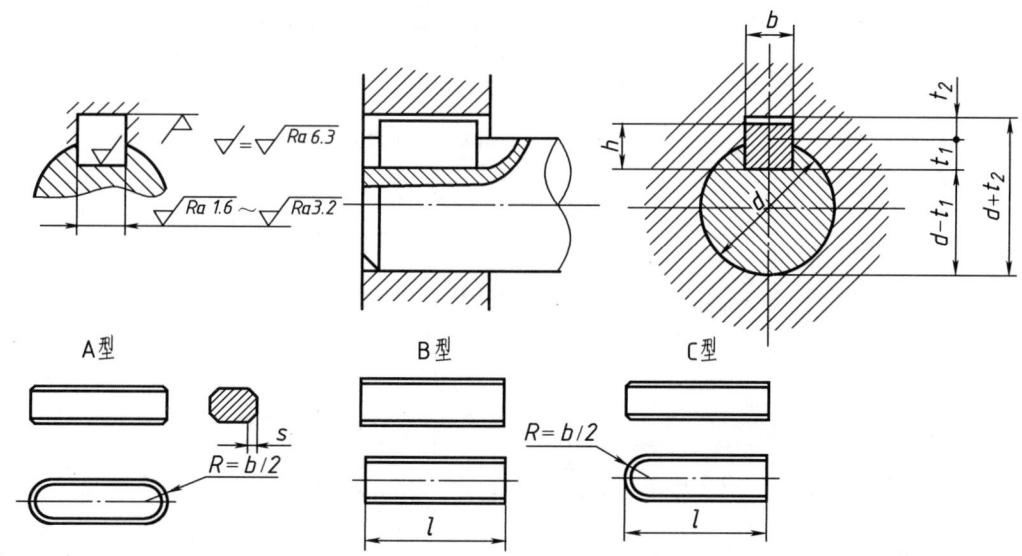

标记示例：

圆头普通平键（A 型），$b=18$mm，$h=11$mm，$l=100$mm：GB/T 1096 键 18×11×100

方头普通平键（B 型），$b=18$mm，$h=11$mm，$l=100$mm：GB/T 1096 键 B 18×11×100

单圆头普通平键（C 型），$b=18$mm，$h=11$mm，$l=100$mm：GB/T 1096 键 C 18×11×100

（续）

键		键槽									倒角或倒圆 s
		宽度 b 的极限偏差					深度				
		正常联结		紧密联结	松联结		轴 t_1		毂 t_2		
$b \times h$	L	轴 N8	毂 JS9	轴和毂 P9	轴 H9	毂 D10	基本尺寸	极限偏差	基本尺寸	极限偏差	
2×2	6~20	−0.004 −0.029	±0.0125	−0.006 −0.031	+0.025 0	+0.060 +0.020	1.2	+0.1 0	1.0	+0.1 0	0.08~0.16
3×3	6~36						1.8		1.4		
4×4	8~45	0 −0.030	±0.015	−0.012 −0.042	+0.030 0	+0.078 +0.030	2.5		1.8		
5×5	10~56						3.0		2.3		0.16~0.25
6×6	14~70						3.5		2.8		
8×7	18~90	0 −0.036	±0.018	−0.015 −0.051	+0.036 0	+0.098 +0.040	4.0		3.3		
10×8	22~110						5.0		3.3		
12×8	28~140	0 −0.043	±0.0215	−0.018 −0.061	+0.043 0	+0.120 +0.050	5.0	+0.2 0	3.3	+0.2 0	0.25~0.40
14×9	36~160						5.5		3.8		
16×10	45~180						6.0		4.3		
18×11	50~200						7.0		4.4		
20×12	56~220	0 −0.052	±0.026	−0.022 −0.074	+0.052 0	+0.149 +0.065	7.5		4.9		0.40~0.60
22×14	63~250						9.0		5.4		
25×14	70~280						9.0		5.4		
28×16	80~320						10.0		6.4		
32×18	90~360	0 −0.062	±0.031	−0.026 −0.088	+0.062 0	+0.180 +0.080	11.0	+0.3 0	7.4	+0.3 0	0.70~1.00
36×20	100~400						12.0		8.4		
40×22	100~400						13.0		9.4		
45×25	110~450						15.0		10.4		
50×28	125~500						17.0		11.4		
L 的系列	6，8，10，12，14，16，18，20，22，25，28，32，36，40，45，50，56，63，70，80，90，100，110，125，140，160，180，200，220，250，280，320，360，400，450，500										

表 B-10　圆柱销（摘自 GB/T 119.1—2000，GB/T 119.2—2000）　　　（单位：mm）

不淬硬钢和奥氏体不锈钢圆柱销（GB/T 119.1—2000）
淬硬钢和马氏体不锈钢圆柱销　（GB/T 119.2—2000）

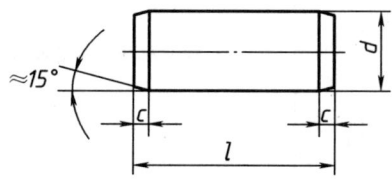

标记示例：

公称直径 $d=6$mm、公差 m6、公称长度 30mm、材料为钢、不经淬火、不经表面处理的圆柱销：
销 GB/T 119.1 6m6×30

d	3	4	5	6	8	10	12	16	20	25	30	40	50
$c\approx$	0.5	0.63	0.8	1.2	1.6	2	2.5	3	3.5	4	5	6.3	8
l 范围 GB/T 119.1—2000	8~30	8~40	10~50	12~60	14~80	18~95	22~140	26~180	35~200	50~200	60~200	80~200	95~200
l 范围 GB/T 119.2—2000	8~30	10~40	12~50	14~60	18~80	22~100	26~100	40~100	50~100	—	—	—	—
公称长度 l（系列）	2，3，4，5，6~32（2 进位），35~100（5 进位），120~200（20 进位）												

注：1. GB/T 119.1—2000 规定圆柱销的公称直径 $d=0.6~50$mm，公称长度 $l=2~200$mm，公差有 m6 和 h8。GB/T 119.2—2000 规定圆柱销的公称直径 $d=1~20$mm，公称长度 $l=3~100$mm，公差仅有 m6。

2. 当圆柱销的公差为 h8 时，其表面粗糙度值 $Ra\leqslant 1.6\mu$m。

3. 圆柱销的材料常用 35 钢。

表 B-11　圆锥销（摘自 GB/T 117—2000）　　　（单位：mm）

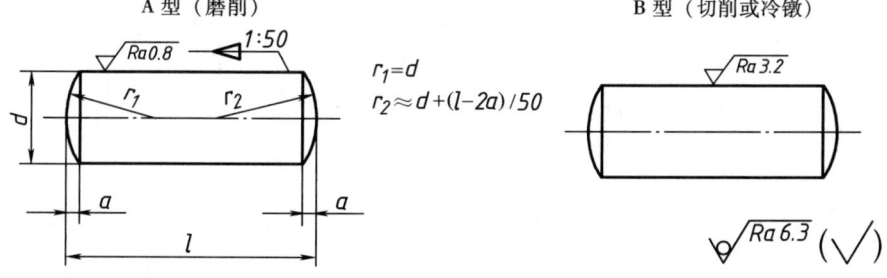

标记示例：

公称直径：$d=10$mm、公称长度：$l=60$mm、材料为 35 钢、热处理硬度（28~38）HRC、表面氧化处理的 A 型圆锥销：销 GB/T 117 10×60

d	4	5	6	8	10	12	16	20	25	30	40	50
$a\approx$	0.5	0.63	0.8	1	1.2	1.6	2	2.5	3	4	5	6.3
l 范围	14~55	18~60	22~90	22~120	26~160	32~180	40~200	45~200	50~200	55~200	60~200	65~200
公称长度 l（系列）	2，3，4，5，6，8，10，12，14，16，18，20，22，24，26，28，30，32，35，40，45，50，55，60，65，70，75，80，85，90，95，100，120，140，160，180，200											

表 B-12　深沟球轴承（摘自 GB/T 276—2013）

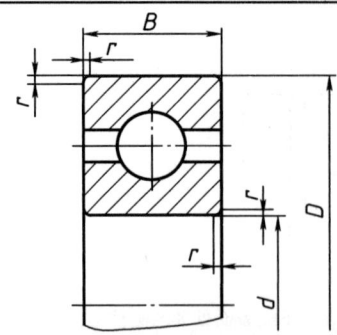

标记示例：滚动轴承 6012　GB/T 276—2013

轴承代号	外形尺寸/mm				轴承代号	外形尺寸/mm			
	d	D	B	r_{smin}		d	D	B	r_{smin}
（1）0 系列					（0）2 系列				
					6201	12	32	10	0.6
					6202	15	35	11	0.6
6004	20	42	12	0.6	6203	17	40	12	0.6
6005	25	47	12	0.6	6204	20	47	14	1
6006	30	55	13	1	6205	25	52	15	1
6007	35	62	14	1	6206	30	62	16	1
6008	40	68	15	1	6207	35	72	17	1.1
6009	45	75	16	1	6208	40	80	18	1.1
6010	50	80	16	1	6209	45	85	19	1.1
6011	55	90	18	1.1	6210	50	90	20	1.1
6012	60	95	18	1.1	6211	55	100	21	1.5
6013	65	100	18	1.1	6212	60	110	22	1.5
6014	70	110	20	1.1	6213	65	120	23	1.5
6015	75	115	20	1.1	6214	70	125	24	1.5
					6215	75	130	25	1.5
（0）3 系列					（0）4 系列				
					6403	17	62	17	1.1
6301	12	37	12	1	6404	20	72	19	1.1
6302	15	42	13	1	6405	25	80	21	1.5
6303	17	47	14	1	6406	30	90	23	1.5
6304	20	52	15	1.1	6407	35	100	25	1.5
6305	25	62	17	1.1	6408	40	110	27	2
6306	30	72	19	1.1	6409	45	120	29	2
6307	35	80	21	1.5	6410	50	130	31	2.1
6308	40	90	23	1.5	6411	55	140	33	2.1
6309	45	100	25	1.5	6412	60	150	35	2.1
6310	50	110	27	2	6413	65	160	37	2.1
6311	55	120	29	2	6414	70	180	42	3
6312	60	130	31	2.1	6415	75	190	45	3
					6416	80	200	48	3
					6417	85	210	52	4

注：r_{smin}：r 的最小单一倒角尺寸。

表 B-13 圆锥滚子轴承（摘自 GB/T 297—2015）

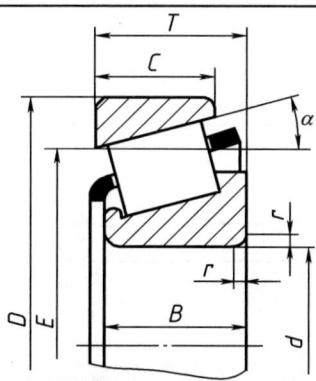

标记示例：

滚动轴承　30205　GB/T 297—2015

轴承代号	外形尺寸 /mm						轴承代号	外形尺寸 /mm					
	d	D	T	B	C	E		d	D	T	B	C	E
02 系列							20 系列						
30202	15	35	11.75	11	10	—	32004	20	42	15	15	12	32.781
30203	17	40	13.25	12	11	31.408	320/22	22	44	15	15	11.5	34.708
30204	20	47	15.25	14	12	37.304	32005	25	47	15	15	11.5	37.393
30205	25	52	16.25	15	13	41.135	320/28	28	52	16	16	12	41.991
30206	30	62	17.25	16	14	49.990	32006	30	55	17	17	13	44.438
30207	35	72	18.25	17	15	58.844	320/32	32	58	17	17	13	46.708
30208	40	80	19.75	18	16	65.730	32007	35	62	18	18	14	50.510
30209	45	85	20.75	19	16	70.440	32008	40	68	19	19	14.5	56.897
30210	50	90	21.75	20	17	75.078	32009	45	75	20	20	15.5	63.248
30211	55	100	22.75	21	18	84.197	32010	50	80	20	20	15.5	67.481
30212	60	110	23.75	22	19	91.876	32011	55	90	23	23	17.5	76.505
30213	65	120	24.75	23	20	101.934	32012	60	95	23	23	17.5	80.634
30214	70	125	26.25	24	21	105.748	32013	65	100	23	23	17.5	85.567
03 系列							29 系列						
30302	15	42	14.25	13	11	33.272	32904	20	37	12	12	9	29.621
30303	17	47	15.25	14	12	37.420	32905	25	42	12	12	9	34.608
30304	20	52	16.25	15	13	41.318	32906	30	47	12	12	9	39.617
30305	25	62	18.25	17	15	50.637	32907	35	55	14	14	11.5	47.220
30306	30	72	20.75	19	16	58.287	32908	40	62	15	15	12	53.388
30307	35	80	22.75	21	18	65.769	32909	45	68	15	15	12	58.852
30308	40	90	25.75	23	20	72.703	32910	50	72	15	15	12	62.748
30309	45	100	27.25	25	22	81.780	32911	55	80	17	17	14	69.503
30310	50	110	29.25	27	23	90.633	32912	60	85	17	17	14	74.185
30311	55	120	31.5	29	25	99.146	32913	65	90	17	17	14	78.849
30312	60	130	33.5	31	26	107.769	32914	70	100	20	20	16	88.590
30313	65	140	36	33	28	116.846	32915	75	105	20	20	16	93.223
30314	70	150	38	35	30	125.244	32916	80	110	20	20	16	97.974
22 系列							31 系列						
32203	17	40	17.25	16	14	31.170	33108	40	75	26	26	20.5	61.169
32204	20	47	19.25	18	15	35.810	33109	45	80	26	26	20.5	65.700
32205	25	52	19.25	18	16	41.331	33110	50	85	26	26	20	70.214
32206	30	62	21.25	20	17	48.982	33111	55	95	30	30	23	78.893
32207	35	72	24.25	23	19	57.087	33112	60	100	30	30	23	83.522
32208	40	80	24.75	23	19	64.715	33113	65	110	34	34	26.5	91.653
32209	45	85	24.75	23	19	69.610	33114	70	120	37	37	29	99.733
32210	50	90	24.75	23	19	74.226	33115	75	125	37	37	29	104.358

表 B-14 单向推力球轴承（摘自 GB/T 301—2015）

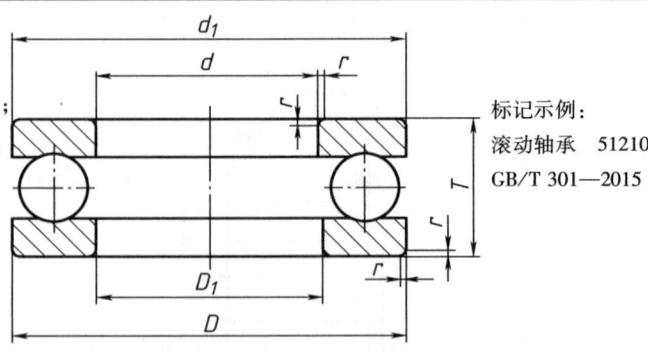

d、d_1、d_{1smax}——轴圈内径、外径、最大单一外径；
D、D_1、D_{1smin}——座圈外径、内径、最小单一内径；
T——轴承高度；
r、r_{smin}——座圈和轴圈背面倒角尺寸、最小单一倒角尺寸。

标记示例：
滚动轴承 51210
GB/T 301—2015

轴承代号	外形尺寸 /mm						轴承代号	外形尺寸 /mm					
	d	d_{1smax}	D	D_{1smin}	T	r_{smin}[①]		d	d_{1smax}	D	D_{1smin}	T	r_{smin}[①]
11 系列							13 系列						
51104	20	35	35	21	10	0.3	51304	20	47	47	22	18	1
51105	25	42	42	26	11	0.6	51305	25	52	52	27	18	1
51106	30	47	47	32	11	0.6	51306	30	60	60	32	21	1
51107	35	52	52	37	12	0.6	51307	35	68	68	37	24	1
51108	40	60	60	42	13	0.6	51308	40	78	78	42	26	1
51109	45	65	65	47	14	0.6	51309	45	85	85	47	28	1
51110	50	70	70	52	14	0.6	51310	50	95	95	52	31	1.1
51111	55	78	78	57	16	1	51311	55	105	105	57	35	1.1
51112	60	85	85	62	17	1	51312	60	110	110	62	35	1.1
51113	65	90	90	67	18	1	51313	65	115	115	67	36	1.1
51114	70	95	95	72	18	1	51314	70	125	125	72	40	1.1
51115	75	100	100	77	19	1	51315	75	135	135	77	44	1.5
51116	80	105	105	82	19	1	51316	80	140	140	82	44	1.5
51117	85	110	110	87	19	1	51317	85	150	150	88	49	1.5
51118	90	120	120	92	22	1	14 系列						
12 系列							51405	25	60	60	27	24	1
51204	20	40	40	22	14	0.6	51406	30	70	70	32	28	1
51205	25	47	47	27	15	0.6	51407	35	80	80	37	32	1.1
51206	30	52	52	32	16	0.6	51408	40	90	90	42	36	1.1
51207	35	62	62	37	18	1	51409	45	100	100	47	39	1.1
51208	40	68	68	42	19	1	51410	50	110	110	52	43	1.5
51209	45	73	73	47	20	1	51411	55	120	120	57	48	1.5
51210	50	78	78	52	22	1	51412	60	130	130	62	51	1.5
51211	55	90	90	57	25	1	51413	65	140	140	68	56	2
51212	60	95	95	62	26	1	51414	70	150	150	73	60	2
51213	65	100	100	67	27	1	51415	75	160	160	78	65	2
51214	70	105	105	72	27	1	51416	80	170	170	83	68	2.1
51215	75	110	110	77	27	1	51417	85	177	180	88	72	2.1
51216	80	115	115	82	28	1	51418	90	197	190	93	77	2.1
51217	85	125	125	88	31	1.1	51420	100	205	210	103	85	3

① 对应的最大倒角尺寸在 GB/T274 中规定。

附录 C 常用材料及热处理

表 C-1 常用材料

名称	钢号	应用举例	说明
碳素结构钢	Q195	受轻载荷的机件、铆钉、螺钉、垫片、外壳、焊件	"Q"为钢的屈服点的"屈"字汉语拼音首位字母，数字为屈服强度数值（单位为MPa）
	Q215	受力不大的铆钉、螺钉、轴、轮轴、凸轮、焊件、渗碳件	
	Q235	螺栓、螺母、拉杆、钩、连杆、楔、轴、焊件	
	Q255	金属构造物中一般机件、拉杆、轴、焊件	
	Q275	重要的螺钉、拉杆、钩、楔、连杆、轴、销、齿轮	
优质碳素结构钢	08F	可塑性好的零件：管子、垫片、渗碳件、氰化件	数字表示钢中碳的质量分数平均值的万分数，例如"45"表示碳的质量分数平均值为0.45%；序号表示抗拉强度、硬度依次增加，延伸率依次降低
	10	拉杆、卡头、垫片、焊件	
	15	渗碳件、紧固件、冲模锻件、化工储器	
	20	杠杆、轴套、钩、螺钉、渗碳件与氰化件	
	25	轴、辊子、连接器、紧固件中的螺栓、螺母	
	30	曲轴、转轴、轴销、连杆、横梁、星轮	
	35	曲轴、摇杆、拉杆、键、销、螺栓	
	40	齿轮、齿条、链轮、凸轮、轧辊、曲柄轴	
	45	齿轮、轴、联轴器、衬套、活塞销、链轮	
	50	活塞杆、轮轴、齿轮、不重要的弹簧	
	55	齿轮、连杆、扁弹簧、轧辊、偏心轮、轮圈、轮缘	
	60	叶片、弹簧	
	30Mn	螺栓、杠杆、制动板	锰的质量分数为0.7%~1.2%的优质碳素钢
	40Mn	用于承受疲劳载荷零件：轴、曲轴、万向联轴器	
	50Mn	用于高负荷下耐磨的热处理零件：齿轮、凸轮、摩擦片	
	60Mn	弹簧、发条	

（续）

名称	钢号	应用举例	说明
合金结构钢	15Cr	渗碳齿轮、凸轮、活塞销、离合器	1）合金结构钢前面两位数字表示钢中的碳的质量分数的万分数； 2）合金元素以化学符号表示； 3）合金元素的质量分数小于1.5%时仅注出元素符号
	20Cr	较重要的渗碳件	
	30Cr	重要的调质零件：轮轴、齿轮、摇杆、螺栓	
	40Cr	较重要的调质零件：齿轮、进气阀、辊子、轴	
	45Cr	强度及耐磨性高的轴、齿轮、螺栓	
	20CrMnTi	汽车上重要渗碳件：齿轮	
	30CrMnTi	汽车、拖拉机上强度特高的渗碳齿轮	
	40CrMn	强度高、耐磨性高的大齿轮、主轴	
铸钢	ZG230-450	机座、箱体、支架	"ZG"表示铸钢，第一个数值表示屈服点数值（MPa），第二个数值表示抗拉强度值（MPa）
	ZG310-570	齿轮、飞轮、机架	
灰铸铁	HT100 HT150	低强度铸铁：盖、手轮、支架 中强度铸铁：底座、刀架、轴承座、胶带轮端盖	"HT"表示灰铸铁，后面的数字表示抗拉强度值（MPa）
	HT200 HT250	高强度铸铁：床身、机座、齿轮、凸轮、汽缸泵体、联轴器	
	HT300 HT350	高强度耐磨铸铁：齿轮、凸轮、重载荷床身、高压泵、阀壳体、锻模、冷冲压模	
球墨铸铁	QT800-2 QT700-2 QT600-3	具有较高强度，但塑性低：曲轴、凸轮轴、齿轮、汽缸、缸套、轧辊、水泵轴、活塞环、摩擦片	"QT"表示球墨铸铁，其后第一组数字表示抗拉强度值（MPa），第二组数字表示延伸率（%）
	QT500-7 QT450-10 QT400-18	具有较高的塑性和适当的强度，用于承受冲击负荷的零件	
可锻铸铁	KTH300-06 KTH330-08* KTH350-10 KTH370-12	黑心可锻铸铁：用于承受冲击振动的零件，如汽车、拖拉机、农机铸件	带"*"牌号为推荐牌号； "KT"表示可锻铸铁，"H"表示黑心，"B"表示白心，第一组数字表示抗拉强度值（MPa），第二组数字表示延伸率（%）
	KTB350-04 KTB380-12 KTB400-05 KTB450-07	白心可锻铸铁：韧性较低，但强度高，耐磨性、加工性好。可代替低、中碳钢及低合金钢的重要零件，如曲轴、连杆、机床附件	
普通黄铜	H68	散热器、垫圈、弹簧、螺钉等	H表示黄铜，后面数字表示铜的质量分数平均值

（续）

名称	钢号	应用举例	说明
铸造黄铜	ZCuZn38Mn2Pb2	轴瓦、轴套及其他耐磨零件	牌号的数字表示铜、锰、铅的平均质量分数
铸造锡青铜	ZCuSn5Pb5Zn5	用于承受摩擦的零件，如轴承	数字表示锡、锌、铅的平均质量分数
铸造铝青铜	ZCuAl9Mn2 ZCuAl10Fe3	强度高、减磨性、耐蚀性、铸造性良好，可用于制造蜗轮、衬套和防锈零件	字母后的数字表示含铝、铁的平均质量分数的百分数
铸造铝合金	ZL201 ZL301 ZL401	载荷不大的薄壁零件，受中等载荷零件，需保持固定尺寸的零件	"L"表示铝，后面的数字表示顺序号
硬铝	LY13	适用于中等强度的零件，焊接性能好	—
耐酸碱橡胶板	2707 2807	用作冲制密封性能较好的垫圈	
耐油橡胶板	3707 3807	适用于冲制各种形状的垫圈	
耐热橡胶板	4708 4808	用作冲制各种垫圈和隔热垫板	
耐油橡胶石棉板		耐油密封衬垫材料	
油浸石棉盘根	YS250 YS350	适用于回转轴、往复运动或阀杆上的密封材料	
橡胶石棉盘根	XS450	适用于回转轴、往复运动或阀杆上的密封材料	
酚醛层压布板	PFCC1 PFCC2	机械用（粗布），机械性能好	
酚醛布棒	PFCC3 PFCC4	机械用（细布）适于做小零件	
尼龙66，尼龙1010	3722 3724	机械用（粗布） 机械用（细布）可精密加工 用以制作机械零件	—
毛毡	T112-65 T122-32~38 T132-32	用作密封、防漏油、防振、缓冲衬垫	
聚四氟乙烯	PTFE、F-4	用于腐蚀介质中的垫片	
有机玻璃板		适用于耐腐蚀和需要透明的零件	

表 C-2　常用热处理和表面处理

名称	代号及标注举例	说　　明	目　　的
退火	T	加热—保温—随炉冷却	用来消除铸、锻、焊零件的内应力，降低硬度，以利于切削加工、细化晶粒、改善组织、增加韧性
正火	Zh	加热—保温—空气冷却	用于处理低碳钢、中碳结构钢及渗碳零件，有利于细化晶粒，增加强度与韧性，减少内应力，改善切削性能
淬火	C	加热—保温—急冷	提高机件强度及耐磨性。但淬火后引起内应力，使钢变脆，所以淬火后必须回火
调质	T T235（硬度调质至 220~250HBW）	淬火—高温回火	提高韧性及强度。重要的齿轮、轴及丝杆等零件需调质
渗碳，淬火	S—C S0.5—C59（渗碳层深 0.5，淬火，硬度可达 56~62HRC	将零件在渗碳剂中加热，使渗入钢的表面后，再淬火回火，渗碳深度 0.5~2mm	提高机件表面的硬度、耐磨性、抗拉强度等适用于低碳、中碳（$w_C<0.40\%$）结构钢的中小型零件
时效	S1——人工时效 S.S-2——自然时效	机件精加工前，加热到 100~150℃后，保温 5~20h，空气冷却，铸件可天然时效（露天放一年以上）	消除内应力，稳定机件形状和尺寸，常用于处理精密机件，如精密轴承、精密丝杠等
镀镍		用电解方法，在钢件表面镀一层镍	防腐蚀、美化
镀铬		用电解方法，在钢件表面镀一层铬	提高表面硬度、耐磨性和耐蚀能力，也用于修复零件上磨损了的表面

附录 D　极限与配合

表 D-1　优先配合中轴的极限偏差（摘自 GB/T 1800.2—2009）　　　（单位：μm）

公称尺寸/mm		公差带											
		c	d	f	g	h				k	n	p	s	u
大于	至	11	9	7	6	6	7	9	11	6	6	6	6	6
—	3	−60 −120	−20 −45	−6 −16	−2 −8	0 −6	0 −10	0 −25	0 −60	+6 0	+10 +4	+12 +6	+20 +14	+24 +18
3	6	−70 −145	−30 −60	−10 −22	−4 −12	0 −8	0 −12	0 −30	0 −75	+9 +1	+16 +8	+20 +12	+27 +19	+31 +23
6	10	−80 −170	−40 −76	−13 −28	−5 −14	0 −9	0 −15	0 −36	0 −90	+10 +1	+19 +10	+24 +15	+32 +23	+37 +28
10	14	−95 −205	−50 −93	−16 −34	−6 −17	0 −11	0 −18	0 −43	0 −110	+12 +1	+23 +12	+29 +18	+39 +28	+44 +33
14	18													
18	24	−110 −240	−65 −117	−20 −41	−7 −20	0 −13	0 −21	0 −52	0 −130	+15 +2	+28 +15	+35 +22	+48 +35	+54 +41
24	30													+61 +48
30	40	−120 −280	−80 −142	−25 −50	−9 −25	0 −16	0 −25	0 −62	0 −160	+18 +2	+33 +17	+42 +26	+59 +43	+76 +60
40	50	−130 −290												+86 +70
50	65	−140 −330	−100 −174	−30 −60	−10 −29	0 −19	0 −30	0 −74	0 −190	+21 +2	+39 +20	+51 +32	+72 +53	+106 +87
65	80	−150 −340											+78 +59	+121 +102
80	100	−170 −390	−120 −207	−36 −71	−12 −34	0 −22	0 −35	0 −87	0 −220	+25 +3	+45 +23	+59 +37	+93 +71	+146 +124
100	120	−180 −400											+101 +79	+166 +144
120	140	−200 −450											+117 +92	+195 +170
140	160	−210 −460	−145 −245	−43 −83	−14 −39	0 −25	0 −40	0 −100	0 −250	+28 +3	+52 +27	+68 +43	+125 +100	+215 +190
160	180	−230 −480											+133 +108	+235 +210

(续)

公称尺寸/mm		公差带												
		c	d	f	g	h				k	n	p	s	u
大于	至	11	9	7	6	6	7	9	11	6	6	6	6	6
180	200	−240 −530											+151 +122	+265 +236
200	225	−260 −550	−170 −285	−50 −96	−15 −44	0 −29	0 −46	0 −115	0 −290	+33 +4	+60 +31	+79 +50	+159 +130	+287 +258
225	250	−280 −570											+169 +140	+313 +284
250	280	−300 −620	−190 −320	−56 −108	−17 −49	0 −32	0 −52	0 −130	0 −320	+36 +4	+66 +34	+88 +56	+190 +158	+347 +315
280	315	−330 −650											+202 +170	+382 +350
315	355	−360 −720	−210 −350	−62 −119	−18 −54	0 −36	0 −57	0 −140	0 −360	+40 +4	+73 +37	+98 +62	+226 +190	+426 +390
355	400	−400 −760											+244 +208	+471 +435
400	450	−440 −840	−230 −385	−68 −131	−20 −60	0 −40	0 −63	0 −155	0 −400	+45 +3	+80 +40	+108 +68	+272 +232	+530 +490
450	500	−480 −880											+292 +252	+580 +540

表 D-2 优先配合中孔的极限偏差（摘自 GB/T 1800.2—2009）　　　　（单位：μm）

公称尺寸/mm		公差带												
		C	D	F	G	H				K	N	P	S	U
大于	至	11	9	8	7	7	8	9	11	7	7	7	7	7
—	3	+120 +60	+45 +20	+20 +6	+12 +2	+10 0	+14 0	+25 0	+60 0	0 −10	−4 −14	−6 −16	−14 −24	−18 −28
3	6	+145 +70	+60 +30	+28 +10	+16 +4	+12 0	+18 0	+30 0	+75 0	+3 −9	−4 −16	−8 −20	−15 −27	−19 −31
6	10	+170 +80	+76 +40	+35 +13	+20 +5	+15 0	+22 0	+36 0	+90 0	+5 −10	−4 −19	−9 −24	−17 −32	−22 −37
10	14	+205 +95	+93 +50	+43 +16	+24 +6	+18 0	+27 0	+43 0	+110 0	+6 −12	−5 −23	−11 −29	−21 −39	−26 −44
14	18													
18	24	+240 +110	+117 +65	+53 +20	+28 +7	+21 0	+33 0	+52 0	+130 0	+6 −15	−7 −28	−14 −35	−27 −48	−33 −54
24	30													−40 −61
30	40	+280 +120	+142 +80	+64 +25	+34 +9	+25 0	+39 0	+62 0	+160 0	+7 −18	−8 −33	−17 −42	−34 −59	−51 −76
40	50	+290 +130												−61 −86

(续)

公称尺寸/mm		公差带											
		C	D	F	G	H				K	N	P	S	U
大于	至	11	9	8	7	7	8	9	11	7	7	7	7	7
50	65	+330 +140	+174 +100	+76 +30	+40 +10	+30 0	+46 0	+74 0	+190 0	+9 −21	−9 −39	−21 −51	−42 −72	−76 −106
65	80	+340 +150											−48 −78	−91 −121
80	100	+390 +170	+207 +120	+90 +36	+47 +12	+35 0	+54 0	+87 0	+220 0	+10 −25	−10 −45	−24 −59	−58 −93	−111 −146
100	120	+400 +180											−66 −101	−131 −166
120	140	+450 +200	+245 +145	+106 +43	+54 +14	+40 0	+63 0	+100 0	+250 0	+12 −28	−12 −52	−28 −68	−77 −117	−155 −195
140	160	+460 +210											−85 −125	−175 −215
160	180	+480 +230											−93 −133	−195 −235
180	200	+530 +240	+285 +170	+122 +50	+61 +15	+46 0	+72 0	+115 0	+290 0	+13 −33	−14 −60	−33 −79	−105 −151	−219 −265
200	225	+550 +260											−113 −159	−241 −287
225	250	+570 +280											−123 −169	−267 −313
250	280	+620 +300	+320 +190	+137 +56	+69 +17	+52 0	+81 0	+130 0	+320 0	+16 −36	−14 −66	−36 −88	−138 −190	−295 −347
280	315	+650 +330											−150 −202	−330 −382
315	355	+720 +360	+350 +210	+151 +62	+75 +18	+57 0	+89 0	+140 0	+360 0	+17 −40	−16 −73	−41 −98	−169 −226	−369 −426
355	400	+760 +400											−187 −244	−414 −471
400	450	+840 +440	+385 +230	+165 +68	+83 +20	+63 0	+97 0	+155 0	+400 0	+18 −45	−17 −80	−45 −108	−209 −272	−467 −530
450	500	+880 +480											−229 −292	−517 −580

表 D-3 标准公差数值（摘自 GB/T 1800.1—2009）

公称尺寸/mm		标准公差等级																
		IT1	IT2	IT3	IT4	IT5	IT6	IT7	IT8	IT9	IT10	IT11	IT12	IT13	IT14	IT15	IT16	IT17	IT18
大于	至	μm											mm						
—	3	0.8	1.2	2.3	3	4	6	10	14	25	40	60	0.1	0.14	0.25	0.4	0.6	1	1.4

（续）

公称尺寸/mm		标准公差等级																
大于	至	IT1	IT2	IT3	IT4	IT5	IT6	IT7	IT8	IT9	IT10	IT11	IT12	IT13	IT14	IT15	IT16	IT17	IT18
		μm											mm						
3	6	1	1.5	2.5	4	5	8	12	18	30	48	75	0.12	0.18	0.3	0.48	0.75	1.2	1.8
6	10	1	1.5	2.5	4	6	9	15	22	36	58	90	0.15	0.22	0.36	0.58	0.9	1.5	2.2
10	18	1.2	2	3	5	8	11	18	27	43	70	100	0.18	0.27	0.43	0.7	1.1	1.8	2.7
18	30	1.5	2.5	4	6	9	13	21	33	52	84	130	0.21	0.33	0.52	0.84	1.3	2.1	3.3
30	50	1.5	2.5	4	7	11	16	25	39	62	100	160	0.25	0.39	0.62	1	1.6	2.5	3.9
50	80	2	3	5	8	13	19	30	46	74	120	190	0.3	0.46	0.74	1.2	1.9	3	4.6
80	120	2.5	4	6	10	15	22	35	54	87	140	220	0.35	0.54	0.87	1.4	2.2	3.5	5.4
120	180	3.5	5	8	12	18	25	40	63	100	160	250	0.4	0.63	1	1.6	2.5	4	6.3
180	250	4.5	7	10	14	20	29	46	72	115	185	290	0.46	0.72	1.15	1.85	2.9	4.6	7.2
250	315	6	8	12	16	23	32	52	81	130	210	320	0.52	0.81	1.3	2.1	3.2	5.2	8.1
315	400	7	9	13	18	25	36	57	89	140	230	360	0.57	0.89	1.4	2.3	3.6	5.7	8.9
400	500	8	10	15	20	27	40	63	97	155	250	400	0.63	0.97	1.55	2.5	4	6.3	9.7
500	630	9	11	16	22	32	44	70	110	175	280	440	0.7	1.1	1.75	2.8	4.4	7	11
630	800	10	13	18	25	36	50	80	125	200	320	500	0.8	1.25	2	3.2	5	8	12.5
800	1000	11	15	21	28	40	56	90	140	230	360	560	0.9	1.4	2.3	3.6	5.6	9	14
1000	1250	13	18	24	33	47	66	105	165	260	420	660	1.05	1.65	2.6	4.2	6.6	10.5	16.5
1250	1600	15	21	29	39	55	78	125	195	310	500	780	1.25	1.95	3.1	5	7.8	12.5	19.5
1600	2000	18	25	35	46	65	92	150	230	370	600	920	1.5	2.3	3.7	6	9.2	15	23
2000	2500	22	30	41	55	78	110	175	280	440	700	1100	1.75	2.8	4.4	7	11	17.5	28
2500	3100	26	36	50	68	96	135	210	330	540	860	1350	2.1	3.3	5.4	8.6	13.5	21	33

注：1. 公称尺寸大于 500mm 的 IT1~IT5 的标准公差数值为试行的。

2. 公称尺寸小于或等于 1mm 时，无 IT14~IT18。

3. 极限与配合在公称尺寸至 500mm 内规定了 IT01、IT0、IT1、……、IT18 共 20 个标准公差等级；在公称尺寸大于 500~3150mm 内规定了 IT1~IT18 共 18 个标准公差等级。

4. 由于标准公差等级 IT01 和 IT0 在工业中很少用到，所以在该表中没有给出该两公差等级的标准公差数值。

附录 E 常用标准数据和标准结构

表 E-1 标准尺寸（摘自 GB/T 2822—2005） （单位：mm）

1.0~10.0mm		10~100mm					
R'10	R'20	R'10	R'20	R'40	R'10	R'20	R'40
1.0	1.0	10	10			36	36
	1.1		11				38
1.2	**1.2**	**12**	**12**	**12**	40	40	40
	1.4			**13**			**42**
1.6	1.6		14	14		45	45
	1.8			15			**48**
2.0	2.0	16	16	16	50		50
	2.2			17			53
2.5	2.5		18	18		56	56
	2.8			19			60
3.0	**3.0**	20	20	20	63	63	63
	3.5			**21**			67
4.0	4.0		22	**22**		71	71
	4.5			**24**			75
5.0	5.0	25	25	25	80	80	80
	5.5			**26**			85
6.0	**6.0**		28	28		90	90
	7.0			30			95
8.0	8.0	**32**	**32**	**32**	100	100	100
	9.0			**34**			
10.0	10.0						

注：1. 表列标准尺寸（直径、长度、高度等）系列适用于有互换性或系列化要求的主要尺寸（如安装、连接尺寸，有公差要求的配合尺寸，决定产品系列的公称尺寸等），其他结构尺寸也应尽量采用。

2. 选择系列及单个尺寸时，应按 R'10、R'20、R'40 的顺序，优先选用公比较大的基本系列及其单值。R' 表示优先数化整值系列。

3. 黑体字表示优先数的化整值。

表 E-2 与直径 *d* 或 *D* 相应的倒角 *C*、倒圆 *R* 的推荐值（摘自 GB/T 6403.4—2008）

（单位：mm）

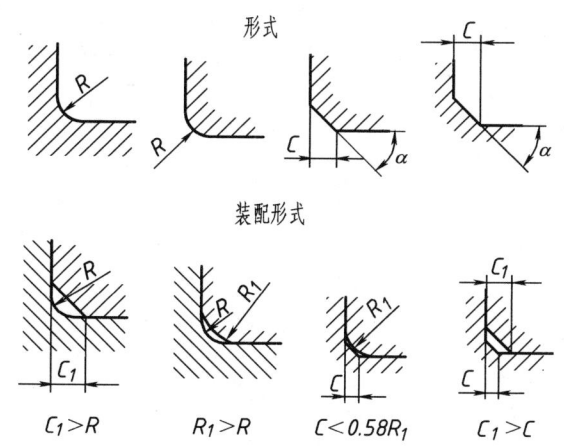

（续）

d 或 D	≤3	>3~6	>6~10	>10~18	>18~30	>30~50	>50~80	>80~120	>120~180
C 或 R	0.2	0.4	0.6	0.8	1.0	1.6	2.0	2.5	3.0
d 或 D	>180~250	>250~320	>320~400	>400~500	>500~630	>630~800	>800~1000	>1000~1250	>1250~1600
C 或 R	4.0	5.0	6.0	8.0	10	12	16	20	25

表 E-3　回转面及端面砂轮越程槽（摘自 GB/T 6403.5—2008）　　　（单位：mm）

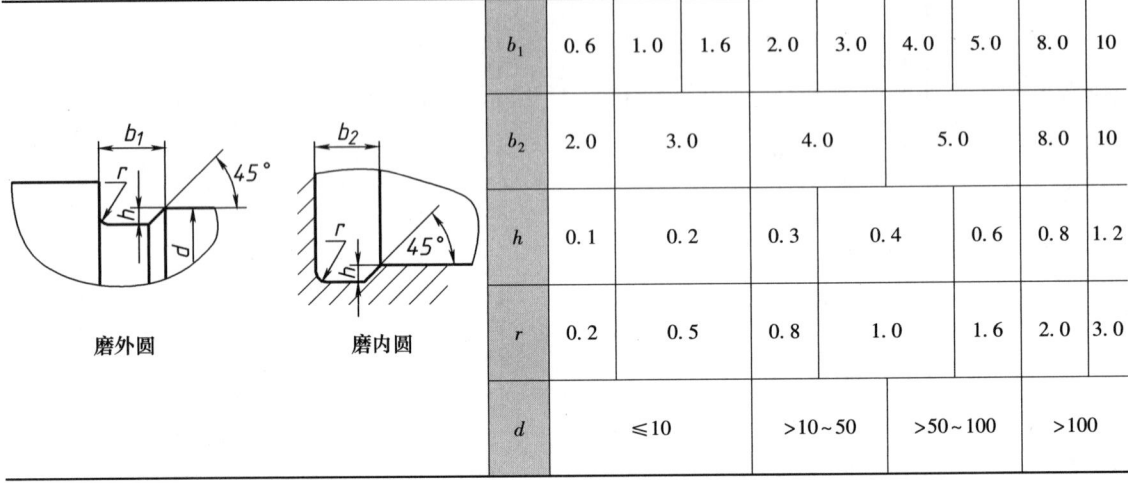

b_1	0.6	1.0	1.6	2.0	3.0	4.0	5.0	8.0	10
b_2	2.0	3.0		4.0		5.0		8.0	10
h	0.1	0.2	0.3	0.4		0.6	0.8	1.2
r	0.2	0.5	0.8	1.0		1.6	2.0	3.0
d		≤10		>10~50		>50~100		>100

注：1. 越程槽内两直线相交处，不允许产生尖角。
2. 越程槽深度 h 与圆弧半径 r，要满足 r≤3h。
3. 磨削具有数个直径的工件时，可使用同一规格的越程槽。
4. 直径 d 值大的零件，允许选择小规格的砂轮越程槽。
5. 砂轮越程槽的尺寸公差和表面粗糙度根据该零件的结构、性能确定。

表 E-4　普通螺纹退刀槽尺寸（摘自 GB/T 3—1997）　　　（单位：mm）

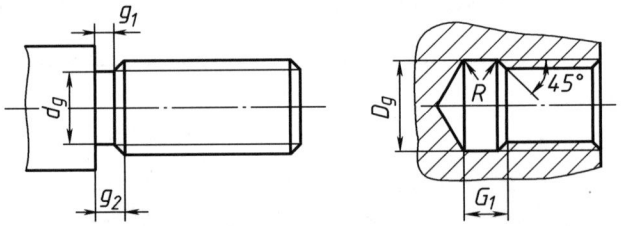

螺距	外螺纹			内螺纹		螺距	外螺纹			内螺纹	
	g_{2max}	g_{1min}	d_g	G_1	D_g		g_{2max}	g_{1min}	d_g	G_1	D_g
0.5	1.5	0.8	d−0.8	2		1.75	5.25	3	d−2.6	7	
0.7	2.1	1.1	d−1.1	2.8	D+0.3	2	6	3.4	d−3	8	
0.8	2.4	1.3	d−1.3	3.2		2.5	7.5	4.4	d−3.6	10	D+0.5
1	3	1.6	d−1.6	4		3	9	5.2	d−4.4	12	
1.25	3.75	2	d−2	5	D+0.5	3.5	10.5	6.2	d−5	14	
1.5	4.5	2.5	d−2.3	6		4	12	7	d−5.7	16	

表 E-5 紧固件通孔及沉头座孔尺寸（摘自 GB/T 152.2—2014、152.3-4—1988、GB/T 5277—1985）

（单位：mm）

螺栓或螺钉直径 d				3	4	5	6	8	10	12	14	16	18	20	22	24	27	30	33	36	42
通孔直径	精装配			3.2	4.3	5.3	6.4	8.4	10.5	13	15	17	19	21	23	25	28	31	34	37	43
	中等装配			3.4	4.5	5.5	6.6	9	11	13.5	15.5	17.5	20	22	24	26	30	33	36	39	45
	粗装配			3.6	4.8	5.8	7	10	12	14.5	16.5	18.5	21	24	26	28	32	35	38	42	48
六角头螺栓和螺母用沉孔			d_2 (H15)	9	10	11	13	18	22	26	30	33	36	40	43	48	53	61	66	71	82
			d_3	—	—	—	—	—	—	16	18	20	22	24	26	28	33	36	39	42	48
			d_1 (H13)	3.4	4.5	5.5	6.6	9	11	13.5	15.5	17.5	20	22	24	26	30	33	36	39	45
圆柱头螺钉用沉孔			d_2 (H13)	—	8	10	11	15	18	20	24	26	—	33	—	—	—	—	—	—	—
			t (H13)	—	3.2	4	4.7	6	7	8	9	10.5	—	12.5	—	—	—	—	—	—	—
			d_3	—	—	—	—	—	—	16	18	20	—	24	—	—	—	—	—	—	—
			d_1 (H13)	—	4.5	5.5	6.6	9	11	13.5	15.5	17.5	—	22	—	—	—	—	—	—	—
用于沉头螺钉			d_2 (H13)	6.4	9.6	10.6	12.8	17.6	20.3	24.4	28.4	32.4	—	40.4	—	—	—	—	—	—	—
			$t \approx$	1.6	2.7	2.7	3.3	4.6	5	6	7	8	—	10	—	—	—	—	—	—	—
			d_1 (H13)	3.4	4.5	5.5	6.6	9	11	13.5	15.5	17.5	—	22	—	—	—	—	—	—	—

注：d_2、d_1、t 下方带括号的为其公差带；$\alpha=90°\pm1°$。

参 考 文 献

[1] 郑爱云. 机械制图［M］. 北京：机械工业出版社，2017.
[2] 吴艳萍. 工程图学基础教程［M］. 北京：机械工业出版社，2014.
[3] 王新. 机械制图［M］.2版. 北京：北京邮电大学出版社，2011.
[4] 白聿钦，莫亚林. 现代机械工程制图［M］. 北京：机械工业出版社，2013.
[5] 金玲，张红. 现代工程制图［M］.3版. 上海：华东理工大学出版社，2012.
[6] 汪勇，张玲玲. 机械制图［M］. 成都：西南交通大学出版社，2013.
[7] 田凌，冯涓. 机械制图［M］.2版. 北京：清华大学出版社，2013.
[8] 董晓倩. 工程制图［M］. 北京：北京理工大学出版社，2011.